国家自然科学基金项目（42330610、42075010、42075053）、
国防科技大学规划教材建设项目　　联合资助

大气科学经典译丛

热带气象学
Tropical Meteorology
An Introduction

[美] T. N. Krishnamurti
　　　Lydia Stefanova　　著
　　　Vasubandhu Misra

黄小刚　姜勇强　黄泓　译

電子工業出版社
Publishing House of Electronics Industry
北京·BEIJING

内 容 简 介

本书从不同角度深入介绍了热带气象学研究的主要成果,包括纬向对称和非对称的热带大气平均环流、热带季节内振荡、热致环流、季风、热带辐合带、海陆风环流、热带波动和热带低压、热带气旋、热带云团、热带飑线和中尺度对流系统等不同尺度的热带大气运动过程和天气系统;以及涉及的热带非绝热位涡分布及其作用、边界层过程、辐射强迫过程、干/湿静力稳定度、不同尺度间相互作用等基础理论。

全书内容全面、概念清晰、可读性强,可作为高等院校大气科学专业研究生和高年级本科生的教材,也可作为海洋、航空、航海等相关专业教学、科研和业务人员的参考书。

Translation from English language edition:
Tropical Meteorology: An Introduction
by T. N. Krishnamurti, Lydia Stefanova, Vasubandhu Misra
Copyright © Springer Science + Business Media New York 2013
Springer is a part of Springer Science+Business Media
All Rights Reserved

本书简体中文专有翻译出版权由 Springer Science + Business Media 授予电子工业出版社。专有出版权受法律保护。

版权贸易合同登记号　图字:01-2020-4971

图书在版编目(CIP)数据

热带气象学 /(美)T.N.克里希那穆提,(美)丽迪娅·斯特凡诺娃,(美)瓦苏班都·米斯拉著;黄小刚,姜勇强,黄泓译. -- 北京:电子工业出版社,2025.5.
(大气科学经典译丛). -- ISBN 978-7-121-50159-3

Ⅰ. P444
中国国家版本馆CIP数据核字第2025JQ1558号

责任编辑:李　敏
印　　刷:天津画中画印刷有限公司
装　　订:天津画中画印刷有限公司
出版发行:电子工业出版社
　　　　　北京市海淀区万寿路173信箱　邮编　100036
开　　本:787×1 092　1/16　印张:21.5　字数:529千字
版　　次:2025年5月第1版
印　　次:2025年5月第1次印刷
定　　价:96.90元

凡所购买电子工业出版社图书有缺损问题,请向购买书店调换。若书店售缺,请与本社发行部联系,联系及邮购电话:(010)88254888,88258888。

质量投诉请发邮件至 zlts@phei.com.cn,盗版侵权举报请发邮件至 dbqq@phei.com.cn。
本书咨询联系方式:010-88254753 或 limin@phei.com.cn。

前 言

20世纪50年代，Herbert Riehl教授和Clarence Palmer教授为热带气象学奠定了基础。他们认识到了信风、季风和热带气旋等众多现象和天气系统的重要性，成为一代又一代学生的启蒙老师。Joanne Simpson博士也是一位先驱者，她强调了热带云的重要性，认为热带云与中纬度层状云截然不同。

热带地区许多不同地方的气象中心对热带气象的研究和业务预报可以追溯到100多年前，印度气象局就是其中最早的气象中心之一。关于季风的早期研究曾定期出现在印度气象局的报告之中。美国气象服务部门成立于1870年，1890年更名为气象局。即使在那个年代，美国气象局就已经开始了对飓风的追踪和初步的地面观测。

在过去的50年里，热带气象学在科学上取得了巨大进步。对这一科学领域的贡献不仅来自热带国家，也来自高纬度地区的许多科学家。在这50年中，针对热带特定科学现象开展科学考察和数据收集的现场实验一直在如火如荼地进行，这进一步加深了我们对热带地区大气结构和天气过程的了解。

近些年来，低纬度数值天气预报领域也取得了很大进展，并发展为云可分辨模式，同时对不同尺度和尺度间的相互作用进行了深入研究。近年来，热带低频振荡也引起了广泛关注，许多与MJO和ENSO相关的科学出版物涌现。

本教材通过不同章节对这些科学领域进行了有序整理和组织，以期使读者能够循序渐进地理解相关基础知识。

T. N. Krishnamurti

Lydia Stefanova

Vasubandhu Misra

原著者推荐序

We welcome the translation of this book to Chinese, which potentially will reach a vast and enthusiastic audience of erudite readers. The topics of this textbook should be of high significance to the Chinese readership given that China is part of the tropical Asian Monsoon system. The translation of this book to Chinese is a great tribute to Prof. Krishnamurti's legacy which includes several of his students of Chinese origin who conducted pioneering research with him in Tropical Meteorology at the Florida State University.

我们欢迎将这本教材翻译成简体中文出版，这将惠及更多热情的读者。鉴于中国是热带亚洲季风系统的一部分，这本教材的主题对中国读者来说应该具有更特殊的意义。这本教材的中译版也是对 Krishnamurti 教授的致敬。他和他的几位华裔学生，在佛罗里达州立大学在热带气象学方面进行了开创性的研究。

Vasubandhu Misra
于佛罗里达州立大学

译者序

　　海洋是热带的主角,是台风的摇篮、风雨的故乡,也是交通和贸易的要道、资源的宝库。据统计,约90%的全球贸易通过海洋运输进行,约95%的全球电信传输通过海底电缆实现,全球有43亿人所需蛋白质摄入的15%来自海洋渔业和水产养殖业,超过30%的全球石油和天然气在海上开采。海洋还是地球的呼吸系统,存储和吸收世界30%的二氧化碳,海洋浮游植物生产地球生存所需氧气的50%。海洋调节着地球的气候和温度,使地球适合不同形式的生命体生存。

　　中国人对海洋的认识经历了漫长的过程。在中国古代先民看来,海洋与中原之间有着难以逾越的阻隔,无论是空间距离还是时间长度都难以丈量。海洋多被想象成吐星出日、神隐怪匿的世界,"日月之行,若出其中;星汉灿烂,若出其里。"以《山海经》树立四海观念,明确掌管四海之神为代表,海洋承载着古人的美好想象,构筑起中国人的另一个精神家园。自唐宋航海技术大发展以来,中国一直是西太平洋区域最重要的海上力量,中国商船频繁往来于黄海、东海、南海,甚至印度洋的各个港口。但近代以来,由于国防空虚,我国遭受了来自海上的入侵,清政府被迫签订了一系列不平等条约,中国逐渐沦为半殖民地半封建社会。

　　"只有站在整个人类发展的历史长河中,才能透视出历史运动的本质和时代发展的方向。"经略海洋,建设海洋强国,实现民族复兴成为新时代的共识。在我国推进"21世纪海上丝绸之路"宏大战略的背景下,深入了解海上及海洋影响地区大气运动特征和天气系统演变规律变得十分迫切。

　　在天气学中,一般将南北半球副高脊线之间的区域定义为热带,海洋占据着热带大部分的面积。这里是地气系统中太阳短波辐射的净获得区,它将接收到的多余能量输出到高纬度地区,成为地球大气运动的发动机。厄尔尼诺和南方涛动是这里特有的现象,热带辐合带使这里成为全球降水的主要区域,而季风又深刻影响着毗邻陆地降水的季节变化。这些都使热带气象学成为一门与人们生产生活密切相关的重要学科。

长期以来，热带气象学多作为《天气学原理》课程的一部分进行介绍，广度和深度多有不足。在这一部分内容的教学过程中，译者先后研读了本书作者之一 T. N. Krishnamurti 教授所著的《热带气象学》（包澄澜等译，1987）、原空军气象学院喻世华教授和陆胜元教授合著的《热带天气学概论》（气象出版社，1986）、中山大学梁必骐教授等编著的《热带气象学》（中山大学出版社，1990）等教材，这些书为教学提供了有益的参考。Krishnamurti 教授等 2013 年所著的 Tropical Meteorology: An Introduction 则是到目前为止最全面的关于热带气象学的专业教材，其不仅从不同尺度介绍了热带地区最主要的大气运动特征和主要天气系统，还与动力学紧密结合，既有广度又有深度，是开展热带气象学研究和教学的重要参考著作。

得益于电子工业出版社"大气科学经典译丛"出版计划的支持，在国家自然科学基金项目（42330610、42075010、42075053）和国防科技大学规划教材建设项目的联合资助下，国防科技大学气象海洋学院天气学原理教学团队组织力量翻译了此书。其中，第 1~5 章由姜勇强翻译，第 6~11 章由黄泓翻译，第 12~19 章由黄小刚翻译，全书由黄小刚统稿。另外，本书在翻译过程中同步更正了原著中的一些笔误。期望本书的出版能对推进热带气象学的研究和教学有所帮助。

由于译者水平有限，书中不足之处在所难免，望读者批评指正。

黄小刚

2024 年 7 月

目 录

第1章 热带纬向平均环流 ·· 1

   1.1 引言 ·· 1

   1.2 纬向时间平均场 ··· 1

      1.2.1 纬向风 ·· 1

      1.2.2 经向平均环流 ·· 2

      1.2.3 温度场 ·· 4

      1.2.4 湿度场 ·· 5

   1.3 纬向对称环流的经向输送 ·· 6

   1.4 Hadley 环流理论 ·· 8

      1.4.1 Kuo-Eliassen 方程的推导 ··· 8

      1.4.2 Kuo-Eliassen 方程的讨论 ··· 10

   原著参考文献 ·· 11

第2章 热带地区的纬向非对称特征 ··· 13

   2.1 引言 ·· 13

   2.2 850 hPa 和 200 hPa 对流层风 ·· 13

   2.3 对流层高层的运动场 ·· 15

   2.4 温度场 ·· 17

   2.5 热带地区的东/西向环流 ·· 19

   2.6 湿度场 ·· 20

   2.7 海平面气压场 ·· 21

   2.8 降水场 ·· 22

   2.9 其他参数 ··· 25

   原著参考文献 ·· 25

第 3 章 热带辐合带 ·· 27

3.1 热带辐合带的观测 ··· 27
3.2 热带辐合带理论 ··· 31
3.3 暖池 SST 的调节 ·· 33
原著参考文献 ··· 35

第 4 章 热致环流 ·· 37

4.1 Gill 大气模型 ··· 37
    4.1.1 Gill 大气模型方程 ··· 37
    4.1.2 Gill 大气模型的解 ··· 40
4.2 沙漠热低压 ·· 47
    4.2.1 热低压的日变化 ·· 48
    4.2.2 热低压的垂直运动和散度结构 ···································· 51
    4.2.3 热低压上空辐射传输的垂直廓线 ································· 53
    4.2.4 热低压的下沉运动和横向遥相关 ································· 56
4.3 热低压的热量收支 ··· 56
原著参考文献 ··· 58

第 5 章 季风 ·· 59

5.1 引言 ··· 59
5.2 季风区 ·· 60
5.3 非均匀加热和季风 ··· 60
5.4 亚洲季风的主轴 ··· 61
5.5 亚洲夏季风和冬季风的关键特征 ······································· 62
5.6 季风爆发和撤退的等日期线 ··· 63
5.7 季风爆发的特征 ··· 65
5.8 季风的爆发和来自南方的水汽墙 ······································· 67
5.9 季风爆发后阿拉伯海的冷却 ··· 68
5.10 与季风爆发相关的部分动力场 ·· 73
5.11 ψ-χ 相互作用 ··· 75
5.12 夏季风的最强降水量 ·· 80
5.13 印度季风的中断 ··· 81
5.14 印度季风的活跃期、中断期和撤退期 ······························· 84

5.15 索马里急流 ·· 87
  5.16 索马里急流的边界层动力学 ··· 90
  5.17 索马里急流区域的上升流 ··· 92
  原著参考文献 ··· 93

第 6 章 热带波动和热带低压 ·· 96
  6.1 引言 ··· 96
  6.2 正压不稳定 ··· 98
    6.2.1 正压不稳定存在的必要条件 ·· 98
    6.2.2 研究热带正压不稳定的有限差分方法 ····································· 100
  6.3 正压—斜压联合不稳定 ··· 101
    6.3.1 正压—斜压联合不稳定存在的必要条件 ································· 101
    6.3.2 正压—斜压联合不稳定问题的初值方法 ································· 103
  6.4 两类非洲波 ··· 107
  原著参考文献 ··· 111

第 7 章 热带季节内振荡 ··· 112
  7.1 观测事实 ·· 112
  7.2 MJO 理论 ·· 120
  7.3 MJO 中的西风爆发 ··· 124
  7.4 ENSO 的生消与 MJO 的联系 ·· 124
  7.5 穿越热带的波能通量 ··· 126
  7.6 基于实测数据的 ISO 预测 ··· 128
  原著参考文献 ··· 133

第 8 章 尺度间相互作用 ··· 135
  8.1 简介 ·· 135
  8.2 波数域 ··· 135
  8.3 频域 ·· 138
  8.4 频域示例 ·· 139
  8.5 波数域示例 ··· 142
    8.5.1 全球热带地区 ·· 142
    8.5.2 飓风 ·· 144

附录1　波数域方程的推导 ················· 150

附录2　一个简单的例子 ··················· 154

原著参考文献 ·································· 156

第9章　厄尔尼诺和南方涛动 ············· 157

9.1　简介 ······································ 157

9.2　观测事实 ································ 157

9.3　ENSO 情景 ···························· 159

9.3.1　近赤道纬度海平面气压出现异常 ······· 159

9.3.2　信风 ······························ 161

9.3.3　西太平洋海水的堆积 ············· 162

9.3.4　温跃层转换 ······················ 163

9.3.5　典型海温异常、正常年和厄尔尼诺年海温异常 ·· 164

9.3.6　太平洋北美（PNA）遥相关型 ····· 166

9.3.7　发源于厄尔尼诺地区、近乎环绕全球的西风急流 · 166

9.4　ENSO 的耦合模拟 ····················· 168

9.4.1　Zebiak-Cane 海洋模式 ············ 168

9.4.2　Zebiak-Cane 海洋模式的模拟结果 ·· 171

9.5　ENSO 理论 ····························· 173

原著参考文献 ·································· 174

第10章　全球热带非绝热位涡 ············ 176

10.1　简介 ···································· 176

10.2　非绝热位涡方程 ······················ 177

10.3　非绝热位涡方程在全球热带地区的应用 ·· 177

10.3.1　位涡 ···························· 178

10.3.2　位涡的水平平流 ················ 179

10.3.3　位涡的垂直平流 ················ 179

10.3.4　垂直加热梯度 ·················· 179

10.3.5　水平加热梯度 ·················· 181

10.3.6　摩擦贡献项 ···················· 181

10.4　非绝热位涡方程在飓风系统中的应用 ···· 182

原著参考文献 ·································· 183

第 11 章 热带云团 185

11.1 引言 185
11.2 简单浮力驱动的干对流 186
11.3 简单浮力驱动的浅层湿对流 189
11.3.1 简单云模型 189
11.3.2 初始条件和边界条件及区域定义 191
11.3.3 数值模拟结果 191
11.4 云模式 194
11.4.1 运动学和热力学 195
11.4.2 云微物理 196
11.4.3 转换过程 200
11.4.4 模拟结果 201
原著参考文献 205

第 12 章 热带边界层 207

12.1 经验模型 207
12.1.1 混合长的概念 207
12.1.2 风廓线和地表拖曳 208
12.1.3 总体空气动力学方法 209
12.2 边界层的观测事实 210
12.3 一个简单的热带边界层模式 214
12.4 近地层相似理论 215
12.5 大尺度热带边界层的尺度分析 218
12.6 越赤道气流和行星边界层动力学 219
原著参考文献 221

第 13 章 辐射强迫 222

13.1 热带地区的辐射过程 222
13.2 浅积云和辐射传输 223
13.3 近地层能量平衡 224
13.3.1 地表温度 225
13.3.2 水汽收支和水循环研究中水汽通量的估算 225
13.3.3 表面感热和潜热通量 226

13.3.4 地球表面净太阳（短波）辐射·················226
13.3.5 地球表面净热（长波）辐射··················226
13.3.6 地表感热通量···························228
13.3.7 地表潜热通量···························229
13.4 大气层顶部净辐射通量···························231
13.4.1 大气层顶部的净太阳辐射··················231
13.4.2 大气层顶部的净热辐射····················233
13.5 Hadley 环流和纬向环流的辐射强迫·················234
13.6 季风的生命周期·······························234
原著参考文献·······························236

第 14 章 干静力稳定度和湿静力稳定度·················237

14.1 引言·······································237
14.2 一些常用的定义·······························237
14.3 干静力能和湿静力能···························238
14.3.1 干静力能·······························238
14.3.2 湿静力能·······························239
14.4 干静力稳定度和湿静力稳定度方程·················240
14.4.1 干静力稳定度方程·························240
14.4.2 湿静力稳定度方程·························243
14.5 信风逆温的观测事实···························244
原著参考文献·······························251

第 15 章 飓风的观测···································252

15.1 引言·······································252
15.2 常规观测····································257
15.3 印度洋海域的热带气旋·························261
原著参考文献·······························263

第 16 章 飓风的生成、路径和强度·······················264

16.1 引言·······································264
16.2 飓风的生成··································265
16.2.1 水平切变不稳定···························265
16.2.2 位涡守恒·······························266

16.2.3 非绝热效应 266
16.2.4 飓风中 PV 方程各项的量级 267
16.3 飓风的路径 268
16.3.1 β 效应 268
16.3.2 藤原效应 269
16.3.3 热带气旋的变性 270
16.4 飓风的强度 273
16.4.1 角动量原理 273
16.4.2 局地柱坐标系 274
16.4.3 力矩 275
16.4.4 飓风中的角动量场是什么样的 276
16.4.5 云力矩 277
16.4.6 表面摩擦力矩 279
16.4.7 什么是角动量常数廓线 279
16.4.8 气压力矩 280
16.4.9 内强迫与外强迫 282
16.4.10 涡旋热塔 284
16.4.11 涡旋 Rossby 波 284
附录 1 切变涡度到曲率涡度的转换 285
原著参考文献 286

第 17 章 飓风模式与预报 287

17.1 引言 287
17.2 轴对称飓风模式 287
17.3 主流业务模式 291
17.4 大西洋飓风的多模式超级集合 293
17.5 太平洋台风的多模式超级集合 295
17.6 大西洋飓风的中尺度模式集合预报及中尺度模式与大尺度模式组合预报 296
原著参考文献 298

第 18 章 热带海风与日变化 300

18.1 引言 300
18.2 海风模式 301
18.3 关于日变化的一些观测事实 304

• XIII •

18.4 季风区的日变化 307
    18.4.1 印度降水的日变化 310
    18.4.2 喜马拉雅山麓与青藏高原东部降水的日变化转换 311
    18.4.3 Arritt 列线图 311
    18.4.4 季风尺度的日变化 314
原著参考文献 316

第 19 章 热带飑线和中尺度对流系统 318

19.1 引言 318
19.2 西非飑线 319
    19.2.1 飑线——"非洲波的重要组成部分" 319
    19.2.2 位于两支东风急流之间的飑线 320
    19.2.3 其他飑线模型 321
    19.2.4 飑线和非飑线系统 322
19.3 中尺度对流系统 325
19.4 对流组织化 326
原著参考文献 329

第 1 章

热带纬向平均环流

1.1 引言

一般情况下，我们用高度（或气压）—时间图来说明热带大气的几个简单气候特征，如纬向风、温度、湿度（比湿）和经向平均环流（Hadley 环流）。

常用长时间的季节平均值或月平均值来描述大气变量的纬向对称分布。设 Q 为任意量，它是纬度（φ）、经度（λ）、气压（p）和时间（t）的函数，有

$$[Q] = \frac{1}{2\pi}\int_0^{2\pi} Q \mathrm{d}\lambda \tag{1.1}$$

$[Q]$ 表示 Q 在一个纬度圈内的纬向平均，而

$$\overline{Q} = \frac{1}{T}\int_0^T Q \mathrm{d}t \tag{1.2}$$

$\overline{Q}$ 表示 Q 在一个时段 T 内的时间平均。纬向时间平均 $[\overline{Q}]$ 是纬度和气压的函数，即 Q 在经向—垂直剖面上的变化。

本章首先讨论纬向风速 $[\overline{u}]$、经向平均环流 $[\overline{v}]$、温度 $[\overline{T}]$ 和湿度 $[\overline{q}]$ 的经向—垂直剖面结构。第 2 章将讨论热带大气的纬向非对称性这一重要问题。

1.2 纬向时间平均场

1.2.1 纬向风

一年中不同季节的纬向平均风速分布如图 1.1 所示。在赤道（EQ）上空，整个对流层盛行东风。从图 1.1 中还可以看到西风急流，其在冬半球 200 hPa 附近最强。北半球最强西风急流所在的纬度从冬季的约 30°N 北移到夏季的约 45°N。在北半球夏季 0°~20°N 纬

度带中，东风随着高度的增加而变强。在北半球冬季的同一纬度带中，地面到 850 hPa 之间的东风逐渐增强，但随着高度的进一步增加，东风逐渐减弱。不同纬度之间的东西风切变具有重要的动力学意义。秋季，热带东风在 300 hPa 附近最强；春季，热带东风在 700 hPa 附近最强。

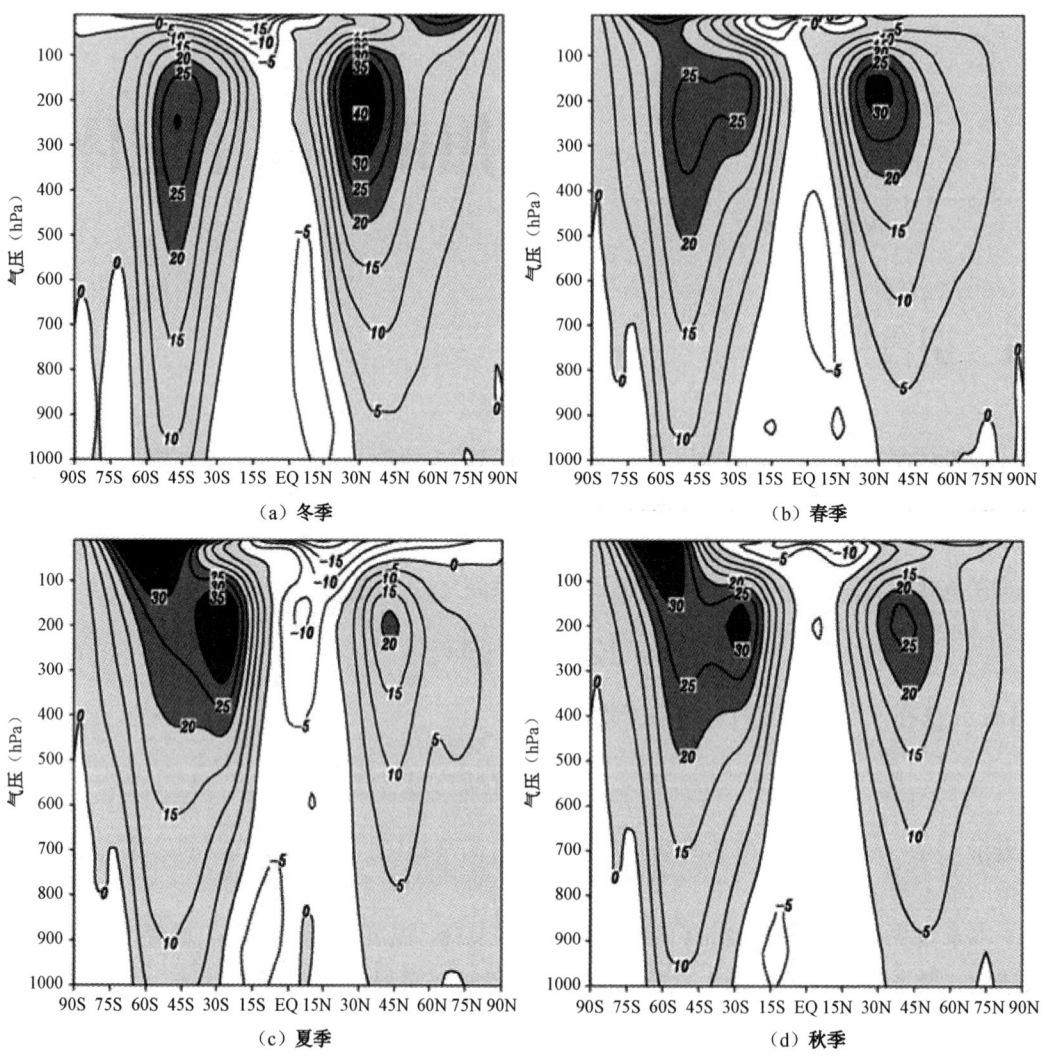

图 1.1　1970－2000 年冬季（12—2 月）、春季（3—5 月）、夏季（6—8 月）和秋季（9—11 月）的纬向平均风分量。风速单位为 m s^{-1}；等值线间距为 5 m s^{-1}（根据 NCEP/NCAR 再分析资料计算）

1.2.2　经向平均环流

通常用流函数来描述经向平均环流。纬向对称运动的连续性方程可以写为

$$\frac{1}{r}\frac{\partial [\bar{v}]}{\partial \varphi}+\frac{\partial [\bar{\omega}]}{\partial p}-\frac{\tan \varphi}{r}[\bar{v}]=0 \qquad (1.3)$$

或

$$\frac{1}{r}\frac{\partial [\overline{v}]\cos\varphi}{\partial \varphi}+\frac{\partial [\overline{\omega}]}{\partial p}=0 \tag{1.4}$$

式中，v是经向速度，ω是气压坐标系中的垂直速度，r是地球半径。

定义一个流函数ψ来表示平均经向环流，该流函数满足纬向平均的连续性方程，即

$$\frac{\partial [\overline{\psi}]}{\partial p}=[\overline{v}]\frac{2\pi r\cos\varphi}{g} \tag{1.5}$$

$$\frac{1}{r}\frac{\partial [\overline{\psi}]}{\partial \varphi}=-[\overline{\omega}]\frac{2\pi r\cos\varphi}{g} \tag{1.6}$$

需要注意的是，式（1.5）或式（1.6）中引入常数$2\pi r/g$，ψ的单位是$kg\ s^{-1}$。在这种情况下，ψ的正负符号选择是任意的，正的流函数对应经向—垂直剖面中的顺时针环流。这部分内容将在1.4节详细讨论。

通常利用观测资料按照以下方法构造$[\overline{\psi}]$：首先，使用每月风的长期观测记录，计算出纬向时间平均（季节或月）的经向风$[\overline{v}]$，它是纬度和气压的函数；其次，通过求解连续方程（1.3），计算出各层的纬向时间平均垂直速度$[\overline{\omega}]$；最后，通过求解由式（1.5）和式（1.6）组成的方程组来计算纬向时间平均流函数$[\overline{\psi}]$。流函数场是一种方便观察环流的方法，因为它同时包含了经向运动和垂直运动的信息。

图1.2为1968—1989年代表性月份（1月、4月、7月、10月）的纬向平均环流及其年平均场。$[\overline{\psi}]$相邻等值线之间的间隔表示单位时间通过两条等值线之间空气的总质

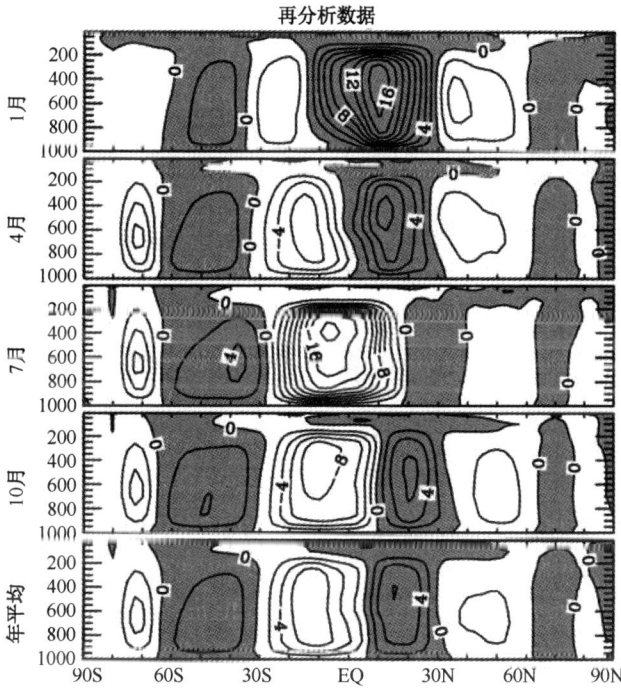

图1.2　1968—1989年1月、4月、7月、10月的纬向平均流函数及其年平均场，其中，单位为$10^{10}\ kg\ s^{-1}$，等值线间隔为$2\times 10^{10}\ kg\ s^{-1}$（引自Waliser等，1999）

量（2×10^{10} kg s^{-1}）。这些图常用来表示 Hadley 环流圈、Ferrel 环流圈和极地环流圈，即平均经向环流的 3 个环流圈。从热带地区的角度来看，最需要关注的是 Hadley 环流圈，从图 1.2 中很容易看出该环流的上升支和下沉支。冬季和夏季的 Hadley 环流圈比其余两个季节的更强。Hadley 环流上升支所在的纬度有明显的季节变化，北半球夏季时在 10°N 附近，冬季时在 5°S 附近，而春季时在赤道附近。在 Hadley 环流的上升支中，上升运动速度为 0.4 cm s^{-1}，而南北风分量达到了 1～2 m s^{-1} 量级。从 $[\overline{T}]$ 的分布注意到，Hadley 环流是直接热力环流，即它沿温度梯度输送热量，这对纬向有效位能转换为纬向动能有重要作用。

1.2.3 温度场

纬向季节平均温度场 $[\overline{T}]$ 如图 1.3 所示。由图 1.3 可以看出，中纬度地区具有较强的经向温度梯度，而热带地区经向温度梯度较小。还有一些特征是值得关注的，例如，每年北半球夏季时，寒冷的热带对流层顶和副热带对流层低层有相对较高的温度。需要指出的是，纬向平均处理平滑了海陆温度对比，因此这里的温度既不代表陆地，也不代表海洋。这在北半球夏季尤为重要，因为此时的纬向非对称性十分明显。如图 1.3 所示的对称分量并不能代表经向变化，Hadley 环流产生纬向动能的情况除外。图 1.3 另一个重要特征是对流层顶高度（100 hPa）及其附近处的温度梯度（垂直和水平）的逆转。对流层顶强烈的温度梯度使副热带急流在 200 hPa 附近达到最大。

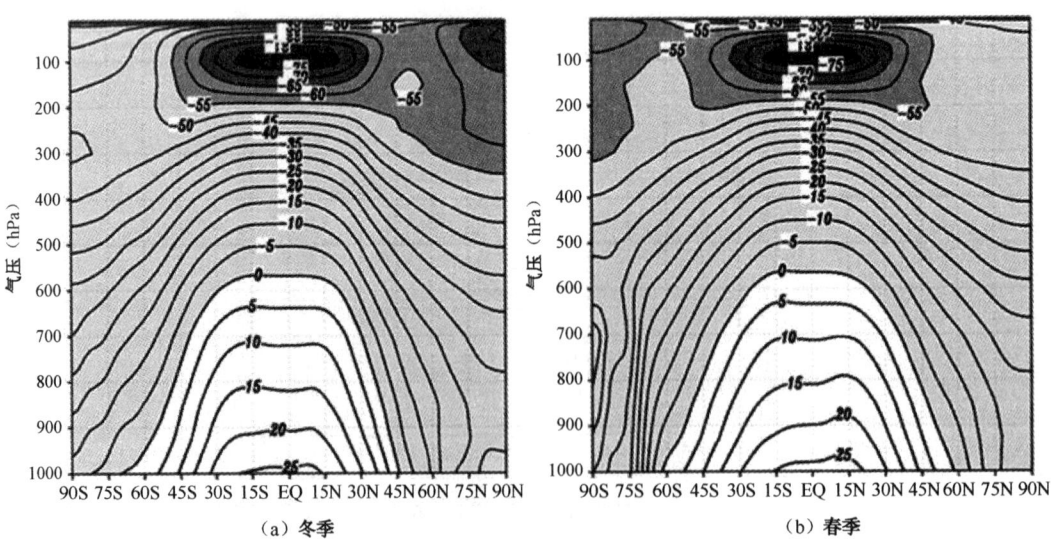

图 1.3 1970—2000 年冬季（12—2 月）、春季（3—5 月）、夏季（6—8 月）和秋季（9—11 月）的纬向平均温度，单位为℃（根据 NCEP/NCAR 再分析资料计算）

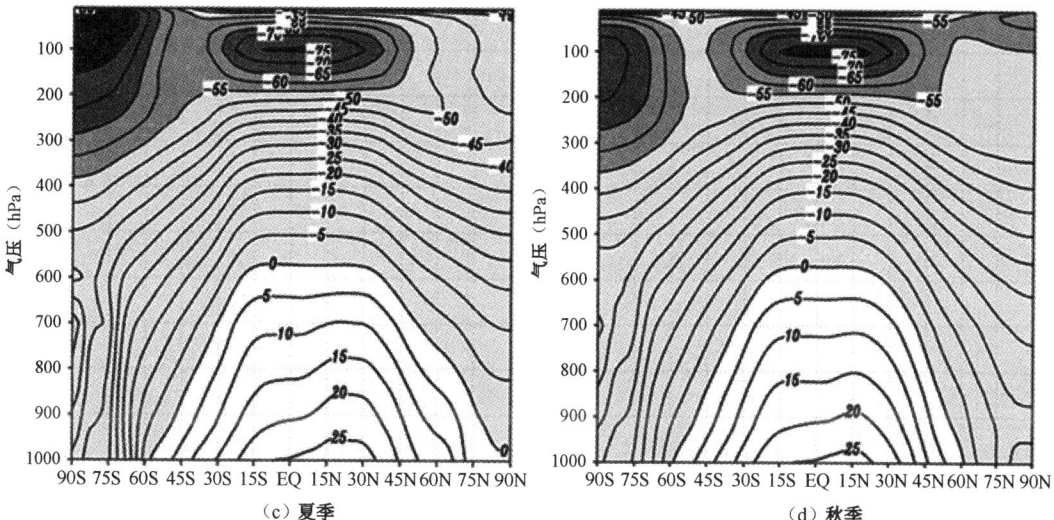

(c) 夏季　　　　　　　　　　　　　　　(d) 秋季

图 1.3　1970—2000 年冬季（12—2 月）、春季（3—5 月）、夏季（6—8 月）和秋季（9—11 月）的纬向平均温度，单位为℃（根据 NCEP/NCAR 再分析资料计算）（续）

1.2.4　湿度场

比湿场 [q] 如图 1.4 所示，最大值位于赤道附近，约为 18 g kg^{-1}，而在 45°N 附近中纬度地区约为 6 g kg^{-1}。低纬度地区大量水汽对虚温有很大影响，如对于 20℃ 的地面温度，相应的虚温校正可达 3℃，这在热力学计算中相当重要。尽管温度本身的经向梯度（见图 1.3）很小，但热带地区较大的湿度经向梯度（见图 1.4）会形成相当大的虚温经向梯度。湿度的纬向对称分量在陆地和海洋之间的差异不明显，因此有必要说明温度场和比湿场相对于纬向平均结构的异常。

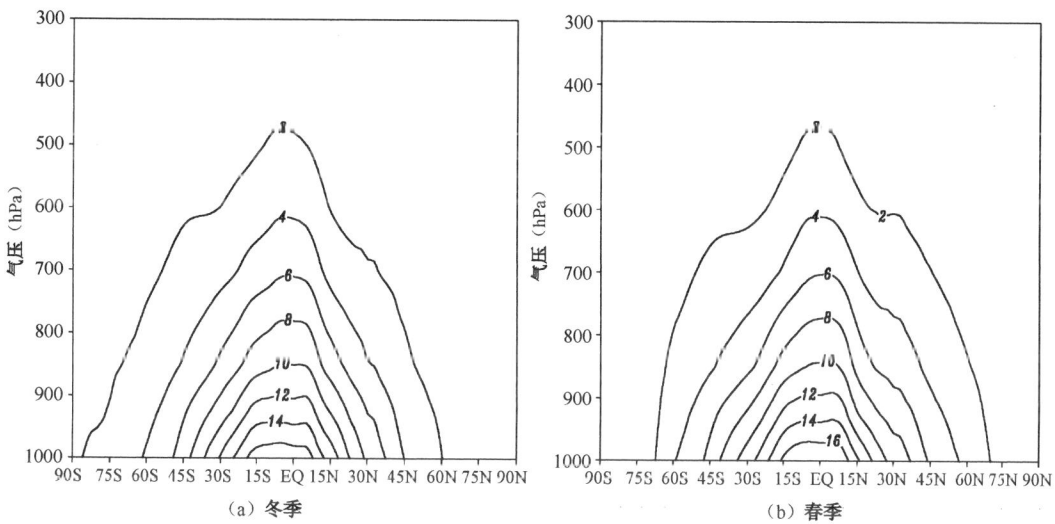

(a) 冬季　　　　　　　　　　　　　　　(b) 春季

图 1.4　1970—2000 年冬季（12—2 月）、春季（3—5 月）、夏季（6—8 月）和秋季（9—11 月）的纬向平均比湿，单位为 g kg^{-1}（根据 NCEP/NCAR 再分析资料绘制）

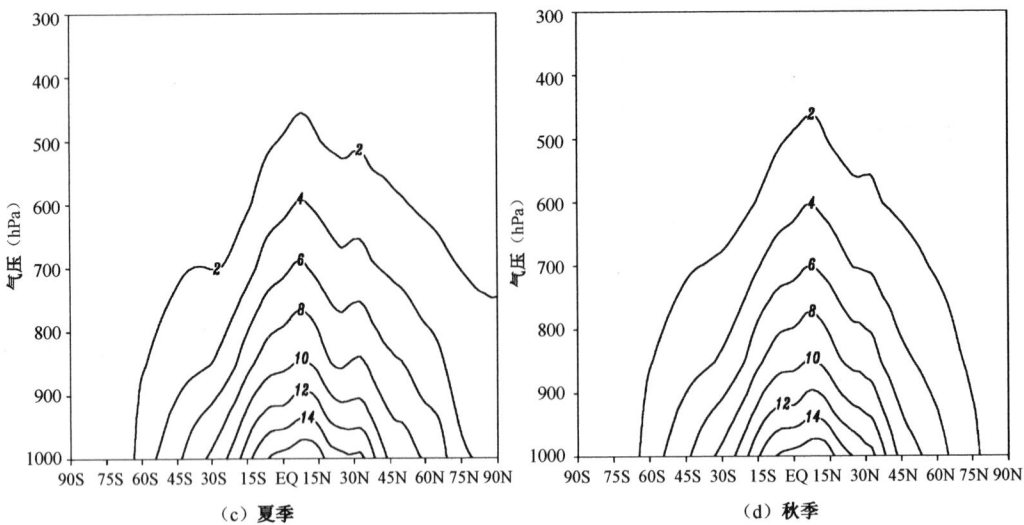

图 1.4 1970—2000 年冬季（12—2 月）、春季（3—5 月）、夏季（6—8 月）和秋季（9—11 月）的纬向平均比湿，单位为 g kg^{-1}（根据 NCEP/NCAR 再分析资料绘制）（续）

1.3 纬向对称环流的经向输送

众所周知，Hadley 环流在向极的通量输送中起着重要作用。采用 Lorenz（1967）的标记方法，设一个变量 Q，满足 $Q = \overline{Q} + Q'$，其中，$\overline{Q}$ 是时间平均值，Q' 是与该时间平均值的偏差；也可以写成 $Q = [Q] + Q^*$，其中，$[Q]$ 是纬向平均值，Q^* 是与该纬向平均值的偏差。利用这两个关系式，Q 的总经向输送可以写为

$$[Qv] = [\overline{Q}][\overline{v}] + \overline{[Q'][v']} + \overline{[Q^*v^*]}$$

式中，$[Qv]$ 为总输送量（TT），$[\overline{Q}][\overline{v}]$ 为平均经向环流输送量（MMC），$\overline{[Q'][v']}$ 为瞬变涡旋输送量（TE），$\overline{[Q^*v^*]}$ 为定常涡旋输送量（SE）。

表 1.1～表 1.3 为 1 月和 7 月的动量、感热和位能经向输送情况（Oort 和 Rasmusson，1970）。

表 1.1 动量的经向输送   单位：m^2 s^{-2}

月 份	输送项	赤道	15°N	30°N	45°N	60°N
1 月	TE	-0.1	3.4	13.3	11.2	2.8
	SE	-0.7	0.1	4.6	0.9	-11.8
	MMC	-0.8	4.9	-1.7	-2.3	0.5
7 月	TE	1.4	1.1	4.4	7.2	-0.4
	SE	0.7	2.5	3.1	0.3	-0.4
	MMC	2.4	-0.2	-0.0	-0.9	-0.1

注：数据代表 1012.5 hPa 和 75 hPa 大气层之间大气各量的平均值。为了转换为能量输送单位，乘以 $(2\pi r \cos\varphi)(p_0 - p)/g$，表 1.2、表 1.3 同此。

表 1.2　感热（C_pT）的经向输送　　　　　　　　　单位：°C m s⁻¹

月　份	输送项	赤道	15°N	30°N	45°N	60°N
1 月	TE	-0.4	-0.8	4.7	6.9	8.6
	SE	0.0	0.0	2.2	10.3	7.8
	MMC	-27.0	-23.0	4.0	7.0	-3.0
7 月	TE	0.1	-0.3	0.3	4.1	4.8
	SE	0.1	0.1	0.2	0.7	-0.6
	MMC	26.0	-1.0	2.0	4.0	1.0

表 1.3　位能（gz）的经向输送　　　　　　　　　单位：10^3 m³ s⁻²

月　份	输送项	赤道	15°N	30°N	45°N	60°N
1 月	TE	0.0	-0.1	-0.2	-0.4	0.2
	SE	0.0	0.0	-0.1	0.1	0.2
	MMC	40.0	37.0	-6.0	14.0	6.0
7 月	TE	0.0	0.0	0.0	-0.2	0.0
	SE	0.0	-0.1	0.0	0.0	0.1
	MMC	-40.0	2.0	-4.0	-7.0	-1.0

如表 1.1～表 1.3 所示的仅是北半球的数据，对于热带大气，选取有代表性的赤道、15°N 和 30°N 这 3 个纬度进行分析。北半球冬季时，平均经向环流在赤道和 30°N 之间很强。在赤道至 15°N，平均经向环流占输送的很大一部分，特别是感热和位能输送特别大。在 15°N 至极地之间，瞬变涡旋对通量输送的贡献与平均经向环流相当甚至更大。北半球夏季时，平均经向环流输送在赤道是主要的，在 15°N 至极地之间则相对较少。

上述分析表明，南北半球间的跨赤道通量输送主要由 Hadley 环流完成（这一点可从赤道 Hadley 环流输送占主导地位推测出来）。在 15°S～15°N 的近赤道带中，定常涡旋输送量和瞬变涡旋输送量与 Hadley 环流输送的通量相比较小。

动能是一个正值，它的输送只由 Hadley 环流输送的方向决定。最大动能位于对流层上层，即接近 200 hPa 的高度，显然，动能沿着 Hadley 环流从夏半球输送到冬半球。但动量是有正负的。在赤道地区，最大的东风（负）动量位于 200 hPa 附近，负动量从夏半球输送到冬半球，这相当于西风（正）动量从冬半球输送到夏半球。

大部分水汽（比湿）位于对流层低层，因此，Hadley 环流的下分支对潜热的跨赤道输送很重要，由此可知，潜热从冬半球输送到夏半球。

感热在近地面附近具有较大的正值，并随高度的升高而减小，因此，C_pT 的净跨赤道输送主要在对流层低层。这就要求感热从冬半球向夏半球进行跨赤道净输送。

位能随高度的升高而增大，因此，Hadley 环流的上分支主导了位能的跨赤道输送，位能通量从夏半球输送到冬半球。

1.4　Hadley 环流理论

本节介绍一个简单的 Hadley 环流理论。该理论从纬度/气压坐标中的 Hadley 环流流函数推导了一个简单的椭圆二阶偏微分方程。这个偏微分方程与准地转 ω 方程相似。准地转 ω 方程等号左边有一个拉普拉斯算子，等号右边有两个强迫函数。一个强迫函数是差分涡度平流（上层涡度平流减去邻近的下层涡度平流），如果上层涡度平流是正的，并且大于相邻的下层涡度平流，那么这个强迫函数就是正的，有利于上升运动。另一个强迫函数是温度平流的负拉普拉斯，其通常在局部温度平流达到最大时较大，在强烈的暖平流和上升运动区域产生正的强迫。纬向—垂直剖面上的 Hadley 环流流函数的 Kuo-Eliassen 方程和准地转 ω 方程相似。它也包含两个强迫函数，即西风动量经向涡旋通量的外垂直微分，以及热带内部加热的经向微分。这些强迫函数决定了 Hadley 环流的强度和结构。

1.4.1　Kuo-Eliassen 方程的推导

在气压和球坐标系中，原始方程如下所示。

（1）纬向运动方程：

$$\frac{\partial u}{\partial t}+\frac{1}{r\cos\varphi}\frac{\partial(uu)}{\partial \lambda}+\frac{1}{r}\frac{\partial(uv)}{\partial \varphi}+\frac{\partial(u\omega)}{\partial p}-\frac{\tan\varphi}{r}uv- \\ \left(f+2\frac{\tan\varphi}{r}u\right)v-\frac{g}{r\cos\varphi}\frac{\partial z}{\partial \lambda}+F_u=0 \tag{1.7}$$

（2）经向地转平衡方程：

$$fu+\frac{g}{r}\frac{\partial z}{\partial \varphi}=0 \tag{1.8}$$

（3）静力平衡方程：

$$\left(\frac{RT}{p\theta}\right)\theta+g\frac{\partial z}{\partial p}=0 \tag{1.9}$$

（4）连续性方程：

$$\frac{1}{r\cos\varphi}\frac{\partial u}{\partial \lambda}+\frac{1}{r}\frac{\partial v}{\partial \varphi}+\frac{\partial \omega}{\partial p}-\frac{\tan\varphi}{r}v=0 \tag{1.10}$$

（5）热力学第一定律：

$$\frac{\partial \theta}{\partial t}+\frac{1}{r\cos\varphi}\frac{\partial(\theta u)}{\partial \lambda}+\frac{1}{r}\frac{\partial(\theta v)}{\partial \varphi}+\frac{\partial(\theta\omega)}{\partial p}-\frac{\tan\varphi}{r}\theta v-\frac{\theta}{C_pT}Q=0 \tag{1.11}$$

式中，φ 是纬度，λ 是经度，p 是气压，u 是纬向风，v 是经向风，ω 是气压坐标系中的垂直速度，f 是科里奥利参数，r 是地球半径，g 是重力加速度，z 是位势高度，F_u 是纬向摩擦力，T 是温度，θ 是位温，R 是理想气体常数，C_p 是定压比热容，Q 是非绝热加热。

任意量 q 的纬向平均为 $[q] = \dfrac{1}{2\pi}\displaystyle\int_0^{2\pi} q\,\mathrm{d}\lambda$，与纬向平均的偏差 $q' = q - [q]$。将式（1.7）～式（1.11）进行纬向平均处理，并考虑 $[q_1 q_2] = [q_1][q_2] + [q_1' q_2']$ 和 $\dfrac{\partial}{\partial\lambda}[q] = 0$，则可得

$$\frac{\partial [u]}{\partial t} + \frac{1}{r}\frac{\partial([u][v])}{\partial\varphi} + \frac{\partial([u][\omega])}{\partial p} - \frac{\tan\varphi}{r}[u][v] - \left(f + \frac{\tan\varphi}{r}[u]\right)[v] - M = 0 \qquad (1.12)$$

$$f[u] + \frac{g}{r}\frac{\partial [z]}{\partial\varphi} = 0 \qquad (1.13)$$

$$\left(\frac{RT}{p\theta}\right)[\theta] + g\frac{\partial [z]}{\partial p} = 0 \qquad (1.14)$$

$$\frac{1}{r}\frac{\partial [v]}{\partial\varphi} + \frac{\partial [\omega]}{\partial p} - \frac{\tan\varphi}{r}[v] = 0 \qquad (1.15)$$

$$\frac{\partial [\theta]}{\partial t} + \frac{1}{r}\frac{\partial([\theta][v])}{\partial\varphi} + \frac{\partial([\theta][\omega])}{\partial p} - \frac{\tan\varphi}{r}[\theta][v] - \frac{fp\theta}{RT}H = 0 \qquad (1.16)$$

式中

$$M = -\frac{1}{r}\frac{\partial [u'v']}{\partial\varphi} - \frac{\partial [u'\omega']}{\partial p} + \frac{2\tan\varphi}{r}[u'v'] - [F_u] \qquad (1.17)$$

$$H = \frac{RT}{fp\theta}\left(-\frac{1}{r}\frac{\partial [\theta'v']}{\partial\varphi} - \frac{\partial [\theta'\omega']}{\partial p} + \frac{\tan\varphi}{r}[\theta'v'] + \frac{\theta}{C_p T}[Q]\right) \qquad (1.18)$$

将纬向平均连续性方程式（1.9）代入式（1.12）和式（1.16）中，可以得到

$$\frac{\partial [u]}{\partial t} + \frac{[v]}{r}\frac{\partial [u]}{\partial\varphi} + [\omega]\frac{\partial [u]}{\partial p} - \left(f + \frac{\tan\varphi}{r}[u]\right)[v] - M = 0 \qquad (1.19)$$

$$\frac{\partial [\theta]}{\partial t} + \frac{[v]}{r}\frac{\partial [\theta]}{\partial\varphi} + [\omega]\frac{\partial [\theta]}{\partial p} - \frac{fp\theta}{RT}H = 0 \qquad (1.20)$$

将纬向平均地转方程式（1.13）和纬向平均流体静力平衡方程式（1.14）组合，可以得到纬向平均热成风平衡方程，即

$$f\frac{\partial [u]}{\partial p} = -\frac{g}{r}\frac{\partial^2 [z]}{\partial\varphi\partial p} = \frac{RT}{p\theta}\frac{1}{r}\frac{\partial [\theta]}{\partial\varphi} \qquad (1.21)$$

如果对式（1.21）两边取 $\dfrac{\partial}{\partial t}$，对式（1.19）取 $\dfrac{\partial}{\partial p}$，并对式（1.18）取 $\dfrac{\partial}{\partial\varphi}$，则可以得到

$$f\frac{\partial}{\partial p}\left\{\frac{[v]}{r}\frac{\partial [u]}{\partial\varphi} + [\omega]\frac{\partial [u]}{\partial p} - \left(f + \frac{\tan\varphi}{r}[u]\right)[v] - M\right\}$$

$$= \frac{RT}{p\theta}\frac{1}{r}\frac{\partial}{\partial\varphi}\left\{\frac{[v]}{r}\frac{\partial [\theta]}{\partial p} + [\omega]\frac{\partial [\theta]}{\partial p} - \frac{fp\theta}{RT}H\right\}$$

展开并再次代入式（1.21）后，得到

$$\frac{\partial[u]}{\partial p}\left(\frac{\partial[\omega]}{\partial p}-\frac{1}{r}\frac{\partial[v]}{\partial \varphi}-\frac{\tan\varphi}{r}[v]\right)-\frac{\partial[v]}{\partial p}\left(f-\frac{1}{r}\frac{\partial[u]}{\partial \varphi}+\frac{\tan\varphi}{r}[u]\right)-\frac{RT}{fp\theta}\frac{\partial[\theta]}{\partial p}\frac{1}{r}\frac{\partial[\omega]}{\partial \varphi}$$
$$=\frac{\partial M}{\partial p}-\frac{1}{r}\frac{\partial H}{\partial \varphi} \quad (1.22)$$

引入满足纬向平均连续性方程的流函数 ψ，即

$$[v]=\frac{1}{\cos\varphi}\frac{\partial \psi}{\partial p}, \qquad [\omega]=-\frac{1}{r^2}\frac{\partial \psi}{\partial \varphi} \quad (1.23)$$

式（1.23）定义的流函数是 Hadley 环流流函数。其符号的选择是任意的——这里使用的定义使正的流函数对应顺时针环流，负的流函数对应逆时针环流。可以想象这样一个环流：南部上升运动，高层向北运动，北部下沉运动，低层向南运动。对于这样的环流，$\frac{\partial \omega}{\partial \varphi}>0$（南部上升运动 $\omega<0$，北部下沉运动 $\omega>0$），并且 $\frac{\partial v}{\partial p}<0$（高层 $v>0$，低层 $v<0$）。因此有 $\frac{\partial^2 \psi}{\partial p^2}<0$ 和 $\frac{\partial^2 \psi}{\partial \varphi^2}<0$，因为满足 $\mathrm{sgn}\left(\frac{\partial^2 \psi}{\partial \varphi^2}\right)=-\mathrm{sgn}(\psi)$，所以 ψ 为正。基于此，正的 ψ 对应顺时针环流。将式（1.23）代入式（1.22），得到 Kuo-Eliassen 方程的另一种形式，即

$$A\frac{\partial^2 \psi}{\partial p^2}+\frac{2B}{r}\frac{\partial^2 \psi}{\partial \varphi \partial p}+\frac{C}{r^2}\frac{\partial^2 \psi}{\partial \varphi^2}+2B\frac{\tan\varphi}{r}\frac{\partial \psi}{\partial p}+C\frac{\tan\varphi}{r^2}\frac{\partial \psi}{\partial \varphi}$$
$$=\cos\varphi\left(\frac{\partial M}{\partial p}-\frac{1}{r}\frac{\partial H}{\partial \varphi}\right) \quad (1.24)$$

式中

$$A=-f+\frac{1}{r}\frac{\partial[u]}{\partial \varphi}-\frac{\tan\varphi}{r}[u], \quad B=-\frac{\partial[u]}{\partial p}, \quad C=\frac{RT}{fp\theta}\frac{\partial[\theta]}{\partial p} \quad (1.25)$$

式（1.24）是以 ψ 为未知数、在 $\varphi-p$ 平面中的二阶偏微分诊断方程。假设方程满足椭圆条件（$AC-B^2>0$），在通常情况下，式（1.24）可以作为边值问题进行数值求解，以获得由 ψ 定义的纬向平均环流的结构。式（1.24）左侧给出的纬向平均环流是由右侧的源和汇所驱动的——非绝热加热的经向梯度、纬向摩擦的垂直梯度、热量和动量的经向涡旋通量和垂向涡旋通量。

理解式（1.24）含义的关键在于理解强迫函数 $F_1=\cos\varphi\frac{\partial M}{\partial p}$ 和 $F_2=-\frac{\cos\varphi}{r}\frac{\partial H}{\partial \varphi}$ 所产生的影响。F_1 是外（对热带）强迫，包含动量的涡旋通量项。F_2 是内强迫，包括热通量的涡旋辐合项和加热。在 F_2 中，最重要的是深层积云对流加热及辐射加热和辐射冷却，而涡旋项是次要的。

1.4.2 Kuo-Eliassen 方程的讨论

下面讨论式（1.24）的解。一般采用 NCEP 和 ECMWF 等提供的再分析资料来计算

式（1.24）等号右边的各项。可以通过有限差分来计算 H 和 M 中的每一项，月平均或季节平均的 H 和 M 可以用来计算强迫函数 F_1 和 F_2。外强迫（F_1）主要由 M 中的第一项决定，即 $\dfrac{\partial M}{\partial p} \approx -\dfrac{\partial}{\partial p}\dfrac{1}{r}\dfrac{\partial [u'v']}{\partial \varphi}$。由于该项与气压和纬度导数的顺序无关，因此该项可以写为 $\dfrac{\partial M}{\partial p} \approx -\dfrac{1}{r}\dfrac{\partial}{\partial \varphi}\dfrac{\partial [u'v']}{\partial p}$。对流层上层的动量通量通常较大，可以定性地将其写为

$$\frac{\partial M}{\partial p} \approx -\frac{1}{r}\frac{\partial}{\partial \phi}\frac{[u'v']_{1000\,\text{hPa}} - [u'v']_{200\,\text{hPa}}}{800\,\text{hPa}} \approx \frac{1}{r}\frac{\partial}{\partial \phi}\frac{[u'v']_{200\,\text{hPa}}}{800\,\text{hPa}}$$

在将整个热带区域积分后，该项成为西风动量的边界通量。因此，热带的中纬度边界西风动量的净涡旋通量为 Hadley 环流的驱动提供正强迫。

Hadley 环流理论分析中的第二项是包含在 F_2 中加热的微分。该强迫函数需要计算非绝热加热的所有分量，如对流加热和非对流加热、辐射加热（包括云效应）、海—气热通量和陆—气热通量，以及边界层的涡旋加热通量辐合。热带辐合带（ITCZ）雨带内的对流加热和副热带高压（近 30°N）内的辐射冷却被证明是这种加热微分的主要来源。例如，北半球冬季时，ITCZ 位于 5°S 附近，副热带高压位于 30°N 附近，则 $\dfrac{\partial H}{\partial \varphi}$ 为负，强迫函数 F_2 为正。

Hadley 环流的强度有多少是由边界通量的外强迫造成的，又有多少是由加热微分产生的内强迫造成的？式（1.24）等号的左侧有未知变量 ψ，即 Hadley 环流流函数。微分算子包含一些在 φ-p 平面上变化的非定常系数 [A、B 和 C，由式（1.25）给出]，这些系数是根据纬向平均和时间平均数据集计算得到的。为了使解成立，需要满足椭圆条件 $AC - B^2 > 0$。在极少数地方，再分析资料可能并不总是满足这一条件，在这种情况下，通常会在不同的 φ 和 p 处稍微调整纬向风 [u] 以满足式（1.24）的椭圆条件，然后数值求解二阶椭圆偏微分方程。通常，数值分析库中的几种数值方法都可用于此类计算，如矩阵求逆法和松弛法。给定 φ-p 平面上的强迫函数和求解程序，根据底部和顶部 $\psi = 0$ 这一边界条件就可以求解 ψ。$\psi(\varphi, p)$ 即 Hadley 环流。使用微分方程的线性及齐次边界条件（$\psi = 0$），可以分别求解两个强迫函数。从这两个独立的解就可以知道边界涡旋动量强迫与内部加热微分的相对重要性。计算结果表明，Hadley 环流大部分（接近 75%）的驱动力来自热带地区的内部加热微分，由西风动量涡旋通量产生的边界强迫则贡献了其余部分。关于是否仍然需要后者来启动热带地区的对流系统并成为主要的强迫项，仍然是一个未解的问题，两个强迫函数的这种相互依赖性只能通过初值方法解决。其他问题，如海表温度和 ITCZ 在 Hadley 环流中的作用，将在关于 ITCZ 的章节讨论。

原著参考文献

Lorenz E N. The Nature and theory of the general circulation in the atmosphere. WMO, 1967,

218, TP-115.

Newell R E, Kidson J W, Vincent D G, et al. The General Circulation of the Tropical Atmosphere and Interactions with Extra Tropical Latitudes. Cambridge: The MIT Press, 1972, 258.

Oort A H, Rasmusson E M. On the Annual Variation of the Monthly Mean Meridional Circulation. Mon. Wea. Rev., 1970, 98: 423-442.

Waliser D E, Shi Z, Lanzante J R, et al. The Hadley Circulation: Assessing NCEP/NCAR Reanalysis and Sparse In-Situ Estimates. Clim. Dynam., 1999, 15: 719-735.

第 2 章

热带地区的纬向非对称特征

2.1 引言

本章介绍热带地区的纬向非对称这个气候特征。对于热带地区而言，季节平均或月平均天气图尤为重要，可以用下面这个例子证明这一点。在北美大陆，1月的平均海平面等压线图上，有一个从北极和加拿大向南延伸到美国南部的大型大陆反气旋。该月平均海平面等压线图中并没有显示出任何移动的极锋气旋，而冬季大部分天气都是由这些气旋造成的，这是因为中纬度地区的气候平均图不能显示瞬变扰动。热带地区的情况与中高纬度地区不同，在全球热带地区进行的类似分析表明，日平均图和月平均图的形势基本相同。副热带高压、赤道槽、季风槽、两个半球的信风在日平均图和月平均图中都很常见。换言之，热带地区的气候平均包含了总运动场的大部分变化。因此，了解热带地区时间平均纬向非对称特征的维持是很重要的。

要详细描述热带地区的时间平均纬向非对称特征，需要了解不同高度层的许多变量，如大气运动场、温度、气压和湿度。本章介绍热带地区纬向非对称的一些显著特征。

2.2 850 hPa 和 200 hPa 对流层风

NCEP 和 ECMWF 提供的再分析资料是热带地区时间平均低层流场的最佳参考来源之一。如图 2.1 和图 2.2 所示，这些数据可以提供 850 hPa 和 200 hPa 高度的平均流场。

从图 2.1 和图 2.2 中可以看出，热带气流在纬向和经向上是非对称的。200 hPa 高度的非对称特征（见图 2.1）主要有：

（1）6—8月中的青藏高压；

（2）6—8月中起源于青藏高压的热带强东风；

（3）6—8月中在中美洲上空的墨西哥高压；

（4）太平洋和大西洋夏季半球上明显的大洋中部槽；
（5）12—2月中的西太平洋高压；
（6）12—2月中在南美洲大陆上空的玻利维亚高压。

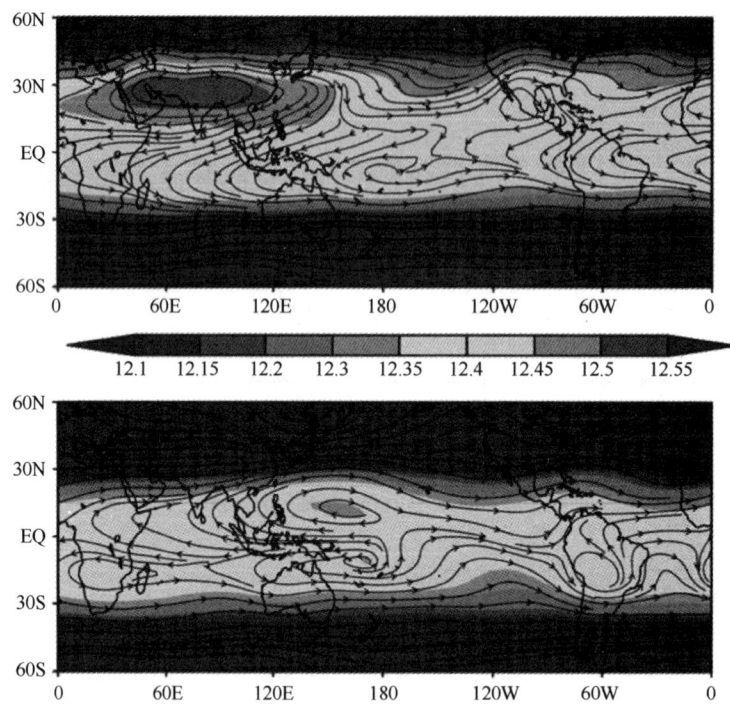

图2.1 北半球夏季（6—8月，上图）和冬季（12—2月，下图）200 hPa 平均环流和位势高度（单位：km）（根据 NCEP/NCAR 再分析资料绘制）

同样，850 hPa 高度主要的非对称特征（见图2.2）有：
（1）大洋上空的副热带高压；
（2）热带辐合带；
（3）夏季和冬季亚洲季风的越赤道气流；
（4）沙漠上空的热低压；
（5）沿东非的索马里急流。

从图2.2中可以明显看出，对流层低层季风气流由夏季西南风向冬季东北风偏转。对流层上层的反气旋（见图2.1）从印度尼西亚南部和澳大利亚东北部（1月）向北移到喜马拉雅山东麓（6月）。这个反气旋是一个热力高压。这个高压下方为低层季风对流，并带来降水，沿着高层反气旋移动路径的季风降水量可高达每月200英寸（约5000 mm）。由于降水释放大量潜热，因此该地区的对流层平均温度比周围的温度更高。对流层高层向北移动的反气旋在接近和穿越赤道时暂时无法辨别其是气旋还是反气旋。在极低纬度处，由于科里奥利力很小，季风对流不能维持在高层，因此，在这些纬度地区看到的是雨区上空的经向外流。

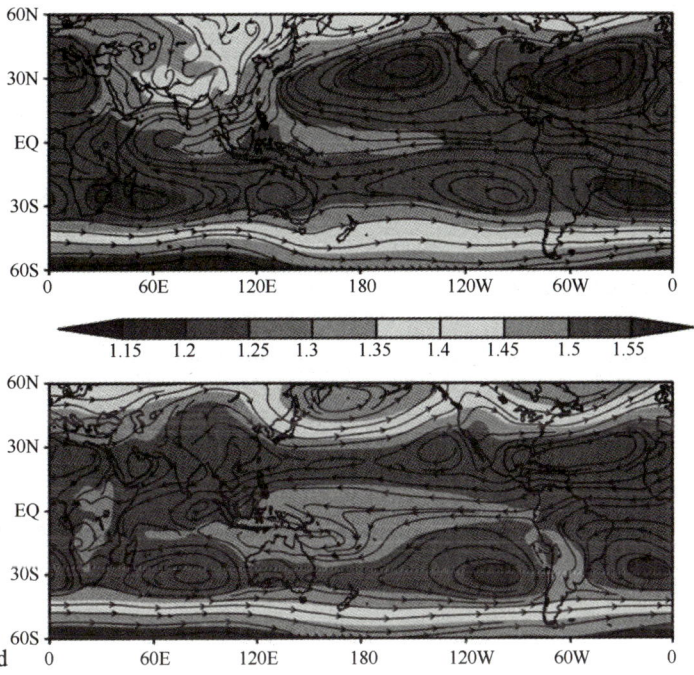

图 2.2 北半球夏季（6—8月，上图）和冬季（12—2月，下图）850 hPa 平均环流和位势高度（单位：km）（根据 NCEP/NCAR 再分析资料绘制）

200 hPa 月平均环流另一个显著的特征是，北半球冬季最大的顺时针环流系统，即位于日本南部的西太平洋高压。高压的轴线为西北西—东南东方向，轴线的末端延伸到南半球的东太平洋，该系统几乎横跨整个太平洋。有趣的是，该顺时针环流在西太平洋上伴随一个反气旋（高压），当其穿过东太平洋赤道的同一轴线时，气流仍然按顺时针方向流动，但在这里伴随的是低压。虽然气流保持顺时针流动，但气压在穿越赤道时由高压转变为低压。这个热带地区最大的气候系统值得进一步研究，所有的这些特征都表现出了季节性变化。

2.3 对流层高层的运动场

近年来，高层云导风和商用飞机观测风的报道越来越多，200 hPa 的平均运动场受到更多的关注。

图 2.3 和图 2.4 分别为全球热带地区冬季和夏季的典型风场。以下是对冬季风场典型特征（Krishnamurti，1961；Sadler，1965）的总结。副热带西风急流呈现准静止三波形态，最大风速分别位于美国东南部、地中海和日本海岸附近，其中，最强风速在日本海岸附近。风场的准静止几何特征是一种无法解释的现象，虽然有一些证据表明它与热带赤道 3 个大陆地区，即南美洲西北部、非洲中部和印度尼西亚/婆罗洲地区的强烈对流有关，但其中的关系还没有得到充分研究。

北半球冬季副热带急流所在纬度约为27°N（Krishnamurti，1961）。这一时期，南半球热带海洋上空 200 hPa 运动场中气流具有大洋中部槽特征。这些准静止槽出现在大西洋中部、印度洋和太平洋（Krishnamurti 等，1973）。北半球夏季的热带海洋上也有类似现象（见图2.4）。

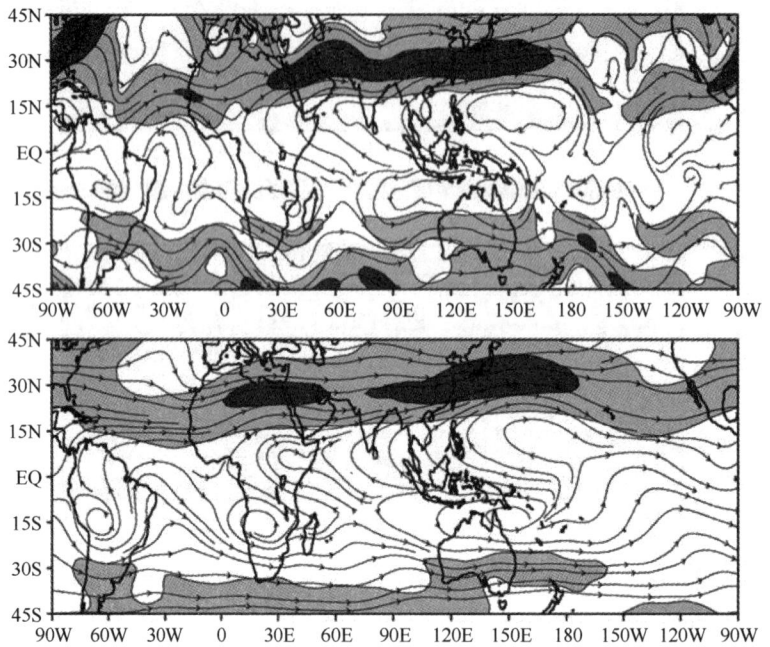

图 2.3　北半球冬季 200 hPa 日平均（上图）和季节平均（下图）流线和等风速线（阴影，间隔 25 m s^{-1}）示例（根据 NCEP/NCAR 再分析资料绘制）

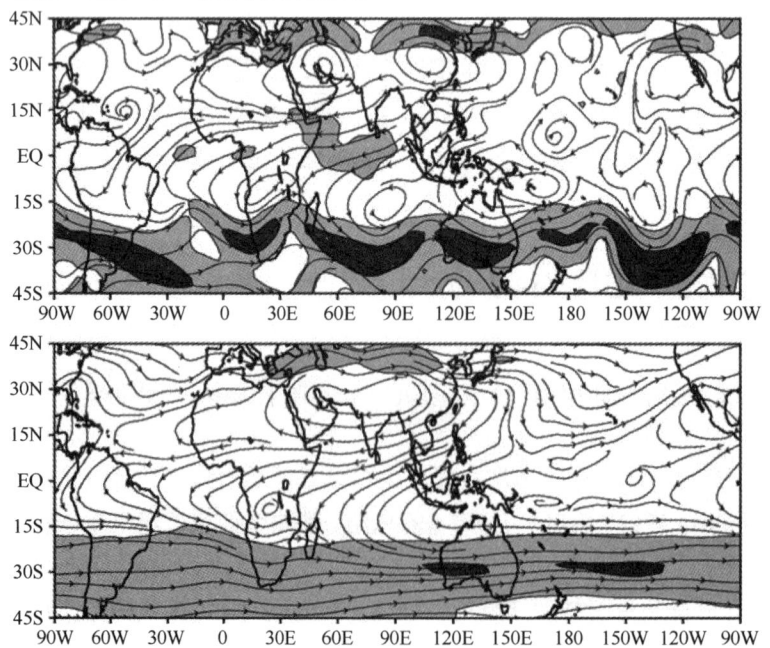

图 2.4　北半球夏季 200 hPa 日平均（上图）和季节平均（下图）流线和等风速线（阴影，间隔 25 m s^{-1}）示例（根据 NCEP/NCAR 再分析资料绘制）

一些文献中已经详细讨论了北半球夏季 200 hPa 气流的纬向非对称特征(Krishnamurti，1971a，1971b；Krishnamurti 等，1973，1974)。这些气流的突出气候特征包括：青藏和西非高压区、太平洋中部槽、大西洋洋中槽、亚洲和非洲赤道地区上空的热带东风急流及墨西哥高压。应该注意的是，青藏高压复合体的平均纬向范围从大约 30°W 延伸到 150°E，但其瞬态的范围通常更广。

时间平均运动场的这些大尺度特征约贡献了整个水平运动场总方差的 50%。因此，大部分上述特征可以在北半球夏季的日平均高空图上看到(Krishnamurti 等人，1970，1975)。如前所述，了解和掌握时间平均的大尺度纬向非对称气流是很重要的。

2.4 温度场

热力场最显著的方面是与陆地—海洋分布明显相关的纬向非对称。在夏季半球，陆地的空气通常比海洋热带地区的空气更热，冬季半球的情况则相反。最显著的纬向非对称出现在地球表面和 300 hPa 附近。

在北半球夏季，亚洲大陆季风从大部分地区的深对流中释放出大量的潜热。在邻近的阿拉伯和西非沙漠中也有相关的下沉增温现象（Rodwell 和 Hoskins，2001）。图 2.5 从北半球夏季和冬季 300 hPa 的平均温度分布说明了这种纬向非对称的特征。前者与来自陆地的感热通量有关，后者与深对流和下沉增温有关。

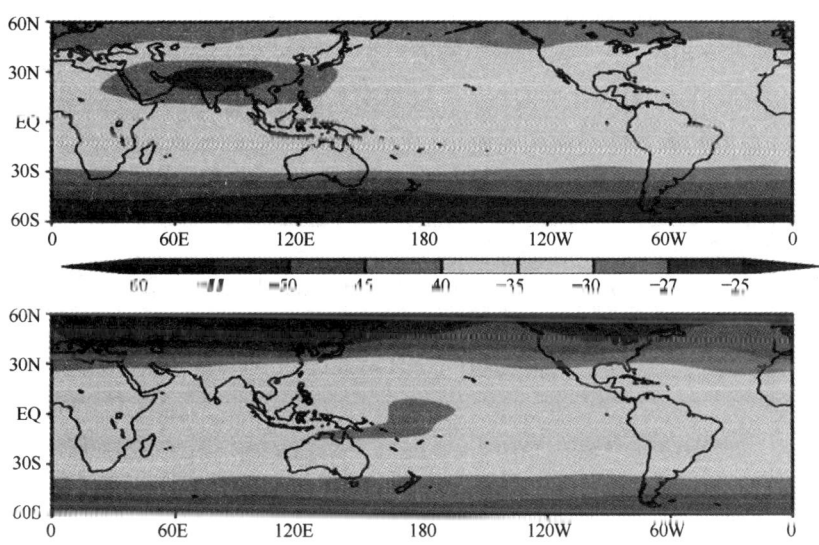

图 2.5　北半球夏季（6—8 月，上图）和冬季（12—2 月，下图）300 hPa 的平均温度（根据 NCEP/NCAR 再分析资料绘制，单位：℃）

最显著的纬向非对称特征在北半球夏季（见图 2.5 上图）。除了深对流释放的潜热，来自青藏高原高海拔热源的感热也对这种纬向对比做出了贡献。最高温度出现在青藏高原上空，而洋中槽相对较冷（见图 2.5 上图）。在北半球冬季，300 hPa 的纬向温度梯度相对不明显（见图 2.5 下图）。

南半球没有像青藏高原那样的大片高海拔陆地，陆地范围相对较小，因此澳大利亚北部和海洋季风释放的深对流潜热减少，这些都是导致北半球冬季 300 hPa 纬向非对称较弱的因素。在这一时期，南大洋上空的洋中槽（见图 2.5 下图）较冷，南半球陆地附近的反气旋环流相对较暖。

Flohn（1968）对热力场的纬向非对称做了一个有趣的说明。图 2.6 显示了 32°N 夏季温度异常场的垂直结构，其中，每个气压层的温度分布都去掉了纬向平均值。青藏高原上空的高温区和大洋热带地区的相对低温区都很明显。这些时间平均的纬向非对称现象应与东/西向环流的几何形状一起研究（在 2.5 节中介绍），因为它们具有重要的动力学意义。

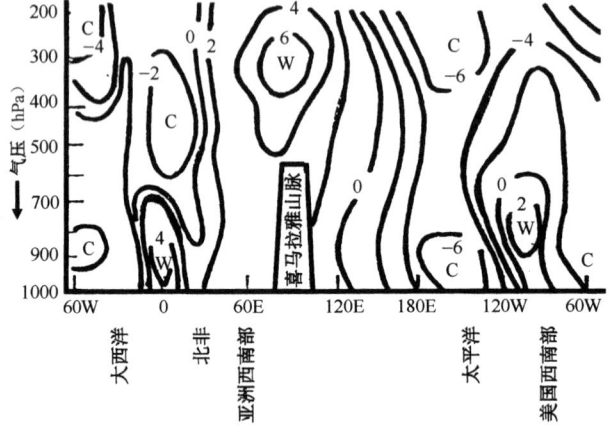

图 2.6　32°N 夏季温度异常场的垂直结构（引自 Flohn, 1968）

与高层大气温度相比，北半球冬季的近地层大气温度在陆地和海洋之间呈现出比北半球夏季明显得多的纬向非对称（见图 2.7）。这是因为陆地的热辐射损失明显，而海洋的热容量较高，海洋温度的季节性变化相对较小。北半球夏季，亚洲季风降水使陆地表面降温，减少了海洋和陆地之间的纬向温度差异。

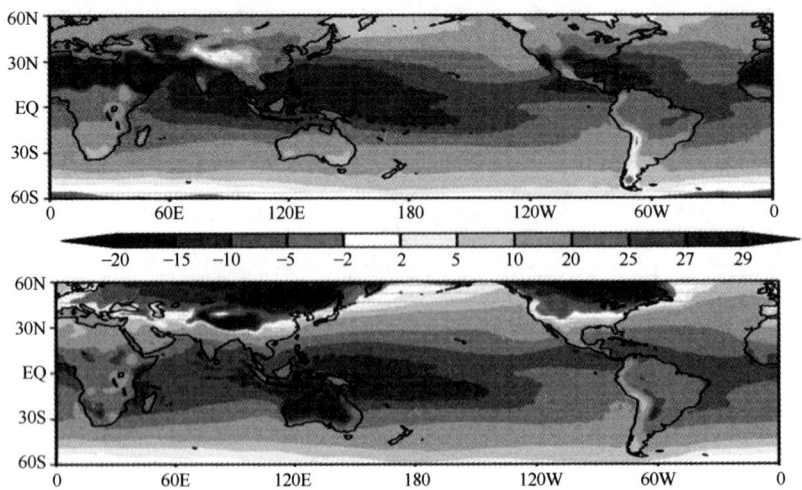

图 2.7　北半球夏季（6—8 月，上图）和冬季（12—2 月，下图）的近地层气候平均大气温度（单位：℃）（根据 NCEP/NCAR 再分析资料绘制）

2.5 热带地区的东/西向环流

时间平均的东/西向环流本质上是辐合辐散运动,与第 1 章描述的 Hadley 型垂直运动非常相似。这里,将水平速度矢量 V 分解为旋转分量 V_ψ 和辐散分量 V_χ,即

$$V = V_\psi + V_\chi \tag{2.1}$$

定义时间平均速度势 $\bar{\chi}$ 为

$$\bar{V}_\chi = \nabla \bar{\chi} \tag{2.2}$$

通过各自的关系定义 Hadley 环流强度 I_H 和东/西向环流强度 I_E:

$$I_H - \frac{1}{2\pi} \int_0^{2\pi} \frac{\partial \bar{\chi}}{\partial \varphi} d\lambda \tag{2.3}$$

$$I_E = \frac{1}{\varphi_2 - \varphi_1} \int_{\varphi_1}^{\varphi_2} \frac{\partial \bar{\chi}}{\partial \lambda} d\varphi \tag{2.4}$$

式中,φ_1 和 φ_2 是所研究热带区域的南界和北界纬度。需要注意的是,I_H 沿 ψ(纬度)变化,而 I_E 沿 λ(经度)变化。Hadley 环流可以在经向垂直剖面上体现,而东/西向环流在纬向垂直剖面上体现。季节平均速度势可以通过式(2.5)的解得到,即

$$\nabla^2 \bar{\chi} = \nabla \cdot \bar{V} \tag{2.5}$$

式中,$\bar{V}$ 是季节平均水平速度矢量,假设是已知的。在此,由于所研究的纬度带包括全球,因此没有东、西边界,且在南、北边界处 χ 设为零。

显然,热带地区运动场的大部分方差(约 80%)是由旋转分量所描述的(Krishnamurti, 1971a)。然而,垂直剖面上的所有环流,如 Hadley 环流和东/西向环流,都是辐散分量的环流,旋转分量并不明显。这些辐散分量的环流对于理解热带地区的时间平均运动场极为重要。

图 2.8 显示了夏季和冬季的气候平均速度势 $\bar{\chi}$ 和相应的辐散分量运动场的状况。速度势等值线在外流区用灰色阴影表示,在内流区用黑色阴影表示,箭头表示辐散风。从图 2.8 可以看出,纬向和经向平面均存在辐散分量的环流。北半球夏季东/西向环流的主要中心位于孟加拉湾、东南亚和中国南海北部;北半球冬季,此高空外流中心移到了印度尼西亚—婆罗洲。在夏季和冬季,高空外流的流线汇聚到大洋中部槽。北半球夏季,墨西哥南部的太平洋沿岸还存在一个辐散外流区;北半球冬季,除了印度尼西亚上空区域,南美洲西北部和非洲赤道地区也出现了高空外流。这 3 个高空辐散外流区与北半球冬季的 3 个强降水带大致吻合。这种形势可能与前面讨论的冬季副热带急流的准静止三波形态有重要联系。

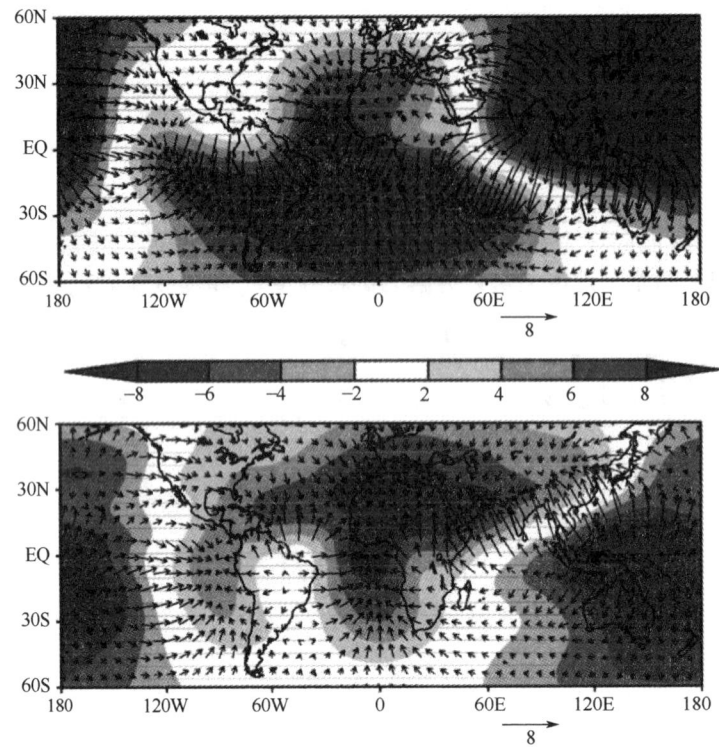

图 2.8　北半球夏季（6—8月，上图）和冬季（12—2月，下图）200 hPa 气候平均速度势（单位：$10^6\,\text{m}^2\,\text{s}^{-1}$）和辐散风（单位：$\text{m}\,\text{s}^{-1}$）（根据 NCEP/NCAR 再分析资料绘制）

2.6　湿度场

　　湿度场是迄今为止在热带地区最重要的标量场。尽管水汽的分布在很大程度上是动态变化的，但它仍决定了许多较小尺度扰动的演变。沙漠和海洋的存在使湿度场在纬向上呈现非对称性，湿度场的气候学特征对于大气环流非常重要。科学家们指出，详细描述湿度场非常重要。一些人认为，在全球大气环流模式数值积分的几天内，一个简单的纬向对称的湿度场将被调整为合理的分布形态。Mintz 早期采用两层大气环流模式进行的数值试验证实了这一点。从这些研究可以看出，时间平均的行星尺度的湿度空间分布可以通过简单的源和汇的公式及合理的模拟平流来解释。然而，湿度是因变量且其细节在一定程度上是动态变化的这个假设，对于研究热带天气系统的短期演变是非常不利的。全球湿度场的气候学特征是一个重要的研究课题，图 2.9 中给出了 7 月和 1 月 850 hPa 的比湿场。

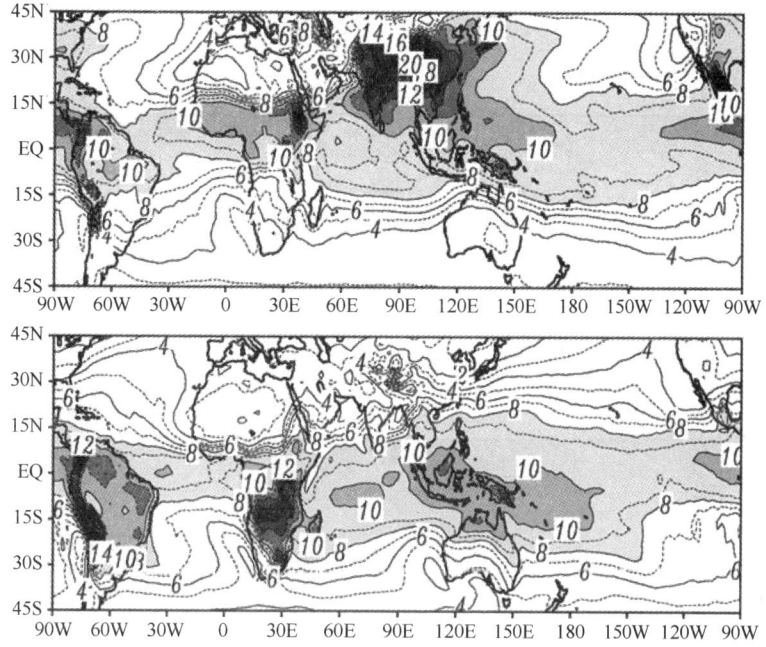

图 2.9　7月（上图）和1月（下图）850 hPa 的平均比湿（单位：g kg^{-1}），等值线间隔为 1 g kg^{-1}（根据 NCEP/NCAR 再分析资料计算）

在北半球冬季，存在 3 个比湿较大（12 g kg^{-1}）的区域，即南美洲西北部、非洲赤道地区和印度尼西亚上空。这些区域在前面讨论北半球冬季东/西向环流和热带降水带时已经强调过。在北半球夏季，高湿度区域出现在喜马拉雅山脉附近的季风带（14 g kg^{-1}）和东太平洋赤道上空，这也与如图 2.8 所示的辐散外流区密切相关。20°N 附近存在显著的湿度场纬向非对称。受大气运动系统的动态影响，热带海洋上的比湿分布是不均匀的。大洋上东西向和南北向比湿梯度主要与存在上升运动和下沉运动的天气系统有关。比湿分布的季节变化很大，最大比湿出现在陆地，而不是出现在热带海洋。这与陆地较高的温度有关，陆地在水汽饱和之前可以容纳大量水汽，从而使季风带非常潮湿。

2.7　海平面气压场

图 2.10 为 1 月和 7 月的平均海平面气压场。1 月主要表现为亚洲 100°E 附近上空强的气压梯度，即西伯利业反气旋的南部。在北半球夏季，副热带高压在北半球海洋上组织得较好；在北半球冬季，副热带高压则较弱。与北半球夏季相比，Hadley 环流的下沉支在北半球冬季的 30°N 附近更为强烈。副热带高压有强烈的下沉运动，并向反气旋环流的东部发展。下沉气流部分是北半球夏季的东/西向环流造成的（见图 2.8 和图 2.10），这可以反映北半球夏季副热带高压的强度。在夏季风季节，赤道槽（赤道附近的低压带）在亚洲陆地上可以深入到 20°N。气象学文献中经常描述热带气压场，这些文献显示不同年份同

一月份的气压分布存在一些差异。气压场的纬向非对称性与前几节讨论的其他物理量的时间平均场非对称性是一致的。

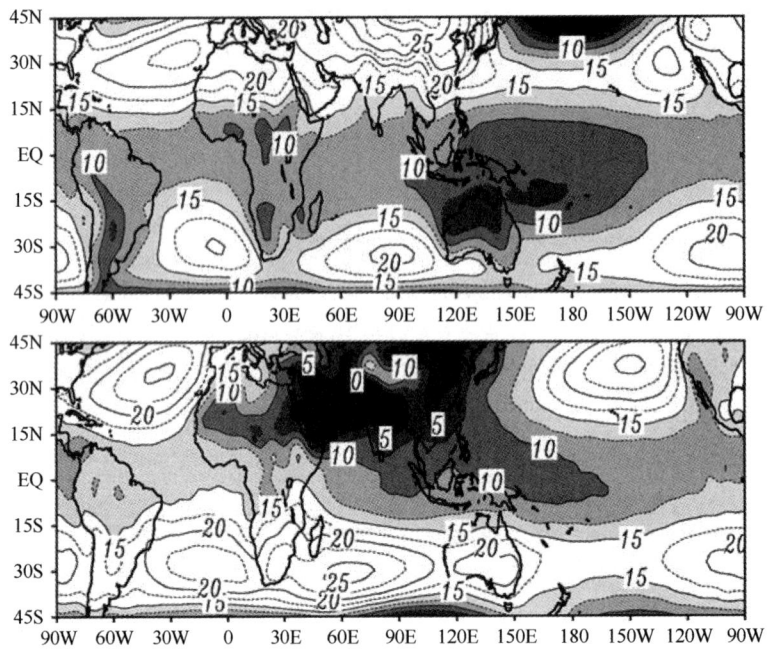

图 2.10　1 月（上图）和 7 月（下图）的平均海平面气压（单位：hPa），等值线间隔为 2.5 hPa（根据 NCEP/NCAR 再分析资料计算）

2.8　降水场

本节根据美国国家航空航天局（NASA）的卫星计划，即 TRMM 卫星（热带降水测量任务），介绍热带地区（40°S～40°N）的季节性降水气候特征。由于大部分热带地区都被海洋覆盖，没有基于雨量计或雷达的降水估计，因此需要使用卫星数据。图 2.11（a）～图 2.11（d）显示了基于 TRMM 卫星的季节降水量气候特征（Zipser 等，2006），其中降水估计来自 TRMM 卫星携带的微波辐射计。该微波辐射计的接收通道位于以下频率：双极化 10.65 GHz、19.35 GHz、37.0 GHz、85.5 GHz，垂直极化 22.235 GHz。

为了完成这些分析，TRMM 卫星降水量数据库中补充了美国空军 DMSP 卫星（国防气象卫星计划）的数据，DMSP 卫星携带了微波仪器（特殊传感器微波仪器 SSM-I），通常在任何时候都有 4 颗 DMSP 卫星可用。因此，TRMM 卫星和 DMSP 卫星共有 5 颗卫星，可以在多个频率上测量微波辐射。为了将微波辐射转换为降水率，需要从雨量计和雷达中获得地面降水量实况数据。这种地面降水量实况数据在许多地区都有，尤其是在人口密集的地区，如日本、美国、巴西和中国的地面降水量数据密度都很大。可以使用简单的多元回归技术将这些直接观测到的降水量估计值（来自雨量计和雷达）与从不同频率上测量的微波辐射值得出的亮温联系起来。假设第 i 个通道的亮温 TB_i 与降水量 R 之间存在线性关系，回归方程为 $R = a_0 + \sum_{i=1}^{N} a_i TB_i$。如果要寻求更符合实际的非线性关系，通常采用以下回归关系式（Berg 等，1998）：$R = \exp\left(a_0 + \sum_{i=1}^{N} a_i TB_i\right) - c$。此方程等号左边表示观测到的降水量；等号右边有若干项，每项表示一个微波通道；a_i 是由最小二乘法确定的回归系数。这种方法之所以有效，是因为决定相应亮温的微波辐射是由降水云的水成物发射出的。云水、雨水、雪、冰和霰都对不同波长的辐射量有贡献。给定一组亮温数据，可以通过回归统计计算出最有可能的降水率。需要指出的是，这里存在一个很大的采样问题。一块积雨云缓慢地经过一个雨量计站点，它可能会形成约 2.54 cm 的降水。但是，卫星在不到 1 s 内就会经过那片云，不能看到雨量计的全部情况。如果在一个季节内有足够多的卫星经过，就可能会得到一个季节的平均值，这也许足够接近雨量计测量的真实情况。此外，统计回归的目的是使卫星降水量的估计接近观测估计。一般来说，目标地区的气候学误差在 15%左右。

在图 2.11 中可以看到以下显著特征：

（1）最大降水量很好地反映了太平洋上空的 ITCZ。最大降水量约为 50 英寸/季（1 英寸≈2.54 cm）。

（2）ITCZ 的最大降水量出现在赤道以北，在太平洋和大西洋的 5°N~7°N 附近，且所有季节都是如此。

（3）在北半球春季（3月、4月和5月），太平洋存在双 ITCZ，太平洋上空 5°S 附近存在第二条较弱的雨带，降水量为 10~15 英寸/季。

（4）太平洋地区还有一个被称为南太平洋辐合区（South Pacific Convergence Zone，SPCZ）的降水气候特征。SPCZ 从新几内亚附近的西太平洋开始，向东南方向倾斜至（120°W，40°S）。该降水带包含大量的非对流性降水，ITCZ 则包含更大比例的对流性降水。

（5）在北半球冬季，印度洋上空的最大降水量出现在 5°S~7°S 附近，而最大降水量出现在澳大利亚北部、印度尼西亚南部、婆罗洲和新几内亚。最大降水量为 50~100 英寸/季。一般来说，卫星资料不能很好地估计极端降水。雨量计对北半球冬季的季节性强降水量的估计量达到 150 英寸/季，这意味着卫星估计的气候平均降水量低估了大约 50%。

（6）热带降水气候学最有趣的特征是，每年从北半球冬季的印度尼西亚南部向北半球夏季的喜马拉雅山东脉推进的暴雨，在一年的其余时间里这一降水带反向移动。沿这条降水带的最大季风降水量为 100~300 英寸/季，且该最大季风降水量在大多数年份向南北推移。这条强降水轴也被称为季风主轴。这条降水带在北半球春季向马来西亚和缅甸移动，到 7 月和 8 月向喜马拉雅山东脉移动。季风的撤退，给马来西亚南部和婆罗洲北部带来了秋季的降水。这个周期在每年 1 月前完成。

（7）其他显著的特征是印度、中南半岛和中国大片地区的夏季季风降水。在中国上空，这条降水带在 8 月时最北可达 35°N。季节性降水的年际变化相当大，可以通过多年月平均数据集看到这些情况。

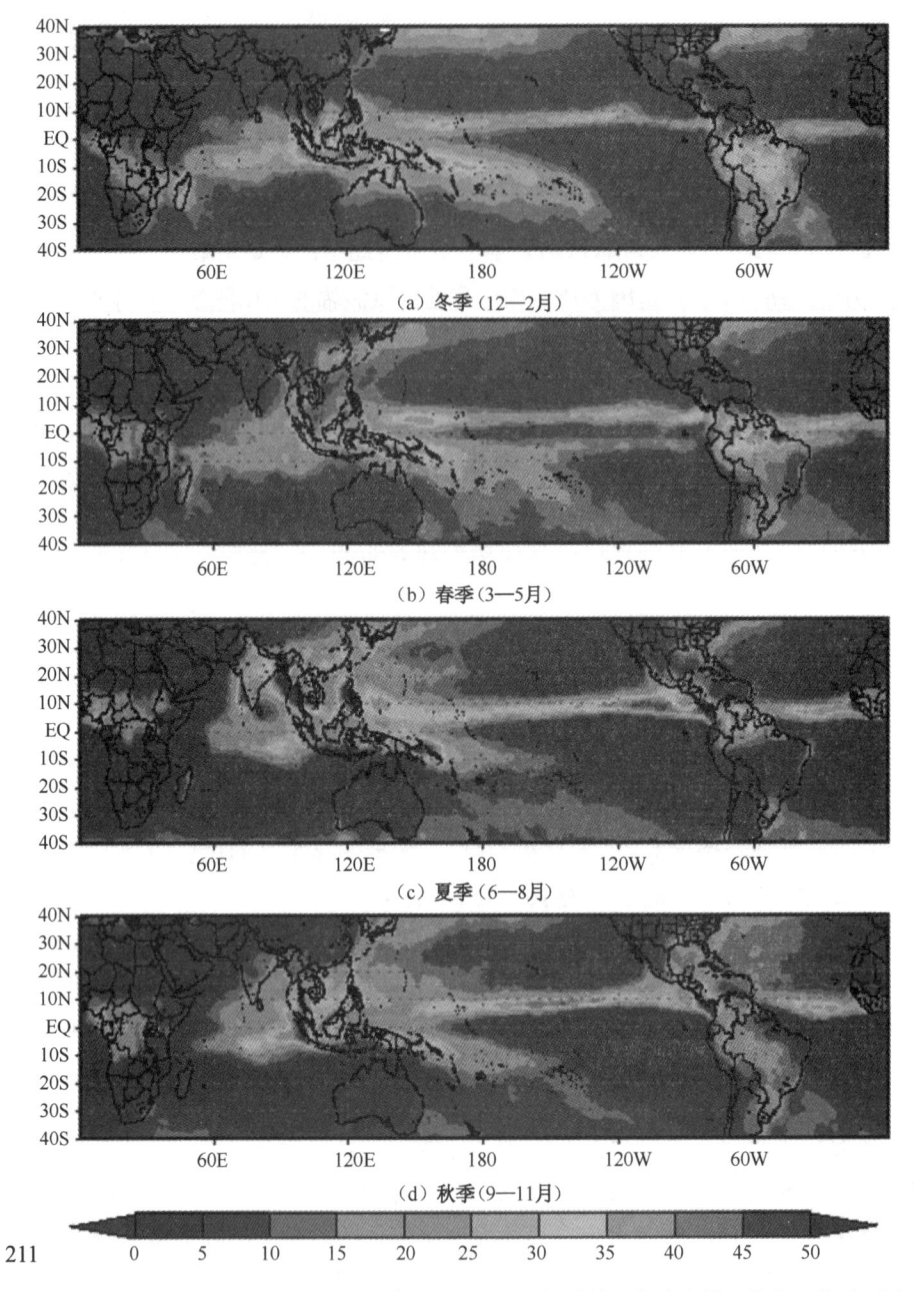

图 2.11 基于 TRMM 卫星 3B43 数据绘制的 1998—2003 年季节平均降水量（单位：英寸/季度；1 英寸≈2.54 cm）（引自 NASA）

（8）降水的季节性北移/南移也是非洲的一个显著特征。在图 2.11 中，可以清楚地看到从北半球冬季的大约 10°S 到北半球夏季的大约 10°N 的迁移。

（9）季节性降水的其他显著特征是：在北半球冬季，婆罗洲、刚果和巴西上空是 3 个主要的陆地区域降水中心。

（10）热带降水量在较大的地形附近存在最大值。在北半球春季，缅甸高山上就会明显地出现这种现象。在北半球夏季，印度西海岸沿西高止山脉会有季节性暴雨。

（11）印度东南部的冬季降水，特别是 11 月和 12 月的降水，是由东北季风地面风在孟加拉湾上空积聚的水汽引起的。

（12）大多数热带岛屿，如中国台湾、夏威夷、斯里兰卡、牙买加、古巴、马达加斯加、婆罗洲、海地、多米尼加和波多黎各，在热带地面风与当地地形的相互作用下，呈现季节性降水的最大值。

2.9 其他参数

还有许多热带气候学家观测和推导得出的纬向非对称变量，这些变量在本章不详细介绍。在这些变量中，最重要的变量之一是海表温度（Sea Surface Temperature，SST）。这方面最好的参考资料之一是美国加利福尼亚州圣莫尼卡的兰德公司编制的数据集（Alexander 和 Mobley，1974），其包含 1°×1°网格点的全球海洋温度分布，一年 12 个月的月平均数值都可以得到。其他有用的参数包括：

（1）信风逆温的底部和顶部的高度（Riehl，1945；Neiburger 和 Chien，1957）；
（2）月平均云量（Sadler，1970）；
（3）卫星云图亮度（Taylor 和 Winston，1968）；
（4）地形、山峰高度（Gates，1973）；
（5）地球表面反照率（Katayama，1967a）；
（6）热带月降水量（Wernstedt，1967）；
（7）到达地表的月平均太阳辐射总量（Katayama，1966，1967a，1967b）；
（8）净出射长波辐射（Winston，1967）；
（9）对流层净吸收的月平均太阳辐射（Katayama，1966，1967a，1967b）。

此外，一些动力学参数的图表，如能量、动量和水汽传输及通量辐合场等，再次表明热带大气存在较大的纬向非对称特征。我们将在讨论大气的瞬变运动时提到这些问题。

原著参考文献

Alexander R C, Mobley R L. Monthly average sea surface temperature and ice pack limits on a 1 degree global grid. Rand Corporation Report, Santa Monica, 1974, 1-30.

Berg W, Olson W, Ferraro R, et al. An assessment of the first- and second-generation navy operational precipitation retrieval algorithms. J. Atmos. Sci., 1998, 55: 1558-1575.

Flohn H. Contributions to a meteorology of the Tibetan Highlands. Fort Collins: Colorado State University, Rept. No. 130, 1968, 120.

Gates W L. Analysis of the mean forcing fields simulated by the two-level, Mintz-Arakawa atmospheric model. Mon. Weather Rev., 1973, 101: 412-425.

Katayama A. On the radiation budget of the troposphere over the northern hemisphere (I). J. Meteor. Soc. Japan, 1966, 44: 381-401.

Katayama A. On the radiation budget of the troposphere over the northern hemisphere (II). J. Meteor. Soc. Japan, 1967a, 45: 1-25.

Katayama A. On the radiation budget of the troposphere over the northern hemisphere (III). J. Meteor. Soc. Japan, 1967b, 45: 26-39.

Krishnamurti T N. The subtropical jet stream of winter. J. Meteor., 1961, 18: 172-191.

Krishnamurti T N, et al. 200 millibar wind field June, July, August 1967 by Krishnamurti T N, Edward B. Rodgers, Series: Report, Department of Meteorology, Florida State University, 1970, No. 70-2, 130.

Krishnamurti T N. Tropical east-west circulations during the northern summer. J. Atmos. Sci., 1971a, 28: 1342-1347.

Krishnamurti T N. Observational study of the tropical upper tropospheric motion field during the northern hemisphere summer. J. Appl. Meteor., 1971b, 10: 1066-1096.

Krishnamurti T N, Kanamitsu M, Koss W J, et al. Tropical east-west circulations during the northern winter. J. Atmos. Sci., 1973, 30: 780-787.

Krishnamurti T N. Lectures on tropical meteorology in the dynamics of the tropical atmosphere. Published as colloquium notes. NCAR, Boulder, 1974, 105.

Krishnamurti T N, Astling E, Kanamitsu M. 200 hPa wind field June, July, August 1972: Atlas published by Department of Meteorology, Florida State University, Tallahassee, Florida, 1975, 116.

Neiburger M, Chien D. The inversion of the North Pacific Ocean Tech. Rept. No.1, Dept. of Meteorology, University of California, Los Angeles, 1957, 74.

Riehl H. Tropical meteorology. McGraw-Hill Book Company, New York, 1945, 392.

Rodwell M J, Hoskins B J. Subtropical anticyclones and summer monsoon. J. Climate, 2001, 14: 3192-3211.

Sadler J C. The feasibility of global tropical analysis. Bull. Amer. Meteor. Soc., 1965, 46: 118-130.

Sadler J C. Mean Cloudiness and gradient level wind chart over the tropics. Air Weather Services Technical Report 215, 1970, Vol. II, 60.

Taylor V R, Winston J S. Monthly and seasonal mean global charts of brightness from ESSA 3 and ESSA 5 digitized pictures, February 1967-1968. ESSA Technical Report NESC 46, National Environmental Satellite Center, Washington DC, 1968, 9, and 17 charts.

Wernstedt F L. World Climatic Data. Climatic Data Press, Lemont (1972), 1967, 523.

Winston J S. Planetary-scale characteristics of monthly mean long-wave radiation and albedo and some year-to-year variations. Mon. Weather Rev., 1967, 95: 235-256.

Zipser E J, Cecil D J, Liu C, et al. Where are the most intense thunderstorms on earth? Bull. Am. Meteor. Soc., 2006, 87: 1057-1071.

第 3 章

热带辐合带

3.1 热带辐合带的观测

热带辐合带（ITCZ），是一条近赤道地区环绕全球的风的辐合带和相关对流带。从纬向平均的角度来看，它位于 Hadley 环流赤道边缘的上升支。ITCZ 具有以下特征：低层风场辐合、海平面气压低、强对流及其相关的云。纬向平均的 ITCZ 不是静止的，而是随太阳运动缓慢从北半球冬季时的赤道以南向北移动到北半球夏季时的赤道以北。

图 3.1 显示了全球热带地区冬季（12—2 月）、春季（3—5 月）、夏季（6—8 月）和秋季（9—11 月）的平均出射长波辐射（OLR）。OLR 是卫星接收的地球反射回太空的长波辐射，是地球表面温度的函数。在热带沙漠上空有 OLR 高值区（>280 W m^{-2}），这与该地区晴朗的天空和暖的陆地表面有关。OLR 低值区（<220 W m^{-2}）则与深对流积云（高而冷的云顶）有关，如赤道陆地上空和大部分赤道海洋上空；或者与冷的陆地表面有关，如高海拔的喜马拉雅山脉。图 3.2 为热带地区各季节平均降水量和 925 hPa 流线。显然，各季节平均降水量与平均 OLR 有很好的相关性。

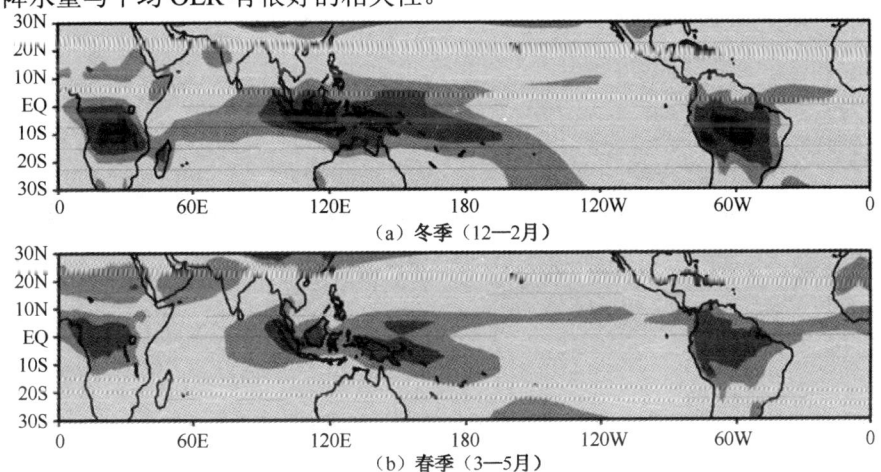

图 3.1 热带地区平均 OLR（单位：W m^{-2}；Liebmann 和 Smith，1996）

(c) 夏季（6—8月）

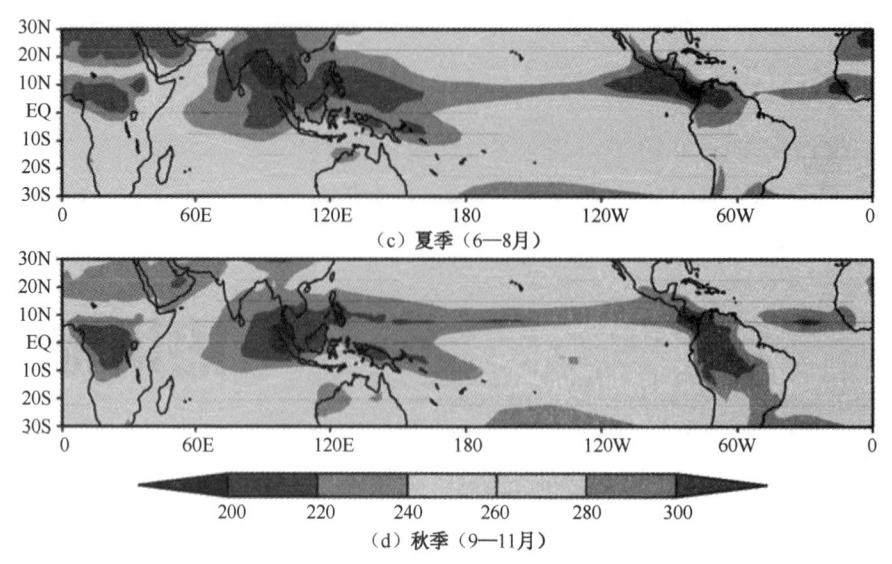

(d) 秋季（9—11月）

图 3.1　热带地区平均 OLR（单位：W m^{-2}；Liebmann 和 Smith，1996）（续）

冬季的降水量最大值主要在夏半球，最大降水量与亚洲冬季风有关。主要有两条宽广的降水带，一条是印度洋上西南—东北向的降水带，另一条是南太平洋西部东北—西南向的降水带。在陆地上，降水量最大值扩展到整个南美大陆热带地区和非洲南部赤道地区。在北半球靠近赤道北部，有一条横跨整个太平洋和大西洋的降水量低值带。春季，ITCZ 开始北移，印度洋和南太平洋西部的降水有所减少，横跨太平洋和大西洋的降水量低值带加强并向北移，非洲赤道地区和南美洲的降水区也向北移动，这一趋势持续到夏季。夏季，亚洲季风在亚洲南部和太平洋西部赤道地区产生了大量降水，横跨太平洋和大西洋的降水带变得更强，并进一步向赤道以北移动到大约 7°N。秋季 ITCZ 的结构与夏季 ITCZ 的结构相似，但明显开始缓慢南退。

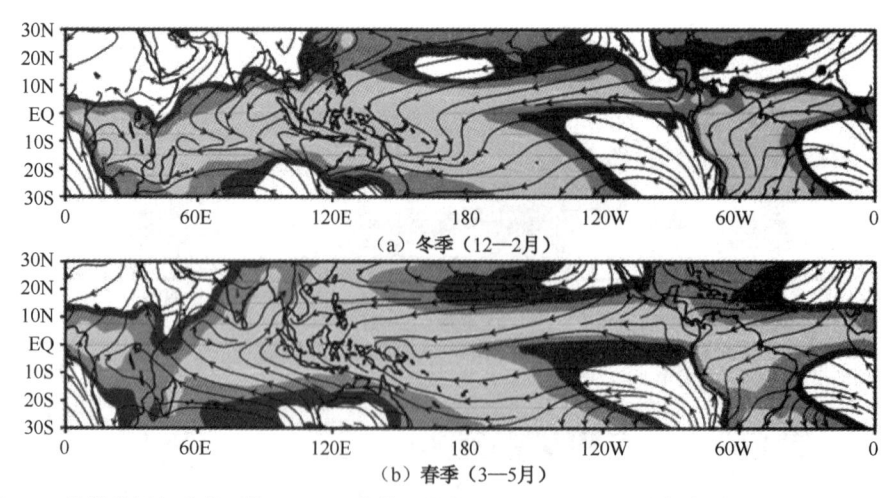

(a) 冬季（12—2月）

(b) 春季（3—5月）

图 3.2　热带地区各季节平均 925 hPa 流线（根据 NCEP/NCAR 再分析资料绘制）和平均降水量（单位：mm d^{-1}；Xie 和 Arkin，1996）

(c) 夏季（6—8月）

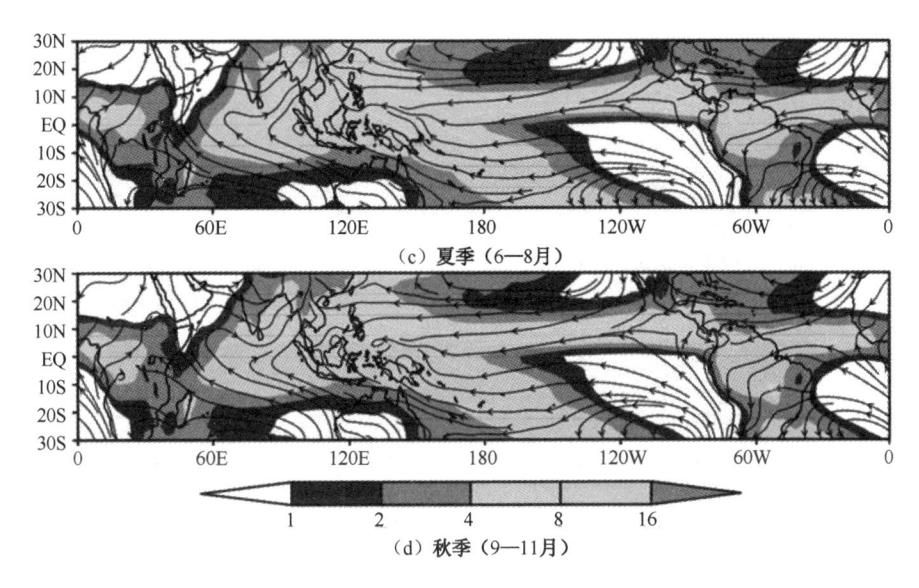

(d) 秋季（9—11月）

图 3.2 热带地区各季节平均 925 hPa 流线（根据 NCEP/NCAR 再分析资料绘制）和平均降水量（单位：mm d^{-1}；Xie 和 Arkin，1996）（续）

显然，如图 3.1～图 3.3 所示，纬向平均的观点并不完全适合描述 ITCZ，它的位置受陆地位置、局地环流和海洋温跃层结构的影响。在太平洋东部和大西洋，ITCZ 在所有季节都位于赤道以北，但在南美洲、非洲、印度洋和太平洋西部，ITCZ 在夏季和冬季之间会发生明显的偏移（见图 3.1 和图 3.2）。大致来看，ITCZ 在国际日期变更线以东的海洋上位于赤道以北，夏季和冬季之间南北向只移动了几度；在国际日期变更线以西，ITCZ 的位置在夏季和冬季之间的南北移动可以超过 40°。

ITCZ 也有日变化，最强的对流运动发生在上午晚些时候和下午早些时候，因为这是太阳加热和相关对流最旺盛的时期。受大尺度或局地环流的变化、太阳加热、热带扰动等影响，ITCZ 也存在日间变化。图 3.3 显示了 2005 年全球热带地区冬季、春季、夏季和秋季综合红外图像的一个案例。这些图像中环绕地球的白色云带表示当天的 ITCZ 位置。

此外，ITCZ 的位置存在年际变化，这与厄尔尼诺的位相或亚洲季风的强度有关。

ITCZ 的水平辐合是北半球的东北信风和南半球的东南信风交汇形成的（见图 3.2 中的低层流线）。当越赤道气流分量非常小时，ITCZ 是狭窄、微弱的，并且位于赤道附近。当有越赤道气流时，两个半球之间科里奥利力的符号改变，越赤道信风获得了一个西风分量，辐合发生在由此产生的近赤道西风和东风信风之间。在这种情况下，ITCZ 更加趋于向外扩展，离赤道更远。

ITCZ 有一个有趣的特征，即它避开了地理赤道。Pike（1971）对这种现象进行了解释：高的 SST 引起强的大气辐合、上升运动和对流，从而产生降水，而最高的 SST 出现在远离赤道的地方，这是 ITCZ 位置不对称的原因。图 3.4 为北半球冬季、春季、夏季、秋季的热带平均海面温度（SST）分布，其最明显的特征是赤道上有局部 SST 最低值。在任何季节，太平洋的赤道 SST 都要比赤道以南或以北的 SST 低。模式数值积分表明，当模式的初始场 10°S～10°N 的 SST 均匀分布时，由于海面下较冷水的上升和垂直混合，将会自行发展为冷赤道 SST。在该模式中，ITCZ 最初位于赤道上空，但随着赤道的冷却，降水带会远离赤道。

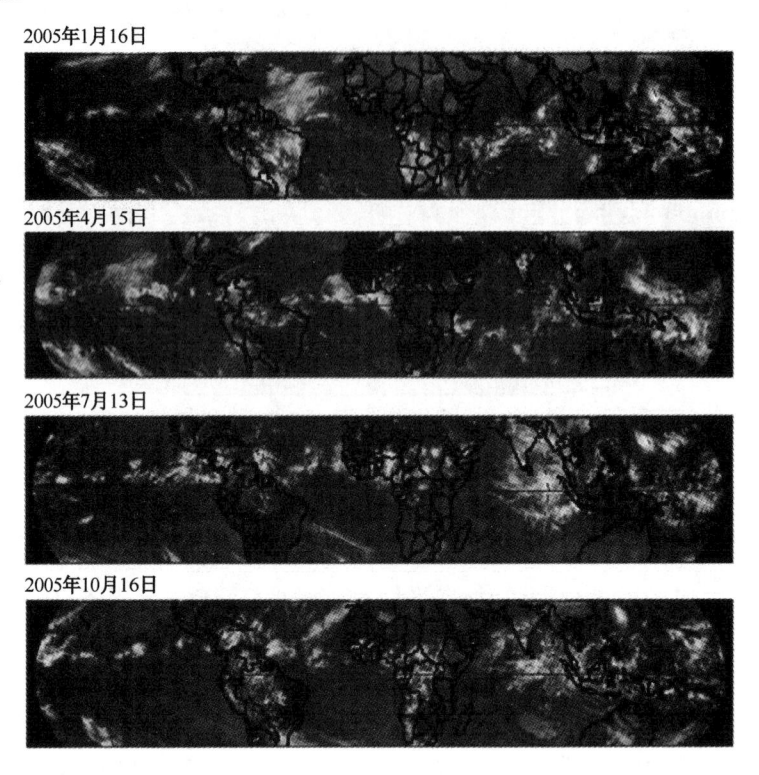

图 3.3　2005 年全球热带地区冬季、春季、夏季、秋季某一日的综合红外图像，赤道附近的白色云带表示 ITCZ 的当日位置（数据来自美国极地轨道卫星 AQUA）

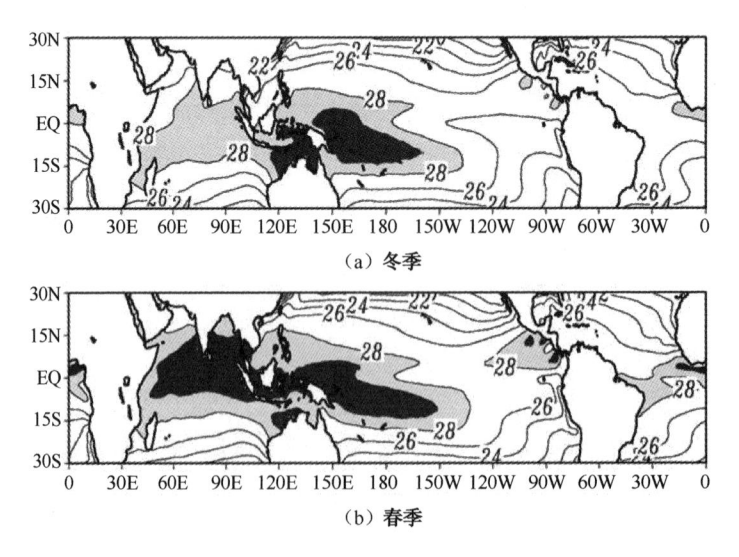

图 3.4　北半球冬季、春季、夏季和秋季的热带平均海面温度（SST，单位为℃）。高于 28℃的值为浅色阴影，高于 29℃的值为深色阴影（根据 NCEP/NCAR 再分析资料计算）

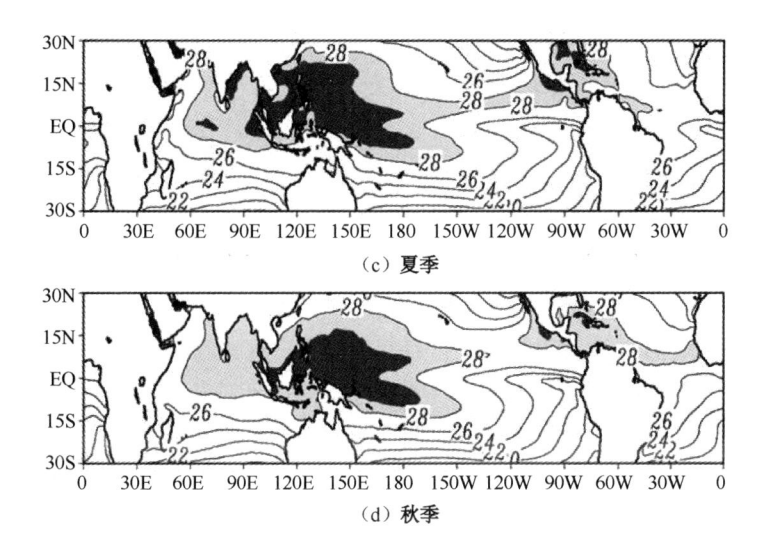

图 3.4　北半球冬季、春季、夏季和秋季的热带平均海面温度（SST，单位为℃）。高于 28℃ 的值为浅色阴影，高于 29℃ 的值为深色阴影（根据 NCEP/NCAR 再分析资料计算）（续）

3.2　热带辐合带理论

第二类条件不稳定（Conditional Instability of Second Kind，CISK）是 Charney（1971）最早提出的 ITCZ 形成机制。根据这一形成机制，边界层摩擦辐合通过增加水汽辐合使热带扰动增强，而这种扰动增强反过来促进边界层辐合的进一步加强，形成正反馈。从该理论来看，ITCZ 的纬向位置是由地球自转和边界层水汽含量的平衡决定的。对于前者而言，地球自转导致边界层辐合大气在科里奥利力的作用下以螺旋路径运动，反过来又因为切向风的存在形成更高的风速。在没有地球自转的情况下，辐合大气将是较弱的径向风，如图 3.5 所示。

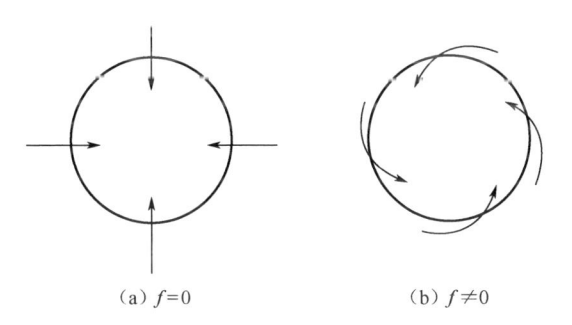

图 3.5　地球自转对边界层辐合大气影响的示意图（Chao 和 Chen，2004）

因此，CISK 机制中科里奥利力的存在有利于 ITCZ 向极地方向发展，但赤道附近边界层中丰富的水汽有利于 ITCZ 在赤道发展。这两种相反作用的平衡决定了 ITCZ 的纬向位置。利用水球模式（所有陆地点都被海洋取代）进行数值模拟，可以得到 ITCZ 的另一种模型，在没有赤道向极地的辐射—对流平衡温度梯度的情况下，ITCZ 仍然位于赤道附近（Pike，1971；Sumi，1992；Kirtman 和 Schneider，2000），这一结果与 CISK 机制的结果矛盾。有趣的是，由于边界层中的水汽在水球模式积分中几乎是均匀的，因此 ITCZ 将继续维持在赤道附近，而根据 CISK 机制的预测，它应该位于两极上空。

尽管利用水球模式开展数值模拟的工作很早就开展了，但人们 21 世纪初才意识到这些结果的意义（Chao 和 Chen，2004；Chao 和 Chen，2001）。在一个具有空间、时间均匀的 SST 和太阳角的水球模式数值模拟中，Chao 和 Chen（2004）的研究表明，ITCZ 纬向位于由地球自转产生的两种力达到平衡的纬度处。第一种力与等效于垂直分层的地球自转效应有关，可以这样解释：如果结合下列散度方程，并忽略方程等号右侧不含科里奥利参数的项，可以得到

$$\frac{\partial D}{\partial t} \approx f\zeta \tag{3.1}$$

式中，D 是散度，ζ 是涡度。

涡度方程为

$$\frac{\partial \zeta}{\partial t} = -fD \tag{3.2}$$

在 f 平面近似，可以得到

$$\frac{\partial^2 D}{\partial t^2} \approx -f^2 D \tag{3.3}$$

当该方程略去等号右边不包含 f 的项时，可以看作一个简单的弹簧控制方程。因此，Chao 和 Chen（2004）认为，就像弹簧抵抗压缩和拉伸一样，科里奥利参数也会抵抗辐合或辐散，这就是垂直分层的含义。因此，如果科氏效应的"弹簧力"单独起作用，则赤道（$f=0$）将是 ITCZ 的首选位置，因为此处不会有辐合或辐散的阻力。

自转的另一个影响是它会对沿螺旋路径辐合的边界层风造成影响，从而产生更强的切向风。这些更高速的风增大了蒸发量，进一步增强了对流。因此，如果这种力单独发挥作用，则两极地区是 ITCZ 的首选位置。这种自转效应取决于辐射、边界层物理参数化方案的选择。

Chao 和 Chen（2004）利用 Goddard 地球观测系统大气环流模式（GEOS-2 版本；Takacs 等，1994）进行了一系列水球模式的数值模拟。设定 SST 为 29℃，模式分辨率为 4°（纬度）×5°（经度），垂直分为 21 层，采用荒川—舒伯特（RAS）松弛方案（Moorthi 和 Suarez，1992）。

与 Sumi（1992）一样，Chao 和 Chen（2004）在水球模式中也模拟出了单个 ITCZ 在赤道地区的形成。这些水球模式的数值模拟表明，地球自转的惯性稳定效应是一个主要的影响因素。研究还发现，与固定近地层通量的试验相比，当允许对流和近地层通量相互作用时，ITCZ 更显著。对流和近地层通量的相互作用是一种产生更强烈对流的有效途径。然而，当这些水球模式数值模拟中允许辐射相互作用而没有云的相互作用（代替全球均匀的辐射冷却垂直廓线的假定）时，ITCZ 会偏离赤道（约 7°N）。在这种情况下，ITCZ 外部的辐射冷却受低层的湿度梯度影响，ITCZ 外部的辐射冷却大于内部。这种辐射冷却的梯

度保证了更强的下沉运动，导致绝热增温，以补偿 ITCZ 外部更强的辐射冷却。Hadley 环流因此变得更强，从而增强了地面风，导致地表蒸发随之增大。地球自转的第二个效应变得更强，使 ITCZ 远离赤道。Chao 和 Chen（2004）进一步阐述了 ITCZ 位置对于对流参数化方案选择的敏感性，读者可以参考他们的文章。

在热带东太平洋和东大西洋地区，ITCZ 基本保持在赤道以北。然而，在热带印度洋上空，ITCZ 移动到了夏半球。在一项开创性的工作中，Philander 等（1996）进行了理想数值模拟研究，结果表明 ITCZ 的这些特征是由全球陆地的分布和海陆形状（或方向）造成的。有趣的是，尽管时间平均的太阳日照率在赤道上最大，但伴随最高表层水温和最大降水量的 ITCZ 却偏离赤道几百千米，特别是在大西洋和太平洋的东部。

Philander 等（1996）观察到，在 ITCZ 位于赤道以北的海洋地区，海洋赤道表面风的经向分量为南风。这导致赤道及其以南地区温跃层的上升流变浅，同时导致赤道以北温跃层的下降流加深。赤道东太平洋和东大西洋地区的温跃层较浅（距海面几十米深），为海气相互作用提供了成立的环境。海气相互作用表现为海温和海面风之间的正反馈，维持了赤道东大西洋和东太平洋上的冷舌。

温跃层深度的空间变化是由大洋上的盛行风系统造成的。印度洋赤道地区几乎没有东风，而其他大洋赤道地区盛行东风，这可以用亚洲大陆季风的越赤道风的强烈影响来解释。在太平洋和大西洋，盛行的偏东信风驱动温暖的表层水向西移动，造成温跃层的纬向倾斜。因此，上述讨论可以很好地解释各大洲的作用，特别是赤道印度洋地区陆地在赤道大洋的不对称性方面的作用。水球模式数值模拟也存在不足，特别是在解释赤道印度洋上的 ITCZ 位置时，该处明显错误地模拟出了盛行东风。

Philander 等（1996）的大气环流模型（Atmospheric General Circulation Model，AGCM）理想模拟研究中，采用了赤道附近 SST 对称，以研究陆地形状对表面风的影响。从这些试验可以明显地看出，西非隆起对大西洋 ITCZ 的非对称至关重要。西非 5°N 以北的陆地温度很高，使西非季风中的海陆风得以发展。西非季风的这些越赤道南风促进了非洲西南部的沿海上升流，而耦合反馈进一步加剧了南北温度梯度和风的非对称。

另外，北美和南美陆地海岸形状的影响比较小。Philander 等（1996）指出，正是美洲西海岸经向的倾斜导致了太平洋 ITCZ 的非对称。尽管美洲山海岸的形状对表面风的影响不大，但其对洋流有重要影响。特殊的海岸形状，使信风方向正交于赤道以北的海岸，而平行于赤道以南的海岸，这使赤道以南的沿岸洋流更强，导致更强的上升流，维持了 SST 的南北非对称性。Philander 等（1996）认为，太平洋东南地区层云的存在是加剧这种非对称性的次要机制。南美洲西海岸的低 SST 增强了大气的静力稳定性，促进了层状云的形成，层状云反过来又减小了向下的太阳短波辐射通量，使 SST 更低。

3.3 暖池 SST 的调节

在图 3.4 中，除了太平洋的赤道冷舌，赤道西太平洋地区的 SST 暖池也很明显，这些暖池的 SST 超过 28℃。然而，已经观察到的热带 SST 相当均匀，这可以通过图 3.6 中全球热带地区 SST 的频率分布来描述（Clement 等，2005）。图 3.6 中显示出 SST 呈现负偏态分布，超过 50%的全球热带海洋的 SST 在（28±1）℃范围内。此外，图 3.6 中 SST 的峰值频率位于 28℃处，低于最大 SST 约 2℃。热带 SST 的这些特征在一年中是持续存在的（Sobel 等，2002）。在一系列理想数值模拟中，Clement 等（2005）发现，暖池的维持及观测到的热带 SST 分布是由海洋动力、云反馈和非局地大气过程共同作用的结果。

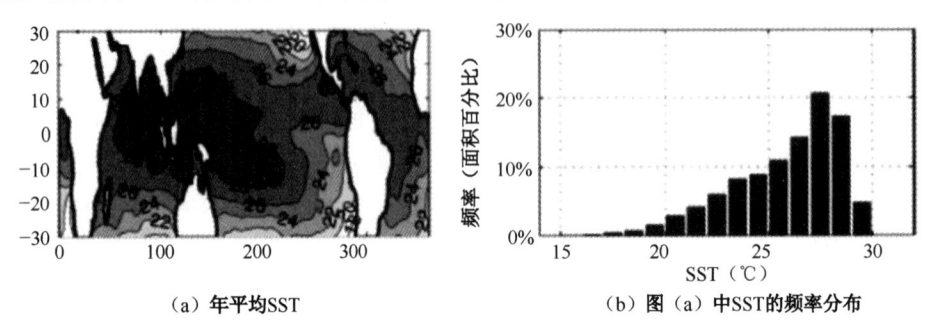

（a）年平均SST　　　　　　　（b）图（a）中SST的频率分布

图 3.6　全球热带地区的年平均 SST（单位：℃）及其频率分布（Clement 等，2005）

一维辐射对流平衡模式模拟的 SST 分布除了云反馈，还忽略了大气和海洋的输送，模拟得到了非常偏态的 SST 分布，峰值频率出现在最高 SST 处，与观测结果不同。事实上，SST 的纬向结构与向下短波辐射通量的纬向结构具有相似的偏态分布，说明局地的辐射对流过程与太阳辐射一样对 SST 的均匀化起着重要作用。

大气环流通过影响热量输送、云、水汽和表面风，对 SST 产生均匀化和非均匀化影响。一方面，Hadley 环流将热量从最热的地区向外输送，从而使 SST 均匀化。另一方面，Hadley 环流在副热带地区的下沉干燥效应，减小了温室捕获效应（Greenhouse Trapping Effect），有效冷却了 SST，从而使 SST 趋于非均匀化。同样，副热带地区的表面风梯度比赤道地区更大，也会使 SST 趋于非均匀化。副热带地区较大的风速使大气的热力学状态更接近海洋，使大气更加温暖、潮湿。因此，作为对加热和加湿大气辐射冷却的平衡响应，副热带地区海洋的 SST 变低。

Clement 等（2005）通过理想的海洋模式试验，解释了海洋动力学机制在 SST 分布中的作用。试验表明，合适的赤道温跃层深度及其受东风应力作用产生的纬向倾斜，所导致的 SST 分布几乎是均匀的。这一结果可以由 Sverdrup 动力作用解释：它使冷水上升并影响 SST 在东太平洋形成赤道冷舌，而 Ekman 动力机制使海水向极地移动，进而使所有经度上的 SST 均匀化。值得一提的是，Sverdrup 动力作用对温跃层较浅处的热带 SST 有一定的影响，会使暖水上升。因此，Clement 等（2005）认为，Sverdrup 环流在暖池的地理分布中起着关键作用。例如，在赤道印度洋地区，所有经度上的温跃层都很深，均匀的 SST 区域一直延伸穿过海盆；相反，大西洋温跃层较浅，暖池主要出现在海盆的西部和近赤道地区。

历史上，云层被认为是调节热带 SST 的最重要因素。Ramanathan 和 Collins（1991）提出了云层恒温器（Cloud Thermostat）理论，指出在西太平洋最暖的 SST 地区有与深对流有关的高反射率高空卷云砧，它可以减小太阳辐射。他们认为，这种高空卷云砧的负反馈作用是西太平洋暖池 SST 的重要限制因素，其可以防止暖池 SST 超过 32℃的阈值。但是，之后的一些研究反驳了云层恒温器理论，认为大气环流和 SST 空间梯度的非局地影响才是暖池 SST 的重要限制因素（Wallace，1992；Hartmann 和 Michelsen，1993；Lau 等，1994；Waliser，1996）。Waliser（1996）阐明了这种争议：假设在海洋表面混合层中加入一个大尺度正温度异常，该系统最初将响应增大表面潜热和感热通量。通量增大，在 SST 正异常区低层大气将产生辐合（Lindzen 和 Nigam，1987），会造成：①局地强烈的上升运动和其他地方的补偿性下沉运动；②表面风速下降；③低层水汽的输送。在这个过程中，①和③加强了云短波强迫，而②和③减小了海洋表层的蒸发。从本质上来说，与 SST 正异常区的蒸发负反馈相比，当地的云短波强迫得到加强。但要得出这个结论，必须考虑大气环流的变化，而该变化的尺度比最初引入的 SST 正异常的尺度大得多。这一论点构成了云层恒温器理论争论的基础。SST 正异常区上固有的局部云层负反馈与大尺度大气环流相耦合，在决定局部反馈的强度方面起着关键作用（Hartmann 和 Michelsen，1993）。

原著参考文献

Chao W C, Chen B. Multiple quasi-equilibria of the ITCZ and the origin of monsoon onset. Part Ⅱ. Rotational ITCZ attractors. J. Atmos. Sci., 2001, 58: 2820-2831.

Chao W, Chen B. Single and double ITCZ in an acqua planet model with constant sea surface temperature and solar angle. Clim. Dynam., 2004, 22: 447-459.

Charney J G. Tropical cyclogenesis and the formation of the ITCZ. In: Reid W H (ed.) Mathematical problems of geophysical fluid dynamics. Lectures in Applied Mathematics. Am. Math. Soc., 1971, 13: 355-368.

Clement A C, Seager R, Murtugudde R. Why are there tropical warm pools? J. Climate, 2005, 18: 5294-5311.

Hartmann D L, Michelsen M. Large-scale effects on the regulation of tropical sea surface temperature. J. Climate, 1993, 6: 2049-2062.

Kirtman B P, Schneider E. A spontaneously generated tropical atmospheric general circulation. J. Atmos. Sci., 2000, 57: 2080-2093.

Lau K M, Suie C H, Chou M D, et al. An inquiry into the Cirrus cloud thermostat effect on tropical sea surface temperature. Geophys. Res. Lett., 1994, 21: 1157-1160.

Liebmann B, Smith C A. Description of a complete (interpolated) outgoing longwave radiation dataset. Bull. Amer. Meteor. Soc., 1996, 77: 1275-1277.

Lindzen D, Nigam S. On the role of sea surface temperature gradients in forcing low-level winds and convergence in the tropics. J. Atmos. Sci., 1987, 44: 2418-2436.

Moorthi S, Suarez M J. Relaxed Arakawa-Schubert: A parameterization of moist convection for general circulation models. Mon. Weather Rev., 1992, 120: 978-1002.

Philander S G H, Gu D, Halpern D, et al. Why the ITCZ is mostly north of the equator. J. Climate, 1996, 9: 2958-2972.

Pike A C. The inter-tropical convergence zone studied with an interactive atmosphere and ocean model. Mon. Weather Rev., 1971, 99: 469-477.

Ramanathan V, Collins W. Thermodynamic regulation of ocean warming by cirrus clouds deduced from observations of the 1987 El Ninõ. Nature, 1991, 351: 27-32.

Sobel A H, Held I M, Bretherton C S. The ENSO signal in tropical tropospheric temperature. J. Climate, 2002, 15: 2702-2706.

Sumi A. Pattern formation of convective activity over the aqua planet with globally uniform sea surface temperature. J. Meteorol. Soc. Japan, 1992, 70: 855-876.

Takacs L L, Molod A, Wang T. Documentations of the Goddard earth observing system (GEOS) general circulation model-Version 1. NASA Technical Memovandum 104606, Vol. 1, Goddard Space Flight Center, Greenbelt, 1994, 97.

Waliser D. Some considerations on the thermostat hypothesis. Bull. Am. Meteor. Soc., 1996, 77: 357-360.

Wallace J M. Effect of deep convection on the regulation of tropical sea surface temperature. Nature, 1992, 357: 230-231.

Xie P, Arkin P A. Analyses of global monthly precipitation using gauge observations, satellite estimates, and numerical model predictions. J. Climate, 1996, 9: 840-858.

第 4 章

热致环流

本章将探讨热带非绝热加热的重要性，它对热带和副热带地区的一些大尺度环流特征有显著影响。本章从 Gill（1980）的简单线性化浅水模式方程的解析解开始。这项工作虽然研究理想模型，但对于理解环流特征，如纬向环流（Walker 环流）、经向环流（Hadley 环流）和与信风相关的东风有很大的指导意义。这种研究的理想大气模型通常被称为 Gill 大气模型。

4.1 Gill 大气模型

4.1.1 Gill 大气模型方程

Gill（1980）提出了一个表征热带热致环流的简单线性模型。该模型描述了响应非绝热加热而形成的环流，揭示了赤道地区印度尼西亚附近的局部加热如何产生开尔文波，以及如何进一步在太平洋地区产生低层东风。

在推导 Gill 大气模型的解析解时，做如下假设：

（1）定常状态下的稳态运动受到给定的加热 $\tilde{Q}$ 的强迫；
（2）受迫运动非常弱，可以用线性动力学来处理；
（3）摩擦的形式是瑞利摩擦阻尼（线性阻力与风速成正比）；
（4）热阻尼采取牛顿冷却的形式（加热率与温度扰动成正比）；
（5）假定热阻尼率和摩擦阻尼率在任何地方都有相同的时间尺度；
（6）解是针对长波近似的，忽略高频的惯性重力波、罗斯贝重力波和罗斯贝短波。

从浅水方程开始，即
X 方向动量方程为

$$\frac{\partial u}{\partial t}+u\frac{\partial u}{\partial x}+v\frac{\partial u}{\partial y}-fv=-\frac{1}{\rho_0}\frac{\partial p}{\partial x}-F_x \tag{4.1}$$

Y方向动量方程为

$$\frac{\partial v}{\partial t} + u\frac{\partial v}{\partial x} + v\frac{\partial v}{\partial y} + fu = -\frac{1}{\rho_0}\frac{\partial p}{\partial y} - F_y \tag{4.2}$$

连续性方程为

$$\frac{\partial p}{\partial t} + u\frac{\partial p}{\partial x} + v\frac{\partial p}{\partial y} = -p\left(\frac{\partial u}{\partial x} + \frac{\partial v}{\partial y}\right) - \tilde{Q} - F_p \tag{4.3}$$

式中，u 和 v 是纬向风速和经向风速，p 是气压，f 是科里奥利参数，ρ_0 是平均空气密度，F_x、F_y 和 F_p 是纬向动量方程、经向动量方程和气压变化方程的摩擦项，$\tilde{Q}$ 为加热。

为了使系统线性化，将因变量表示为平均值加一个小的扰动，即 $u = \bar{u} + u'$，$v = \bar{v} + v'$，$p = \bar{p} + p'$。对于静止的大气基本态，有 $\bar{u} = \bar{v} = 0$。将上述 u、v 和 p 代入式（4.1）、式（4.2）和式（4.3），可得

$$\frac{\partial u'}{\partial t} + u'\frac{\partial u'}{\partial x} + v'\frac{\partial u'}{\partial y} - fv' = -\frac{1}{\rho_0}\frac{\partial p'}{\partial x} - F_x \tag{4.4}$$

$$\frac{\partial v'}{\partial t} + u'\frac{\partial v'}{\partial x} + v'\frac{\partial v'}{\partial y} + fu' = -\frac{1}{\rho_0}\frac{\partial p'}{\partial y} - F_y \tag{4.5}$$

$$\frac{\partial p'}{\partial t} + u'\frac{\partial (\bar{p} + p')}{\partial x} + v'\frac{\partial (\bar{p} + p')}{\partial y} = -(\bar{p} + p')\left(\frac{\partial u'}{\partial x} + \frac{\partial v'}{\partial y}\right) - \tilde{Q} - F_p \tag{4.6}$$

假设基本态气压没有水平变化，即 $\frac{\partial \bar{p}}{\partial x} = \frac{\partial \bar{p}}{\partial y} = 0$，并且忽略扰动的乘积项（根据线性理论，这些量很小），并使用 β 平面近似，即 $f = y\beta$，得到

$$\frac{\partial u'}{\partial t} - y\beta v' = -\frac{1}{\rho_0}\frac{\partial p'}{\partial x} - F_x \tag{4.7}$$

$$\frac{\partial v'}{\partial t} + y\beta u' = -\frac{1}{\rho_0}\frac{\partial p'}{\partial y} - F_y \tag{4.8}$$

$$\frac{\partial p'}{\partial t} = -\bar{p}\left(\frac{\partial u'}{\partial x} + \frac{\partial v'}{\partial y}\right) - \tilde{Q} - F_p \tag{4.9}$$

对方程进行无量纲化，选择水平（长度）尺度 L、时间尺度 T 和气压尺度 P，使得 $(x, y) = L(x^*, y^*)$，$\left(\frac{\partial}{\partial x}, \frac{\partial}{\partial y}\right) = \frac{1}{L}\left(\frac{\partial}{\partial x^*}, \frac{\partial}{\partial y^*}\right)$，$t = Tt^*$，$(u', v') = \frac{L}{T}(u^*, v^*)$，$p' = Pp^*$，其中，带 * 的量是无量纲量。代入式（4.7）～式（4.9），可以得到

$$\frac{L}{T^2}\frac{\partial u^*}{\partial t^*} - \frac{L^2 \beta}{T} y^* v^* = -\frac{P}{\rho_0 L}\frac{\partial p^*}{\partial x^*} - F_x \tag{4.10}$$

$$\frac{L}{T^2}\frac{\partial v^*}{\partial t^*} + \frac{L^2 \beta}{T} y^* u^* = -\frac{P}{\rho_0 L}\frac{\partial p^*}{\partial y^*} - F_y \tag{4.11}$$

$$\frac{P}{T}\frac{\partial p^*}{\partial t^*} = -\frac{\bar{p}}{T}\left(\frac{\partial u^*}{\partial x^*} + \frac{\partial v^*}{\partial y^*}\right) - \tilde{Q} - F_p \tag{4.12}$$

式（4.10）～式（4.12）整理后可以得到

$$\frac{\partial u^*}{\partial t^*} - \beta L T y^* v^* = -\frac{PT^2}{\rho_0 L^2}\frac{\partial p^*}{\partial x^*} - \frac{T^2}{L}F_x \tag{4.13}$$

$$\frac{\partial v^*}{\partial t^*} + \beta L T y^* u^* = -\frac{PT^2}{\rho_0 L^2}\frac{\partial p^*}{\partial y^*} - \frac{T^2}{L}F_y \tag{4.14}$$

$$\frac{\partial p^*}{\partial t^*} = -\frac{\bar{p}}{P}\left(\frac{\partial u^*}{\partial x^*}+\frac{\partial v^*}{\partial y^*}\right) - \frac{T}{P}\tilde{Q} - \frac{T}{P}F_p \tag{4.15}$$

如果令 $P=\bar{p}=\rho_0 gH$，并且使 $\frac{PT^2}{\rho_0 L^2}=1$，则可以得到重力波的相速度 $\left(\frac{L}{T}\right)=\sqrt{\frac{\bar{p}}{\rho_0}}=\sqrt{gH}=C$。将 $L=\sqrt{\frac{C}{2\beta}}$ 和 $T=\sqrt{\frac{1}{2\beta C}}$ 代入式（4.13）～式（4.15），得到

$$\frac{\partial u^*}{\partial t^*} - \frac{1}{2}y^*v^* = -\frac{\partial p^*}{\partial x^*} - \sqrt{\frac{1}{2\beta C^3}}F_x \tag{4.16}$$

$$\frac{\partial v^*}{\partial t^*} + \frac{1}{2}y^*u^* = -\frac{\partial p^*}{\partial y^*} - \sqrt{\frac{1}{2\beta C^3}}F_y \tag{4.17}$$

$$\frac{\partial p^*}{\partial t^*} = -\left(\frac{\partial u^*}{\partial x^*}+\frac{\partial v^*}{\partial y^*}\right) - \sqrt{\frac{\rho_0}{2\beta C^2}}\tilde{Q} - \sqrt{\frac{\rho_0}{2\beta C^2}}F_p \tag{4.18}$$

假设无量纲摩擦力与无量纲风速成正比，无量纲气压耗散与无量纲气压成正比，则应当存在一个比例常数 ε，可使 $\sqrt{\frac{1}{2\beta C^3}}F_x=\varepsilon u$，$\sqrt{\frac{1}{2\beta C^3}}F_y=\varepsilon v$，$\sqrt{\frac{\rho_0}{2\beta C^2}}F_p=\varepsilon p$。也可记 $\sqrt{\frac{\rho_0}{2\beta C^2}}\tilde{Q}=Q$，并将 * 删除，则定常扰动（$\partial/\partial t=0$）的线性无量纲浅水方程可以简单地写为

$$\varepsilon u - \frac{1}{2}yv = -\frac{\partial p}{\partial x} \tag{4.19}$$

$$\varepsilon v + \frac{1}{2}yu = -\frac{\partial p}{\partial y} \tag{4.20}$$

$$\varepsilon p + \frac{\partial u}{\partial x} + \frac{\partial v}{\partial y} = -Q \tag{4.21}$$

式中，y 为无量纲向北距离，x 为无量纲向东距离，(u,v) 分别为无量纲纬向风速和无量纲经向风速，p 为无量纲气压扰动，Q 为无量纲加热率。

该模型中的无量纲垂直速度为

$$w = \varepsilon p + Q \tag{4.22}$$

式（4.19）～式（4.21）可以简化为一个关于 v 的单一方程，即

$$\varepsilon^3 v + \frac{1}{4}\varepsilon y^2 v - \varepsilon\frac{\partial^2 v}{\partial x^2} - \varepsilon\frac{\partial^2 v}{\partial y^2} - \frac{1}{2}\frac{\partial v}{\partial x} = -\varepsilon\frac{\partial Q}{\partial y} - \frac{1}{2}y\frac{\partial Q}{\partial x} \tag{4.23}$$

假设耗散因子 ε 很小，则可以忽略第一项。此外，如果东西向波数较小（东西向尺度

大），则方程中的第三项也可以忽略。这些近似相当于使式（4.20）中的 $\varepsilon v = 0$，即向东的气流与气压梯度力处于静力平衡状态。

4.1.2 Gill 大气模型的解

对于耗散浅水方程的解，引入两个新的变量：

$$q = p + u \tag{4.24}$$

$$r = p - u \tag{4.25}$$

将式（4.19）和式（4.21）相加，得到

$$\varepsilon q + \frac{\partial q}{\partial x} + \frac{\partial v}{\partial y} - \frac{1}{2}yv = -Q \tag{4.26}$$

类似地，从式（4.21）中减去式（4.19），得到

$$\varepsilon r - \frac{\partial r}{\partial x} + \frac{\partial v}{\partial y} + \frac{1}{2}yv = -Q \tag{4.27}$$

式（4.20）可以写成

$$\frac{\partial q}{\partial y} + \frac{1}{2}yq + \frac{\partial r}{\partial y} - \frac{1}{2}yr = 0 \tag{4.28}$$

该方程组的自由解，即当 $Q=0$ 时的解是抛物线柱函数 $D_n(y)$ 的形式。当所有的变量都以该基本函数 $D_n(y)$ 的形式展开时，可得到强迫解为

$$\begin{pmatrix} q(x,y,t) \\ r(x,y,t) \\ v(x,y,t) \\ Q(x,y,t) \end{pmatrix} = \sum_{n=0}^{\infty} \begin{pmatrix} q_n(x,t) \\ r_n(x,t) \\ v_n(x,t) \\ Q_n(x,t) \end{pmatrix} D_n(y) \tag{4.29}$$

抛物线柱函数 $D_n(y)$ 具有以下特征：

$$\frac{\mathrm{d}D_n(y)}{\mathrm{d}y} + \frac{1}{2}yD_n(y) = nD_{n-1}(y), \quad n \geq 1 \tag{4.30}$$

$$\frac{\mathrm{d}D_n(y)}{\mathrm{d}y} - \frac{1}{2}yD_n(y) = -D_{n+1}(y), \quad n \geq 0 \tag{4.31}$$

将式（4.29）代入式（4.26）～式（4.28），分别得到

$$\varepsilon\sum_{n=0}^{\infty}q_n D_n(y) + \sum_{n=0}^{\infty}\frac{\partial q_n}{\partial x}D_n(y) + \sum_{n=0}^{\infty}v_n\frac{\mathrm{d}D_n(y)}{\mathrm{d}y} - \frac{1}{2}y\sum_{n=0}^{\infty}v_n D_n(y) = -\sum_{n=0}^{\infty}Q_n D_n(y) \tag{4.32}$$

$$\varepsilon\sum_{n=0}^{\infty}r_n D_n(y) - \sum_{n=0}^{\infty}\frac{\partial r_n}{\partial x}D_n(y) + \sum_{n=0}^{\infty}v_n\frac{\mathrm{d}D_n(y)}{\mathrm{d}y} + \frac{1}{2}y\sum_{n=0}^{\infty}v_n D_n(y) = -\sum_{n=0}^{\infty}Q_n D_n(y) \tag{4.33}$$

$$\sum_{n=0}^{\infty}q_n\frac{\mathrm{d}D_n(y)}{\mathrm{d}y} + \frac{1}{2}y\sum_{n=0}^{\infty}q_n D_n(y) + \sum_{n=0}^{\infty}r_n\frac{\mathrm{d}D_n(y)}{\mathrm{d}y} - \frac{1}{2}y\sum_{n=0}^{\infty}r_n D_n(y) = 0 \tag{4.34}$$

式（4.32）可以改写为

$$\sum_{n=0}^{\infty}\left(\varepsilon q_n + \frac{\partial q_n}{\partial x}\right)D_n + \sum_{n=0}^{\infty}v_n\left(\frac{\mathrm{d}D_n(y)}{\mathrm{d}y} - \frac{1}{2}yD_n(y)\right) = -\sum_{n=0}^{\infty}Q_n D_n(y) \tag{4.35}$$

利用式（4.31）给出的抛物线柱函数的特征，式（4.35）变为

$$\sum_{n=0}^{\infty}\left(\varepsilon q_n + \frac{\partial q_n}{\partial x}\right)D_n(y) - \sum_{n=0}^{\infty} v_n D_{n+1}(y) = -\sum_{n=0}^{\infty} Q_n D_n(y) \quad (4.36)$$

或者变为

$$\left(\varepsilon q_0 + \frac{\partial q_0}{\partial x}\right)D_0(y) + \sum_{n=0}^{\infty}\varepsilon\left(q_{n+1} + \frac{\partial q_{n+1}}{\partial x}\right)D_{n+1}(y) - \sum_{n=0}^{\infty} v_n D_{n+1} = -Q_0 D_0(y) - \sum_{n=0}^{\infty} Q_{n+1} D_{n+1}(y) \quad (4.37)$$

由于抛物线柱函数构成了一个基，则求和公式中的每一项都必须满足式（4.36）。通过乘 $D_0(y)$ 使系数相等，可以得到

$$\varepsilon q_0 + \frac{\partial q_0}{\partial x} = -Q_0 \quad (4.38)$$

通过对每个 n 乘以 $D_{n+1}(y)$ 来使系数相等，则可得到

$$\varepsilon q_{n+1} + \frac{\partial q_{n+1}}{\partial x} - v_n = -Q_{n+1} \quad (4.39)$$

按照类似的步骤，从式（4.33）中可以得到

$$\varepsilon r_{n-1} - \frac{\partial r_{n-1}}{\partial x} + n v_n = -Q_{n-1} \quad (4.40)$$

而从式（4.34）中可以得到

$$q_1 = 0 \quad (4.41)$$

$$r_{n-1} = (n+1)q_{n+1} \quad (4.42)$$

针对两种特定情况求解。

第一种情况：赤道对称加热，其形式为

$$Q(x,y) = F(x)D_0(y) = F(x)\mathrm{e}^{-\frac{1}{4}y^2} \quad (4.43)$$

第二种情况：赤道非对称加热，其形式为

$$Q(x,y) = F(x)D_1(y) = yF(x)\mathrm{e}^{-\frac{1}{4}y^2} \quad (4.44)$$

在此类加热函数形式下，其解最多只涉及三阶抛物线柱函数：

$$D_0(y) = \mathrm{e}^{-\frac{1}{4}y^2} \quad (4.45)$$

$$D_1(y) = y\mathrm{e}^{-\frac{1}{4}y^2} \quad (4.46)$$

$$D_2(y) = \left(y^2 - 1\right)\mathrm{e}^{-\frac{1}{4}y^2} \quad (4.47)$$

$$D_3(y) = \left(y^3 - 3y\right)\mathrm{e}^{-\frac{1}{4}y^2} \quad (4.48)$$

如果令强迫在 $x=0$ 的局部附近平滑变化，形式为

$$F(x) = \begin{cases} \cos(kx), & |x| < L \\ 0, & |x| \geq L \end{cases}$$

式中，$k = \pi/(2L)$ 是东西向的波数。

下面探讨对称强迫和非对称强迫的影响。

1. 对称强迫

对于对称强迫的情况，加热形式由式（4.43）给出，即唯一的非零系数 Q_n 对应 $n=0$ 的情况，即

$$Q_0 = F(x) \tag{4.49}$$

该加热的响应可分为两部分。第一部分来自式（4.38）的解，只涉及 q_0。该解代表一个向东传播的开尔文波，具有衰减的振幅。该开尔文波以单位速度移动，衰减率为 ε，因此它的空间衰减率也是 ε。该向东传播的开尔文波不会向西传播任何信号，即在域的 $x < -L$ 部分其解为零。因此，与 q_0 相关的部分解如下：

$$\begin{cases} (\varepsilon^2 + k^2)q_0 = 0, & x < -L \\ (\varepsilon^2 + k^2)q_0 = -\varepsilon\cos(kx) - k\left(\sin(kx) + \mathrm{e}^{-\varepsilon(x+L)}\right), & |x| \leqslant L \\ (\varepsilon^2 + k^2)q_0 = -k\left(1 + \mathrm{e}^{-2\varepsilon L}\right)\mathrm{e}^{\varepsilon(L-x)}, & x > L \end{cases} \tag{4.50}$$

由式（4.24）、式（4.25）、式（4.39）和式（4.22），可得该开尔文波的解为

$$p = \frac{1}{2}q_0(x)\mathrm{e}^{-\frac{1}{4}y^2} \tag{4.51}$$

$$u = \frac{1}{2}q_0(x)\mathrm{e}^{-\frac{1}{4}y^2} \tag{4.52}$$

$$v = 0 \tag{4.53}$$

$$w = \frac{1}{2}\left(\varepsilon q_0(x) + F(x)\right)\mathrm{e}^{-\frac{1}{4}y^2} \tag{4.54}$$

对称强迫解的第二部分对应于将 $n=1$ 代入式（4.39）、式（4.40）和式（4.42），可得

$$v_1 = \frac{\mathrm{d}q_2}{\mathrm{d}x} + \varepsilon q_2 \tag{4.55}$$

$$r_0 = 2q_2 \tag{4.56}$$

$$\frac{\mathrm{d}q_2}{\mathrm{d}x} - 3\varepsilon q_2 = Q_0 \tag{4.57}$$

这对应 $n=1$ 的长行星波，它以 1/3 的单位速度向西传播，因此空间衰减率为 3ε。由于 $n=1$ 的长行星波是向西传播的，因此它不会向东传播任何信号，即对于域的 $x > L$ 部分，其解为零。式（4.57）的解为

$$\begin{cases} ((2n+1)^2\varepsilon^2 + k^2)q_{n+1} = -k\left(1 + \mathrm{e}^{-2(2n+1)\varepsilon L}\right)\mathrm{e}^{(2n+1)\varepsilon(x+L)}, & x < -L \\ ((2n+1)^2\varepsilon^2 + k^2)q_{n+1} = -(2n+1)\varepsilon\cos(kx) + k\left(\sin(kx) - \mathrm{e}^{(2n+1)\varepsilon(x-L)}\right), & |x| \leqslant L \\ ((2n+1)^2\varepsilon^2 + k^2)q_{n+1} = 0, & x > L \end{cases} \tag{4.58}$$

由式（4.24）、式（4.25）、式（4.55）、式（4.56）、式（4.57）、式（4.22）和式（4.50）、式（4.51）、式（4.52）可得气压和速度分量的详细解，即

$$p = \frac{1}{2}q_2(x)(1+y^2)e^{-\frac{1}{4}y^2} \tag{4.59}$$

$$u = \frac{1}{2}q_2(x)(y^2-3)e^{-\frac{1}{4}y^2} \tag{4.60}$$

$$v = \left(F(x) + 4\varepsilon q_2(x)\right)y e^{-\frac{1}{4}y^2} \tag{4.61}$$

$$w = \frac{1}{2}\left(F(x) + \varepsilon q_2(x)(1+y^2)\right)e^{-\frac{1}{4}y^2} \tag{4.62}$$

赤道上对称热源的整体解可由 $n=0$ [式（4.46）、式（4.47）、式（4.48）、式（4.49）] 和 $n=1$ [式（4.59）、式（4.60）、式（4.61）、式（4.62）] 的解相加得到。这比较容易计算，因为所有变量都是由纯粹的分析函数表示的。对称热源的解如图4.1所示。

该对称强迫对应海洋性大陆上的深对流区。图4.1（a）为赤道对称加热的解显示，偏东信风平行于赤道流向强迫区，与赤道上的气压槽一致 [见图4.1（b）、图4.1（c）（ii）]。Gill（1980）认为，强迫区东部的东风带是开尔文波在存在阻尼的情况下向东传播的结果。由于开尔文波没有经向分量，因此东风大多被限制在赤道。同样，在Gill（1980）的理论中，强迫区西部的西风带也被解释为罗斯贝波在有阻尼的情况下向西传播的结果。然而，与开尔文波不同的是，在图4.1（b）中可以看到罗斯贝波有两个横跨赤道的对称低压气旋。由于赤道上开尔文波的速度大约是罗斯贝波速度的3倍，因此开尔文波的阻尼距离按比例大于罗斯贝波的阻尼距离。在赤道上纬向风扰动的纬向积分几乎为零，因此与加热点以西的西风带相比，东风带占据了加热点以东的更大区域，这也意味着与罗斯贝波相关的西风必须比与开尔文波相关的纬向风更强。

加热区的上升运动是一个更大的纬向环流（Walker环流）的一部分 [见图4.1（c）（i）]，该环流是热带太平洋上的典型特征。类似地，强迫区西部的另一个纬向环流 [见图4.1（c）（i）]，地表西风带也很显著 [见图4.1（b）]，让人联想到热带印度洋上的环流。Gill大气模型的纬向平均解也显示出赤道两侧均有对称的典型Hadley环流 [见图4.1（d）（ii）]。

2. 非对称强迫

下面以类似方式推导出由约10°N处的热源和约10°S处的热汇组成的非对称加热的解。该热源/热汇对会产生一些非常有趣的热致环流。对于非对称加热，其形式由式（4.49）给出，即

$$Q_1 = F(x) \tag{4.63}$$

同样，该响应由两部分组成。第一部分对应 $n=0$ 的长混合行星重力波，由式（4.39）和式（4.40）可得

$$\begin{cases} q_1 = 0 \\ v_0 = Q_1 \end{cases} \tag{4.64}$$

(a) 低层风场与垂直速度（等值线值分别为–0.1、0、0.3、0.6）

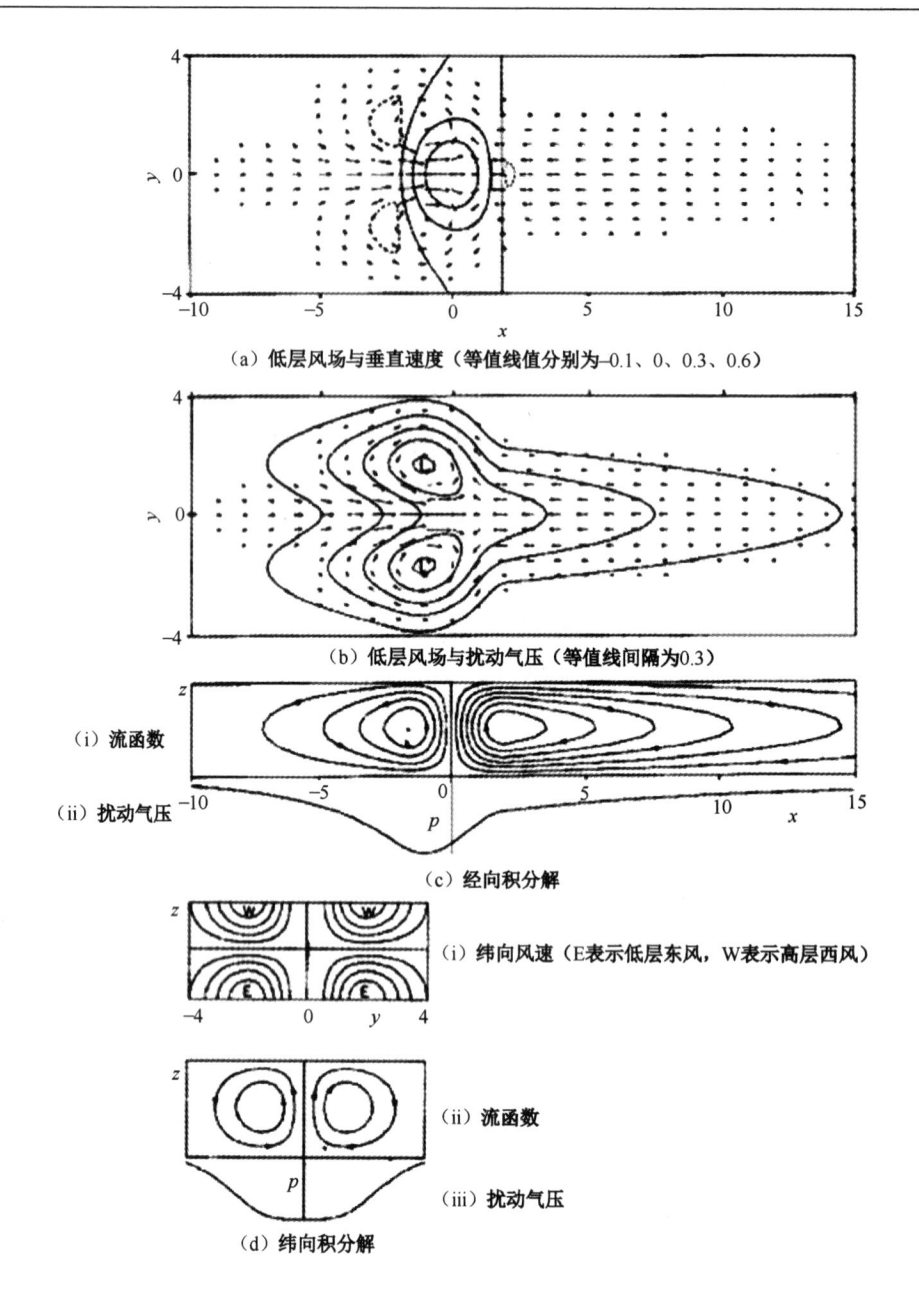

(b) 低层风场与扰动气压（等值线间隔为0.3）

(i) 流函数

(ii) 扰动气压

(c) 经向积分解

(i) 纬向风速（E表示低层东风，W表示高层西风）

(ii) 流函数

(iii) 扰动气压

(d) 纬向积分解

图 4.1　赤道两侧对称加热的解（引自 Gill，1980）

由于长混合行星重力波不会传播，因此第一部分在强迫区之外没有影响。

该响应的第二部分为 $n=2$ 的长行星波，由式（4.39）、式（4.42）和式（4.40）可得

$$v_2 = \frac{\mathrm{d}q_3}{\mathrm{d}x} + \varepsilon q_3 \tag{4.65}$$

$$r_1 = 3q_3 \tag{4.66}$$

$$\frac{dq_3}{dx} - 5\varepsilon q_3 = Q_1 \tag{4.67}$$

式（4.67）的解由式（4.58）给出，其中，$n=2$。然后就可以得到气压、水平运动和垂直运动的详细解，即

$$p = \frac{1}{2} q_3(x) y^3 e^{-\frac{1}{4}y^2} \tag{4.68}$$

$$u = \frac{1}{2} q_3(x)\left(y^3 - 6y\right) e^{-\frac{1}{4}y^2} \tag{4.69}$$

$$v = \left(F(x)y^2 + 6\varepsilon q_3(x)\left(y^2 - 1\right)\right) e^{-\frac{1}{4}y^2} \tag{4.70}$$

$$w = \left(F(x)y + \frac{1}{2}\varepsilon q_3(x) y^3\right) e^{-\frac{1}{4}y^2} \tag{4.71}$$

非对称加热解如图 4.2 所示。

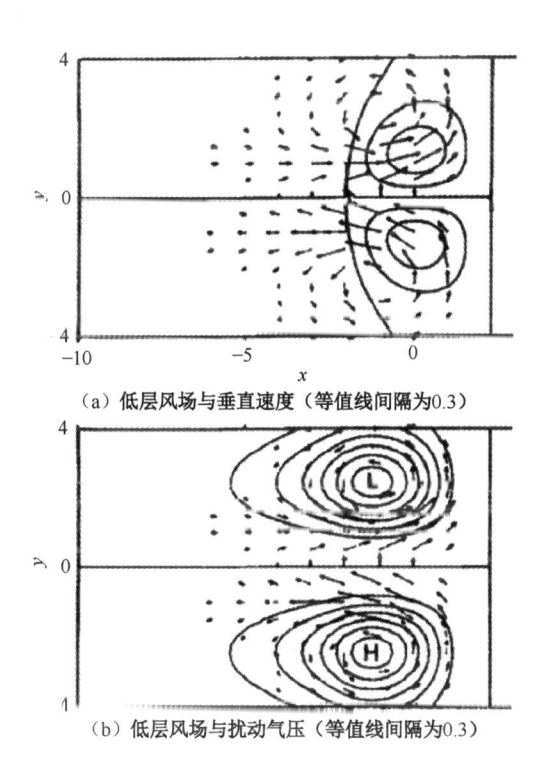

（a）低层风场与垂直速度（等值线间隔为0.3）

（b）低层风场与扰动气压（等值线间隔为0.3）

图 4.2　赤道两侧非对称加热的解（引自 Gill，1980）

(i) 纬向风速

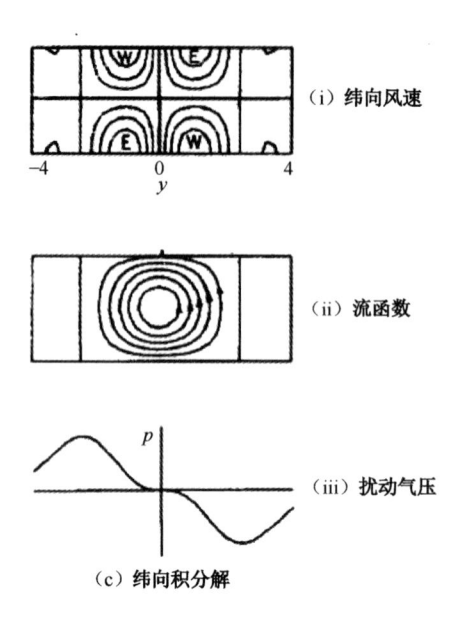

(ii) 流函数

(iii) 扰动气压

(c) 纬向积分解

图 4.2 赤道两侧非对称加热的解（引自 Gill，1980）（续）

与对称加热解不同，在图 4.2 中，非对称加热解在加热（冷却）半球表现为气旋（反气旋）环流。此外，在图 4.2 中，由于没有赤道对称的向东传播的开尔文波，因此在加热点以东没有风的响应。可以看到，非对称加热产生了一个经向环流［见图 4.2（c）（ii）］，该经向环流的上升支位于加热半球。该解类似第 1 章提到的早冬时的纬向平均环流。

Gill（1980）指出，与亚洲夏季风加热一致的环流型在很大程度上是通过 Gill 大气模型的对称加热和非对称加热来实现的。它在加热半球产生带有上升运动的气旋性环流，在冷却半球产生相应带有下沉运动的反气旋性环流。

Zhang 和 Krishnamurti（1987）拓展了 Gill 大气模型的对称加热解和非对称加热解。他们首先利用卫星资料计算了全球热带地区的热源和热汇分布，这可以通过综合计算卫星净辐射和降雨量估计得到。这样的热源分布，原则上可以将该场扩展为若干个纬向谐波分量和若干个经向抛物线柱函数。3 个纬向谐波和 3 个经向抛物线柱函数（通过 $D_3(y)$）就可以大致很好地代表大尺度平均加热的垂直积分。加热的这种分析描述可以加入 Gill 理论框架中，由此能够解决整个热带地区的热致环流问题。图 4.3 给出了 Zhang 和 Krishnamurti（1996）得到的解。图 4.3（a）显示了 1986 年 7 月基于 OLR 卫星资料的反演垂直积分加热分布，图 4.3（b）显示的是在这种加热条件下低层运动场的 Gill 大气模型精确解析解。可以发现，热带的大多数主要气候特征，如北半球和南半球的信风、热带辐合带、夏季风环流、季风槽、撒哈拉上空的热低压和副热带高压，都可以通过 Gill 大气模型的解析解得到。这表明热带地区热源和环流之间存在密切关系。

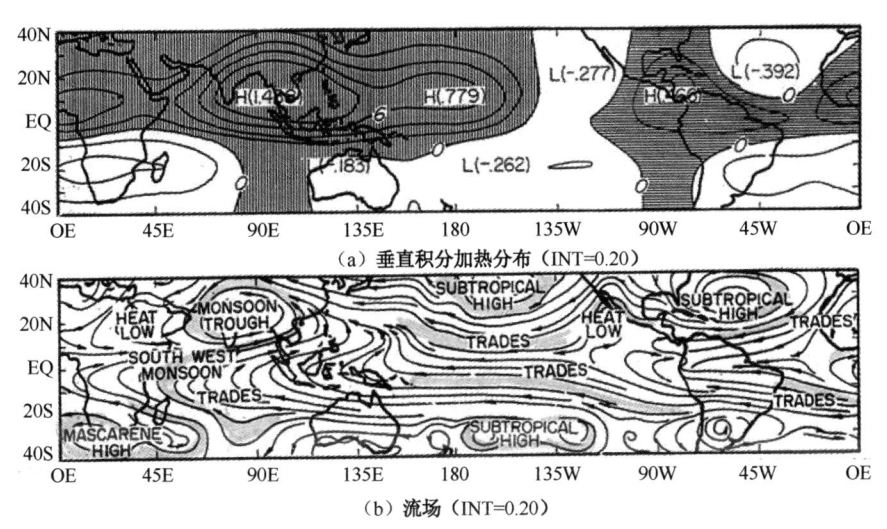

图4.3 (a) 从1986年7月的OLR卫星观测反演得到的垂直积分加热分布；(b) 是(a) 图加热条件下低层运动场的Gill大气模型精确解析解（据作者未发表的工作；Zhang和Krishnamurti，1996）

4.2 沙漠热低压

在热带和副热带的沙漠上发现的热低压是全球环流的主要组成部分。热低压是浅层低压系统，通常在850 hPa以下，处于热带和副热带的干旱和半干旱地区，在春末形成并持续到初秋。这些热低压系统的中心气压通常为1000~1010 hPa。图4.4为北半球7月和南半球1月的海平面气压分布，显示了两个半球夏季热低压的地理位置，可以确定撒哈拉沙漠、阿拉伯半岛、巴基斯坦、墨西哥、南非、澳大利亚和阿根廷上空的热低压位置。

卫星测量的地球辐射收支显示，在热带地区及夏半球的温带地区，入射辐射超过出射辐射，而在冬半球的温带地区情况正好相反。但是，热带地区和副热带地区的沙漠热低压区域是一个例外，该区域的出射辐射超过入射辐射，导致外层空间的净辐射损失。

热带和副热带沙漠地区的一个独特特征是具有较高的地表反照率，即在地球表面反射的太阳辐射与入射太阳辐射之比较大。这些地区的地表反照率可高达40%。沙漠大气湿度小且云少，大气层顶部相当一部分入射太阳辐射可以到达地球表面。由于高地表反照率，这些入射太阳辐射中的较大部分又被反射回大气层顶部。

沙漠地区的高地面温度是导致净辐射损失的另一个因素。根据Stefan-Boltsman定律，地表发出的长波辐射与地表温度的4次方成正比。在沙漠地区，白天地表温度约为50 ℃（323 K），这导致向上辐射到大气中的地表辐射非常大。若不受大气中水分或云层的阻碍，则这些地表长波辐射大部分到达大气层顶部，并进入外太空。

在这种情况下，在热低压上观测到的辐射损失将使这些地区出现净冷却。然而，夏季沙漠地区的温度层结和探空结果的逐日变化并不大，这表明需要大量的能量侧向输送到系统中，以维持热低压的热量收支平衡。本章将进一步讨论这个问题。

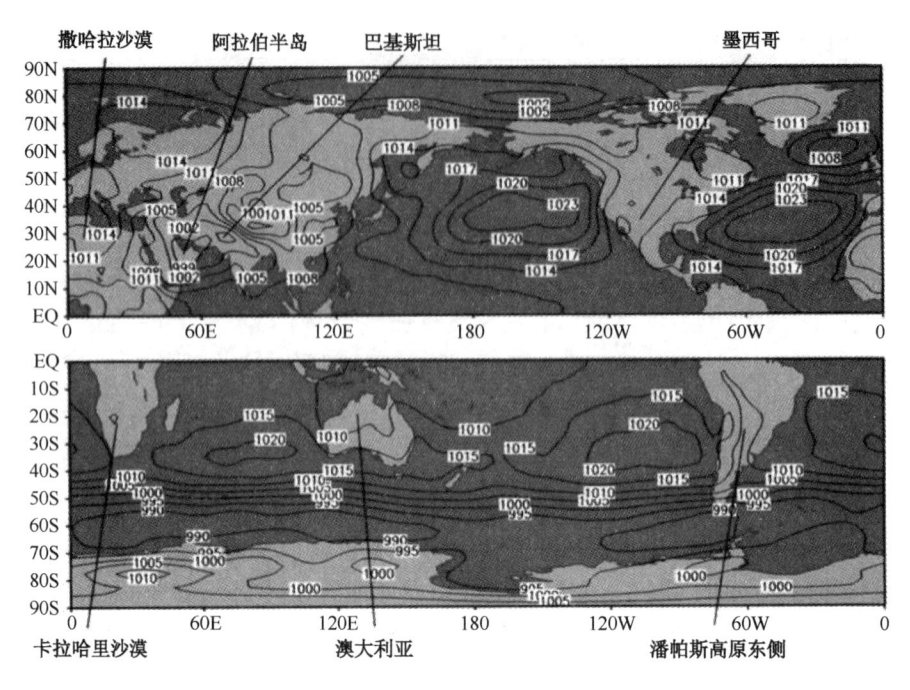

图 4.4 由北半球 7 月（上图）和南半球 1 月（下图）的海平面气压展示的夏半球热低压分布（单位：hPa；据本书作者未发表的工作）

下面介绍 Blake 等（1983）对沙特阿拉伯沙漠地区（Empty Quarter，鲁布哈利沙漠）上空热低压进行的实地研究。该实地研究结合了地面站、飞机和下投式探空仪观测，研究结果代表了典型的沙漠热低压结构。

4.2.1 热低压的日变化

夜间，当太阳辐射停止时，沙漠中晴朗的天空和干燥的大气使地表的辐射冷却率很高。白天的地表温度可高达 45～50℃，而夜间的地表温度可降至 15～25℃。图 4.5 为沙特阿拉伯沙漠一个热低压的地表温度和海平面气压日变化，测量数据来源于沙特阿拉伯沙漠谢罗拉站的自动地面气象观测仪。

最低地表温度出现在当地时间凌晨 4—6 时，而太阳升起后，地表温度就迅速上升。地表温度升高最快出现在当地时间上午 6—11 时，最高地表温度出现在下午 1—5 时。

海平面气压呈现半日变化和日变化。半日变化可使海平面气压的振幅达到几百帕。图 4.6 为沙特阿拉伯沙漠地区热低压白天与夜间的海平面气压示例。白天[见图 4.6（a）和图 4.6（b）]，热低压中心气压为 1004 hPa；夜间 [见图 4.6（c）]，由于下沉和辐散，热低压基本消散。很明显，与热带东风波和热带低压相比，热低压是一个较弱的低压系统。

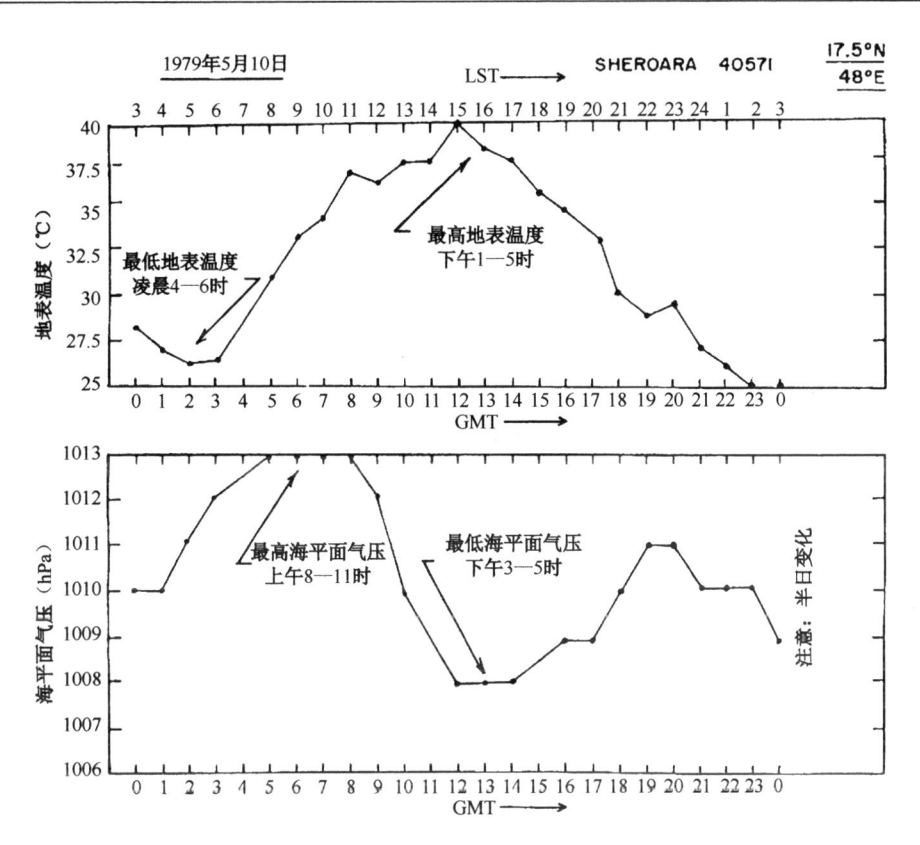

图 4.5 沙特阿拉伯沙漠谢罗拉站的地表温度（上图）和海平面气压（下图）的日变化（引自 Blake 等，1983）

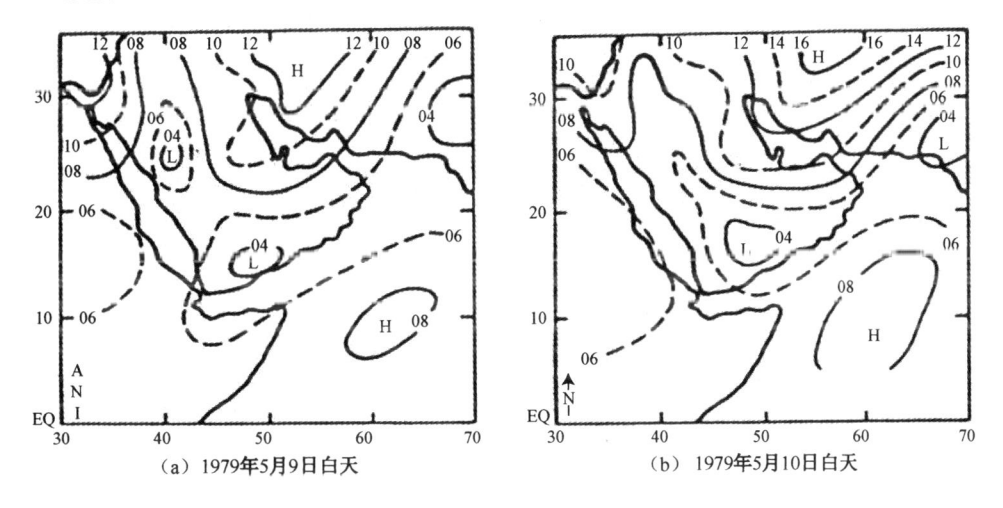

图 4.6 沙特阿拉伯沙漠地区上空白天 [（a）、（b）] 和夜间（c）海平面气压示例，其中，等值线为海平面气压与 1000 hPa 的差值（引自 Blake 等，1983）

（c）1979年5月12日地面图

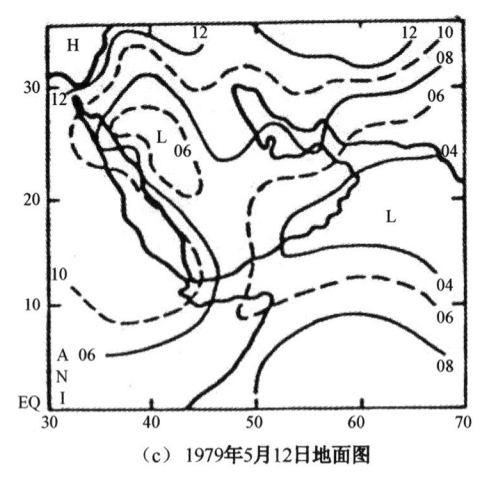

图 4.6　沙特阿拉伯沙漠地区上空白天 [（a）、（b）] 和夜间（c）海平面气压示例，其中，等值线为海平面气压与 1000 hPa 的差值（引自 Blake 等，1983）（续）

图 4.7 为典型的日间和夜间位温比较，为了便于比较，图 4.7 中也显示了美国标准大气位温线。日间，两条位温线（实线和中虚线）一直到 650 hPa 左右（相当于沙尘层的顶部）都接近恒定。干对流热量减小了超绝热直减率，并形成大约到 650 hPa 高度的中性直减率。夜间，由于地表的冷却，地表层变得稳定且位温随高度迅速升高。这种探空的日夜差异在热带/副热带热低压中都是非常典型的。

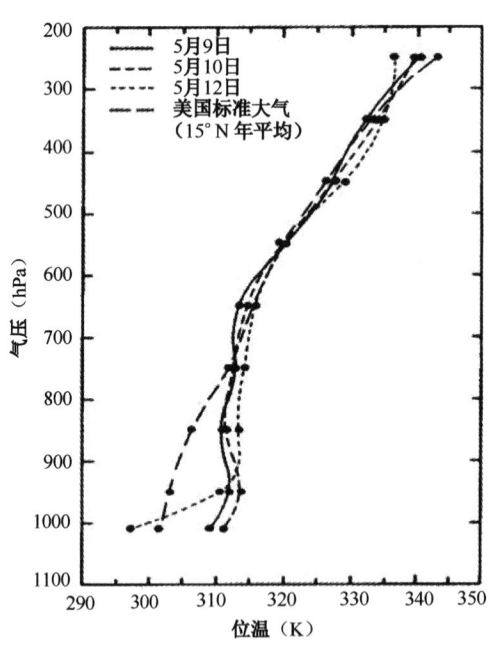

图 4.7　沙特阿拉伯沙漠地区热低压的两次白天（实线和中虚线）和一次夜间（短虚线）飞行任务测得的平均位温垂直廓线（单位：K），长虚线为美国标准大气的位温垂直廓线（引自 Blake 等，1983）

对沙特阿拉伯沙漠地区热低压的比湿分析也表明，该地区大气混合充分，比湿随高度几乎是恒定的，其顶部接近 650 hPa（见图 4.8）。

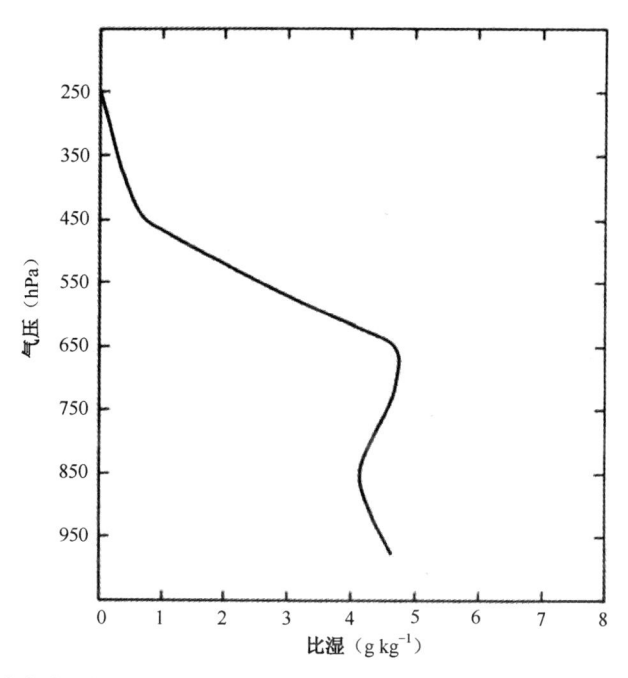

图 4.8 沙特阿拉伯沙漠地区热低压的两次日间飞行任务的平均比湿垂直廓线（引自 Blake 等，1983）

4.2.2 热低压的垂直运动和散度结构

图 4.9 为热低压的垂直环流示意图。热低压在垂直方向上是非常浅薄的。在近地层，空气辐合流入热低压，在 800 hPa 附近辐散流出。在对流层上部有一个较深的辐合层，产生的下沉运动到达热低压顶部。

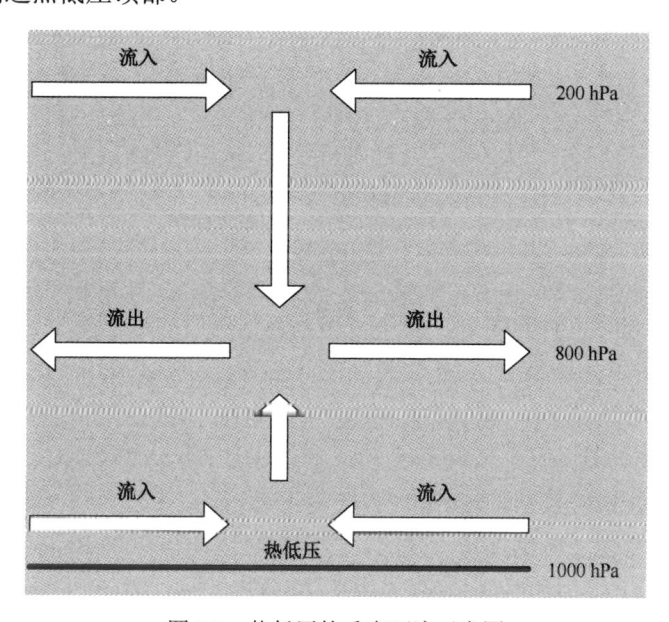

图 4.9 热低压的垂直环流示意图

Blake 等在 1983 年利用飞机观测的数据集对热低压上空的散度和垂直速度进行了估计。NASA 的一架研究飞机携带了测量风的传感器，并投放了下投式探空仪，测量得到了飞行高度处的风场及风的垂直廓线。惯性导航系统为风的探测提供了很高的精度，使飞行高度处风的探测精度达到 $1\,\text{m}\,\text{s}^{-1}$。下投式探空仪由 Omega 系统跟踪，其精度为 $3\sim4\,\text{m}\,\text{s}^{-1}$。探测飞机在热低压上空的几个大区域纵横交错地飞行，覆盖范围非常广。探测飞机的飞行时长约为 8 小时，以飞行时段的中间为中心，即±4 小时，这些数据可被视为同步数据集。飞行高度处上投式探空仪和下投式探空仪获得了大量(x_i, y_i)处的可用风场数据(u_i, v_i)。利用最小二乘法，可以用线性面来表示各气压层的风场。假设一个任意参考原点的位置为$(x=0, y=0)$，并给定一个飞行日全部的风场数据，则可以用线性多元回归在空间上分析这些数据，即

$$u(p) = a_1(p)x + a_2(p)y + a_3(p) \tag{4.72}$$

$$v(p) = b_1(p)x + b_2(p)y + b_3(p) \tag{4.73}$$

式中，a_1、a_2、a_3、b_1、b_2、b_3是气压层 p 中各位置(x_i, y_i)处风场数据(u_i, v_i)线性回归得到的与气压层相关的系数。

一旦系数被确定，任何气压层的散度都可表示为

$$D = \frac{\partial u}{\partial x} + \frac{\partial v}{\partial y} = a_1 + b_2 \tag{4.74}$$

任何气压层的散度都不随 x 和 y 变化。受风速测量误差的影响，再加上并非所有的数据都具有天气学意义，各气压层的散度估计必然会存在一些误差。我们可以定义一个散度订正量$D_C = D + \varepsilon|D|$，其中，ε是一个常数，假定散度的误差与散度的大小成正比。由于对流层内一个空气柱散度的垂直积分非常接近 0，因此设

$$\frac{1}{g}\int_{p_{\text{SFC}}}^{p_{\text{TOP}}} D_C \text{d}p = 0 \tag{4.75}$$

式中，p_{SFC}是地面气压，p_{TOP}是对流层顶部的气压，可以得到ε的值，即

$$\varepsilon = \frac{-\int_{p_{\text{SFC}}}^{p_{\text{TOP}}} D\text{d}p}{\int_{p_{\text{SFC}}}^{p_{\text{TOP}}} |D|\text{d}p} \tag{4.76}$$

因此，知道了未订正的散度 D，就可以得到各气压层的订正散度D_C的垂直廓线。接下来，可通过垂直积分连续性方程得到垂直速度ω，即$\partial \omega / \partial p = -D_C$。这里，可使用$\omega(p_{\text{SFC}}) = 0$作为边界条件。

图 4.10 为D_C和ω的日间 [见图 4.10（a）和图 4.10（b）] 和夜间 [见图 4.10（c）] 的垂直廓线。日间垂直廓线显示，850 hPa 以下为上升运动，以上为下沉运动。该结果与两个连续的日间数据集的分析结果是一致的。这种垂直运动与 900 hPa 以下的热低压区的浅层辐合，以及 850 hPa 附近的强辐散有关。在 700 hPa 以上，整个对流层气柱的辐合都很弱。夜间，热低压基本消散，下沉运动和辐散延伸到最低层。这种垂直运动的垂直结构对

热低压的热量收支有重要影响。

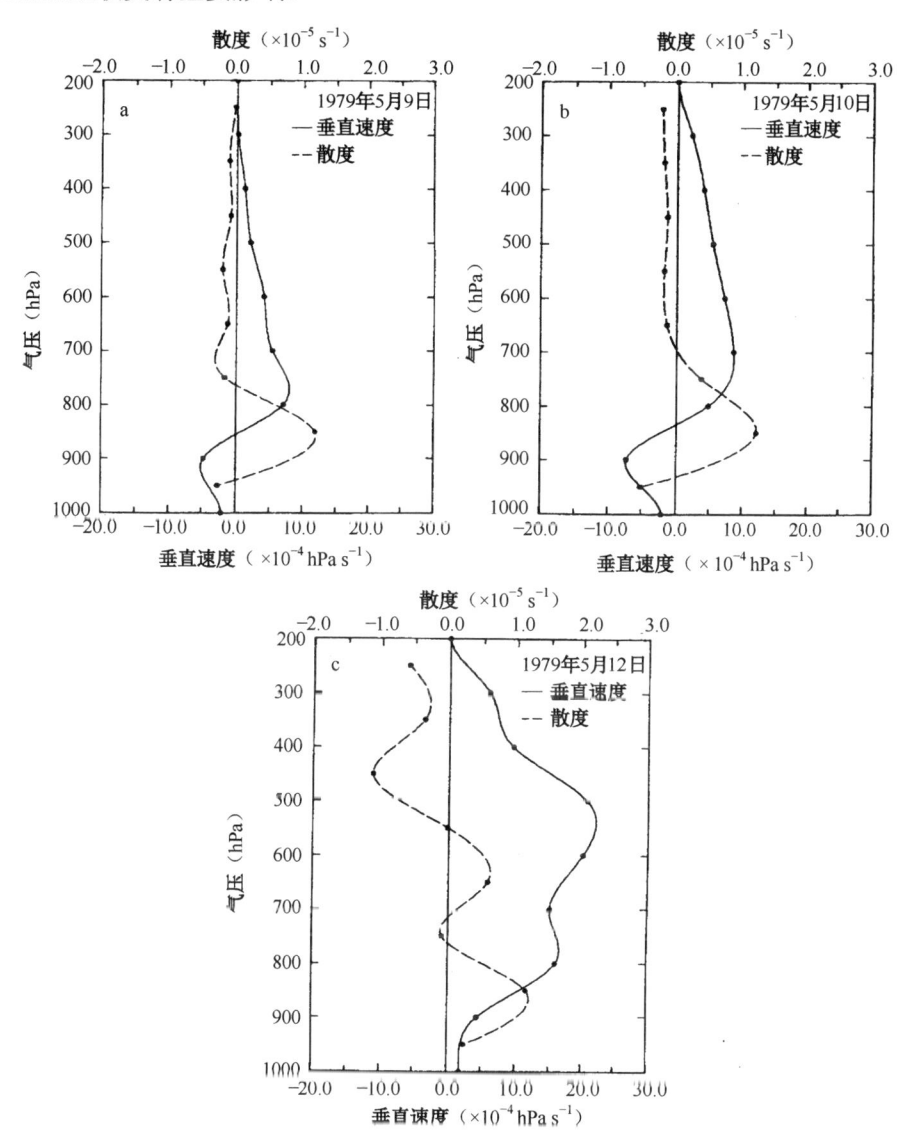

图 4.10 沙特阿拉伯沙漠地区热低压上空两次日间和一次夜间飞行任务的平均散度和垂直速度（引自 Blake 等，1983）

4.2.3 热低压上空辐射传输的垂直廓线

飞机是提供辐射通量垂直廓线极好的平台。热低压的横向面积大约为 700 km×300 km，通过 5~6 小时的飞行可以充分穿越和覆盖。1979 年夏，NASA 的一架飞机在 237 hPa 的高度上飞行，并数次阶梯式下降到 950 hPa。这架飞机携带了安装在顶部和底部的辐射测量仪器（日照仪和测温仪）。这些仪器测量了短波辐照度和长波辐照度的上行通量和下行通量，而阶梯式测量提供了辐射通量的垂直廓线。图 4.11 为这些变量日间测量的垂直廓线。这组数据对了解热低压的热量收支非常重要。

太阳常数 S_0 的近似值为 1370 W m^{-2}。在热低压的大气层顶部的入射太阳辐射小于该值，因为太阳辐射 S 的计算公式为 $S = S_0 \cos\zeta$，其中，ζ 为天顶角。天顶角的计算公式为

$$\cos\zeta = \sin\varphi\sin\delta + \cos\varphi\cos\delta\cos H$$

式中，φ 是纬度，δ 是太阳方位角，H 是从当地正午开始测量的太阳时角。很明显，天顶角随纬度、季节和时间而变化。在 237 hPa 飞行高度上，S 的值是 1100 W m^{-2}。与太阳常数相比，S 值较小的原因是沙特阿拉伯沙漠地区的天顶角和 237 hPa 以上的大气层对太阳辐射的吸收。向下的太阳辐射在垂直穿过空气柱时慢慢减小，沙漠地区最终到达地球表面的太阳辐射只有 870 W m^{-2}。这种损耗主要来自吸收短波辐射的尘埃气溶胶，其次来自大气中的水汽。沙漠热低压处的地表反照率约为 40%，因此，395 W m^{-2} 的太阳辐射被地表反射回去。地表反射的太阳辐射以散射方式向上传输，其中一部分被尘埃气溶胶和水汽吸收。

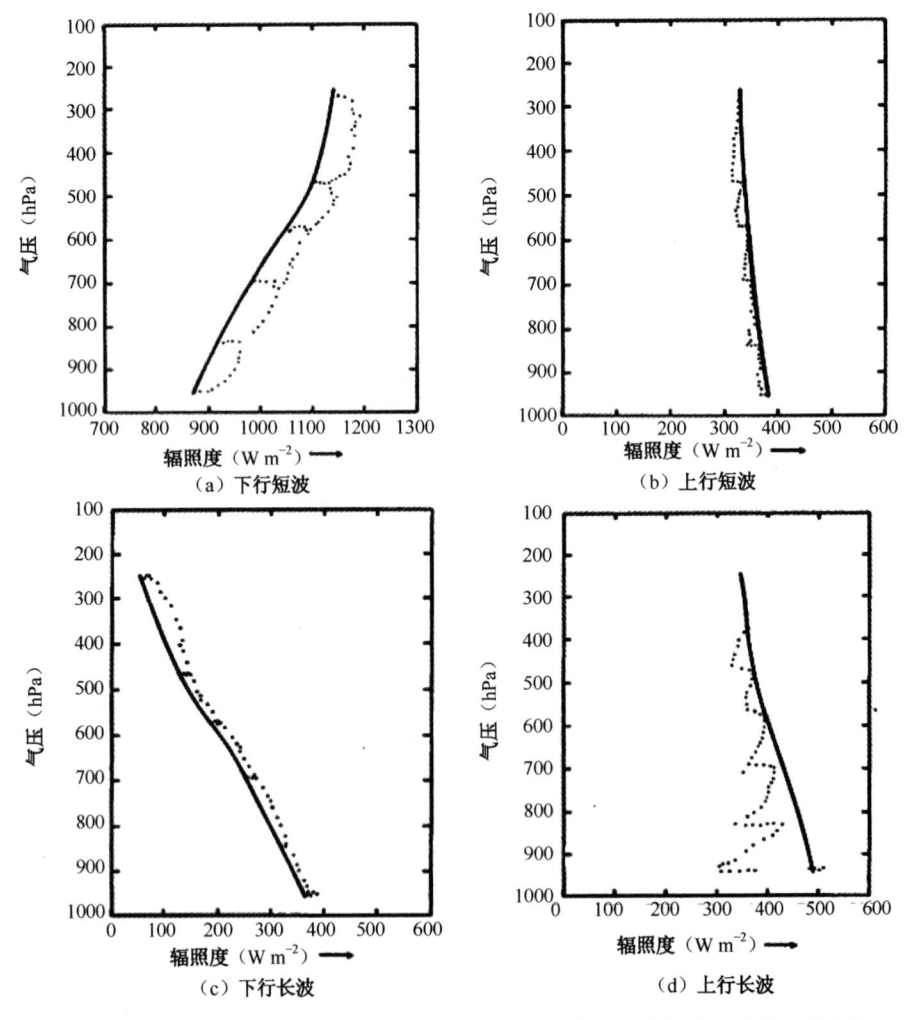

图 4.11 1979 年 5 月 9 日沙特阿拉伯沙漠地区热低压日间测量的辐照度的垂直廓线（单位为 W m^{-2}；引自 Blake 等，1983）

在 237 hPa 高度处向下传输的长波辐射是非常小的（约 20 W m^{-2}），它的来源是 237 hPa 和大气层顶部之间的大气层发出的长波辐射。由于任意参考面以上的大气柱都发射长波辐射，因此，随着空气柱往下，向下传输的长波辐射会增大，最终到达地表的长波辐射约为 385 W m^{-2}，这种向下传输的长波辐射是由尘埃气溶胶和地面以上的空气柱产生的。地表辐射收支决定了土壤表层的温度。白天土壤表层的温度约为 50℃，相应地，向上传输的长波辐射约为 500 W m^{-2}。向上传输的长波辐射被地面以上充满尘埃的大气柱再吸收、再发射，在 237 hPa 高度处大约有 340 W m^{-2} 的长波辐射向上传输。

这里，大气柱内任意高度层的升温率或降温率关系式为

$$\frac{\partial T}{\partial t} = -\frac{g}{C_p}\frac{\partial F}{\partial p}$$

式中，F 表示上述任意一种通量。总的升温或降温来自长波辐照度和短波辐照度贡献的总和。升温率或冷却率一般以 ℃ day^{-1} 为单位。图 4.12 为两个日间飞行和一个清晨飞行测量的升温率随高度的变化。为了计算该升温率，需要计算 Δp 厚度层上的 $\partial F/\partial p$，使用飞机

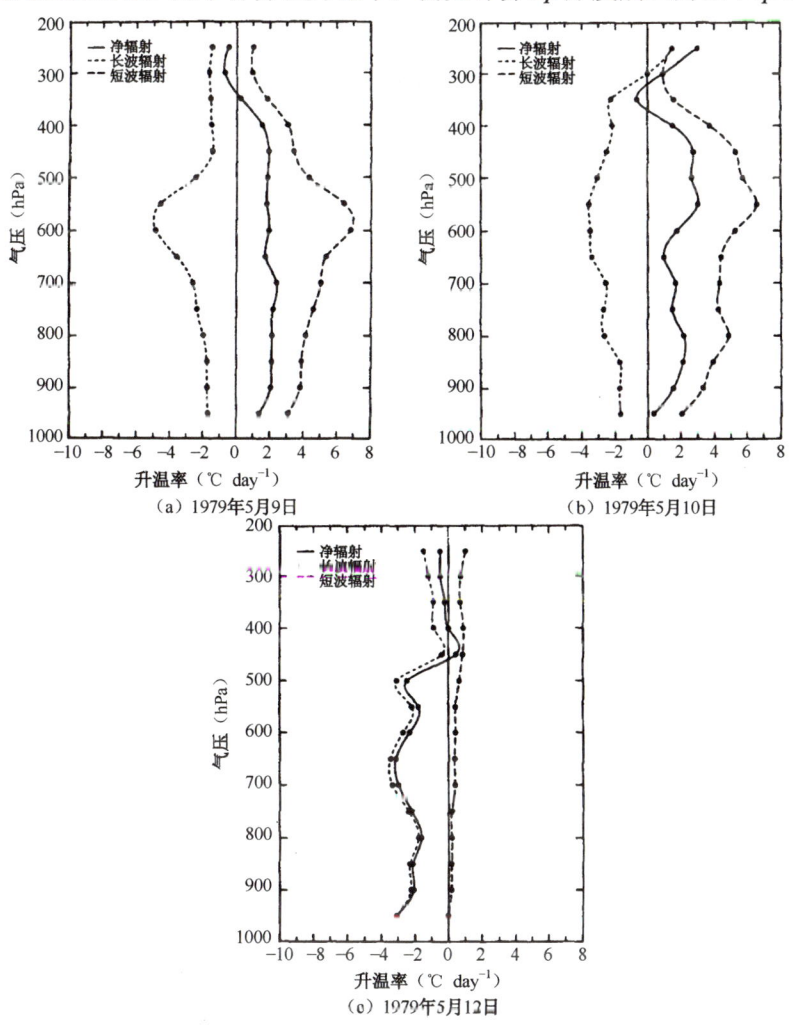

图 4.12 长波辐射、短波辐射和净辐射升温（冷却）率的垂直分布（引自 Blake 等，1983）

观测到的厚度为 50 hPa 的大气层中的上行通量和下行通量，结果显示，短波辐射的升温率达到不寻常的约 6 ℃ day^{-1}。这种升温率主要是尘埃层造成的。长波辐射的冷却率为 1～2 ℃ day^{-1}，并且日间和夜间一致。因此，根据热低压上方空气柱的热量收支可以得出一个结论：短波通量辐合有助于空气柱的净加热。热量收支完整内容将在下文讨论。

4.2.4　热低压的下沉运动和横向遥相关

热低压的下沉运动往往与邻近的天气系统有关。已知沙特阿拉伯沙漠地区的热低压伴随着大量的下沉空气与南亚季风之间存在遥相关，200 hPa 高度的速度势场非常适合研究这种遥相关。这里，辐散风定义为

$$V_\chi = -\nabla \chi$$

按照惯例，辐散风从 χ 高值区吹向 χ 低值区。图 4.13 为 1979 年 5 月 10—12 日 200 hPa 观测的平均速度势，该段时间沙特阿拉伯沙漠地区上空热低压非常显著。从图 4.13 中可以清楚地看到，200 hPa 亚洲季风的辐散外流与沙特阿拉伯沙漠地区热低压的入流遥相呼应。热低压上空下沉运动的绝热升温维持了暖空气柱，反过来又消除了沙漠地区强烈地表加热所产生的超绝热层。850 hPa 附近的辐散是该超绝热直减率的抑制因素之一。辐散产生稳定性，从而抵消了表层产生的超绝热直减率。高空的下沉运动对 800 hPa 高度的辐散有一定的贡献。本书第 10 章将讨论通过辐散实现稳定的过程。

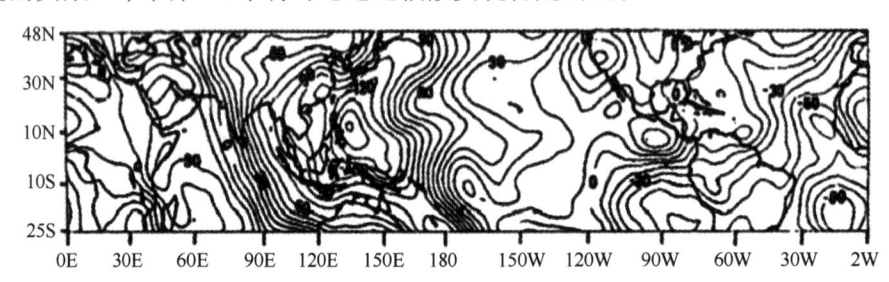

图 4.13　1979 年 5 月 10—12 日 200 hPa 观测的平均速度势（单位：10^{-6} m^2 s^2；根据 NCEP/NCAR 再分析资料计算）

与南亚季风遥相关是沙特阿拉伯沙漠地区热低压的独特之处，其他热低压通常与附近的 ITCZ 遥相关。问题是为什么这种遥相关出现在沙特阿拉伯沙漠地区热低压处。南亚季风对流携带大量的上升空气，补偿性的下沉运动通常发生在上升气流附近。这种上升和下沉的偶极子结构在所有尺度的大气辐散运动中都能看到。

4.3　热低压的热量收支

热低压的热量收支是在沙特阿拉伯沙漠地区的一个区域内计算的。该区域的纬度从北

纬 X 度到北纬 Y 度，经度从东经 X 度到东经 Y 度，这个范围覆盖了地面热低压的大部分区域，计算的日期为 1979 年 5 月。表 4.1 为沙特阿拉伯沙漠地区热低压上空能量收支组成，即感热通量、潜热通量、向下短波辐射、向上短波辐射、向下长波辐射、向上长波辐射和对流层上层的湿静力能通量。用于描述热低压上空能量收支的垂直层包括 1000～700 hPa、700～400 hPa 和 400～100 hPa。计算采用的湿静力能方程（14.14）（在 14.3.2 节中完整推导）的通量形式可写为

$$\frac{\partial \overline{E_m}}{\partial t} = -\overline{\boldsymbol{u}} \cdot \nabla \overline{E_m} - \overline{\omega} \frac{\partial \overline{E_m}}{\partial p} - \frac{\partial}{\partial p} \overline{(\omega' E_m')} + LE_S + Q_{SEN} + Q_{RAD}$$

式中的符号将在 14.4.2 节中解释。

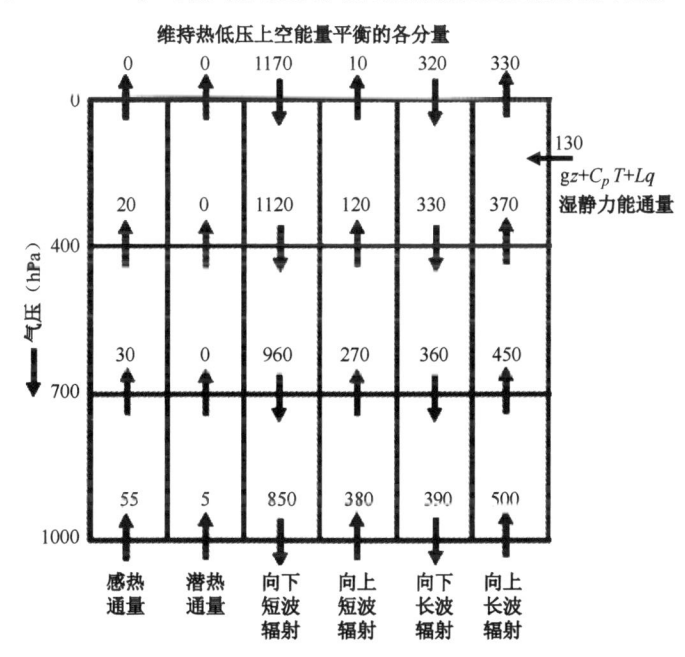

表 4.1　1979 年 5 月沙特阿拉伯沙漠地区热低压上空能量收支组成（单位：W m^{-2}）

层 (hPa)	感热通量	潜热通量	向下短波辐射	向上短波辐射	向下长波辐射	向上长波辐射
100 (顶)	0↑	0↑	1170↓	10↑	320↓	330↑
400	20↑	0↑	1120↓	120↑	330↓	370↑
700	30↑	0↑	960↓	270↑	360↓	450↑
1000	55↑	5↑	850↓	380↑	390↓	500↑

对流层上层湿静力能通量 $gz + C_p T + Lq$：130 W m^{-2}（自东向西输入）

将湿静力能方程（14.14）对各垂直层的质量进行积分。该积分提供了穿过各垂直层的水平边界和垂直边界的湿静力能通量。表 4.2 为 1979 年 5 月沙特阿拉伯沙漠地区热低压总能量收支，包括感热通量、潜热通量、净辐射通量和湿静力能通量。进入热低压的平流主要来自东边界，即季风遥相关。在 400 hPa 和 700 hPa，湿静力能的下行垂直通量分别为 140 W m^{-2} 和 124 W m^{-2}，对流层上层湿静力能的水平通量约为 130 W m^{-2}。热低压从沙特阿拉伯沙漠地区输出大量热量，该输出热量在 800 hPa 附近最大，该处正是热低压的外流层。所有这些对流层低层的能量大部分通过南部边界向阿拉伯海输出，增强了阿拉伯海逆温层顶部的强度。净辐射通量最大值在大气层顶部（100 hPa 处）约为 530 W m^{-2}，到地面减小到 280 W m^{-2}。热低压的能量收支平衡需要从季风中输入约 130 W m^{-2}，以维持每日变化不大的热力强迫。

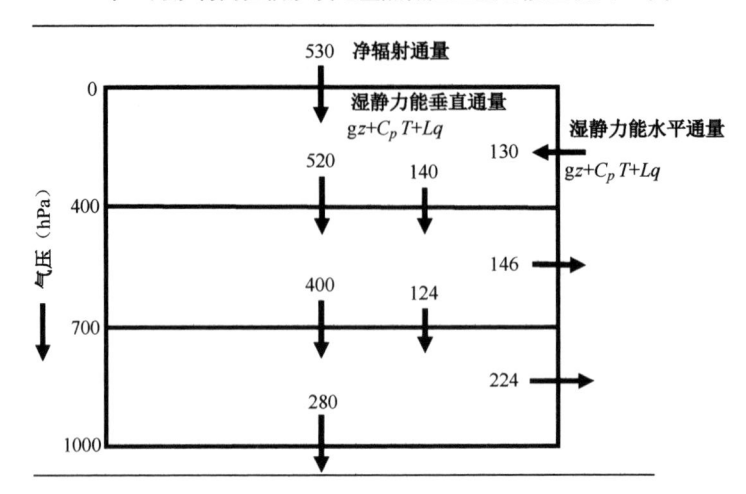

表4.2　1979年5月沙特阿拉伯沙漠地区热低压上空总能量收支（单位：W m^{-2}）

这些物理量之间的日常维持是一个相当复杂的问题，需要了解多个研究对象之间的平衡，包括：

（1）地面能量平衡及相关的感热通量、长波辐射通量和短波辐射通量；

（2）尘埃在吸收短波辐射中的作用，以及其对垂直空气柱长波辐射的影响；

（3）干对流和对流层上层空气下沉导致次网格尺度超绝热直减率的消除；

（4）与季风的遥相关，该处产生补偿性上升运动，并在对流层顶部有大量能量（$gz + C_p T + Lq$）横向输入热低压。

原著参考文献

Blake D W, Krishnamurti T N, Low-Nam S V, et al. Heat low over the Saudi Arabian Desert during May 1979 (Summer MONEX). Mon. Wea. Rev., 1983, 111: 1759-1775.

Gill A E. Some simple solutions for heat-induced tropical circulations. Quart. J. Roy. Met Soc., 1980, 106: 447-462.

Zhang Z, Krishnamurti T N. A generalization of Gill's heat-induced tropical circulation. J. Atmos. Sci., 1996, 53: 1045-1052.

第 5 章

季风

5.1 引言

地球上的季风是由大尺度地面风的季节性逆转定义的。最能表征这一现象的地区是印度季风区，如图 5.1 所示，地面夏季风的西南风被地面冬季风的东北风所取代。

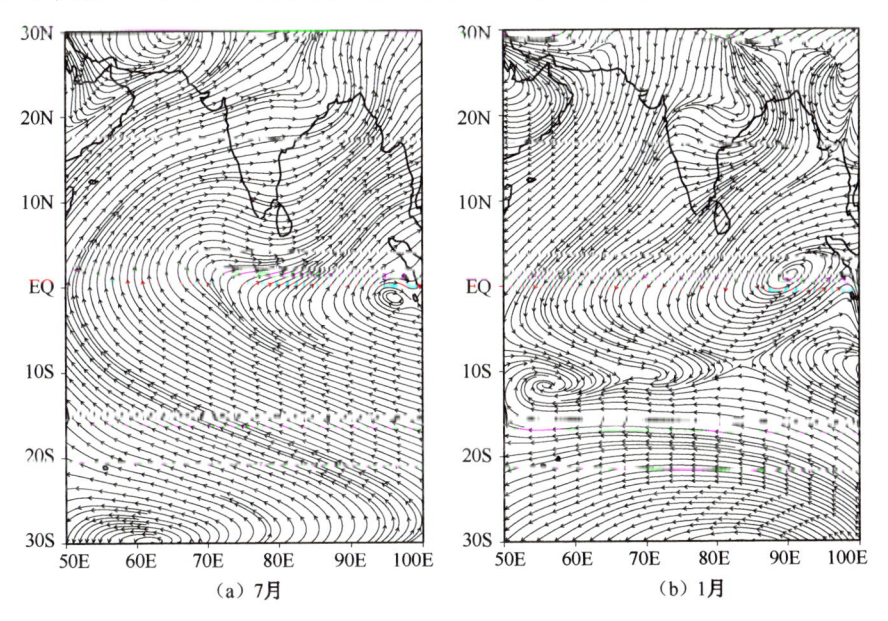

图 5.1 7月和1月印度季风区 925 hPa 的平均流线（根据 NCEP/NCAR 再分析资料计算）

(a) 7月　　(b) 1月

地面季风的季节性逆转并不总是非常显著的，例如，亚利桑那—墨西哥季风并不符合这一定义，这一点将在本章进一步讨论。

季风的另一个重要特征是与季风爆发伴随的大量降水。本章将详细讨论季风季节的不同阶段及季风环流。

5.2 季风区

Ramage（1971）在亚洲、非洲和澳大利亚季风系统的基础上定义了一个全球季风区，如图 5.2 所示。图 5.2 描述了如实线所示的冬季风（相对于北半球）和如虚线所示的夏季风之间的地面风逆转。

图 5.2 中没有显示美洲季风区，包括北半球夏季的亚利桑那—墨西哥季风，以及与以巴西为中心的半年度大陆气压变化相关的南美洲季风。

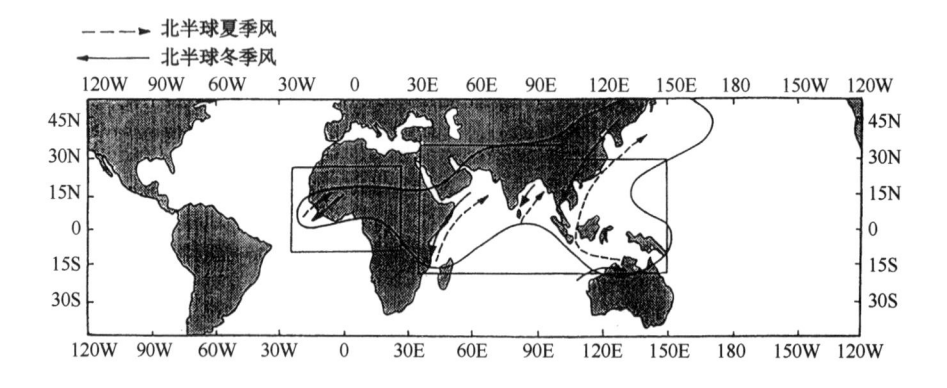

图 5.2 季风区（引自 Ramage，1971）

5.3 非均匀加热和季风

众所周知，风的季节性逆转与大尺度的热源和热汇有关。在亚洲夏季风的情况下，印度、中南半岛和中国上空 10°N 以北的暴雨与强对流加热带有关。该地区的另一个热源——通常被称为"抬升热源"——青藏高原。这是由于青藏高原吸收了太阳辐射，产生显著的向上感热通量，并通过对流向上传输。亚洲夏季风的热汇主要位于马斯克林高压（30°S，60°E）和中国南海南部，该处的反气旋气流与低层辐散、下沉及净辐射冷却有关。

图 5.3 是 Yanai 和 Tomita（1998）的研究结果，显示了北半球夏季（6月、7月、8月）的典型热源和热汇。图 5.3 的垂直积分视热源 Q_1 是使用大气再分析资料由热力学第一定律得出的。

视热源 $Q_1 = \dfrac{\mathrm{d}\bar{s}}{\mathrm{d}t}$，式中，$\bar{s}$ 是大尺度气流的干静力能，即 $\bar{s} = g\bar{z} + C_p\bar{T} + L\bar{q}$，符号"−"表示大尺度（约 100 km）的平均值。控制干静力能变化的完整方程为

$$Q_1 = \frac{\mathrm{d}\overline{s}}{\mathrm{d}t} = \frac{\partial \overline{s}}{\partial t} + \overline{V}_H \cdot \nabla \overline{s} + \overline{\omega}\frac{\partial \overline{s}}{\partial p}$$

$$= \overline{Q}_R + L(\overline{c} - \overline{e}) - \frac{\partial \overline{s'\omega'}}{\partial p}$$

式中，$\overline{V}_H$ 是大尺度速度矢量，$\overline{\omega}$ 是大尺度垂直速度，$\overline{Q}_R$ 是大尺度平均净辐射，$\overline{c}$ 和 $\overline{e}$ 是大尺度平均凝结量和蒸发量，$-\frac{\partial \overline{s'\omega'}}{\partial p}$ 是次网格过程产生的干静力能垂直涡动通量辐合。在没有辐射、凝结、蒸发和涡动通量辐合的情况下，Q_1=0，因此，大尺度气流的干静力能（和位温）是守恒的。对于热带气象学来说，更重要的是非零的 Q_1，这意味着热源和热汇的存在。Q_1 的单位通常为 W m^{-2} 或 ℃ day^{-1}。辐射对 Q_1 的贡献通常为 1 ℃ day^{-1} 量级（通常为负值，即净冷却），在大多数晴空区域，它往往是视热源表达式中的主导项；相反，在深对流区域，对流加热和涡动通量辐合则是视热源表达式中的主导项，Q_1 的数量级为 10～50 ℃ day^{-1}。

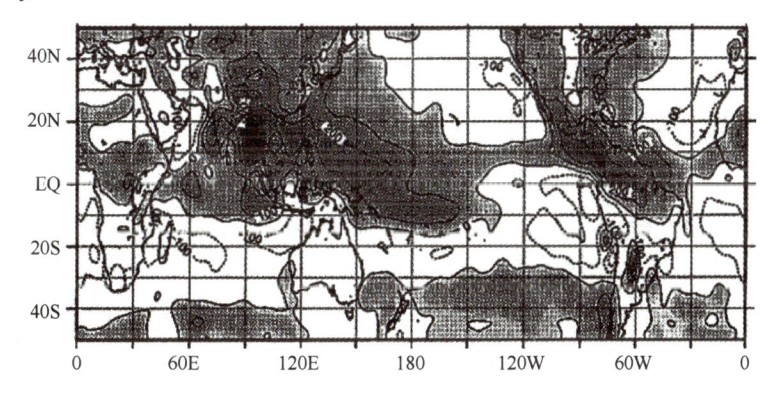

图 5.3 15 年（1980—1994 年）平均的北半球夏季（6—8 月）视热源（Q_1）的垂直积分，其中，正值由阴影区表示（单位：W m^{-2}；引自 Yanai 和 Tomita，1998）

图 5.3 中看到的非均匀加热是形成垂直辐散环流的原因，上升支集中在强热源区域，下沉支则集中在热汇区域。这种垂直辐散环流可通过速度势和辐散风很好地说明（见图 2.8）。

5.4 亚洲季风的主轴

本节需要了解与冬季风和夏季风联系紧密的热源的季节性移动。在北半球冬季时，澳大利亚北部、马来西亚南部和婆罗洲上空出现了季风强降水带。随着季节的推进，该强降水带逐月向北发展。初春时，该强降水带位于马来西亚中部和北部。5 月初，该强降水带已经移动到缅甸；6 月中旬，到达喜马拉雅山脉东麓。该强降水带的降水量非常大——每季约 3000 mm（见图 2.11）。图 5.4（Chang，2005）说明了 7 月至次年 2 月与季风强降水

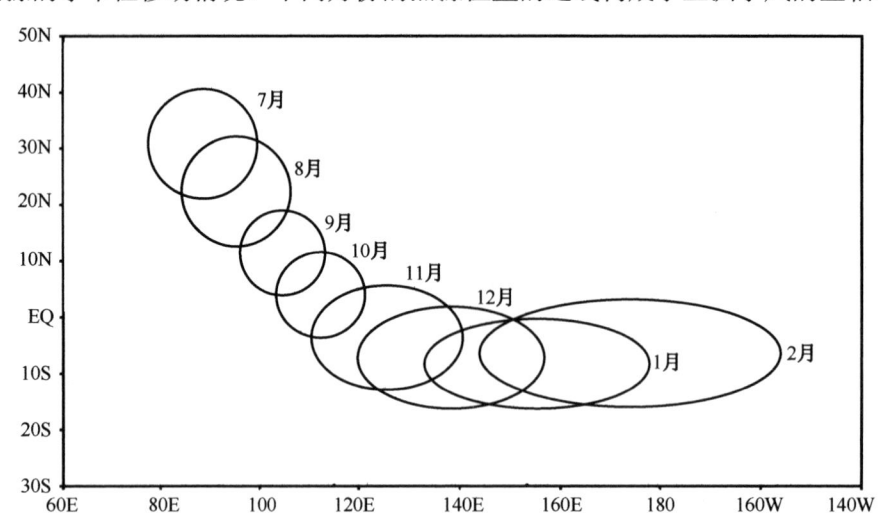

相关热源的季节性移动情况。不同月份的热源位置的连线构成了亚洲季风的主轴。

图 5.4　7 月至次年 2 月与季风强降水相关热源的移动情况（引自 Chang 等，2004）

5.5　亚洲夏季风和冬季风的关键特征

图 5.5 显示了亚洲夏季风和冬季风的一些关键特征。在图 5.5 中，对流层低层和高层的气流分别用实线箭头和虚线箭头表示。

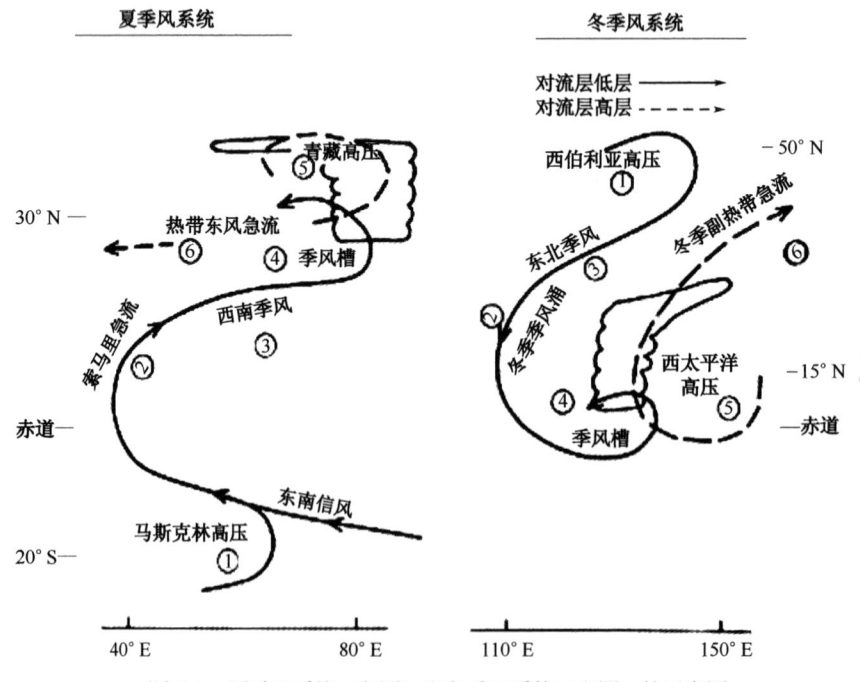

图 5.5　夏季风系统（左图）和冬季风系统（右图）的示意图
（实线和虚线分别表示对流层低层和对流层高层的气流）

夏季风系统（见图 5.5 左侧）有如下重要特征。

（1）南半球的马斯克林高压位于（30°S，60°E）附近。

（2）南印度洋的东南信风以逆时针方向的气流延伸到马斯克林高压周围。

（3）位于肯尼亚高原以东，沿肯尼亚的阿拉伯海岸的越赤道气流是量级约 $10\,\mathrm{m\,s^{-1}}$ 的南风。

（4）索马里急流。它是越赤道低空气流流出非洲之角东部后的延续。索马里急流是亚洲夏季风的一个主要组成部分，它的西风（风速有时可达 $50\,\mathrm{m\,s^{-1}}$）从索马里北部离岸，在海洋上方约 1 km 高度越过阿拉伯海。索马里急流的季节平均风速超过 $15\,\mathrm{m\,s^{-1}}$。

（5）阿拉伯海上空的西南季风气流。它是亚洲夏季风的一个主要组成部分。该西南季风气流分为两支——一支沿 15°N，另一支向南移动到阿拉伯海中部和印度南部。

（6）印度中北部季风槽，位于 15°N～25°N。西南风携带来自阿拉伯海和孟加拉湾的湿空气，逆时针绕季风槽流动。

（7）印度季风的强降水。季风降水受到该地区地形的强烈影响，最强降水发生在喜马拉雅山脉东麓和位于印度西海岸的西高止山脉西坡。

（8）青藏高压。这是一个位于季风槽上方对流层中的大型热力型高压。在近地层的季风槽和对流层高层的青藏高压之间为暖对流层，其主要由季风强降水的积云深对流和青藏高原的加热来维持。

（9）位于青藏高原南侧 10°N 附近的热带东风急流（Tropical Easterly Jet，TEJ）。

与上述夏季风系统相对应的是冬季风系统（见图 5.5 右侧），其重要特征如下。

（1）西伯利亚高压。其与夏季风系统的马斯克林高压相对应。在气候学上，西伯利亚高压位于（50°N，125°E），这是冬季北半球对流层中的一个重要的热汇区域。

（2）对流层低层的东北季风。它可以看作与夏季风系统中的东南信风相对应。

（3）中国南海西岸的西北季风涌。西北季风涌的强度可达 $15\,\mathrm{m\,s^{-1}}$，通常与中国南海中部的气旋性扰动有关。西北季风涌不像索马里急流那样强烈。

（4）季风槽。季风槽在 12 月位于赤道以北，在 1 月和 2 月位于赤道以南。季风槽是澳大利亚北部、马来西亚南半岛和婆罗洲冬季风强降水的所在地。

（5）西太平洋高压。西太平洋高压与青藏高压相对应，位于季风强降水区域，在 200 hPa 附近达到最强。

（6）冬季副热带急流（Subtropical Jet Stream of Winter，STJW）。STJW 是对流层中最强的季风系统之一，位于日本以南、西太平洋高压北侧附近。

5.6 季风爆发和撤退的等日期线

季风降水由澳大利亚北部移动到喜马拉雅山脉东麓并返回的年循环是季风的重要组成部分。这种移动通常可用季风爆发和撤退的等日期线来描述。图 5.6 说明了亚洲夏季风爆发等日期线是如何向西北方向传播的。这种向西北方向传播的趋势似乎受到西北部半干旱地表的强烈影响。半干旱地表的干燥效应，导致巴基斯坦的季风爆发日期相对较晚。尽管对陆—气耦合缺乏了解，但一些模式已成功模拟出季风爆发的等日期线。等日期线向西北方向的传播似乎不是由盛行风引导的。对流层低层是西南季风，而对流层高层是东北季风——这一事实否定了盛行风引导的说法。

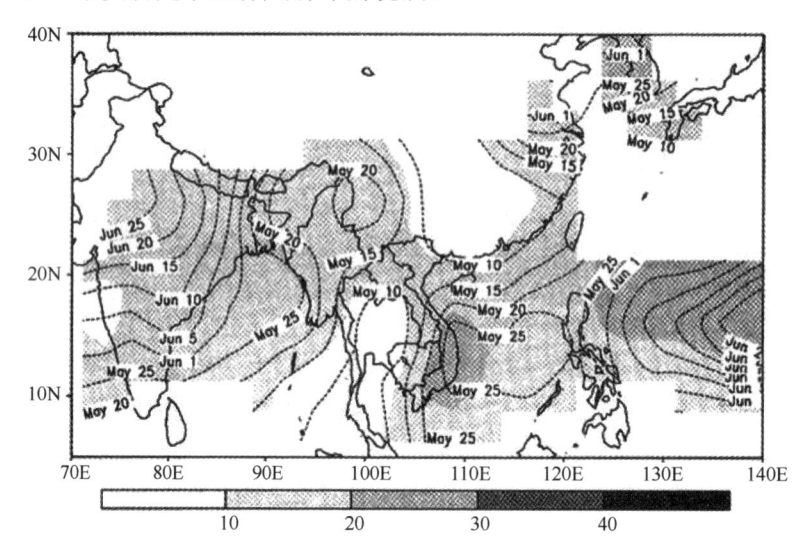

图 5.6　1979—1999 年亚洲夏季风爆发的平均等日期线（阴影表示与爆发日期的标准偏差，单位为天；引自 Janowiak 和 Xie，2003）

图 5.7 显示了亚洲夏季风撤退的日期，可以看到季风降水最后日期由西北向东南的印度尼西亚的反向传播过程。

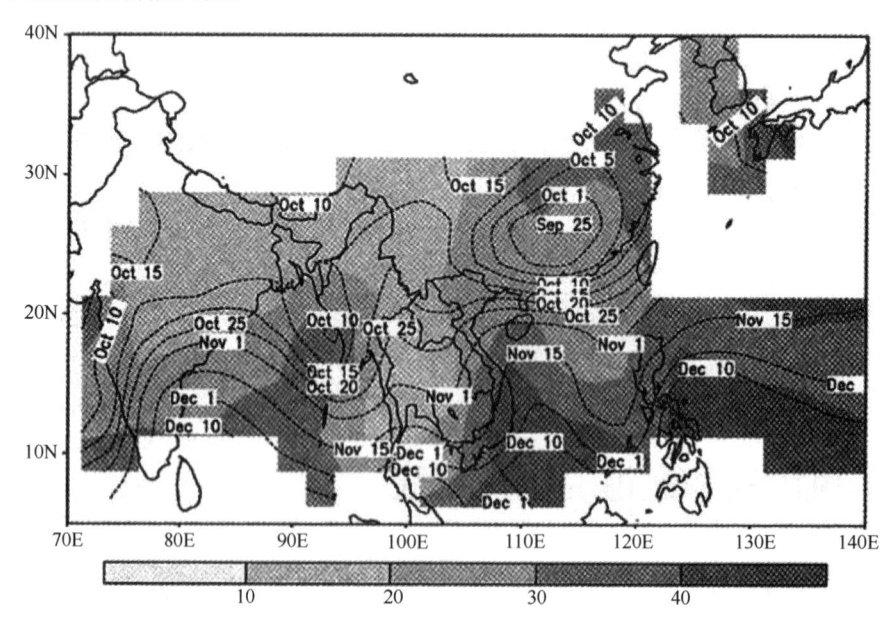

图 5.7　1979—1999 年亚洲夏季风撤退的等日期线（阴影表示与爆发日期的标准偏差，单位为天；引自 Janowiak 和 Xie，2003）

从图 5.8、图 5.9 可以看到整个海洋性大陆季风的爆发和撤退过程（Tanaka，1994）。在海洋大陆地区，从北半球夏季到北半球冬季，季风爆发的等日期线向南传播，从夏季风过渡到冬季风的情况则正好相反。图 5.8 和图 5.9 分别说明了 Tanaka 研究中季风爆发和撤退的等日期线。这里的 3（4）位数字 M（MM）DD 中，M（MM）表示月份，DD 表示日期。受地形、越赤道和邻近海洋的影响，等日期线在该地区的传播过程很复杂。

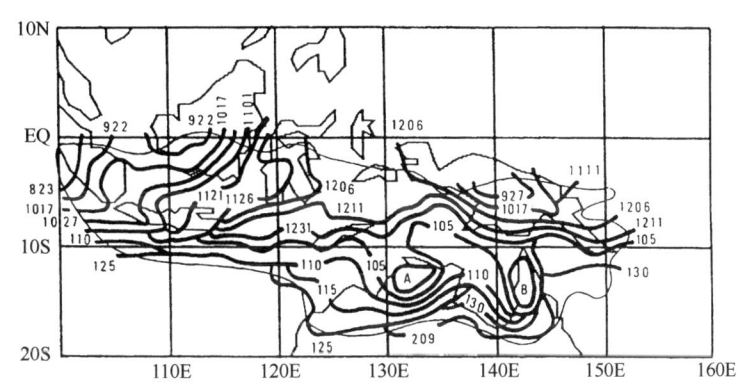

图 5.8　海洋性大陆季风爆发的等日期线（引自 Tanaka，1994）

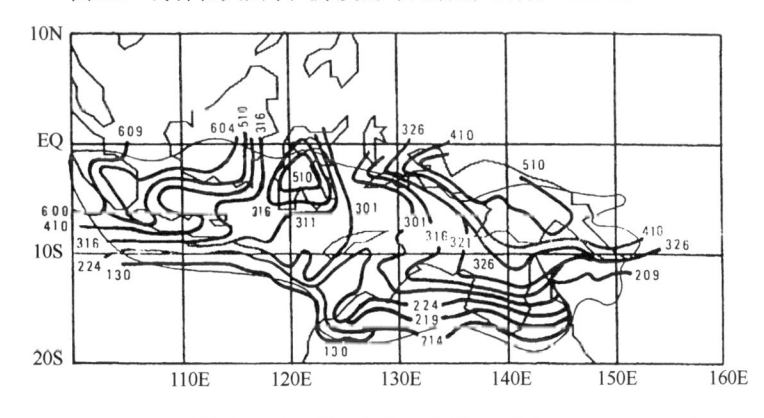

图 5.9　海洋性大陆季风撤退的等日期线（引自 Tanaka，1994）

Krishnamurti 等（2012）研究了各种参数对印度季风爆发等日期线向北传播的敏感性。在等日期线以南，大气中有大量的深对流云和深湿层（从地面到近 400 hPa），等日期线以北春季的干燥大气慢慢被对流云砧的层状云降水增湿，这导致浮力增大、土壤水分含量增加、云向北增长，而之前北方的云层很少。等日期线的向北移动主要是由局地 Hadley 直接环流向北移动造成的。CLOUDSAT 卫星云图可以很好地用来从气象角度观察季风爆发等日期线的非对称性进程。

5.7　季风爆发的特征

印度西南海岸的喀拉拉邦几乎每年都会出现壮观的夏季风降水，这一特征通常出现在

6月的第 1 周。喀拉拉邦的季风爆发日期变化最多为 1～2 周。由于每年都有这种变化，因此将第 0 天（爆发日期）及其之前或之后几天的数据进行合成是很有效的。如图 5.10 所示为使用 80 年日降水量的合成，纵坐标表示降水量，横坐标表示相对于季风爆发日期的天数。降水量突然且剧烈的跳跃显示了季风爆发时的壮观景象。

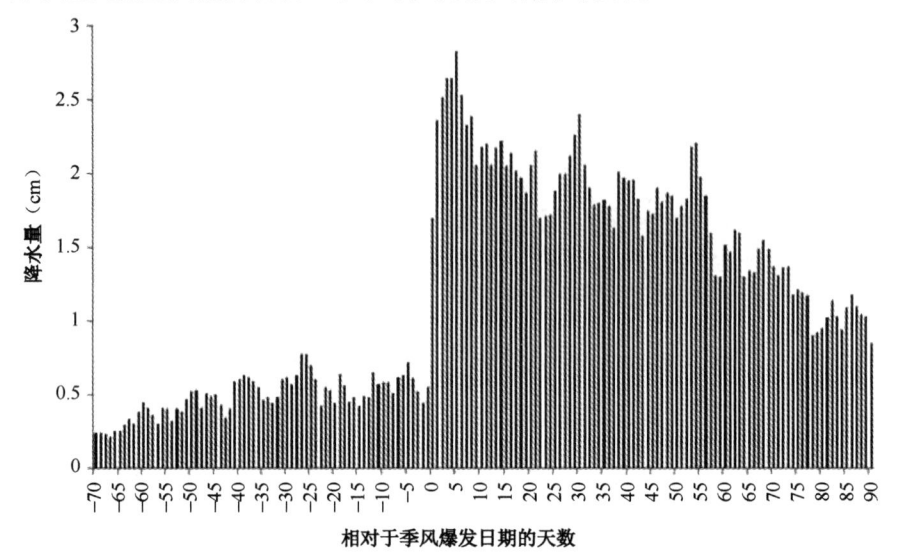

图 5.10　喀拉拉邦日合成降水量随季风爆发日期前后时间的变化（引自 Ananthakrishnan 和 Soman，1988）

如果简单地用多年的数据进行日历日气候平均，虽然降水量的变化不会那么剧烈，但仍然可以看到降水量在季风爆发时迅速增大。图 5.11 显示了印度西南海岸 4 个降水站点的日历日气候平均降水量。其中，莫尔穆冈和孟买两个降水站点，分别在 6 月 2 日和 6 月 12 日前后清楚地显示出壮观的季风爆发；特里凡得琅和米尼科伊两个站点，显示出在 5 月底和 6 月初降水量的缓慢增加。大多数季风在爆发时，其他地区也有类似的特征。图 5.12 表明了 11 月印度西南海岸冬季风降水的爆发（Raj，1992）。当使用大约 90 年的数据对爆发日期进行合成时，可以再次看到壮观的冬季风降水的爆发。

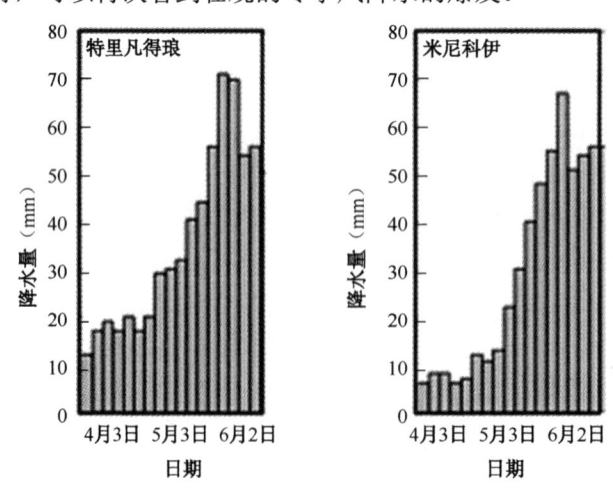

图 5.11　4 个降水站点的日历日气候平均降水量（单位：mm day^{-1}；引自 Krishnamurti，1979）

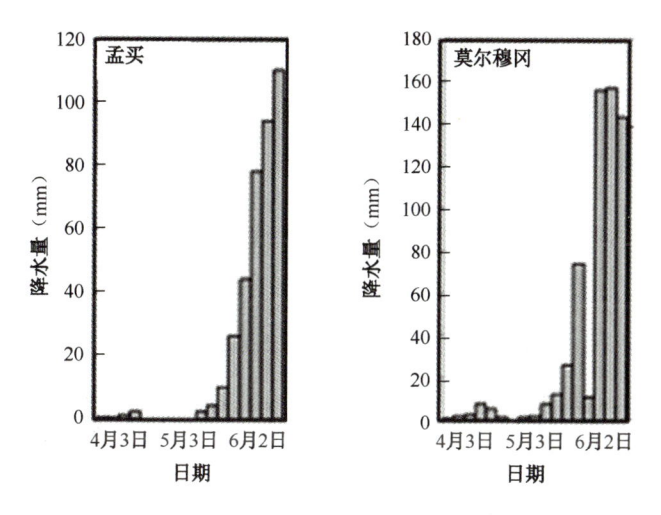

图 5.11　4 个降水站点的日历日气候平均降水量（单位：mm day^{-1}；引自 Krishnamurti，1979）（续）

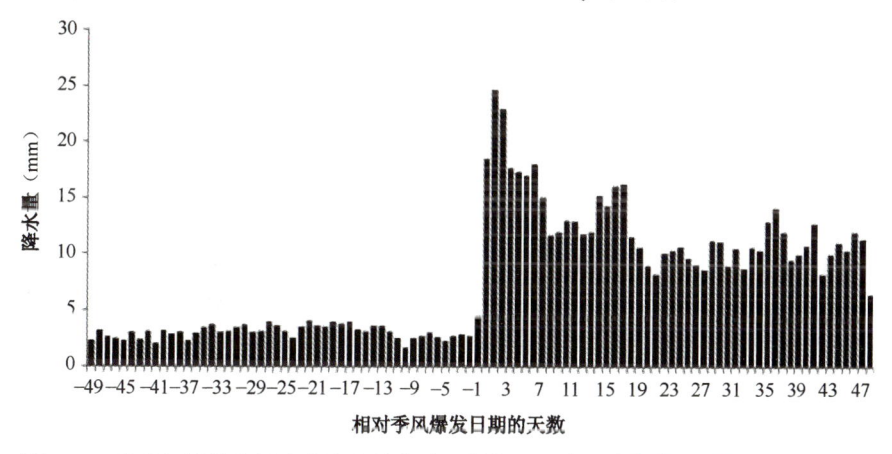

图 5.12　泰米尔纳德邦日合成降水量在季风爆发日期前后的变化（引自 Raj，1992）

5.8　季风的爆发和来自南方的水汽墙

Joshi 等（1990）根据卫星数据集，包括水汽图像，首次记录了季风爆发时来自南方的水汽墙。四维数据同化的进展使人们能够获得相对真实的日湿度分析场，从而有可能每天看到这一特征。

图 5.13 为根据 NCEP/NCAR 再分析资料计算得到的相对湿度经向垂直剖面，该数据的时间范围为 1979 年 6 月 8—18 日（12 UTC），时间间隔为 2 天，数据经过了 60°E～80°E 的纬向平均，相对湿度等值线间隔为 10%，高于 60%的相对湿度用阴影表示。由图 5.13 可以清楚地看到，在 11 天期间，垂直水汽墙从大约 5°N 向北移动到 15°N。1979 年，季风降水 6 月 8 日左右在喀拉拉邦（8°N）爆发，并在 6 月 16 日到达 15°N。这种经向移动的垂直水汽墙是季风爆发的年度特征。在季风爆发期，水汽墙的移动和较强的风导致水汽通量

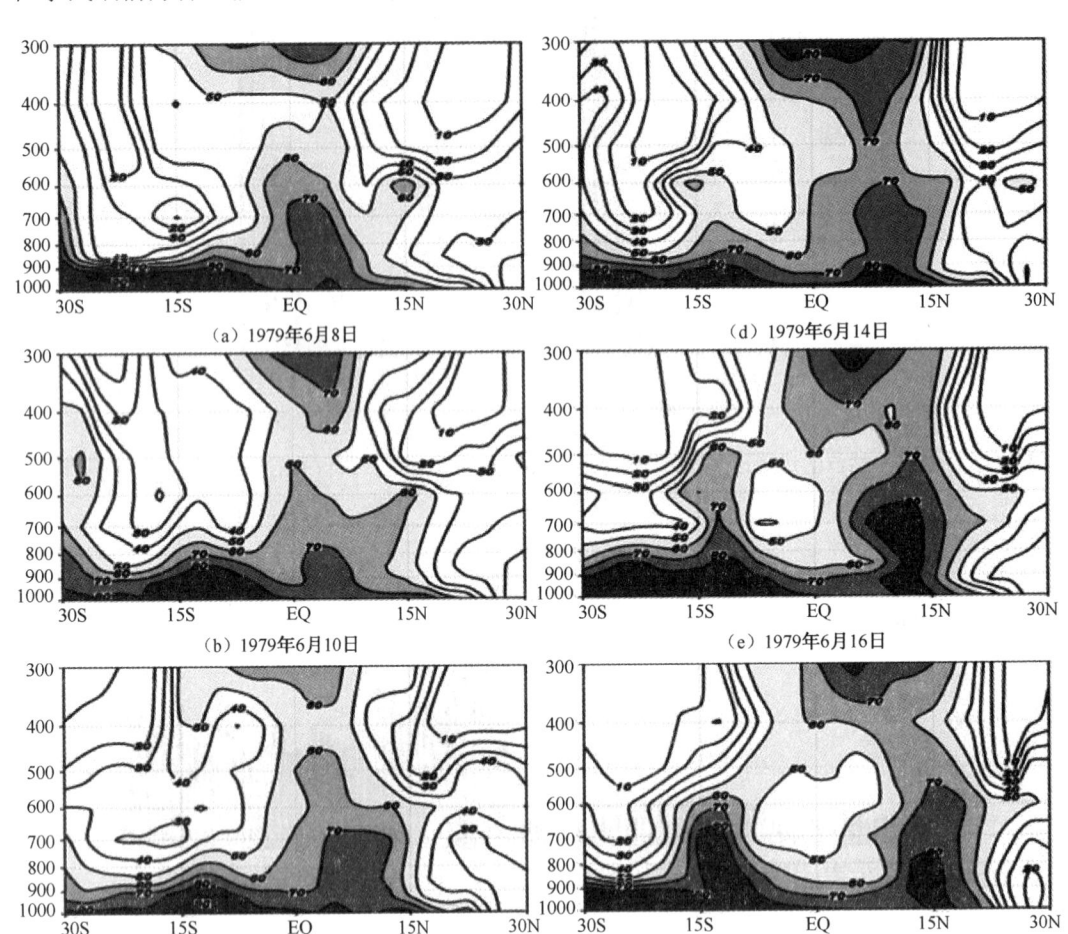

在水汽墙前方低空辐合，从而增加了强降水的水汽收支。

图 5.13　1979 年 6 月 8—18 日 60°E～80°E 纬向平均的日平均相对湿度经向垂直剖面（单位：%；根据 NCEP/NCAR 再分析资料计算）

5.9　季风爆发后阿拉伯海的冷却

阿拉伯海大部分地区的月平均 SST 在每年 5—7 月出现明显下降。观测表明，这种降温是随着地面风的爆发和加强而发生的。

季风爆发后，阿拉伯海中部低层纬向风的增强导致了更强的纬向风应力，这可以由整体空气动力学公式 $\tau_x = -C_d \rho_a (u^2 + v^2)^{1/2} u$ 解释，其中，u 和 v 分别是地面风的纬向分量和经向分量，C_d 是地面整体空气动力学拖曳系数，ρ_a 是地面的空气密度。近赤道上升流的垂直速度表示为 $w_s = -\dfrac{\beta \tau_x}{r^2 \rho}$，其中，$\beta = \dfrac{\partial f}{\partial y}$。季风增强，风应力增强，导致更强的上升气流，反过来又使冷水流入表层。

在全球天气试验（Global Weather Experiment）期间，一些地面和高空观测系统提供了宝贵的数据集。在全球大气研究计划（Global Atmospheric Research Project，GARP）第一次全球试验（First GARP Global Experiment，FGGE）期间，阿拉伯海地区相关的观测平台包括提供高分辨率的低云运动矢量的静止卫星、提供下投式探空数据的研究飞机、提供 1 km 高度气象信息的恒定高度气球、提供地面和高空观测数据的世界天气观测网、收集大量海洋数据的商船、提供气象和海洋观测数据的 FGGE 研究船。

下面介绍基于 1979 年 6 月 11—27 日共 17 天的数据集得到的阿拉伯海的冷却结果。由于 GARP 季风试验在阿拉伯海和印度洋上开展，因此在此期间得到的数据密度最大。该时期的另一个重要特征是：6 月、7 月和 8 月，这些数据集捕捉到了阿拉伯海的快速冷却（Düing and Leetmaa，1980）。这里将探讨季风爆发期间强风对这一现象的影响。

图 5.14 为 FGGE 的全球辐射收支试验（Earth Radiation Budget Experiment，ERBE）期间云导风观测得到的典型流线和等风速线，它显示阿拉伯海上某一天的数据密度和流场特征，等风速线（单位：m s^{-1}）以虚线表示。该时期阿拉伯海低空季风气流已经形成，且孟加拉湾北部的季风低压十分显著。

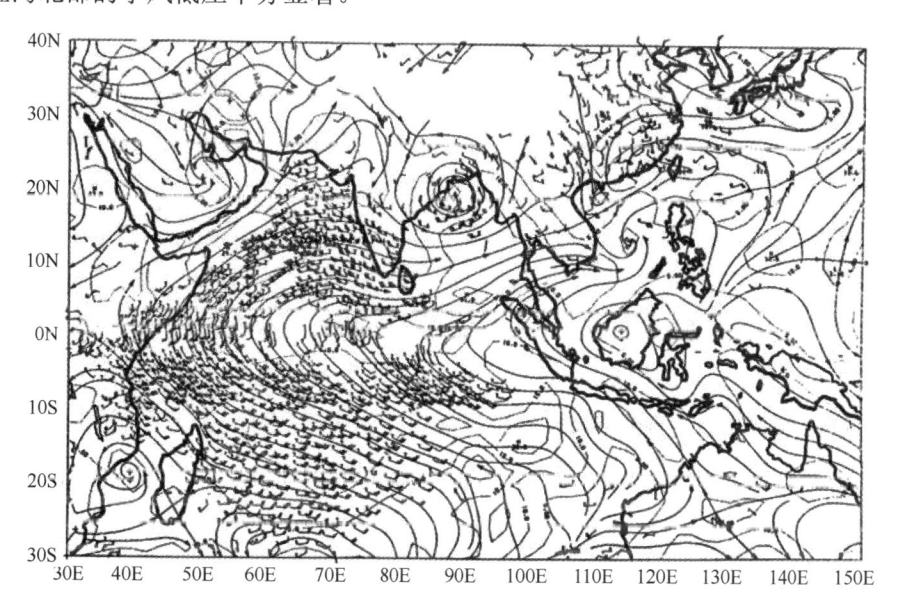

图 5.14　全球辐射收支试验（ERBE）期间的典型流线（实线）和等风速线（虚线）（高空和地面观测数据以风杆的形式绘制）

许多船只参加了 GARP 季风试验。图 5.15 为其中一艘船只测量的海表风速和海表温度随时间的变化。1979 年 6 月 11 日前后强风爆发后的一两天内，海表温度出现 2~3 ℃ 的下降，其余船只的测量结果也非常相似。海洋对强季风的这种快速反应不仅发生在阿拉伯海西部索科特拉附近的索马里急流区，而且发生在更远的、靠近 60°E 的阿拉伯海东部。在此期间，一个被命名为"爆发性涡旋"的热带气旋在阿拉伯海形成，并且从 1979 年 6 月 14 日持续到 6 月 20 日。它最初是一个热带低压，在季风爆发期间在阿拉伯海东部和中部加强为热带风暴，风速高达 60 节（约 31 m s^{-1}）。这种爆发性涡旋可能是 1979 年夏季和其他年份阿拉伯海开始冷却的主要影响因素。在远离索马里急流和阿拉伯上升流的开阔海域，这种热带风暴及低空急流向东延伸，共同产生了巨大的风应力和风应力旋度。

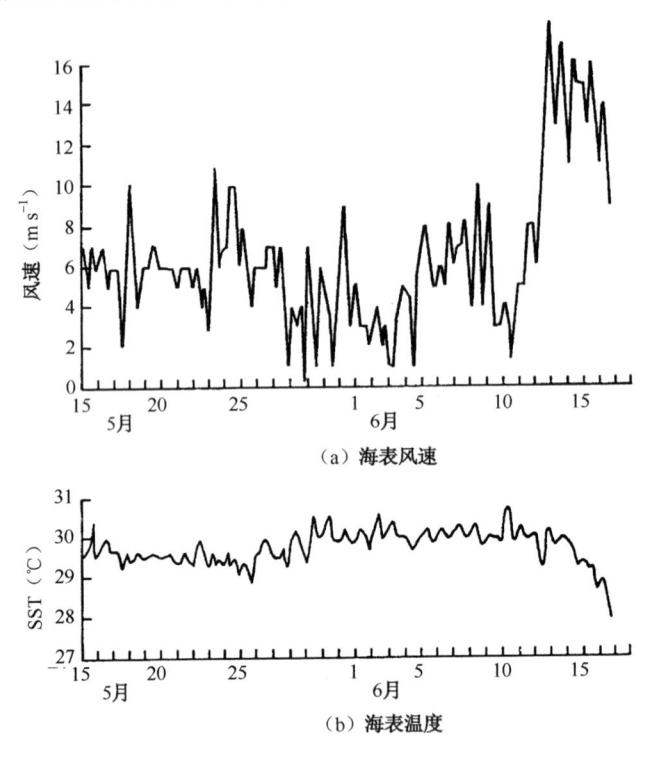

（a）海表风速

（b）海表温度

图 5.15　1979 年 5 月 16—25 日在（0°N，49°E），以及 1979 年 6 月 1—16 日在（7°N，66.3°E），由 EREH 船所测得的海表风速（单位：m s^{-1}）和海表温度（单位：℃）（引自 Krishnamurti，1985）

1979 年 6 月 11—27 日共 17 天内最显著的特征是，随着季风的到来，强风在该地区演变并出现爆发性涡旋（Krishnamurti 等，1981）。由于季风强气流及爆发性涡旋的存在，17 天内最强的纬向平均海表风速[见图 5.16（a）]可达 25 m s^{-1}。1979 年 6 月 11—17 日，强风开始形成，此后在 10°N 附近盛行。20°S 附近的东南信风的风速为 10 m s^{-1}，东南信风的风速有相当大的波动。风应力[见图 5.16（b）]通过整体空气动力学公式计算，在爆发期间达到 0.65 N m^{-2}，此后在 10°N 附近保持在 0.4 N m^{-2}。在东南信风区域，风应力在 0.05～0.15 N m^{-2} 波动。总体来说，该时间—纬度剖面中最显著的特征是季风的演变，它比信风更显著。

正如预期的那样，赤道带（位于冬半球的东南信风和夏半球的西南季风之间）的风应力最小。图 5.16（c）显示了相应的风应力旋度的演变。在季风地区，强风应力带被划分为正、负风应力旋度区域。风应力旋度在 12.5°N 附近有最大值（约 10^{-6} N m^{-3}），比信风带的风应力旋度大 1 个量级。图 5.16（c）中还显示了风应力旋度的正值带（约 20°S）和负值带（约 7.5°N）。风应力旋度的极大值与热带风暴通过时的大小相当。涡旋和平均流的叠加（以及相互作用），在爆发性涡旋以南地区形成了非常强的风。

图 5.17 是另一幅根据现有的船只对海表温度的观测数据绘制的纬度—时间剖面图。图 5.17 中最突出的特征是强的正风应力旋度区域的低温演变，这也令人联想到飓风过后热带海洋的冷却。海表温度在冬半球最低，信风带的海表温度变化幅度则较小。另外，在 10°N～15°N，海表温度在 50°E～70°E 的纬向带由 30℃下降到约 17.5℃，冷却中心对强风的反应似乎非常迅速。

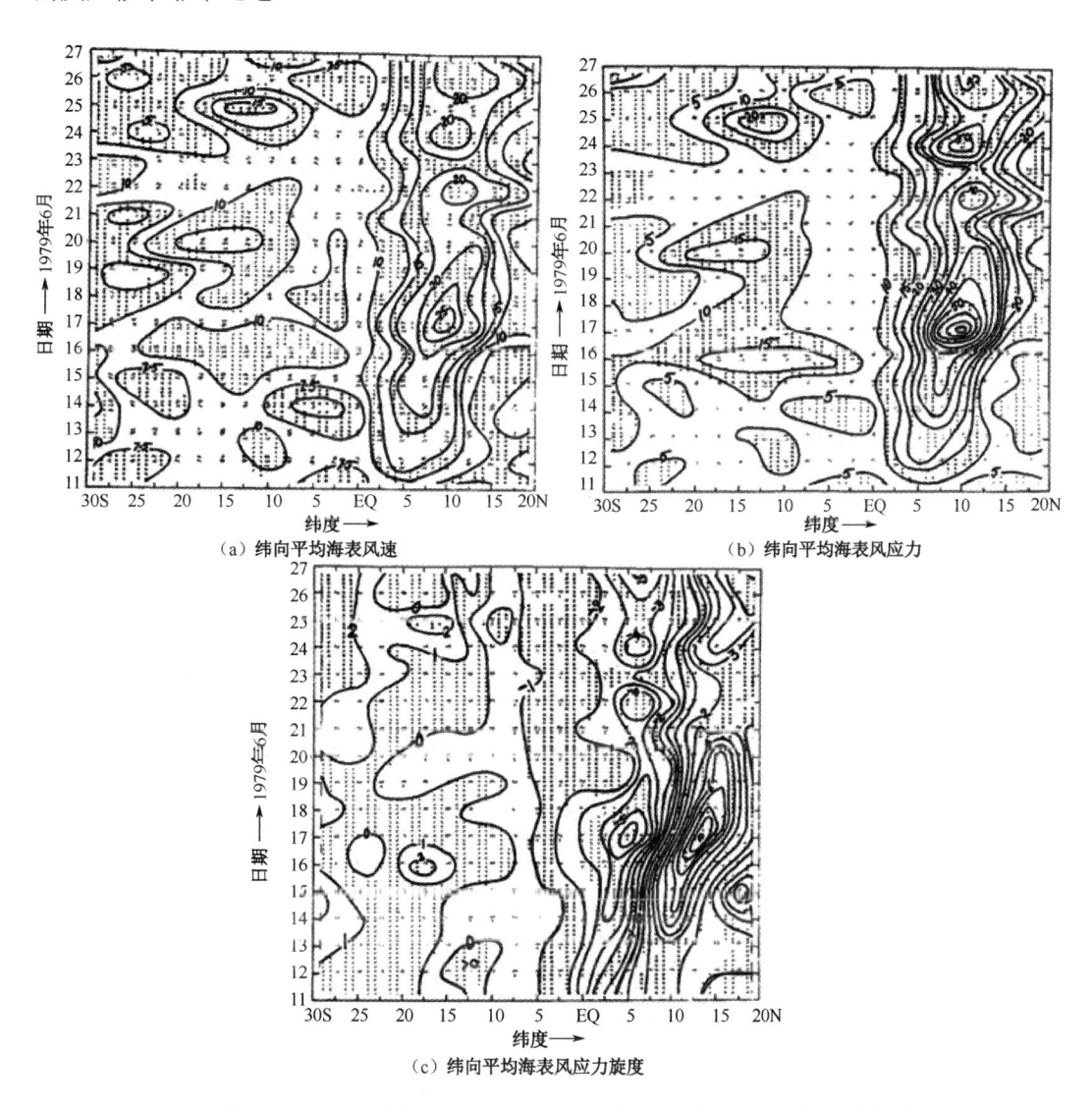

(a) 纬向平均海表风速

(b) 纬向平均海表风应力

(c) 纬向平均海表风应力旋度

图 5.18　1979 年 6 月 55°E～70°E 平均海表风速（m s^{-1}）、海表风应力（×10^{-2} N m^{-2}）、海表风应力旋度（×10^{-7} N m^{-3}）的时间—纬度剖面图（引自 Krishnamurti，1985）

6—8 月，大约在 10°N～20°N，大西洋和太平洋的海表温度会上升，而印度洋的海表温度则表现出异常现象，几乎每年都会降温。这一直是季风海洋学家和气象学家非常感兴趣的话题（Düing and Leetmaa，1980）。许多可能的机制可以促使阿拉伯海冷却，具体如下。

（1）季风爆发给阿拉伯海上空带来了大量的高层卷云。这样可以减少入射的太阳辐射。但阿拉伯海的冷却一般不归因于这种效应，因为海洋对太阳辐射的反应有 1~2 个月的滞后期，而观测到的冷却几乎是在强风爆发后立即开始的。

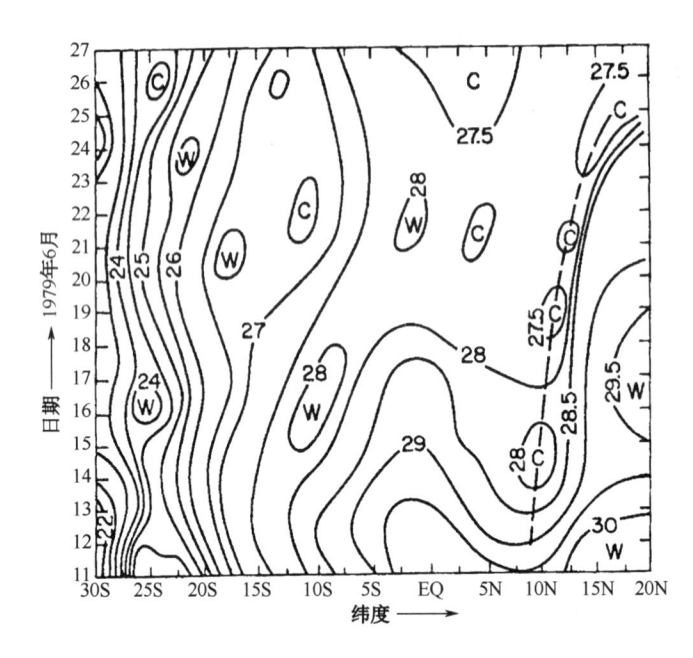

图 5.17　1979 年 6 月 50°E~70°E 的平均海表温度的时间—纬度剖面图（单位：℃；引自 Krishnamurti，1985）

（2）阿拉伯海西部顺时针海洋涡旋提供洋流向南的热通量，这是 Düing 和 Leetmaa（1980）估计的。但是，由这种向赤道一侧的输送造成的阿拉伯海北部的冷却程度似乎很小。

（3）沿海上升流和下游冷涡的脱离：在索马里急流和阿拉伯上升流区域形成冷异常区，并通过大尺度的索马里急流向东平流输送的假设是可能的，这从卫星观测数据中也可以看到一些证据。但是，在季风爆发期间海表温度对阿拉伯海中部和东部强风的快速反应排除了这种可能性，因为这需要来自东非海岸的上升流区域冷异常区的向东平流速度与大气低空急流的风速相当。众所周知，大洋平流的速度要小得多。

（4）强风地区的强蒸发也是一个可能的因素。然而，现有的蒸发冷却收支结果并不支持如此强烈的冷却。该影响需要通过测量在受扰动条件下和不受扰动条件下的边界层湿度通量来详细评估。在季风爆发时期，该地区的海况非常复杂。飞机低空飞行时，发现海表有大量的白沫、水色偏绿，这表明此处爆发性气旋通过时的速度几乎与飓风强迫的海表风速相当。由于大量海雾和强风的存在，可以想象，蒸发冷却在过去被低估了。

（5）大洋中部的强风应力引起的上升气流。强风形成后的一两天，10°N 附近的阿拉伯海中部和东部（50°E~70°E）的海表温度迅速降低。但纬度—时间剖面上的冷却轴与最强的正风应力旋度轴相吻合。

5.10 与季风爆发相关的部分动力场

可以将日平均风V_H分解为旋转分量（V_ψ）和辐散分量（V_χ），即$V_H = V_\psi + V_\chi$。相应地，动能则分别为$\frac{1}{2}(V_\psi \cdot V_\psi)$和$\frac{1}{2}(V_\chi \cdot V_\chi)$。季风爆发时，阿拉伯海地区对流层低层的季风风力$|V_H|$会大幅增强，该增强主要是旋转分量$|V_\psi|$的增强。在阿拉伯海的大部分区域，最大风速从大约$5\,\mathrm{m\,s^{-1}}$增加到几乎$15\,\mathrm{m\,s^{-1}}$，这导致了总动能$K$的大幅增大。由于风力是由旋转分量决定的，因此总动能增大的很大一部分来自旋转动能K_ψ。K和K_ψ的快速增大通常发生在印度西海岸形成强降水前的4~7天。图5.18为1979年季风降水爆发之前、期间和之后（50°E~120°E，0~20°N）区域平均700 hPa的K_ψ和K_χ随时间的演变。

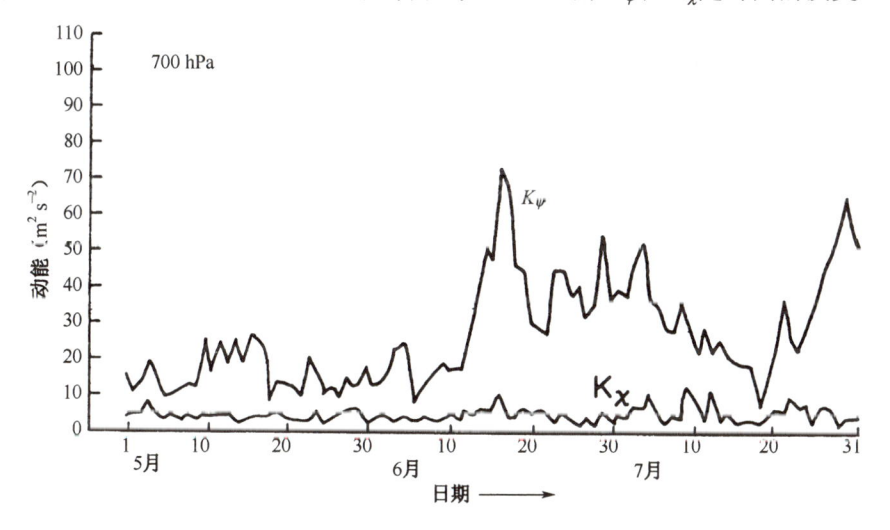

图5.18　1979年5月1日—7月31日期间，（50°E~120°E，0~20°N）区域平均700 hPa的旋转动能（K_ψ）和辐散动能（K_χ）。季风爆发于7月17日（引自Krishnamurti和Ramanathan，1982）

由图5.18可以看出，6月17日该地区雨季爆发时K_ψ急剧增大，季风区的平均旋转动能K_ψ可作为季风降水爆发预测的经验指标。

季风爆发的另一个有趣之处在于行星尺度上的动能增大。为了证明这一点，可以观察季风爆发时不同纬向波数在不同日期的动能。第1步将沿纬圈的纬向风（u）和经向风（v）视为经度λ的函数，并将其扩展为纬向的傅里叶级数，即$u(\lambda) = \sum_{n=0}^{N} u_n \mathrm{e}^{in\lambda}$和$v(\lambda) = \sum_{n=0}^{N} v_n \mathrm{e}^{in\lambda}$，其中，$u_n$和$v_n$是第$n$个波数的傅里叶系数。因此，$u_0$和$v_0$分别表示纬向风和经向风的波数为0，即纬向平均值和经向平均值；u_1和v_1分别表示纬向风和经向风的波数为1；以此类推。该傅里叶级数是在一个垂直层面和一个纬圈上扩展的。将风分解为谐波分量后，可以在对流层内和热带纬度带（如0~30°N）对这些量进行平均。波数为n的平均动能表示为

$$\overline{\overline{K_n}} = \frac{1}{\int\limits_{p_T}^{p_S}\int\limits_{y_1}^{y_2}\oint\limits_\lambda \mathrm{d}\lambda \mathrm{d}y \mathrm{d}p} \int\limits_{p_T}^{p_S}\int\limits_{y_1}^{y_2}\oint\limits_\lambda \frac{u_n^2 + v_n^2}{2}\mathrm{d}\lambda \mathrm{d}y \mathrm{d}p$$

式中，$\overline{\overline{K_n}}$ 的单位是 $m^2 s^{-2}$。图 5.19 说明了在行星尺度上（波数为 1）所包含的动能在季风爆发时的爆炸式增大。这里显示的是季风爆发前（1979 年 6 月 8 日）、爆发时（1979 年 6 月 18 日）和爆发后（1979 年 6 月 28 日）的动能谱。该图说明季风在行星尺度上可以明显地表现出来，该行星尺度也可以通过如图 2.8 所示的辐散风看出。

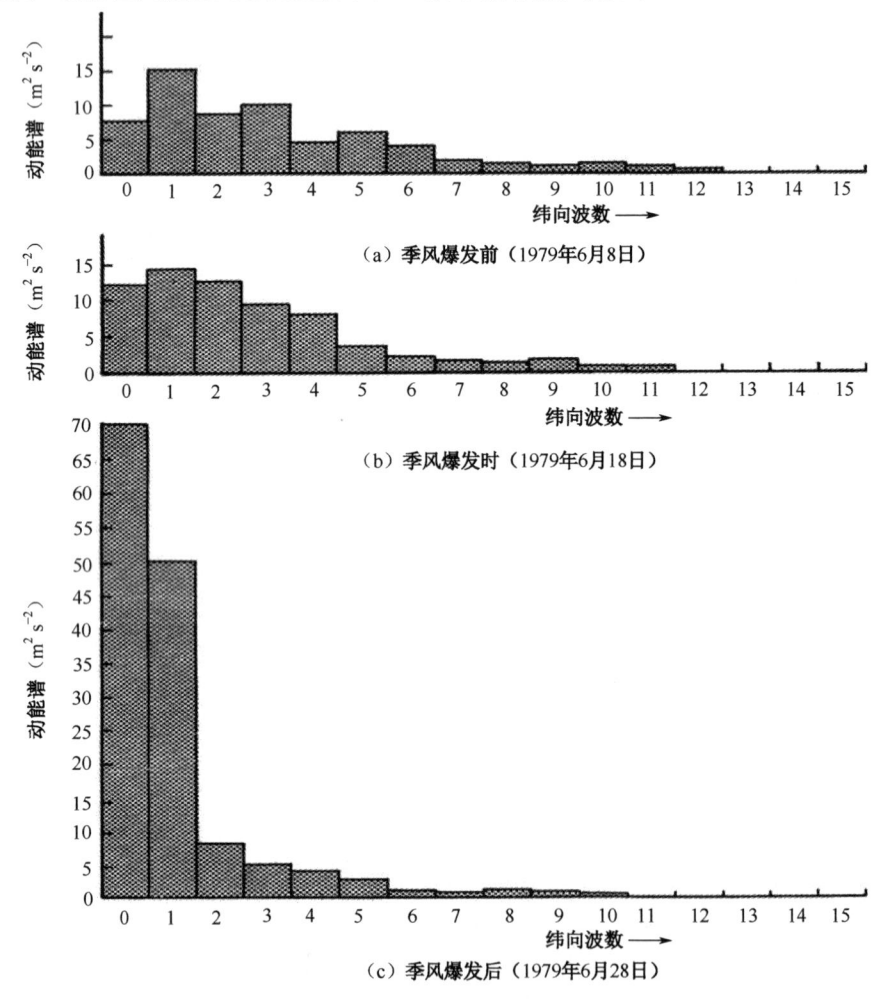

图 5.19　季风爆发前、爆发时和爆发后的动能谱与纬向波数的关系（单位：$m^2 s^{-2}$；根据 NCEP/NCAR 再分析资料计算）

Yanai（1992）指出，经向温度梯度 $\partial T / \partial y$ 的逆转，是季风爆发的另一个标志。如图 5.20 所示，在 5°N～25°N 内 500～200 hPa 的经向温度梯度在 5 月之前通常为负值，而该温度梯度在缅甸和南海上空（大约在 85°E～110°E）季风爆发时会逆转，变成正值。6 月初，在印度（70°E～85°E）也出现了类似的温度梯度逆转。不过，$\partial T / \partial y$ 作为季风爆发预测量的实际效果仍需要检验。

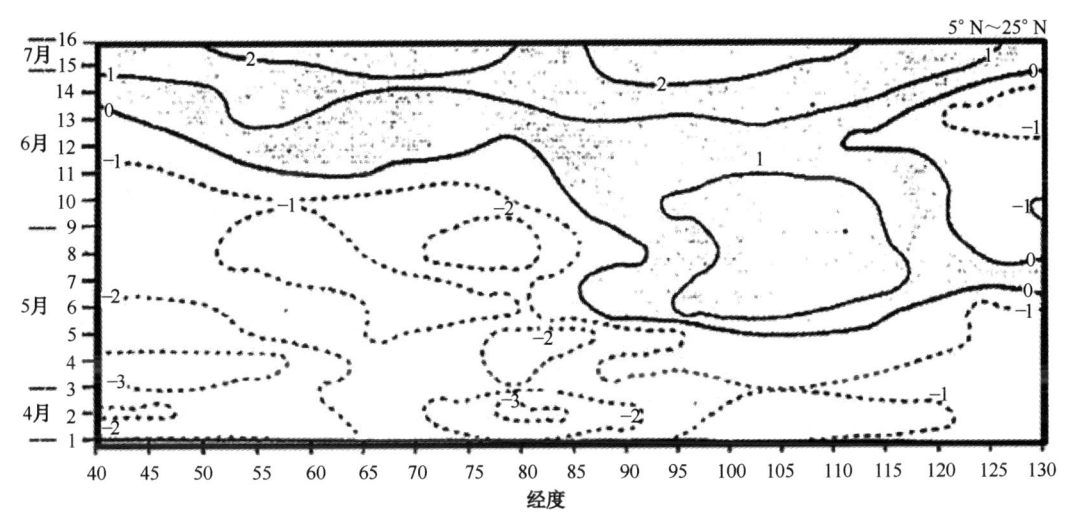

图 5.20 4—7月 5°N～25°N 的平均经向温度梯度 $\partial T/\partial y$（引自 Yanai 等，1992）

5.11 ψ-χ 相互作用

ψ-χ 相互作用机制可以很好地解释非均匀加热在驱动季风中的作用。为了解决 ψ-χ 相互作用的问题，从以下方程入手。

（1）涡度方程：

$$\frac{\partial \zeta}{\partial t}+V_H \cdot \nabla(\zeta+f)+\omega\frac{\partial \zeta}{\partial p}+(\zeta+f)\nabla \cdot V_H+\boldsymbol{k}\cdot\nabla\omega\times\frac{\partial \zeta}{\partial p}=F_\zeta \tag{5.1}$$

（2）散度方程：

$$\frac{\partial D}{\partial t}+\nabla\cdot(V_H\cdot\nabla V_H)+\nabla\cdot\left(\omega\frac{\partial V_H}{\partial p}\right)+\nabla\cdot(f\boldsymbol{k}\times V_H)+\nabla^2\phi=F_D \tag{5.2}$$

（3）热力学方程：

$$\frac{\partial C_p T}{\partial t}+V_H\cdot\nabla C_p T+\omega s=F_T+G_T \tag{5.3}$$

（4）连续性方程：

$$D+\frac{\partial \omega}{\partial p}=0 \tag{5.4}$$

（5）静力平衡方程：

$$\alpha+\frac{\partial \phi}{\partial p}=0 \tag{5.5}$$

风矢量 V_H 可分为旋转分量 V_ψ 和辐散分量 V_χ，即

$$V_H=V_\psi+V_\chi \tag{5.6}$$

旋转风定义为 $V_\psi = \boldsymbol{k} \times \nabla \psi$，辐散风定义为 $V_\chi = -\nabla \chi$，其中，ψ 为流函数，χ 为速度势。相对涡度为

$$\zeta = \boldsymbol{k} \cdot \nabla \times V_H = \boldsymbol{k} \cdot \nabla \times V_\psi = \nabla^2 \psi \tag{5.7}$$

散度为

$$D = \nabla \cdot V_H = \nabla \cdot V_\chi = -\nabla^2 \chi \tag{5.8}$$

单位质量的总动能 $K = \frac{1}{2} V_H \cdot V_H$。以旋转风和辐散风展开，可以得到

$$\begin{aligned} K &= \frac{1}{2} V_H \cdot V_H = \frac{1}{2}(V_\psi + V_\chi) \cdot (V_\psi + V_\chi) \\ &= \frac{1}{2}(V_\psi \cdot V_\psi) + \frac{1}{2}(V_\chi \cdot V_\chi) + V_\psi \cdot V_\chi \\ &= \frac{1}{2}|\nabla \psi|^2 + \frac{1}{2}|\nabla \chi|^2 - J(\psi, \chi) \end{aligned} \tag{5.9}$$

需要注意的是，雅可比矩阵表示旋转动能和辐散动能的相互作用，其满足恒等式 $J(\psi, \chi) \equiv \boldsymbol{k} \times \nabla \psi \cdot \nabla \chi$。旋转动能和辐散动能可以表示为

$$\begin{aligned} K_\psi &\equiv \frac{1}{2}|\nabla \psi|^2 \\ K_\chi &\equiv \frac{1}{2}|\nabla \chi|^2 \end{aligned} \tag{5.10}$$

则式（5.9）可写为

$$K = K_\psi + K_\chi - J(\psi, \chi) \tag{5.11}$$

涡度方程式（5.1）可以用流函数和速度势改写为

$$\begin{aligned} \frac{\partial}{\partial t}\nabla^2 \psi &= -J(\psi, \nabla^2 \psi + f) + \nabla \chi \cdot \nabla(\nabla^2 \psi + f) - \omega \frac{\partial}{\partial p}\nabla^2 \psi + \\ &\quad (\nabla^2 \psi + f)\nabla^2 \chi - \nabla \omega \cdot \nabla \frac{\partial \psi}{\partial p} + J\left(\omega, \frac{\partial \chi}{\partial p}\right) + F_\zeta \end{aligned} \tag{5.12}$$

散度方程式（5.2）可以用流函数和速度势写为

$$\begin{aligned} \frac{\partial}{\partial t}\nabla^2 \chi &= \nabla^2 \left[\frac{1}{2}(\nabla \psi)^2 + \frac{1}{2}(\nabla \chi)^2 - J(\psi, \chi)\right] - (\nabla^2 \psi)^2 - \nabla \psi \cdot \nabla(\nabla^2 \psi) - \\ &\quad \omega \frac{\partial}{\partial p}\nabla^2 \chi - J\left(\omega, \frac{\partial \psi}{\partial p}\right) - \nabla \omega \cdot \nabla \frac{\partial \chi}{\partial p} - \nabla f \cdot \nabla \psi + \\ &\quad J(f, \chi) + J(\nabla^2 \psi, \chi) + f\nabla^2 \psi + \nabla^2 \phi + F_D \end{aligned} \tag{5.13}$$

需要注意：

$$\psi \frac{\partial}{\partial t}\nabla^2 \psi = \nabla \cdot \left(\psi \nabla \frac{\partial \psi}{\partial t}\right) - \frac{\partial}{\partial t}\left(\frac{|\nabla \psi|^2}{2}\right) \tag{5.14}$$

$$\chi \frac{\partial}{\partial t}\nabla^2 \chi = \nabla \cdot \left(\chi \nabla \frac{\partial \chi}{\partial t}\right) - \frac{\partial}{\partial t}\left(\frac{|\nabla \chi|^2}{2}\right) \tag{5.15}$$

注意到式（5.10）给出的定义，则有

$$\frac{\partial}{\partial t} K_\psi = -\psi \frac{\partial}{\partial t} \nabla^2 \psi + \nabla \cdot \left(\psi \nabla \frac{\partial \psi}{\partial t} \right) \tag{5.16}$$

$$\frac{\partial}{\partial t} K_\chi = -\chi \frac{\partial}{\partial t} \nabla^2 \chi + \nabla \cdot \left(\chi \nabla \frac{\partial \chi}{\partial t} \right) \tag{5.17}$$

物理量 a 的区域平均定义为

$$\overline{a} = \frac{1}{A} \iint\limits_{x\,y} a \mathrm{d}x\mathrm{d}y \tag{5.18}$$

式中，区域面积 $A = \iint\limits_{x\,y} \mathrm{d}x\mathrm{d}y$，$\overline{a}$ 的垂直平均表示为 $\overline{\overline{a}}$，有

$$\overline{\overline{a}} = \frac{1}{\int_p \mathrm{d}p} \int_p a \mathrm{d}p \tag{5.19}$$

在闭合区域，任意向量 $\boldsymbol{a}$ 和标量 a，b 的积分为

$$\iint\limits_{x\,y} (\nabla \cdot \boldsymbol{a}) \mathrm{d}x\mathrm{d}y = 0 \tag{5.20}$$

$$\iint\limits_{x\,y} J(a,b) \mathrm{d}x\mathrm{d}y = 0 \tag{5.21}$$

此外，如果顶部和底部边界条件为 $a = 0$，则有

$$\int_p \frac{\partial a}{\partial p} \mathrm{d}p = 0 \tag{5.22}$$

考虑到式（5.20）、式（5.21）和式（5.22）可以方便地将能量方程中尽可能多的项表达为向量的散度或两个标量的雅可比矩阵的形式，则在一个闭合区域对能量方程进行积分，所有这些项都为 0。

为了得到旋转分量和辐散分量的能量方程，将式（5.12）乘以 ψ，将式（5.13）乘以 χ，分别得到

$$\begin{aligned}\psi \frac{\partial}{\partial t} \nabla^2 \psi = &-\psi J\left(\psi, \nabla^2 \psi + f\right) + \psi \nabla \chi \cdot \nabla \left(\nabla^2 \psi + f\right) - \psi \omega \frac{\partial}{\partial p} \nabla^2 \psi + \\ & \psi \left(\nabla^2 \psi + f\right) \nabla^2 \chi - \psi \nabla \omega \cdot \nabla \frac{\partial \psi}{\partial p} + \psi J\left(\omega, \frac{\partial \chi}{\partial p}\right) + F_\psi\end{aligned} \tag{5.23}$$

$$\begin{aligned}\chi \frac{\partial}{\partial t} \nabla^2 \chi = & \chi \nabla^2 \left[\frac{1}{2}(\nabla \psi)^2 + \frac{1}{2}(\nabla \chi)^2 - J(\psi, \chi)\right] - \chi \left(\nabla^2 \psi\right)^2 \chi \nabla \psi \cdot \nabla \left(\nabla^2 \psi\right) - \\ & \chi \omega \frac{\partial}{\partial p} \nabla^2 \chi - \chi J\left(\omega, \frac{\partial \psi}{\partial p}\right) - \chi \nabla \omega \cdot \nabla \frac{\partial \chi}{\partial p} - \chi \nabla f \cdot \nabla \psi + \\ & \chi J(f, \chi) + \chi J\left(\nabla^2 \psi, \chi\right) + \chi f \nabla^2 \psi + \chi \nabla^2 \phi + F_\chi\end{aligned} \tag{5.24}$$

式中，$F_\psi = \psi F_\zeta$，$F_\chi = \chi F_D$。

式（5.23）右边的项可分别重新排列为

$$-\psi J\left(\psi, \nabla^2 \psi + f\right) = -J\left(\frac{\psi^2}{2}, \nabla^2 \psi + f\right) \tag{5.25}$$

$$-\psi\nabla\omega\cdot\nabla\frac{\partial\psi}{\partial p}-\psi\omega\frac{\partial}{\partial p}\nabla^2\psi = -\psi\left[\nabla\cdot\left(\omega\nabla\frac{\partial\psi}{\partial p}\right)-\omega\nabla^2\frac{\partial\psi}{\partial p}\right]-\psi\omega\frac{\partial}{\partial p}\nabla^2\psi$$

$$= -\psi\nabla\cdot\left(\omega\nabla\frac{\partial\psi}{\partial p}\right)$$

$$= -\nabla\cdot\left(\psi\omega\nabla\frac{\partial\psi}{\partial p}\right)+\omega\nabla\psi\cdot\nabla\frac{\partial\psi}{\partial p} \quad (5.26)$$

$$= -\nabla\cdot\left(\psi\omega\nabla\frac{\partial\psi}{\partial p}\right)+\omega\frac{\partial}{\partial p}\frac{|\nabla\psi|^2}{2}$$

$$= -\nabla\cdot\left(\psi\omega\nabla\frac{\partial\psi}{\partial p}\right)+\frac{\partial}{\partial p}\frac{\omega|\nabla\psi|^2}{2}-\frac{|\nabla\psi|^2}{2}\frac{\partial\omega}{\partial p}$$

$$= -\nabla\cdot\left(\psi\omega\nabla\frac{\partial\psi}{\partial p}\right)+\frac{\partial}{\partial p}\frac{\omega|\nabla\psi|^2}{2}-\frac{|\nabla\psi|^2}{2}\nabla^2\chi$$

$$\psi\nabla\chi\cdot\nabla\left(\nabla^2\psi+f\right)+\psi\left(\nabla^2\psi+f\right)\nabla^2\chi$$

$$= \psi\nabla\chi\cdot\nabla\left(\nabla^2\psi\right)+\psi\nabla\chi\cdot\nabla f+\psi\nabla^2\psi\nabla^2\chi+\psi f\nabla^2\chi$$

$$= \nabla\cdot\left(\psi\nabla^2\psi\nabla\chi\right)-\nabla^2\psi\nabla\psi\cdot\nabla\chi-\psi\nabla^2\psi\nabla^2\chi+\psi\nabla^2\psi\nabla^2\chi+ \quad (5.27)$$

$$\nabla\cdot(\psi f\nabla\chi)-\nabla\psi\cdot f\nabla\chi+\psi f\nabla^2\chi$$

$$= \nabla\cdot\left(\psi\nabla^2\psi\nabla\chi\right)-\nabla^2\psi\nabla\psi\cdot\nabla\chi+\nabla\cdot(\psi f\nabla\chi)-\nabla\psi\cdot f\nabla\chi+\psi f\nabla^2\chi$$

$$\psi J\left(\omega,\frac{\partial\chi}{\partial p}\right)=J\left(\omega\psi,\frac{\partial\chi}{\partial p}\right)-\omega J\left(\psi,\frac{\partial\chi}{\partial p}\right) \quad (5.28)$$

将式（5.25）～式（5.28）代入式（5.23），并将所得方程在闭合区域内积分，可得到

$$\frac{\partial}{\partial t}\overline{\overline{K}}_\psi = \overline{\overline{f\nabla\psi\cdot\nabla\chi}}+\overline{\overline{\nabla^2\psi\nabla\psi\cdot\nabla\chi}}+\overline{\overline{\nabla^2\chi\frac{|\nabla\psi|^2}{2}}}+\overline{\overline{\omega J\left(\psi,\frac{\partial\chi}{\partial p}\right)}}+\overline{\overline{F}}_\psi \quad (5.29)$$

下面推导热力学方程，由于

$$s = C_p T - \alpha = C_p\frac{\partial T}{\partial p}+\frac{\partial\phi}{\partial p} \quad (5.30)$$

$$-\omega s = -\omega\frac{\partial}{\partial p}\left(C_p T+\phi\right)$$

$$= -\frac{\partial}{\partial p}\left[\omega\left(C_p T+\phi\right)\right]+\left(C_p T+\phi\right)\frac{\partial}{\partial p}\omega \quad (5.31)$$

$$= -\frac{\partial}{\partial p}\left[\omega\left(C_p T+\phi\right)\right]+\left(C_p T+\phi\right)\nabla^2\chi$$

则热力学方程式（5.3）可改写为

$$\frac{\partial}{\partial t}C_p T = J\left(C_p T,\psi\right)+\nabla\chi\cdot\nabla\left(C_p T\right)+$$
$$\left(C_p T+\phi\right)\nabla^2\chi-\frac{\partial}{\partial p}\left[\omega\left(C_p T+\phi\right)\right]+F_T+G_T \quad (5.32)$$

注意到：
$$\nabla\chi\cdot\nabla(C_pT)+(C_pT+\phi)\nabla^2\chi = \nabla\chi\cdot\nabla(C_pT)+\nabla\cdot(C_pT\nabla\chi)-$$
$$\nabla\chi\cdot\nabla(C_pT)+\nabla\cdot(\phi\nabla\chi)-\nabla\phi\cdot\nabla\chi \tag{5.33}$$
$$=\nabla\cdot(C_pT\nabla\chi)+\nabla\cdot(\phi\nabla\chi)-\nabla\cdot(\chi\nabla\phi)+\chi\nabla^2\phi$$

因此，将热力学方程在闭合区域内积分，可得到有效位能 APE 的倾向方程为

$$\frac{\partial}{\partial t}\overline{\overline{APE}} = \overline{\overline{\chi\nabla^2\phi}}+\overline{\overline{F_T}}+\overline{\overline{G_T}} \tag{5.34}$$

对于 χ-能量方程的推导，忽略非绝热加热和摩擦作用，总能量是守恒的，即

$$\frac{\partial}{\partial t}\overline{\overline{APE+K}} = \frac{\partial}{\partial t}\overline{\overline{APE+K_\psi+K_\chi}} = 0 \tag{5.35}$$

因此有

$$\frac{\partial}{\partial t}\overline{\overline{K_\chi}} = -\frac{\partial}{\partial t}\overline{\overline{APE}}-\frac{\partial}{\partial t}\overline{\overline{K_\chi}}$$
$$= -\overline{\overline{\chi\nabla^2\phi}}-\overline{\overline{f\nabla\psi\cdot\nabla\chi}}-\overline{\overline{\nabla^2\psi(\nabla\psi\cdot\nabla\chi)}}- \tag{5.36}$$
$$\overline{\overline{\frac{1}{2}|\nabla\psi|^2\nabla^2\chi}}-\overline{\overline{\omega J\left(\psi,\frac{\partial\chi}{\partial p}\right)}}+\overline{\overline{F_\chi}}$$

式中，$\overline{\overline{F_\chi}} = -\overline{\overline{F_T}}-\overline{\overline{G_T}}-\overline{\overline{F_\psi}}$。式（5.29）、式（5.36）和式（5.34）分别给出了在闭合区域内积分的旋转动能和辐散动能的变化率及有效位能的表达式。在开放域的情况下，这些方程包含的额外边界通量项，分别由 $\overline{B_\psi}$、$\overline{B_\chi}$ 和 $\overline{B_T}$ 给出。旋转动能方程中的边界通量项由式（5.37）给出，即

$$B_\psi = \nabla\cdot\left(\psi\nabla\frac{\partial\psi}{\partial t}\right)+J\left(\frac{\psi^2}{2},\nabla^2\psi+f\right)-$$
$$J\left(\omega\psi,\frac{\partial\chi}{\partial p}\right)+\nabla\cdot\left(\psi\omega\frac{\partial}{\partial p}\nabla\psi\right)- \tag{5.37}$$
$$\frac{\partial}{\partial p}\omega\frac{|\nabla\psi|^2}{2}-\nabla\cdot\left[\psi(\nabla^2\psi+f)\nabla\chi\right]$$

辐散动能方程中的边界通量项由式（5.38）给出，即

$$B_\chi = \nabla\cdot\left(\chi\frac{\partial\psi}{\partial t}\nabla\chi\right)+J\left(\frac{\chi^2}{2},\nabla^2\psi+f\right)+J\left(\omega\chi,\frac{\partial\chi}{\partial p}\right)-$$
$$\nabla\cdot\left\{\chi\nabla\left[\frac{|\nabla\psi|^2}{2}+\frac{|\nabla\chi|^2}{2}-J(\psi,\chi)\right]\nabla\chi\left[\frac{|\nabla\psi|^2}{2}+\frac{|\nabla\chi|^2}{2}-J(\psi,\chi)\right]\right\}- \tag{5.38}$$
$$\frac{\partial}{\partial p}\left\{\omega\left[\frac{|\nabla\psi|^2}{2}-J(\psi,\chi)\right]\right\}+\nabla\cdot\left\{\chi\nabla\psi(\nabla^2\psi+f)+\chi\omega\frac{\partial}{\partial p}\nabla\chi\right\}$$

而有效位能方程中的边界通量项由式（5.39）给出，即

$$B_T = J(C_pT,\psi)+\nabla\cdot(C_pT\nabla\chi)+\nabla\cdot(\varphi\nabla\chi)-\nabla\cdot(\chi\nabla\phi) \tag{5.39}$$

下面讨论季风维持的问题。在成熟季风统计稳定状态下（爆发后），不考虑边界通量项，ψ-χ方程可写为

$$\overline{\overline{\langle K_\chi \cdot K_\psi \rangle}} + \overline{\overline{F_\psi}} = 0 \tag{5.40}$$

$$\overline{\overline{\langle APE \cdot K_\chi \rangle}} - \overline{\overline{\langle K_\chi \cdot K_\psi \rangle}} + \overline{\overline{F_\chi}} = 0 \tag{5.41}$$

$$-\overline{\overline{\langle APE \cdot K_\chi \rangle}} + \overline{\overline{F_T}} + \overline{\overline{G_T}} = 0 \tag{5.42}$$

式中

$$\overline{\overline{\langle K_\chi \cdot K_\psi \rangle}} \equiv \overline{\overline{f \nabla \psi \cdot \nabla \chi}} + \overline{\overline{\nabla^2 \psi \nabla \psi \cdot \nabla \chi}} + \overline{\overline{\nabla^2 \chi \frac{|\nabla \psi|^2}{2}}} + \overline{\overline{\omega J\left(\psi, \frac{\partial \chi}{\partial p}\right)}}$$

为辐散动能向旋转动能的转化率，而$\overline{\overline{\langle APE \cdot K_\chi \rangle}} = \overline{\overline{-\chi \nabla^2 \phi}}$是有效位能向辐散动能的转化率。

下面的不等式定性讨论对分析如何维持稳定的季风非常有效：

（1）旋转动能的耗散为负（$F_\psi < 0$）；

（2）$\langle K_\chi \cdot K_\psi \rangle$一定为正。

（3）辐散动能的耗散为负（$F_\chi < 0$）；

（4）$-\langle K_\chi \cdot K_\psi \rangle$和$F_\chi$为负，因此$\langle APE \cdot K_\chi \rangle$为正。

（5）$-\langle APE \cdot K_\chi \rangle$为负，且$F_T$为负，因此$G_T > |F_T|$。

上述不等式中存在如下显著的协方差：

$$\langle APE \cdot K_\chi \rangle \sim -\int_{p_T}^{p_S} \int_{y_1}^{y_2} \int_{x_1}^{x_2} \frac{\omega T}{p} \mathrm{d}x\mathrm{d}y\mathrm{d}p$$

$$\langle G_T \rangle \sim \int_{p_T}^{p_S} \int_{y_1}^{y_2} \int_{x_1}^{x_2} HT \mathrm{d}x\mathrm{d}y\mathrm{d}p$$

不等式定性讨论简单地指出，为了维持稳定的季风（主要由区域平均旋转动能定义），由热量和温度的净正协方差所定义的非均匀加热是必需的。这意味着如果加热发生在空气相对暖的区域，而冷却发生在空气相对冷的区域（在整个区域内），季风就可以维持。在这种情况下，非均匀加热不是一个从冷却区域指向加热区域的向量∇H，而是一个伴随HT协方差带来净正值的向量。$\langle APE \cdot K_\chi \rangle$是一个重要转换项，它将上述非均匀加热产生的APE转换为由协方差的净正值$-\omega T/p$产生的旋转动能。这就要求在季风区内出现暖空气的净上升和冷空气的净下沉。

5.12　夏季风的最强降水量

位于（25.15°N，91.44°E）的乞拉朋齐被称为世界上降水最多的地区之一，它的海拔高度为1290 m。6月1日—9月15日，其长时间平均的季风降水量通常为10^4 mm或10 m。

季风区的地形如图 5.21 所示。

在图 5.21 中，字母 **X** 代表乞拉朋齐的大致位置，该地区的北部和东部都是高山。大尺度季风气流从孟加拉湾带来了潮湿空气，该气流逆时针绕季风槽流动，季风槽轴线位于 23°N～25°N 附近。在这个陡峭地形区域，环流的中尺度结构研究还不充分。该地区的降水量昼夜变化很大，大部分强降水发生在深夜至清晨时段。图 5.22 为 1979 年 5 月 1 日—8 月 10 日（该年份季风降水量低于正常年份）乞拉朋齐的逐日降水量变化情况。

图 5.21　喜马拉雅山脉地形的三维透视图，其中，乞拉朋齐的位置用 **X** 标记

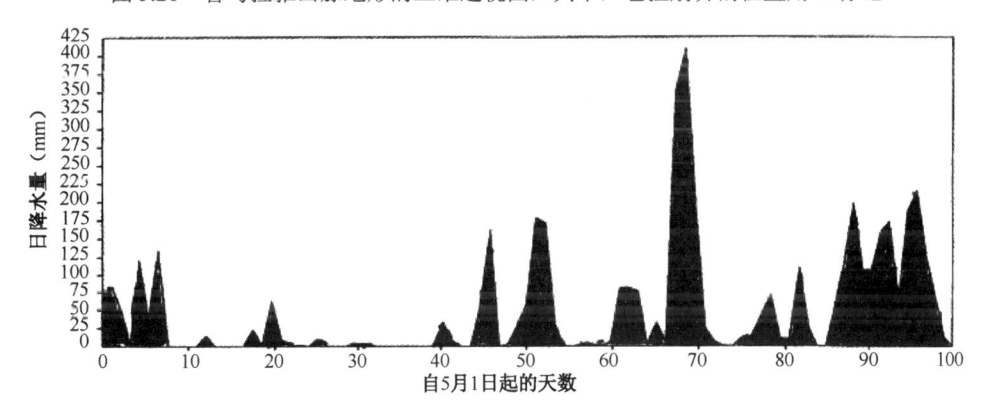

图 5.22　1979 年 5 月 1 日—8 月 10 日乞拉朋齐的日降水量

在图 5.22 中，纵坐标为日降水量。在有些情况下，如 7 月 10 日前后，日降水量高达 400 mm。日降水量这种明显的变化，清楚地显示出准双周和 ISO 时间尺度上的干旱期和潮湿期。1979 年 5 月 1 日—8 月 10 日 100 天乞拉朋齐的平均日降水量约为 50 mm。这些降水大部分与地形和深对流有关，其中许多大雨会持续 3～6 天，且该地区的每小时降水量非常大。

5.13　印度季风的中断

季风的中断是指季风季节降水的暂时停止。据 Ramamurthy（1969）的研究，季风中断多数持续 3~5 天，但也有些会持续 17~20 天之久。Gadgil 和 Joseph（2003）的研究（见图 5.23）给出了干旱年份 1972 年整个印度的日降水量。1972 年是一个季风中断期持续时间很长的干旱年，干旱持续了近 1 个月，也是一个厄尔尼诺年。

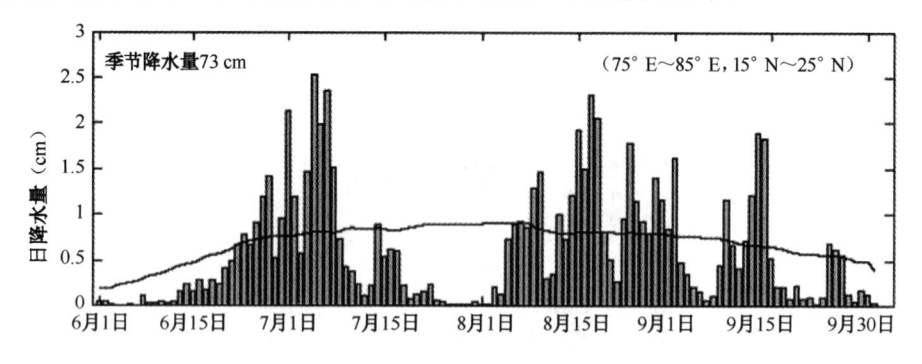

图 5.23　1972 年夏季印度中部的日降水量（引自 Gadgil 和 Joseph，2003）

出射长波辐射（OLR）场提供了潮湿地区或干燥地区的地理分布。低 OLR 对应高云和多雨区，高 OLR 则对应无雨区。季风雨区典型的 OLR 约为 195 W m^{-2}；在晴朗地区，OLR 约为 245 W m^{-2}。Gadgil 和 Joseph（2006）从 OLR 气候平均值异常的角度对这些场进行了分析。图 5.24 为 18 年（1972—1989 年）OLR 数据的分析，图中展示了季风中断期和活跃期的 OLR 异常值和总值。在季风中断期，OLR 正异常值（20~30 W m^{-2}）占主导；在季风活跃期，OLR 异常值为较强的负值（-20 W m^{-2}）。

OLR 总值超过 225 W m^{-2} 表示季风中断期，而低于 225 W m^{-2} 表示季风活跃期。如图 5.24 所示的季风中断期/活跃期是相对大尺度事件。与季风活跃期相关的 OLR 负异常从阿拉伯海北部一直延伸到 130°W 附近，覆盖了太平洋的大片区域。在季风活跃期，赤道太平洋大部分地区的 ITCZ 似乎更加活跃。

Krishnan 等（2000）研究了季风中断的原因。他们指出，当季风中断发生时，季风槽比平均季风槽要弱。人们可以通过合成大量历史季风中断案例来确定季风中断的原因，如按照第 0 天、第±3 天、第±6 天、第±9 天、第±12 天来分析。这种与重大气象事件的第 0 天相关的合成是非常有效的，特别是当合成场的标准差相对较小时。图 5.25 为 Krishnan 等（2000）计算的 18 个季风中断案例的合成场。季风中断的时间可以往前追溯约 12 天。很明显，较高的 OLR 异常值从近赤道（第-12 天）向北移动到 20°N（第 0 天）；之后，可以看到较低的 OLR 异常值从赤道向北移动到 20°N。这种正、负 OLR 异常值的相继移动是季节内振荡（ISO）的一部分（在第 10 章详细讨论），这似乎表明季风天气受到 ISO 气旋和反气旋的影响。这就引出了一个问题，即季风中断期和季风活跃期的产生原因是否在近赤道地区？因为在抵达 20°N 前异常现象首先出现在那里。

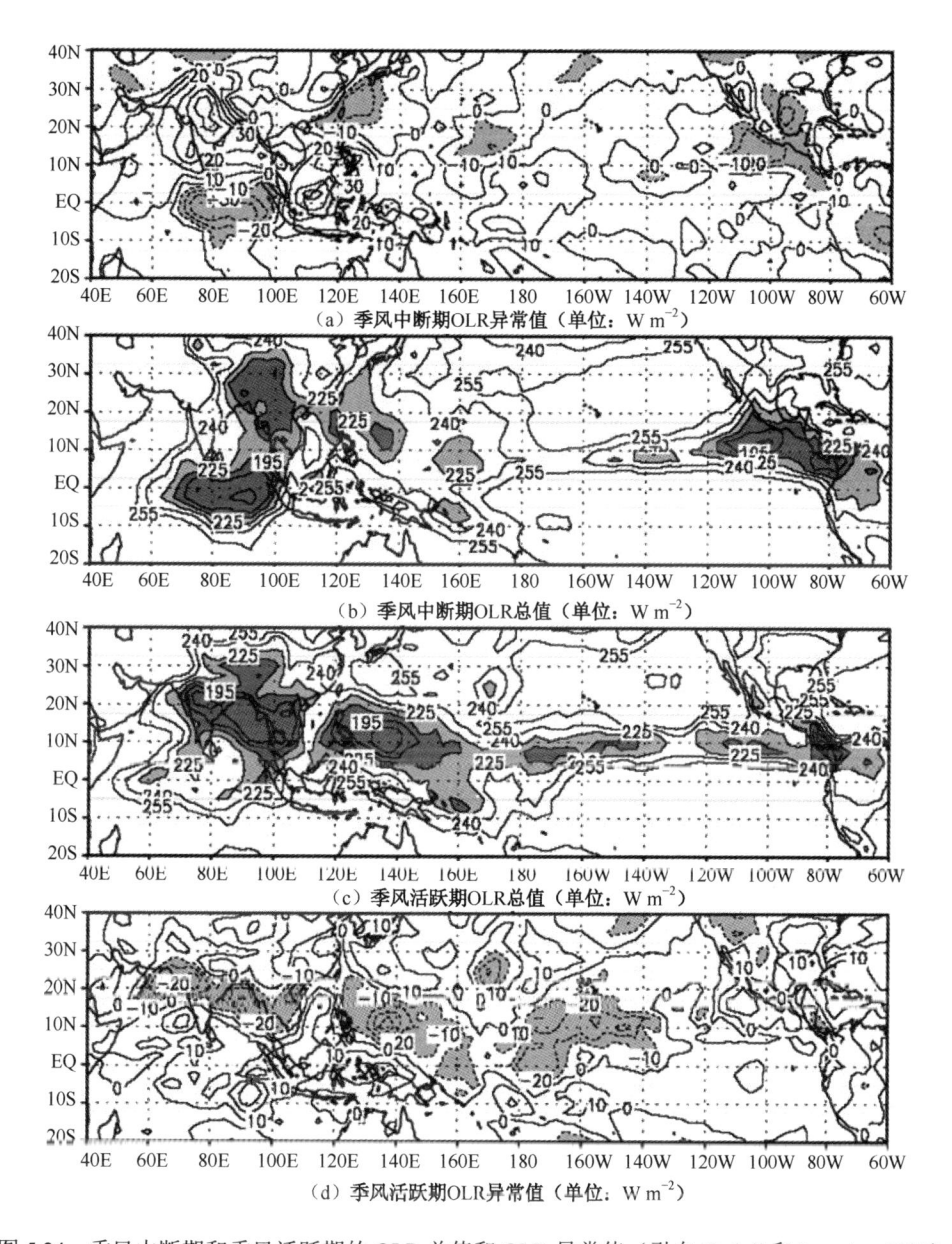

图 5.24 季风中断期和季风活跃期的 OLR 总值和 OLR 异常值（引自 Gadgil 和 Joseph，2003）

这让人想到 James Sadler 和 Suki Manabe 在一次会议上的评论。James Sadler 注意到，在近赤道地区出现的较大的海平面气压正异常在大约 10 天内向北移动，削弱了位于 20°N 附近的季风槽，随即出现了季风降水的中断。他将中断原因归结为赤道地区发生的事件。Suki Manabe 则调侃道："如果北方的一个人给南方的一个人打了电话，让他到北方来，那么谁是原因呢？"Suki Manabe 认为，可能是喜马拉雅山脉和青藏高原上空的热源减弱了，而赤道地区高压异常的北移只是对此的一种响应。通过严谨的数值试验可以回答这种关于"拉"或"推"的问题。因此，人们应当对解释可能观察到的任何现象的内在因果关系持慎重态度。

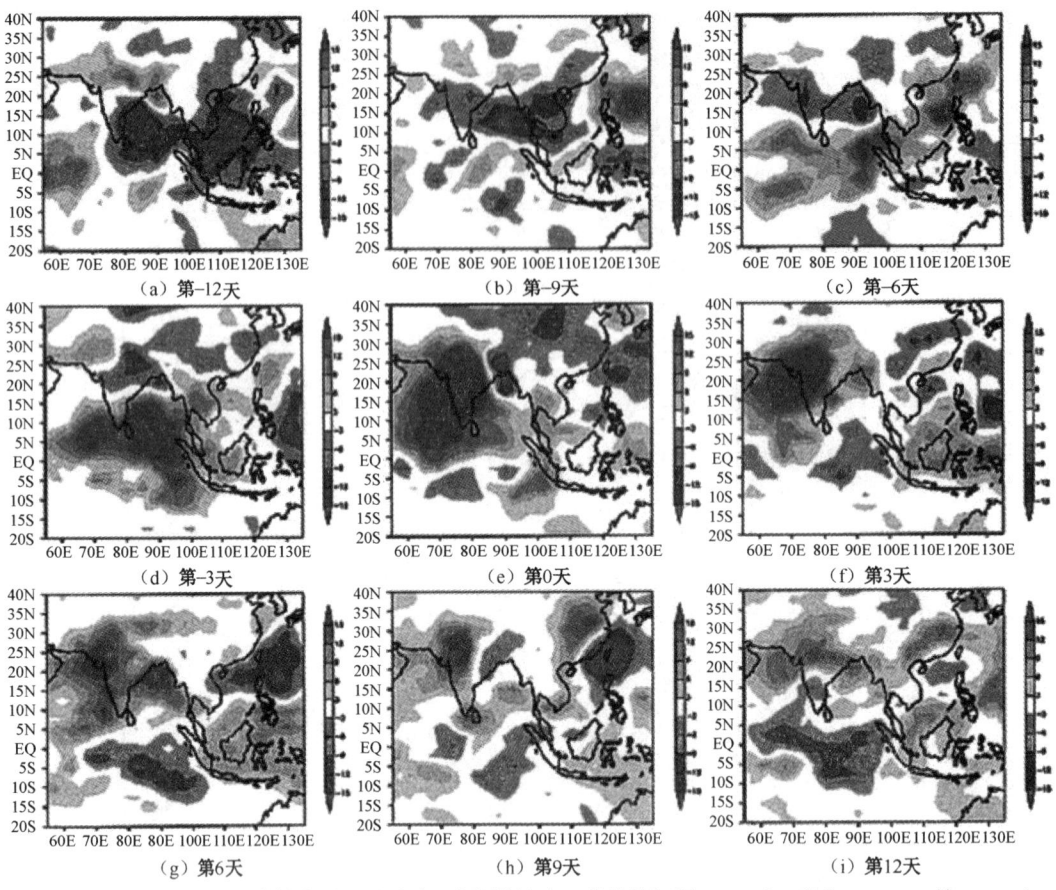

图 5.25 合成的 OLR 异常值序列显示了季风中断的演变（等值线间隔 3 W m^{-2}；引自 Krishnan 等，2000）

5.14 印度季风的活跃期、中断期和撤退期

图 5.26 是印度气象局绘制的 2006 年全印度的日观测降水量和气候平均日降水量，其中，柱状表示季风季节活跃期的日降水量的演变，实线表示气候平均日降水量。日降水量高于或低于该实线则显示了降水的活跃期或中断期（不那么活跃）。图 5.26 清楚地显示了季风的爆发、活跃、中断、再活跃和撤退阶段。除 4~8 天的天气时间尺度上的短期变化外，时间尺度为 2 周（准双周）和 30~60 天（ISO 时间尺度）的降水量变化也有明显的峰值。可以利用功率谱和数字滤波器的数值算法评估这种变化。天气尺度的扰动通常在 15°N~25°N 以每天约 5°~7°（经度）的速度自西向西北移动，它的东西向波长约为 3000 km。准双周模态是向西传播的，其最大振幅在 15°N~20°N。有证据表明准双周模态起源于太平洋，穿过中南半岛进入孟加拉湾。夏季风带中的 ISO 是经向传播的低频模态，从 5°S 附近移动到喜马拉雅山脉脚下，传播速度约为每天 1°（纬度），经向波长约为 3000 km。其通过区域交替出现顺时针、逆时针的涡旋，并依次向北移动。这些顺时针、逆时针的涡旋

促进了相对于平均气流的异常顺流和异常逆流（异常顺流同向平行于平均气流，异常逆流方向相反）。异常顺流增强了海洋的水汽供应，并加强季风降水；异常逆流与平均气流反向，情况相反。

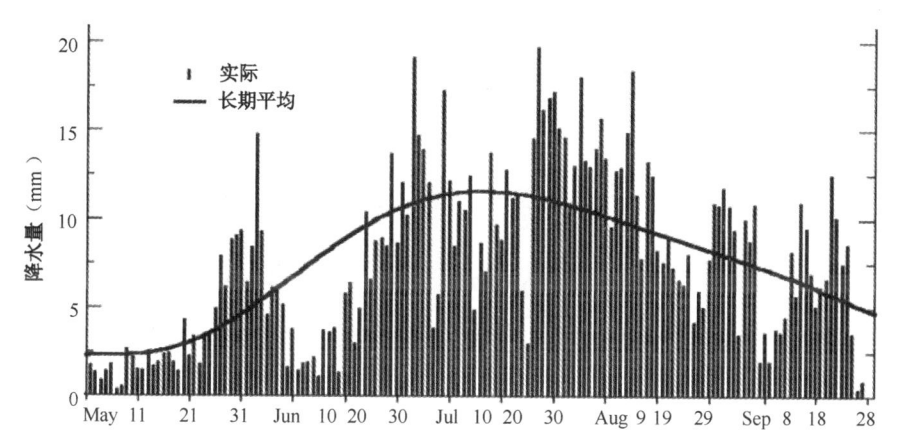

图 5.26 2006 年全印度的日观测降水量（柱状）和气候平均日降水量（实线）（据印度气象局档案）

在近期的一项研究中，Krishnamurti 等（2010 年）指出了印度夏季风干旱期形成的重要原因。雨季期间空气的后向轨迹（从印度中部开始持续 10 天）表明，在地面和 400 hPa 之间几乎所有空气都来自海洋。在干旱期，地面和 850 hPa 之间的气流仍然来自海洋，但 800 hPa 和 400 hPa 之间的空气来自阿拉伯沙漠地区。研究表明，该地区 700 hPa 和 300 hPa 之间存在深厚的阻塞高压，围绕该深厚阻塞高压移动的空气为阿拉伯海北部和印度中部提供了非常干燥的下沉气流。该研究将季风干旱期与来自沙漠的干空气入侵联系起来，提供了有趣的动力学解释。图 5.27 为 Cloudsat 卫星云图，从图中可以看出不同时期云的明显差别，雨季多云而干旱期少云。NASA 的 MODIS 卫星也是一个重要的观测平台，它清楚地显示出干旱期尘埃入侵导致气溶胶光学厚度很大。

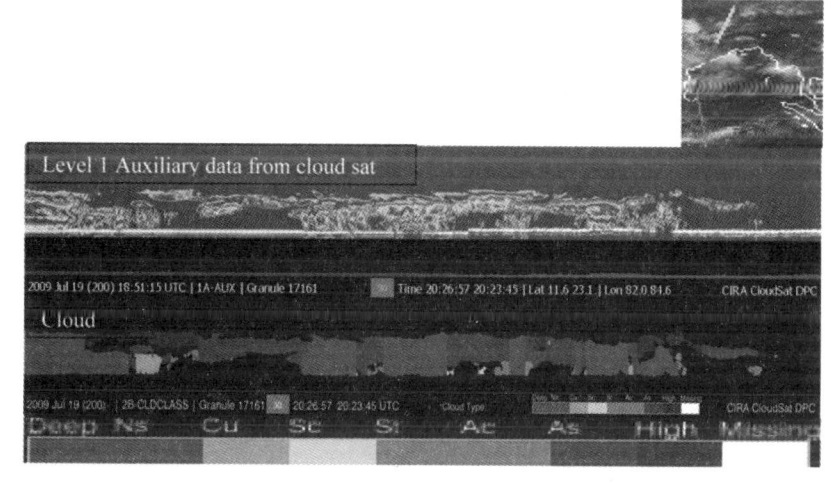

(a) 季风活跃日：2009 年 7 月 19 日，体现出非常活跃的季风状态

图 5.27 沿 Cloudsat 卫星轨迹观测的云垂直结构，右上为卫星轨迹，底部色标展示了云的类型

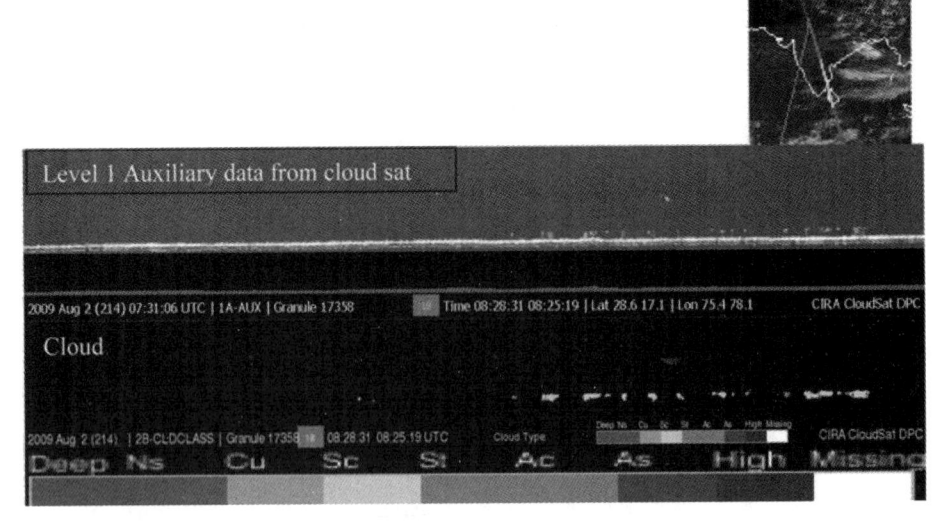

(b) 季风中断日：2009 年 8 月 2 日，无云

图 5.27　沿 Cloudsat 卫星轨迹观测的云垂直结构，右上为卫星轨迹，底部色标展示了云的类型（续）

图 5.28 为 1979—1988 年全印度夏季风（5 月 1 日—10 月 7 日）降水的平均功率谱。图中，纵坐标为功率谱（功率×频率），横坐标为频率（以 128 天为一个周期），使用对数刻度。该功率谱的突出特征为 MJO 时间尺度（20~60 天）、准双周时间尺度和 4~8 天的天气时间尺度上的大信号，它们是季风环境中的 3 个重要时间尺度。本书后续各个章节将讨论这些问题。

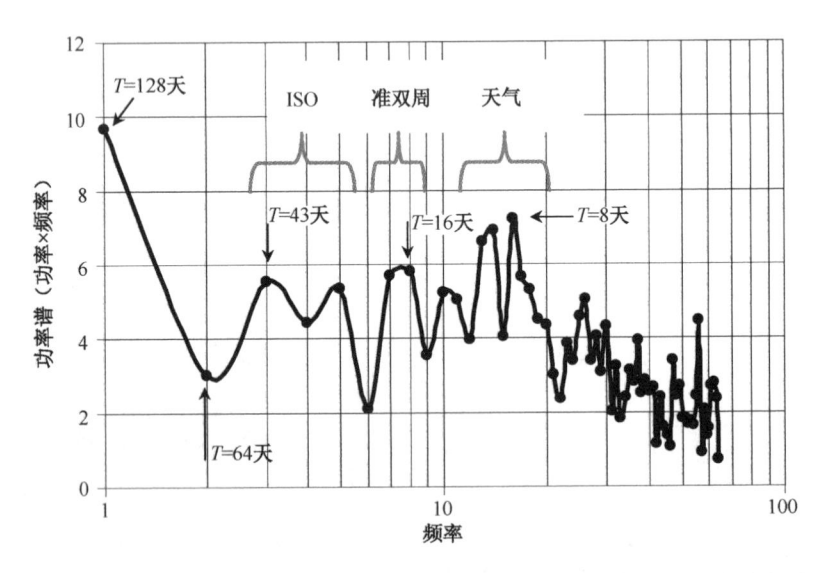

图 5.28　基于 1979—1988 年每年 5 月 1 日—10 月 7 日的日降水数据计算的全印度降水量 10 年平均功率谱

5.15 索马里急流

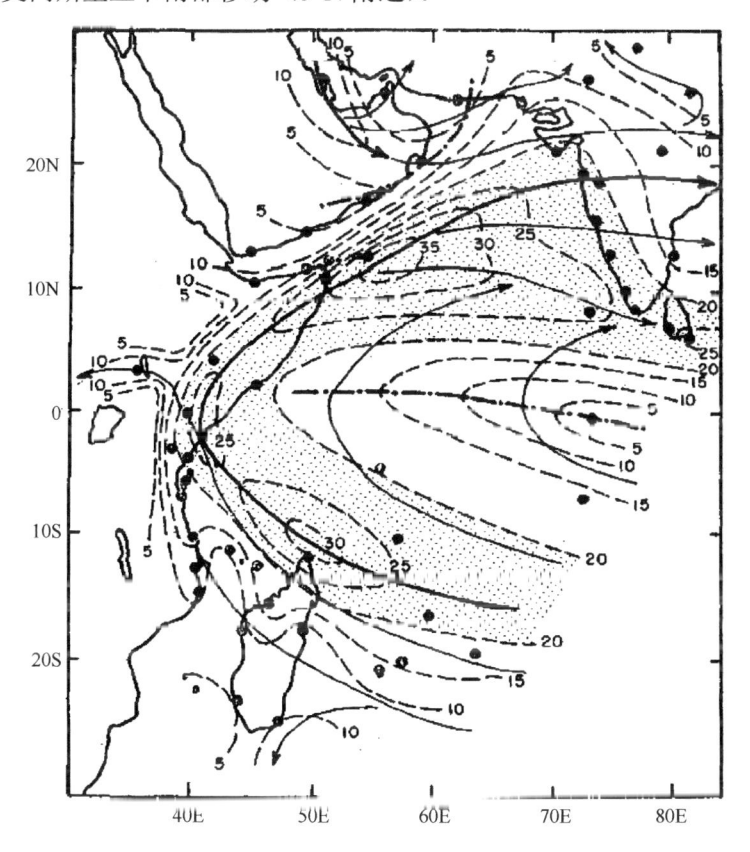

索马里急流是亚洲夏季风期间对流层低层最显著的风系之一。索马里急流最强的风出现在 6 月、7 月和 8 月，位于索马里沿海地面上空 1 km 处，并延伸到阿拉伯海北部。图 5.29 显示了 6 月阿拉伯海上空 1 km 处索马里急流的平均水平范围，是基于当时质量最高的数据——主要是由测风气球和无线电探空测风仪观测的数据绘制的。图 5.29 中可以看到南半球信风的扩展，最大风速（约 15 m s^{-1}）出现在马达加斯加北部地区。该气流到达肯尼亚海岸后向北穿过赤道，之后开始向东偏转，并在索马里沿海达到约 17.5 m s^{-1} 的最大风速（因此称为"索马里急流"）。此后，该平均气流分成两支——一支向印度移动（17°N 附近），另一支向斯里兰卡南部移动（5°N 附近）。

图 5.29 7 月索马里急流的流线（箭头）和 1 km 高度处的等风速线（虚线，单位为节，1 节 ≈ 0.51 m s^{-1}；引自 Findlater，1969）

这种分离是一个有趣的气候学特征，同时引出一个重要问题，即急流确实同时存在两个分支（存在急流实际分离的日期），或者分支的出现只是急流在较南和较北位置各出现较长时间后平均的结果。现代数据集在时间和空间上有足够高的分辨率，很容易回答上述问题。目前可获得的常规数据集与如图 5.13 所示的相似，数据主要来自地球静止卫星云导风。目前，该地区上空的卫星包括印度的 INSAT 和法国的 METEOSAT-East。从这一丰富数据源中分析每日获得的风，就会发现确实出现了急流的两个分支同时存在的情况，如图 5.30 所示。

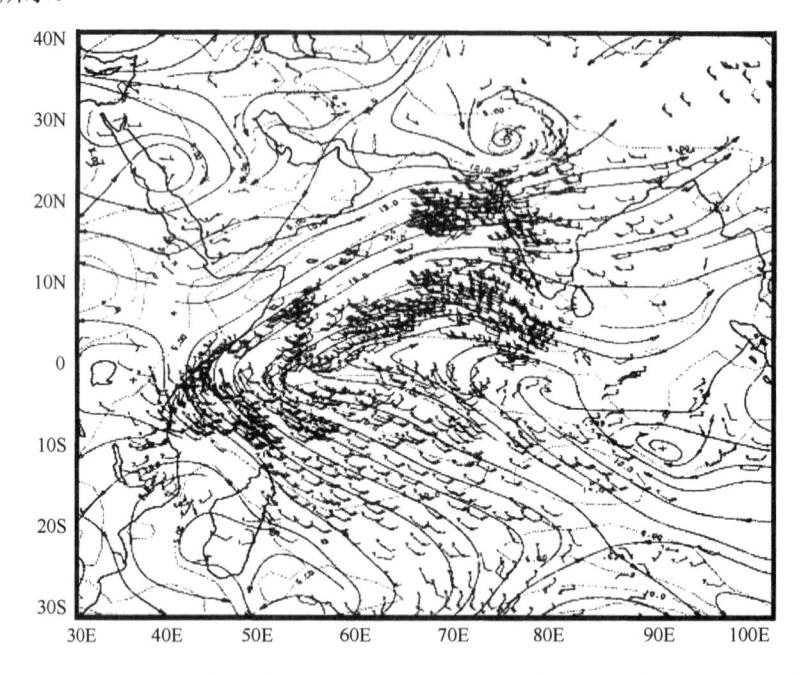

图 5.30 1979 年 7 月 16 日 850 hPa 云导风，说明索马里急流同时存在两个分支

索马里急流在亚洲夏季风的水汽收支中起着重要作用。阿拉伯海北部强大的地面风（约 5 m s^{-1}）贡献了大部分表面蒸发量。据估计，季风降水所需水汽的 50%左右都来自阿拉伯海上的蒸发（Pisharoty，1965）。

肯尼亚高原和埃塞俄比亚山脉是索马里急流的西部边界，如图 5.31 所示。图 5.31 显示的是 5—10 月索马里急流的经向风分量的气候月平均垂直剖面。索马里急流的最大风速出现在肯尼亚高原东部的海平面上空约 1 km 处，最强的月平均风（约 12.5 m s^{-1}）出现在夏季的 6 月、7 月、8 月。索马里急流是低纬度地区对流层低层最强的风系。在个别日期无扰动天气条件下，非洲之角附近的阿卢拉上空 1 km 处曾观测到风速高达 50 m s^{-1} 的风。

索马里急流主要是沿季风主轴的热源（见图 5.4）和西南印度洋的热汇之间的非均匀加热形成的。图 5.32 为阿拉伯海季风涡旋稳定向北移动的示意图。当热源从印度尼西亚迁移到喜马拉雅山麓时，海面的低压区（季风槽）随之而来，季风槽以南盛行西风，并一直延伸到阿拉伯海。

值得注意的是，沿索马里急流 1 km 高度处的平均西风风速约为 10 m s^{-1}，其中约 60%来自风的旋转（非辐散）分量，约 40%来自风的辐散分量。风的辐散分量和旋转分量的计算是气象学的一项重要工作，详见 5.13 节。

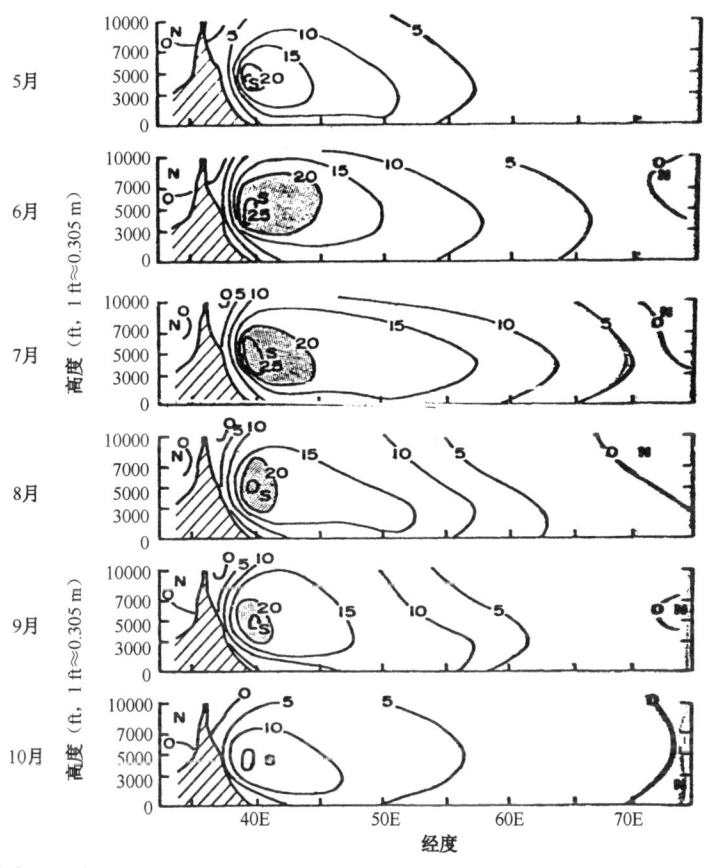

图 5.31　5—10月索马里急流的经向风分量的气候月平均垂直剖面（以节为单位；引自 Findlater，1969）

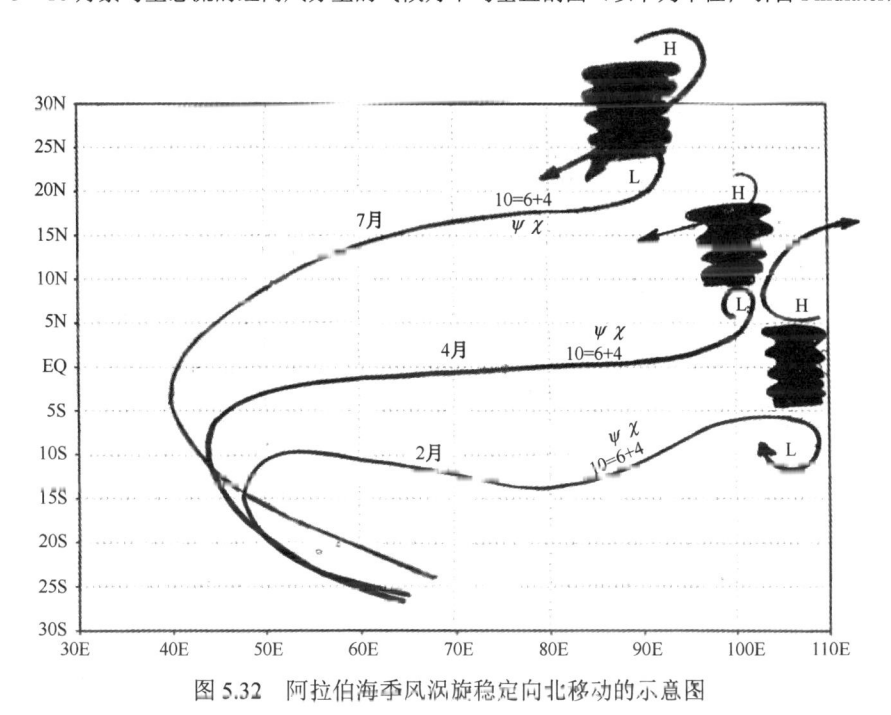

图 5.32　阿拉伯海季风涡旋稳定向北移动的示意图

5.16 索马里急流的边界层动力学

水平运动方程能够以一种有趣的方式进行尺度分析，以粗略地确定一些边界层结构。这里采用 Mahrt 和 Young（1972）的方法。忽略垂直平流的纬向运动方程可以写成

$$\frac{\partial u}{\partial t} + u\frac{\partial u}{\partial x} + v\frac{\partial u}{\partial y} - fv = -g\frac{\partial z}{\partial x} + F_x \tag{5.43}$$

式（5.43）即倾向（T）+ 水平平流（A）+ 科里奥利力（C）= 气压梯度力（P）+ 摩擦力（F）。使用下列尺度对式（5.43）进行无量纲化：

$$u = Uu' \tag{5.44}$$

$$\frac{\partial}{\partial x} = \left(\frac{U}{\beta}\right)^{1/2}\frac{\partial}{\partial x'} \tag{5.45}$$

$$f = \beta y \tag{5.46}$$

$$\frac{\partial}{\partial t} = \omega\frac{\partial}{\partial t'} \tag{5.47}$$

式中，ω 为特征频率。

在边界层中，P 和 F 是主导项。问题是，在 ω 的不同取值范围内，T、A 和 C 如何与这些项比较。对式（5.43）进行尺度分析，可以得到

$$\omega U\frac{\partial u'}{\partial t'} + \frac{U^2}{(U/\beta)^{1/2}}\left(u'\frac{\partial u'}{\partial x'} + v'\frac{\partial u'}{\partial y'}\right) - fUv' = P + F \tag{5.48}$$

或

$$\omega\frac{\partial u'}{\partial t'} + (U\beta)^{1/2}\left(u'\frac{\partial u'}{\partial x'} + v'\frac{\partial u'}{\partial y'}\right) - \beta yv' = \frac{P+F}{U} \tag{5.49}$$

这里有 3 个时间尺度，即 ω^{-1}、$(U\beta)^{-1/2}$ 和 $(\beta y)^{-1}$。考虑下列 3 种情况：

（1）如果 $\omega^{-1} > (\beta y)^{-1}$ 且 $(U\beta)^{-1/2} > (\beta y)^{-1}$，则主导项是 C、P 和 F，即埃克曼平衡型；

（2）如果 $(U\beta)^{-1/2} < (\beta y)^{-1}$ 且 $(U\beta)^{-1/2} < \omega^{-1}$，则主导项是 A、P 和 F，即所谓的边界层平流型或漂移型；

（3）如果 $\omega^{-1} < (\beta y)^{-1}$ 且 $(U\beta)^{-1/2} > \omega^{-1}$，则主导项是 T、P 和 F，即斯托克斯型。

图 5.33 是在 $\omega - f$ 空间中上述 3 种情况的示意图。人们通常想知道在大尺度热带边界层给定的子区域中，上述 3 种情况中哪种是最适合的。当然，也存在广阔的过渡区域，在这些过渡区域，人们期望同时看到上述两种情况的叠加影响。中纬度地区的边界层（最低的几千米）通常处于埃克曼平衡状态。在北半球，埃克曼层的风一般随高度顺时针旋转；在南半球，埃克曼层的风一般随高度逆时针旋转。

Mahrt 和 Young（1972）对边界层的动力框架进行了一系列有趣的数值试验。这里给定一个气压场，对下列边界层方程组的解进行积分。

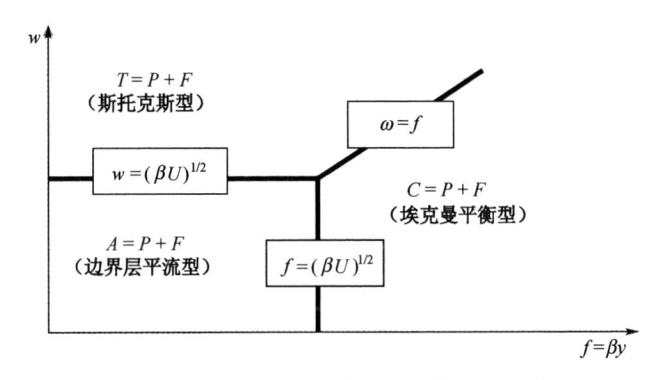

图 5.33 埃克曼平衡型、边界层平流型和斯托克斯型示意图（引自 Mahrt 和 Young，1972）

运动方程为

$$\frac{\partial u}{\partial t}+v\frac{\partial u}{\partial y}+w\frac{\partial u}{\partial z}-fv=-\frac{1}{\rho_0}\frac{\partial p}{\partial x}+K\frac{\partial^2 u}{\partial z^2} \quad (5.50)$$

$$\frac{\partial v}{\partial t}+v\frac{\partial v}{\partial y}+w\frac{\partial v}{\partial z}+fu=-\frac{1}{\rho_0}\frac{\partial p}{\partial y}+K\frac{\partial^2 v}{\partial z^2} \quad (5.51)$$

连续性方程为

$$\frac{\partial v}{\partial y}+\frac{\partial w}{\partial z}=0 \quad (5.52)$$

这些方程描述了经向—垂直剖面的流体运动。给定涡动扩散系数 K，气压场以 $p=ax+by+c$ 的线性形式给出，则上述 3 个方程中包含 3 个未知数，即 u、v 和 w。从一个初始的埃克曼解对上述方程积分，不过这在赤道附近无解析解，必须对赤道两侧的埃克曼解进行线性内插以确定初始风场。经向平面通常从两个半球的中纬度向外延伸。在北部和南部的边界，使用非时变的埃克曼解来确定边界条件。高水平分辨率和垂直分辨率对该数值解很重要，Mahrt 和 Young（1972）在对上述方程组进行积分时，采用了 200 m 的垂直分辨率和 50 km 的水平分辨率。

下面介绍 Krishnamurti 和 Wong（1979）对 Mahrt 和 Young 动力框架的一个特殊应用，即将其作为北半球夏季东非低空急流边界层研究的一部分。在该研究中，规定气压梯度力的经向分布为沿着 60°E，模式范围为 15°N～25°N。图 5.34 为沿 60°E 的经向—垂直剖面的风场，显示了越赤道气流和 12°N 附近的低空急流（索马里急流）。与观测结果相比，模拟风场是合理的。知道了长期稳态运动场，就可以计算运动方程中的各项。

边界层中的力平衡与初始埃克曼层的力平衡（$C \approx P+F$）非常不同，如图 5.34 所示。模拟结果显示了靠近地面的近地层风，这里，力的基本平衡关系是气压梯度力和摩擦力之间的平衡（$P+F \approx 0$），与纬度无关。在近地层之上有一个摩擦层，在那里副热带地区的力的基本平衡关系是埃克曼平衡型。然而，在靠近赤道的地区，边界层是平流型。赤道处，水平平流、气压梯度力和摩擦力平衡；略偏离赤道处，水平平流、科里奥利力、气压梯度力和摩擦力平衡。除了重要的赤道地区，该区域的边界层还有两个值得关注的特征：索马里急流和阿拉伯海北部的 ITCZ。计算结果表明，索马里急流位于该区域向极边缘，此处水平平流不是很重要；ITCZ 则形成于平流型和埃克曼平衡型边界层区域之间，这是由 Mahrt 首次

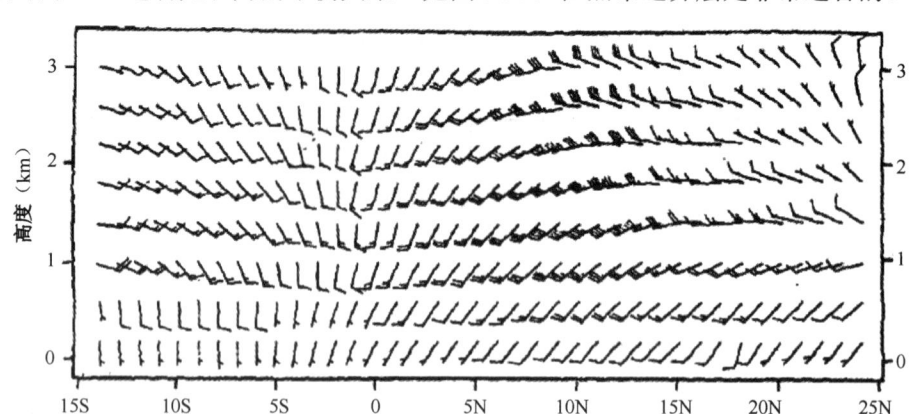

发现的结果。上述研究和力的平衡关系（见图5.35）在热带边界层是非常适合的。

图5.34 模拟经向—垂直剖面上的风场，试验中的扩散系数 K 是高度的函数（引自Krishnamurti和Wong，1979）

不过，上述理论不适合研究时变边界层。给定了气压梯度力，也就限制了热力输入，如海气相互作用、日变化等。这种边界层结构的研究需要不同的方法。

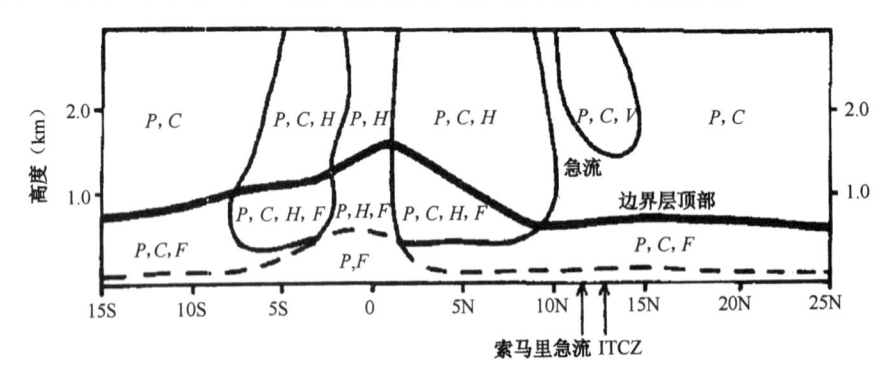

图5.35 由主导力决定的各平衡关系示意，其中，P 表示气压梯度力，C 表示科里奥利力，H 表示水平平流，V 表示垂直平流，F 表示摩擦力，虚线表示近地层顶部（Krishnamurti和Wong，1979）

5.17 索马里急流区域的上升流

索马里急流强大的地面风在未受扰动的天气条件下提供了最强的风应力。地面风应力可以和热带风暴中的一样大，即高达 4~6 N m^{-2}。美国海军于1975年8月11日、12日沿索马里海岸派出一支由4艘船只组成的船队，测量阿拉伯海的次表层海洋温度。图5.36（a）显示了 100 m 深处的次表层海温，可以看到热带地区最冷的次表层海水，海温低至 13 ℃，而该区域的 SST 接近 24 ℃。该区域温跃层非常陡峭，强风应力导致强大的上升流渗透到更深的地方，从而带来更深处的冷水，导致此处近表层的海温在热带地区是最低的。如图5.36（b）所示，索马里海岸的海底非常陡峭，最冷的水位于海表面以下约为3000 m的区域。阿拉伯海内部海域的深度略高于5000 m。

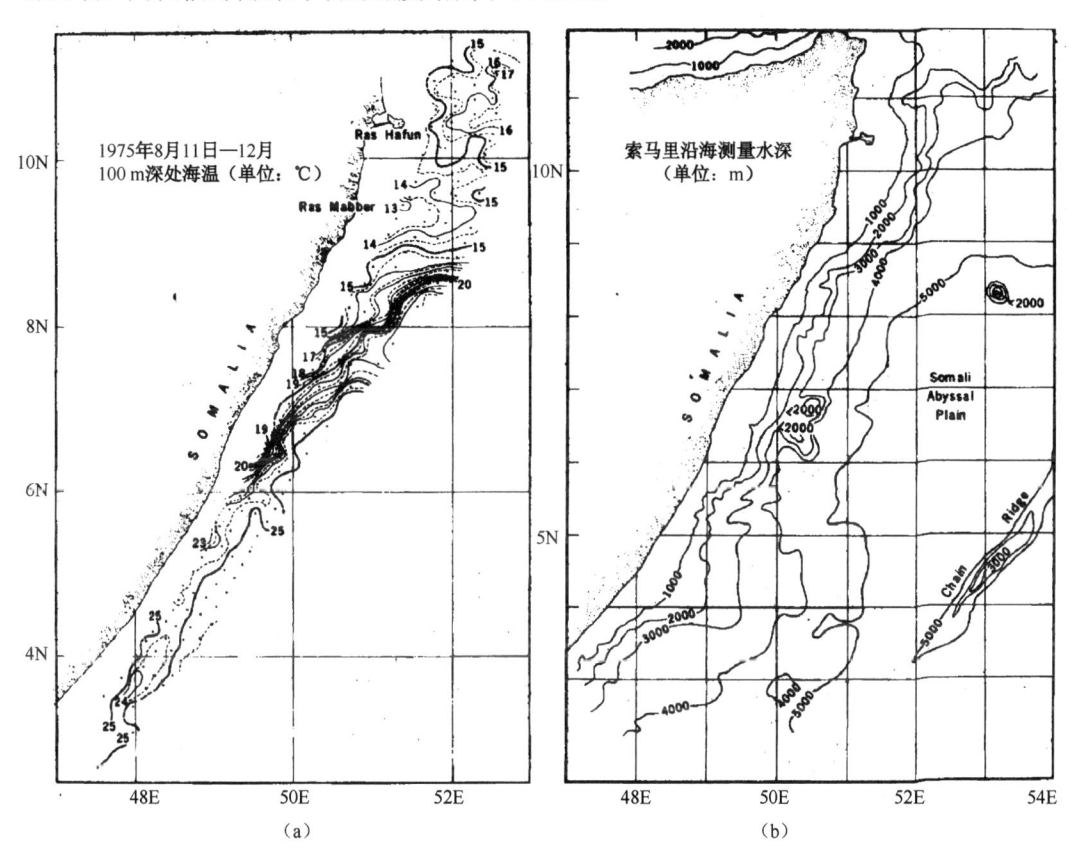

图5.36 （a）1975年夏季风高峰期索马里急流区域海表面以下100 m深处的温度（单位：℃）；（b）索马里海岸外的海底地形（单位：m）（引自Bruce，1973）

原著参考文献

Ananthakrishnan R, Soman M K. The onset of the southwest monsoon over Kerala: 1901–1980. J. Climatol., 1988, 8: 283-296.

Bruce, J G. Large-scale variations of the Somali current during the southwest monsoon, 1970. Deep-Sea Res., 1973, 20: 837-846.

Chang C P, Harr P A, McBride J, et al. The maritime continent monsoon. In: Chang, C P (ed.) East Asian Monsoon, 107-150. World Scientific, Hackensack, 2004.

Chang C P. The maritime continent monsoon. The global monsoon system: Research and forecast. WMO/TD Rep.1266, 2005, 156-178.

Düing W, Leetmaa A. Arabian sea cooling: A preliminary heat budget. J. Phys. Oceanogr., 1980,

10: 307-312.

Findlater J. A major low-level air current near the Indian Ocean during the northern summer. Quart. J. Roy. Soc., 1969, 95: 362-380.

Findlater J. Mean monthly airflow at low levels over the western Indian Ocean. Geophys. Memo., 1971, 16: 1-53.

Gadgil S, Joseph P V. On breaks of the Indian monsoon. Proc. Indian Acad. Sci. Earth Planet. Sci., 2003, 112: 529-558.

Janowiak J E, Xie P. A global-scale examination of monsoon-related precipitation. J. Climate, 2003, 16: 4121-4133.

Krishnamurti T N. Compendium of Meteorology for Use by Class Ⅰ and Class Ⅱ Meteorological Personnel. Volume II, Part 4-Tropical Meteorology. Aksel Wiin-Nielsen, World Meteoro logical Organization - WMO (WMO-No. 364), 1979.

Krishnamurti T N. Summer monsoon experiment: A review. Mon. Wea. Rev., 1985, 113: 1590-1626.

Krishnamurti T N, Ramanathan Y. Sensitivity of the monsoon onset to differential heating. J. Atmos. Sci., 1982, 39: 1290-1306.

Krishnamurti T N, Thomas A, Simon A, et al. Desert air incursions, an overlooked aspect, for the dry spells of the Indian summer monsoon. J. Atmos. Sci., 2010, 67: 3423-3441.

Krishnamurti T N, Wong V. Compendium of meteorology-for use by class Ⅰ and Ⅱ Meteorological Personnel: Volume II, part 4 - Tropical meteorology T.N. Krishnamurti; Aksel WiinNielsen, World Meteorological Organization-WMO, (WMO No. 364). A planetary boundary layer model for the Somali Jet. J. Atmos. Sci., 1979, 36: 1895-1907.

Krishnamurti T N, Ardanuy P, Ramanathan Y, et al. The onset-vortex of the summer monsoon. Mon. Wea. Rev., 1981, 109: 344-363.

Krishnamurti T N, Simon A, Thomas A, et al. Modeling of forecast sensitivity on the March of monsoon isochrones from Kerala to New Delhi: The first 25 days. J. Atmos. Sci., 2012, 69: 2465-248.

Krishnan R, Zhang C, Sugi M. Dynamics of breaks in the Indian summer monsoon. J. Atmos. Sci., 2000, 57: 1354-1372.

Mahrt L J, Young J A. Some basic theoretical concepts of boundary layer flow at low latitudes. Dynamics of Tropical Atmosphere, 1972, 411-420.

Pisharoty P R. Evaporation from the Arabian Sea and the Indian Southwest monsoon. Proc. Int. Indian Ocean Expedition, 1965: 43-54.

Raj Y E A. Objective determination of northeast monsoon onset dates over coastal Tamil Nadu for the period 1901-90. Mausam, 1992, 43: 273-282.

Ramage C S. Monsoon Meteorology. International geophysical series, vol. 15. Academic, New York, 1971: 296.

Ramamurthy K. Monsoons of India, some aspects of the 'Break in the Indian Southwest Monsoon during July and August'. Forecasting Manual No.IV-18.3, India Meteorological Department, Pune, 1969, 1-57.

Tanaka M. The onset and retreat dates of the austral summer monsoon over Indonesia, Australia and New Guinea. J. Met. Soc. Japan, 1994, 72: 255-267.

Yanai M, Tomita T. Seasonal and interannual variability of atmospheric heat sources and moisture sinks as determined from NCEP-NCAR reanalysis. J. Climate, 1998, 11: 463-482.

Yanai M, Li C, Song Z. Seasonal heating of the Tibetan Plateau and its effects on the evolution of the Asian summer monsoon. J. Meteor. Soc. Japan, 1992, 70: 319-351.

第 6 章

热带波动和热带低压

6.1 引言

热带波动通常被称为热带波、东风波、非洲波等，是热带东风带中向西传播的扰动，其相速为 $5°\sim7°\ day^{-1}$（经度），在移动过程中有时伴有云、降水及气压的变化。热带波动很难通过天气图被清晰地表现出来，特别是在西太平洋和南半球，但热带波动可以在卫星云图中被识别出来。不过，从卫星云图上显示的云量来看，位于波动传播路径上的岛屿的降水量并不总是与波的强度成正比。这是因为与波动相关的云和天气往往变化迅速，而降水系统往往被组织化成中尺度系统，并从岛屿上气象站的上空移过，当然有时也可能不是直接从岛屿上空移过。从非洲海岸向东大西洋移动的热带波动通常很少触发对流，这是由于相对较低的海水温度，以及自撒哈拉沙漠流向该热带波动以北地区的干空气。Frank（1968）指出，在卫星云图上可以沿着"倒 V"形状云的分布对这类热带波动进行追踪，这种"倒 V"形状云的分布表明风场扰动的涡度极值较小。

约 60% 的热带气旋生成于热带波动，美国国家飓风中心（NHC）追踪了热带波动并撰写了大西洋地区热带波动发生情况的年报。许多 3 级、4 级和 5 级飓风都是由热带波动发展形成的。大西洋海盆大部分的降水都是由热带波动产生的。冬季也可以在大西洋看到热带波动，但与夏季相比热带波动主要出现在纬度较低的地区，其在南美洲北部产生了大量的冬季降水。

图 6.1 显示了加勒比地区典型热带波动的经向—垂直剖面图。波轴前方为东北风，低空辐散，有下沉运动且云量减少。波轴后方为东南风，低空辐合，有上升运动且对流增强。波轴向东倾斜，最明显的风向转换出现在 10000 英尺（700 hPa）左右。如图 6.1 所示的示意图对应一个强烈的波动。然而，在通常情况下波动是很弱的，难以确定风向。观察地面气压 24 小时的变化是有帮助的，因为有一对与波动相联系的气压变化对，即波轴前方气压下降，波轴后方气压上升。但尚未发展成热带气旋的波动经过一个给定的位置时，可能产生高达 5 英寸（约 127 mm）的降水量，也可能几乎没有降水。因此，即使它们没有得到进一步的发展，也难以预测。

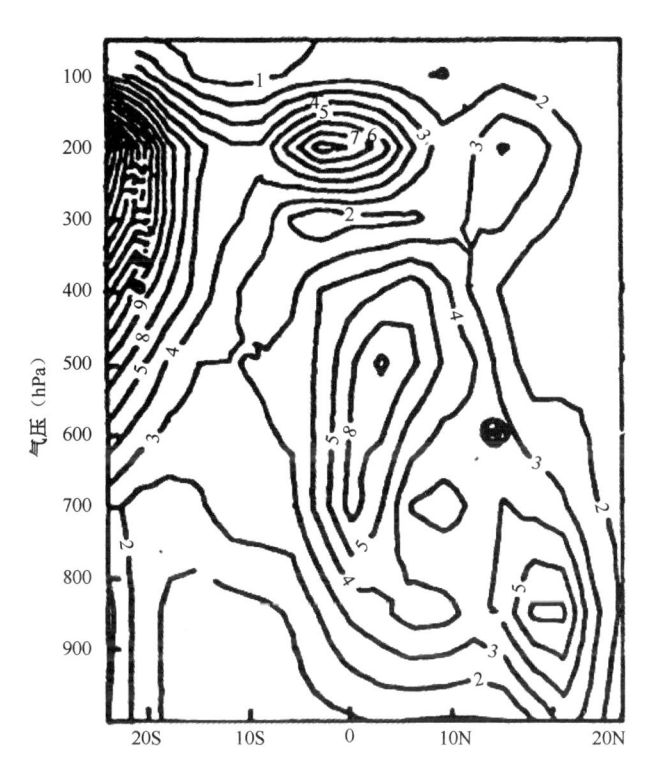

图 6.1 1985 年 8—9 月 3～5 天周期波动的经向风方差（单位：$m^2 s^{-2}$）沿 9°W 的经向—垂直剖面图（带圆圈的加号表示非洲东风急流的平均位置；引自 Reed 等，1988）

热带波的活动和发展受环境的强烈影响。广泛的研究表明，1995 年是大西洋飓风季极为活跃的年份，活跃年份的热带波实际上与不太活跃年份的热带波并无显著的差异，但由于该年份有非常有利的大尺度环境，因此较高比例的热带波发展成为热带气旋。

如果波动处于西风切变中，则对流将在波轴的东部爆发，这种情况在大西洋中很典型。如果切变较小，以东太平洋为例，高空将出现墨西哥反气旋，波轴附近将出现对流。最后，如果西非上空出现东风切变，则对流将在波轴西侧爆发。

（1）在大西洋，可以使用下列方法对热带波从非洲出发、经佛得角群岛、到加勒比海，然后进入东太平洋的过程进行追踪：非洲、佛得角群岛和加勒比海气象站的时间剖面，重点关注高空风向变化和 1000 hPa 高度 24 小时变化。

（2）根据上述关于垂直切变与热带波相互作用的原则（例如，对于西风切变，波轴将位于观测云量的西侧），利用卫星云图结合云的分布确定波轴。

在试图追踪热带波时，必须遵守如下注意事项。在通常情况下，人们不会看到给定波动的所有经典特征，即风向旋转、气压变化及与波轴存在一定关系的对流。人们不应根据与高层特征相关的对流爆发错误定位热带波的波轴位置，也不应仅因为在卫星云图中看不到对流而漏判了波动的存在，因为对流不是波动存在的唯一指标。人们也要避免根据与中美洲地形相关的对流错误地定位热带波的波轴位置。

基于上述考虑，热带波可以从非洲一直被追踪至东太平洋。东太平洋的大部分飓风是由大西洋的扰动发展而来的，这是因为这些扰动到达东太平洋就进入了一个有利的发展环境，其特点是地面气压相对较低，而且存在与墨西哥反气旋相关的高层辐散。

非洲东风波（AEWs）的特征尺度为 1500～4000 km，其中，2500 km 是最常用的特征尺度。波周期从 2.5 天到 5.5 天不等，大多数研究报告认为波周期为 3～5 天。波动以每天大约 8 m s^{-1} 或者 5～7 个经度的速度向西移动，从非洲西海岸的任意位置移动到 32°E。大多数研究报告指出，波动的源地位于 15°E～30°E。研究表明，非洲波的振幅在 10°E～20°W 范围内的某处达到峰值，特别是在 5°W～20°W 或者靠近西非海岸的地方非洲波发展最旺盛。

波的振幅和结构在垂直方向上如何变化，尚存很大争议。Burpee（1972）指出，经向风波谱在 700 hPa 附近达到 1～2 m s^{-1} 的最大振幅。一些研究指出，700 hPa 以下的对流层低层存在两个波活动区域（850 hPa 和 2000 英尺或者地表，视研究情况而定）。与此对应的一个区域位于 20°N（与北非季风槽的地面位置一致），另一个区域位于 10°N 附近赤道雨带以南（Carlson，1969；Burpee，1974；Reed et al.，1977；Ross，1985；Reed et al.，1988b；Duvel，1990；Thorncroft，1995；Pytharoulis and Thorncroft，1999；Thorncroft and Hodges，2001）。

Pytharoulis 和 Thorncroft（1999）指出，应更多地注意沿着北侧路径活动的波动，以及沿着这两条路径活动的扰动之间的关系。他们列举了一个需要更加关注急流以北的波动的低空结构的原因，指出其中一些扰动在海洋上空移动，可能与热带气旋的形成有关。

Thorncroft 和 Hodges（2001）基于 20 年的观测数据研究发现，10°N～15°N 西非海岸附近 850 hPa 波动活动的频率与大西洋热带气旋的频率之间存在显著正相关。热带气旋的频率可能不随进入大西洋的 AEWs 的总数而变化，但随具有显著低层振幅的 AEWs 的数量而变化。显然，研究 AEWs 的低层结构和活动对于我们了解非洲和大西洋海域的热带气象学具有相当重要的意义。

6.2 正压不稳定

6.2.1 正压不稳定存在的必要条件

考虑一个由纬向基本气流叠加扰动的风场，即

$$u = U(y) + u', \quad v = v' \tag{6.1}$$

流函数 ψ 定义为

$$u = -\frac{\partial \psi}{\partial y}, \quad v = \frac{\partial \psi}{\partial x} \tag{6.2}$$

基流的流函数由 $\overline{\psi}(y)$ 给出，因此 $-\frac{\partial \overline{\psi}}{\partial y} = U$。扰动流函数 ψ' 的定义为

$$u' = -\frac{\partial \psi'}{\partial y}, \quad v' = \frac{\partial \psi'}{\partial x} \tag{6.3}$$

β 平面上流场的正压涡度方程为

$$\frac{\partial}{\partial t}\nabla^2 \psi = -J(\psi, \nabla^2 \psi) - \beta \frac{\partial \psi}{\partial x} \tag{6.4}$$

对上述流场进行线性化，得

$$\frac{\partial}{\partial t}\nabla^2 \psi' = -U \frac{\partial}{\partial x}\nabla^2 \psi' - \left(\beta - \frac{\partial^2 U}{\partial y^2}\right)\frac{\partial \psi'}{\partial x} \tag{6.5}$$

扰动流函数可以表示为

$$\psi' = \psi(y)e^{i\mu(x-ct)} \tag{6.6}$$

式中，c 是复相速度，μ 是波数。将式（6.6）代入式（6.5），可得

$$(U-c)\left(\frac{d^2\psi}{dy^2} - \mu^2 \psi\right) - \left(\frac{d^2 U}{dy^2}\right)\psi = 0 \tag{6.7}$$

假设有一个中心位于 $y=0$、刚性边界位于 $y=\pm D$ 的有限宽度的流场，刚性边界的假设使在这些边界处的法向速度为 0，即

$$v(x, \pm D, t) = v'(x, \pm D, t) = \frac{\partial}{\partial x}\psi(\pm D)e^{i\mu(x-ct)} = i\mu\psi(\pm D)e^{i\mu(x-ct)} = 0 \tag{6.8}$$

由此可以推断

$$\psi(\pm D) = 0 \tag{6.9}$$

相速度和振幅函数 $\psi(y)$ 均为复数。设 ψ^* 为 ψ 的复共轭，将式（6.7）乘以 ψ^*，得到

$$(U-c)\left(\psi^* \frac{d^2\psi}{dy^2} - \mu^2 \psi^*\psi\right) - \left(\frac{d^2 U}{dy^2} - \beta\right)\psi^*\psi = 0 \tag{6.10}$$

因为 $\psi^*\psi = |\psi|^2$，$\psi^* \frac{d^2\psi}{dy^2} = \frac{d}{dy}\left(\psi^* \frac{d\psi}{dy}\right) - \frac{d\psi^*}{dy}\frac{d\psi}{dy}$，$\frac{d\psi^*}{dy}\frac{d\psi}{dy} = \left|\frac{d\psi}{dy}\right|^2$，除以 $(U-c)$ 之后，式（6.7）变为

$$\frac{d}{dy}\left(\psi^* \frac{d\psi}{dy}\right) - \left|\frac{d\psi}{dy}\right|^2 - \mu^2 |\psi|^2 - \left(\frac{d^2 U}{dy^2} - \beta\right)\frac{|\psi|^2}{(U-c)} = 0 \tag{6.11}$$

将式（6.10）从 $-D$ 到 D 积分，得到

$$\int_{-D}^{D}\left[\frac{d}{dy}(\psi^* \frac{d\psi}{dy}) - \left|\frac{d\psi}{dy}\right|^2 - \mu^2 |\psi|^2\right]dy = \int_{-D}^{D}\left(\frac{d^2 U}{dy^2} - \beta\right)\frac{|\psi|^2}{(U-c)}dy \tag{6.12}$$

既然 ψ 在 $y=\pm D$ 处为 0，则它的实部和虚部都应该在 $y=\pm D$ 处为 0，因此 ψ^* 也会在 $y=\pm D$ 处为 0，即式（6.12）的第一项为零。将式（6.12）乘以 $(U-c)$ 的复共轭，可以得到

$$\int_{-D}^{D}\left[-\left|\frac{d\psi}{dy}\right|^2 - \mu^2 |\psi|^2\right]dy = \int_{-D}^{D}\left(\frac{d^2 U}{dy^2} - \beta\right)\frac{|\psi|^2}{|(U-c)|^2}(U-c)^* dy \tag{6.13}$$

复相速度可以写成实部和虚部之和，即 $c = c_r + ic_i$，因此有

$$(U-c)^* = (U-c_r + \mathrm{i}c_\mathrm{i}) \tag{6.14}$$

则式（6.13）既有实部又有虚部。用式（6.15）表示式（6.13）的虚部，即

$$c_\mathrm{i} \int_{-D}^{D} \left(\frac{\mathrm{d}^2 U}{\mathrm{d}y^2} - \beta \right) \frac{|\psi|^2}{|U-c|^2} \mathrm{d}y = 0 \tag{6.15}$$

对于发展的波动，复相速度必须具有非零虚部，即 $c_\mathrm{i} \neq 0$。在这种情况下，满足式（6.15）的唯一方法是积分为 0。上述积分在 $\left(\frac{\mathrm{d}^2 U}{\mathrm{d}y^2} - \beta \right)$ 在 $y = \pm D$ 区间内至少改变一次符号的情况下才可能为 0，因此正压不稳定的必要条件是

$$\left. \left(\frac{\mathrm{d}^2 U}{\mathrm{d}y^2} - \beta \right) \right|_{y=y_k} = 0, \quad y_k \in (-D, D) \tag{6.16}$$

相当于说，为了使纬向正压气流中的扰动增长，需要满足的必要条件为

$$\frac{\mathrm{d}}{\mathrm{d}y} \left(-\frac{\mathrm{d}U}{\mathrm{d}y} + f \right) = \frac{\mathrm{d}\zeta_a}{\mathrm{d}y} = 0, \quad y_k \in (-D, D) \tag{6.17}$$

换句话说，气流的绝对涡度必须在基本气流的某个位置出现最小值或最大值。

6.2.2 研究热带正压不稳定的有限差分方法

振幅未知的扰动流函数的二阶微分方程式（6.7）可用于确定纬向基流中增长最快扰动的尺度。下面介绍一种获得该问题数值解的有限差分方法。

考虑一个覆盖 $y = \pm D$ 南北方向的区域，网格距为 Δy。设 j 为纬度方向上的网格点数的下标，取值范围为 $j = 1, 2, \cdots, J-1, J$，对应于 $y = -D, -D+\Delta y, \cdots, D-\Delta y, D$。从式（6.9）可知，该问题的边界条件是 $\psi(\pm D) = 0$，或者就下标 j 而言，$\psi_1 = \psi_J = 0$。对于区域内的任何点 j，ψ 的二阶导数可以使用如下有限差分来近似，即

$$\left. \frac{\mathrm{d}^2 \psi}{\mathrm{d}y^2} \right|_j \approx \frac{\psi_{j+1} + \psi_{j-1} - 2\psi_j}{\Delta y^2} \tag{6.18}$$

基于如上假设，式（6.7）可以用有限差分形式表示为

$$(U_j - c) \frac{\psi_{j+1} + \psi_{j-1} - 2\psi_j}{\Delta y^2} - \mu^2 \psi_j - \left(\frac{U_{j+1} + U_{j-1} - 2U_j}{\Delta y^2} - \beta \right) \psi_j = 0 \tag{6.19}$$

复相速度 c 和复振幅函数 ψ 在这一阶段都是未知的。为了确定扰动是增长的还是衰减的，我们需要确定复相速度是否存在非零的虚部。复相速度的虚部为正表明扰动将增长，而虚部为负表明扰动将指数衰减。为了得到一个解，需要收集考察范围内所有包含 ψ 的项，并应用边界条件 $\psi_1 = \psi_J = 0$，于是可得列向量 (ψ_j) 的矩阵方程组为

$$(\boldsymbol{B} - c\boldsymbol{D}) \begin{pmatrix} \psi_2 \\ \psi_3 \\ \vdots \\ \psi_{J-2} \\ \psi_{J-1} \end{pmatrix} = 0 \tag{6.20}$$

式中，B 和 D 是已知的矩阵，均为 U、μ、β 和 Δy 的函数。我们寻求扰动振幅的非零解，即式（6.20）的非平凡解，由此可以推导得知

$$|\boldsymbol{B} - c\boldsymbol{D}| = 0 \qquad (6.21)$$

求解式（6.21）得到复相速度 c 的复特征值。在特征值已知的情况下，就可以计算得出相应的特征向量。对于给定的波数 μ，当特征值的虚部为最大的正数时，对应于增长最快的扰动。为了确定最大增长率的尺度，需要计算 μ 的取值围内 c 的复特征值。增长率 μc_i 决定了最大扰动振幅对应的尺度。因此，我们可以绘制水平切变 dU/dy 随尺度 μ 变化的稳定性图，还可以通过将 μ 和 c 代入式（6.6）获得最大增长率及对应的特征向量来构造最不稳定波的特征结构。

6.3 正压—斜压联合不稳定

6.3.1 正压—斜压联合不稳定存在的必要条件

这里将不再详细推导正压—斜压联合不稳定的条件，其通常由推导一个线性化的准地转方程组实现。单纯的正压不稳定存在的必要条件是绝对涡度守恒，而正压—斜压联合不稳定的研究是在位涡守恒的框架下进行的。这里假定一个基本的纬向流 $U(y,p)$，并引入关于该基本纬向流的扰动。准地转位涡度 ζ_p 定义为

$$\zeta_p = \nabla^2 \psi + f + \frac{\partial}{\partial p}\left(\frac{f_0^2}{\sigma}\frac{\partial \psi}{\partial p}\right)$$

式中，f_0 为科里奥利参数 f 的平均值，ψ 为流函数，σ 为干静力稳定参数。

正压—斜压联合不稳定存在的必要条件是

$$\frac{\partial \zeta_p}{\partial y} = \left(\beta - \frac{\partial^2 U}{\partial y^2}\right) - \frac{\partial}{\partial p}\left(\frac{f_0^2}{\sigma}\frac{\partial U}{\partial p}\right)$$

必须在选取范围内的某点改变符号，即给定基本气流 $U(y,p)$，位涡的南北梯度在该区间内必须为 0，以满足上述必要条件。$\left(\beta - \frac{\partial^2 U}{\partial y^2}\right)$ 代表了正压的贡献，$-\frac{\partial}{\partial p}\left(\frac{f_0^2}{\sigma}\frac{\partial U}{\partial p}\right)$ 代表了斜压的贡献，其中，水平温度梯度及由此产生的与热成风有关的垂直风切变 $\frac{\partial U}{\partial p}$ 的取值太小不足以满足斜压不稳定条件。即使在靠近撒哈拉沙漠的非洲地区，近地面空气的南北温度梯度约为 1 K/100 km，也不存在自由的斜压模态。然而，正压模态可以迫使斜压模态出现在热带上空。因此，我们经常看到 $\frac{\partial \zeta_p}{\partial y}$ 主要因为正压项而非斜压项改变符号。但在西非等热带波动增长的许多地区，经常可以看到正压和斜压的组合项导致 $\frac{\partial \zeta_p}{\partial y}$ 的符号改变。

澳大利亚西北部上空的低层东风急流也满足同样的条件。

表6.1和表6.2分别给出了Burpee（1972）提及的西非上空和Krishnamurti在未发表工作中提及的澳大利亚西北部上空平均位涡水平梯度的各项估计值。表6.1共5列，分别给出了水平风切变、β项、两个表示垂直风切变影响的项及上述所有这些项的总和。表6.1中的每一行表示不同纬度的估计值。前两项之和表示正压效应，前两项之和（随着纬度变化）的符号变化反映了这组数据满足正压不稳定存在的必要条件。这里所讨论的两个低空急流亦满足上述条件。所有项总和的符号随着纬度变化，从而满足了正压—斜压联合不稳定的存在条件。问题自然而然地出现了——如果一组数据满足不稳定存在的必要条件，那么意味着什么？

我们的解释是，在低空急流的气旋性切变一侧向西传播的波动扰动可以从基本气流（低空急流）的水平切变和垂直切变中同时获得能量。

表6.1 平均位涡水平梯度的各项估计值（单位：10^{-11} m^{-1} s^{-1}），其中，各项的估计值是沿5°E西非上空700 hPa的北半球夏季月平均值（引自Burpee，1972）

纬 度	$-\dfrac{\partial^2 U}{\partial y^2}$	β	$-f_0^2\left(\dfrac{\partial}{\partial p}\dfrac{1}{\sigma}\right)\dfrac{\partial U}{\partial p}$	$-\dfrac{f_0^2}{\sigma}\dfrac{\partial^2 U}{\partial p^2}$	$\dfrac{\partial \zeta_p}{\partial y}$
5.0°N	4.8	2.2	−0.2	−2.0	4.8
7.5°N	6.4	2.2	−0.2	−2.0	6.4
10.0°N	−1.2	2.2	−0.3	−4.0	−3.3
12.5°N	−5.2	2.2	−0.4	−8.0	−11.4
15.0°N	−4.0	2.2	−0.3	−4.0	−6.0
17.5°N	0.0	2.2	−0.4	−2.0	−0.2
20.0°N	0.6	2.2	−0.2	−2.0	0.6
22.5°N	2.8	2.2	−0.1	0.0	4.9
25.0°N	0.0	2.2	0.0	−2.0	2.2

表6.2 平均位涡水平梯度的各项估计值（单位：10^{-11} m^{-1} s^{-1}），其中，各项的估计值是沿125°E澳大利亚西北部上空700 hPa南半球夏季的月平均值（基于Krishnamurti未发表的工作）

纬 度	$-\dfrac{\partial^2 U}{\partial y^2}$	β	$-f_0^2\left(\dfrac{\partial}{\partial p}\dfrac{1}{\sigma}\right)\dfrac{\partial U}{\partial p}$	$-\dfrac{f_0^2}{\sigma}\dfrac{\partial^2 U}{\partial p^2}$	$\dfrac{\partial \zeta_p}{\partial y}$
5.0°S	−0.3	2.2	4.6	2.5	9.0
7.5°S	−0.0	2.2	5.9	1.4	9.5
10.0°S	0.3	2.2	−1.9	1.5	2.1
12.5°S	3.5	2.2	−0.1	1.0	6.6
15.0°S	−0.2	2.2	−0.4	−1.8	−0.2
17.5°S	−5.8	2.2	0.3	−2.7	−6.0
20.0°S	−0.8	2.2	−0.2	−5.2	−4.0
22.5°S	2.9	2.2	−0.1	−5.3	−0.3
25.0°S	0.8	2.2	0.2	−5.4	−2.2

为了进一步确认这种能量交换是否确实发生在波动扰动维持过程中,还需要进一步进行诊断和预报研究。Reed 等（1977）、Norquist 等（1977）、Krishnamurti 等（1979a）就西非上空的波动活动开展了类似研究。这些研究基本上证实了斜压和正压能量交换对维持波动扰动的重要性。

此外,认识这两种波动扰动之间的另一个相似点很重要。大多数大西洋飓风都是由非洲波形成的。与此类似,南印度洋的大量热带风暴是由向西传播的波动扰动形成的,这些波动扰动起源于澳大利亚北部、印度尼西亚和马来西亚南部的广大地区。

6.3.2 正压—斜压联合不稳定问题的初值方法

本节讨论了处理包括积云对流影响在内的正压—斜压联合不稳定问题的初值方法。对于这样一个组合问题,必须使用初值方法,因为在波动增长方程中这些影响是不可分割的,所以不能使用传统的线性不稳定方法。根据 Rennick（1976）的要求,初值方法应包括以下步骤。

首先,因为讨论的问题在空间上是三维的,所以需要包含 5 个未知数的 5 个方程（2 个水平运动方程、1 个热力学方程、1 个静力平衡方程和 1 个连续性方程）构成的方程组。假设运动是静力平衡的,且包含热源 Q。

然后,将该方程组基于经向—垂直剖面上的时间平均基本纬向流 $\bar{u}(y,p)$ 线性化,其中,"-"表示在小扰动的波长和生命周期相当的尺度上取时空平均。该纬向流旨在代表非洲东风急流（AEJ）。基本态还包括同一经向—垂直剖面上的温度场 $\bar{T}(y,p)$,这种基本态的温度场与其纬向风通过热成风联系起来。基本态没有任何经向风（$\bar{v}(y,p)=0$）,也不存在任何垂直运动（$\bar{\omega}(y,p)=0$）,得到的线性化方程可用下述低阶谱模型求解。对于每个指定的纬向波数 k,均可得到该系统的解。每个由正压、斜压和对流过程产生的涡动能增长,均进行了估计。

下文给出了实施正压—斜压联合不稳定问题的初值方法的具体步骤。

动量方程、热力学方程、静力平衡方程和连续性方程的线性化方程组可以表示为

$$\frac{\partial u'}{\partial t}+\bar{u}\frac{\partial u'}{\partial x}+\frac{\partial \bar{u}}{\partial y}v'+\frac{\partial \bar{u}}{\partial p}\omega'-fv'+\frac{\partial \phi'}{\partial x}=0 \tag{6.22}$$

$$\frac{\partial v'}{\partial t}+\bar{u}\frac{\partial v'}{\partial x}+fv'+\frac{\partial \phi'}{\partial y}=0 \tag{6.23}$$

$$\frac{\partial T'}{\partial t}+u'\frac{\partial T'}{\partial x}+\frac{\partial T'}{\partial y}v'+\sigma\omega'=0 \tag{6.24}$$

$$\frac{\partial \phi'}{\partial p}+\frac{RT'}{p}=0 \tag{6.25}$$

$$\frac{\partial u'}{\partial x} + \frac{\partial v'}{\partial y} + \frac{\partial \omega'}{\partial p} = 0 \tag{6.26}$$

式中的符号与通常的定义一致。Q' 表示非绝热加热，$\sigma = -\frac{\overline{T}}{\overline{\theta}} \frac{\partial \overline{\theta}}{\partial p}$ 表示干静力稳定性，"'"表示平均状态的扰动。

Rennick 使用的非绝热加热是一种非常简单的积云参数化方案。它简单地用关系式 $Q' = \begin{cases} -a\omega_B & \omega_B < 0 \\ 0 & \omega_B \geq 0 \end{cases}$ 来表示，其中，a 为常数，ω_B 为边界层顶部（约 900 hPa 高度）的垂直速度。如果垂直速度向上（$\omega_B < 0$），则存在对流加热；否则，加热设置为零。这种条件加热通常用于线性动力学问题。

假定任何时候均满足 Dine 补偿原理，不妨设

$$\frac{\partial}{\partial t}\left(\int_{p_{00}}^{0} \frac{\partial \omega'}{\partial p} \mathrm{d}p\right) = 0 \tag{6.27}$$

联立动量方程和连续性方程，式（6.27）变成

$$\left(\frac{\partial^2}{\partial x^2} + \frac{\partial^2}{\partial y^2}\right)\int_{p_{00}}^{0} \phi' \mathrm{d}p = \int_{p_{00}}^{0}\left(\frac{\partial \eta'}{\partial x} + \frac{\partial \xi'}{\partial y}\right)\mathrm{d}p \tag{6.28}$$

式中，$\eta' = \frac{\partial u'}{\partial t} + \frac{\partial \phi'}{\partial x}$，$\xi' = \frac{\partial v'}{\partial t} + \frac{\partial \phi'}{\partial y}$。式（6.28）可使用静力平衡议程式（6.25）进行转换，从而得到

$$\left(\frac{\partial^2}{\partial x^2} + \frac{\partial^2}{\partial y^2}\right)\phi'(p_{00}) = -\frac{1}{p_{00}}\int_{p_{00}}^{0}\left[\frac{\partial \eta'}{\partial x} + \frac{\partial \xi'}{\partial y} + \left(\frac{\partial^2}{\partial x^2} + \frac{\partial^2}{\partial y^2}\right)R\int_{p_{00}}^{0}\frac{T'}{p^*}\mathrm{d}p^*\right]\mathrm{d}p \tag{6.29}$$

式（6.29）是一个椭圆型方程，其解提供了下边界条件 $\phi'(p_{00})$。原则上，该解包括了动量方程式（6.22）、式（6.23），以及热力学方程式（6.24）的时间演变，从而获得 u'、v' 和 T' 未来的值。式（6.29）是一个泊松方程，它确定了下边界处的 ϕ'。静力平衡方程式（6.25）提供了 ϕ' 在其他高度的值，最后垂直速度由如式（6.26）所示的连续性方程导出。

为了解决初值问题，Rennick（1976）给出了如下形式的解：

$$F(x,y,p,t) = F_1(y,p,t)\sin(kx) + F_2(y,p,t)\cos(kx) \tag{6.30}$$

式中，F 是任何因变量 u、v、ω、T 或 ϕ。式（6.30）描述了波数为 k 的单波。此处的想法是一次取一个波，并研究它的增长过程。这个增长中的波动波数为 k，对应的波长 $L = 2\pi/k$。用式（6.30）表示的 u、v、ω、T 和 ϕ 代入式（6.22）～式（6.26），将得到的 5 个方程乘以 $\sin(kx)$ 或 $\cos(kx)$，并沿扰动的波长 L 积分。沿 x 方向在波长 L 上的积分是傅里叶变换的一种实现方法，从中我们可以获得每个方程的傅里叶变换结果。在这个过程中，沿 x 的三角依赖性将从方程组中消失。这是因为 $\sin(kx)$、$\cos(kx)$ 和 $\sin(kx)\cos(kx)$ 在 $0\sim 2\pi$ 内的积分为 0，而 $\sin^2(kx)$ 和 $\cos^2(kx)$ 在 $0\sim 2\pi$ 内的积分不为 0。

这将得到如下 10 个方程用于表示模型的谱方程。注意，现在的方程数量为前文所述方程数量的两倍，其中，一半用于正弦部分，一半用于余弦部分。

$$\frac{\partial u_1}{\partial t} - k\bar{u}u_2 + \frac{\partial \bar{u}}{\partial y}v_1 + \frac{\partial \bar{u}}{\partial p}\omega_1 - fv_1 - k\phi_2 = 0 \tag{6.31}$$

$$\frac{\partial u_2}{\partial t} + k\bar{u}u_1 + \frac{\partial \bar{u}}{\partial y}v_2 + \frac{\partial \bar{u}}{\partial p}\omega_2 - fv_2 + k\phi_1 = 0 \tag{6.32}$$

$$\frac{\partial v_1}{\partial t} - k\bar{u}v_2 + fu_1 + \frac{\partial \phi_1}{\partial y} = 0 \tag{6.33}$$

$$\frac{\partial v_2}{\partial t} + k\bar{u}v_1 + fu_2 + \frac{\partial \phi_2}{\partial y} = 0 \tag{6.34}$$

$$\frac{\partial T_1}{\partial t} - k\bar{u}T_2 + \frac{\partial \bar{T}}{\partial y}v_1 + \sigma\omega_1 = Q_1 \tag{6.35}$$

$$\frac{\partial T_2}{\partial t} + k\bar{u}T_1 + \frac{\partial \bar{T}}{\partial y}v_2 + \sigma\omega_2 = Q_2 \tag{6.36}$$

$$\frac{\partial \phi_1}{\partial p} + \frac{RT_1}{p} = 0 \tag{6.37}$$

$$\frac{\partial \phi_2}{\partial p} + \frac{RT_2}{p} = 0 \tag{6.38}$$

$$-ku_2 + \frac{\partial v_1}{\partial y} + \frac{\partial \omega_1}{\partial p} = 0 \tag{6.39}$$

$$ku_1 + \frac{\partial v_2}{\partial y} + \frac{\partial \omega_2}{\partial p} = 0 \tag{6.40}$$

在边界处求解 ϕ 需要在南、北边界处指定 ϕ_1 和 ϕ_2。它们都被设置为 0，以确保一个封闭的域，即 $v' = 0$。式（6.29）给出的下边界条件也被转化为两个类似的方程，即

$$\left(-k^2 + \frac{\partial^2}{\partial y^2}\right)\phi_1(p_{00}) = -\frac{1}{p_{00}}\int_{p_{00}}^{0}\left[-k\eta_2 + \frac{\partial \xi_1}{\partial y} + \left(-k^2 + \frac{\partial^2}{\partial y^2}\right)R\int_{p_{00}}^{0}\frac{T_1}{p^*}\mathrm{d}p^*\right]\mathrm{d}p \tag{6.41}$$

$$\left(-k^2 + \frac{\partial^2}{\partial y^2}\right)\phi_2(p_{00}) = -\frac{1}{p_{00}}\int_{p_{00}}^{0}\left[k\eta_1 + \frac{\partial \xi_2}{\partial y} + \left(-k^2 + \frac{\partial^2}{\partial y^2}\right)R\int_{p_{00}}^{0}\frac{T_2}{p^*}\mathrm{d}p^*\right]\mathrm{d}p \tag{6.42}$$

式中，$\eta_1 = \frac{\partial u_1}{\partial t} - k\phi_2$，$\eta_2 = \frac{\partial u_2}{\partial t} + k\phi_1$，$\xi_1 = \frac{\partial v_1}{\partial t} + \frac{\partial \phi_1}{\partial y}$，$\xi_2 = \frac{\partial v_2}{\partial t} + \frac{\partial \phi_2}{\partial y}$。在式（6.41）和式（6.42）给定的边界条件下，方程组式（6.31）～式（6.39）的数值解相对简单。Rennick 使用了以下预估—校正方案计算 u、v 和 T 的时间差分（或演变）。

$$F^{(n+1)} = F^n + G^n \Delta t \tag{6.43}$$

$$F^{n+1} = \frac{1}{2}\left(F^{(n+1)} + F^n\right) + G^{(n+1)}\Delta t$$

这是一个两步预估—校正方案。在方案的第 1 步中，F 在 $n+1$ 时步的预估值 $F^{(n+1)}$ 由 F 在时步 n 的值 F^n，以及预报方程右端项时步 n 的值 G^n 进行计算。方案的第 2 步是，利用预估值 $F^{(n+1)}$ 及 F^n 和重新计算的 $G^{(n+1)}$ 计算 F 在 $n+1$ 时步的校正值 F^{n+1}。所有空间差分的计算

均采用中央差分，因此，人们可以在给定的尺度下对这个系统进行积分，并研究波动的增长。

在对这种模型的能量进行考察之后，就可以对正压—斜压联合不稳定问题进行说明。这里的纬向动能可以简单表述为 $\text{ZKE} = \frac{1}{2}\bar{u}^2$，涡流动能由 $\text{EKE} = \frac{1}{2}(u'^2 + v'^2)$ 给出。将纬向动量方程和经向动量方程分别乘以 u' 和 v'，并将这两个方程相加，积分即可得到涡流动能时间变化率方程。同样，涡流有效位能的变化率 EAPE 也可由热力学方程得到。由此可得 EKE 和 EAPE 的方程为

$$\frac{\partial \text{EKE}}{\partial t} = \frac{\Delta p}{g}\left(-\frac{\partial \bar{u}}{\partial y}[u'v'] - \frac{\partial \bar{u}}{\partial p}[u'\omega'] - \frac{R}{p}[T'\omega'] - \frac{\partial}{\partial y}[\phi'v'] - \frac{\partial}{\partial p}[\phi'\omega']\right) \quad (6.44)$$

$$\frac{\partial \text{EAPE}}{\partial t} = \frac{\Delta p}{g}\left(\frac{R}{\sigma p}\frac{\partial \bar{T}}{\partial y}[T'v'] + \frac{R}{p}[T'\omega'] + \frac{R}{\sigma p}[T'Q']\right) \quad (6.45)$$

它们分别表示模式大气的涡流动能和涡流有效位能的时间变化率。其中，方括号代表一个波长范围内的纬向平均值。根据这些能量随时间的变化，可以评估正压和斜压过程的相对重要性。式（6.44）等号右端的前两项 $-\frac{\partial \bar{u}}{\partial y}[u'v'] - \frac{\partial \bar{u}}{\partial p}[u'\omega']$，代表了纬向动能向涡流动能的正压能量转换。如果这两项之和为正，涡流动能 EKE 将消耗纬向动能 ZKE，并得以发展。$-\frac{R}{p}[T'\omega']$ 为斜压能量转换项。如果在研究区域内，暖空气上升，相对较冷的空气下降，则涡流有效位能 EAPE 转化为涡流动能 EKE。$-\frac{\partial}{\partial y}[\phi'v'] - \frac{\partial}{\partial p}[\phi'\omega']$ 表示边界通量，这意味着非洲波可能受到外部影响的驱动，尽管这种影响通常很小。在涡流有效位能方程式（6.45）中，等号右端括号内第 1 项 $\frac{R}{\sigma p}\frac{\partial \bar{T}}{\partial y}[T'v']$，表示纬向有效位能和涡流有效位能之间的转换；第 2 项 $\frac{R}{p}[T'\omega']$，表示经由斜压过程将涡流有效位能向涡流动能转化。请注意，该项在式（6.44）和式（6.45）中的符号相反，因为它表示消耗 EAPE 转化为 EKE，相当于 EKE 从 EAPE 获得能量。式（6.45）中等号右端括号内的最后一项是对流加热产生的 EAPE。如果对流加热发生在温暖的地方（根据对流发生条件的定义，这里不包含冷却过程），则表示将有 EAPE 产生。

下面总结关于非洲东风波形成的不同过程的理论和研究结论。

（1）许多观测研究表明，水平切变流的不稳定性可能是初始扰动形成的重要机制，这就是正压不稳定问题。Krishnamurti 等（1979a）对 $\langle K_Z \to K_E \rangle = -\bar{u}\frac{\partial}{\partial y}[u'v']$ 进行了计算，并在西非和东大西洋进行了区域平均。这个公式表示了这个区域内纬向平均环流和涡旋之间的正压能量交换。观察其在整个飓风季的分布和变化，人们注意到，在该地区的对流层低层，偏东的纬向环流与非洲波有显著的能量交换。$-\frac{\partial}{\partial y}[u'v']$ 表示经向涡动通量的辐合辐散特征。如果偏东平均气流区域内存在西风涡动通量的净辐合，即 $\frac{\partial}{\partial y}[u'v'] > 0$，则偏东急

流将减弱。在正压框架中，这意味着偏东纬向流损失的能量必将流向波动，因为正压流的总动能是不变的。因此，人们对西非低空急流的正压切变流动力学非常感兴趣。

（2）这里有一个基于纬向平均流的经向廓线和纬向平均涡度的简单理论，它有助于人们理解切变流中波动增长的可能性。这个理论可以追溯到 1919 年 Rayleigh 的研究。

（3）如果可以找到绝对涡度的最小值，则意味着在这样的环境中波动可能增长。

（4）建立一个图表，以显示指定切变流中正压增长率随波动水平尺度的变化。这可以通过有限差分方法来实现。

（5）非洲东风急流所在的区域同时存在水平风切变和垂直风切变。水平风切变是波动增长的必要条件。基于有限差分方法的计算结果表明，尺度为 3000 km 左右的波动在该地区通常具有最大的增长率，也最不稳定。有人可能会问，盛行的垂直风切变起到什么作用呢？一般而言，对流层低层大气沿南北方向的温度梯度小于 1℃/纬度，对于斜压不稳定波动的自由增长来说，这个温度梯度太小。然而，当水平风切变是主要的能量源时，垂直风切变仍然可以为波动的自由增长提供部分能量。这就是在存在正压增长的情况下强迫产生的斜压增长，通常被称为正压—斜压联合不稳定。

（6）对正压—斜压联合不稳定问题的线性化稳定性进行分析在数学上是困难的。正压和斜压这两种机制是不可分割的，因此不能使用传统的线性化稳定性分析方法。初值方法将基本态取为纬度/气压平面上不随时间变化的函数；引入了与时间相关的线性扰动，得到了关于给定水平尺度下有关扰动的线性系统的闭合方程组。对这个线性系统进行时间积分，就可以考察互相叠加的不同尺度扰动的增长过程，也可以研究某一特定尺度扰动的增长过程。从这个意义上来说，这是一个单波谱模型。闭合方程组的傅里叶变换消除了空间依赖性，只保留了不同变量与时间相关的振幅函数，在进行一系列的积分后，就可以对叠加不同尺度扰动的涡流动能增长率进行能量交换计算。这些交换涉及正压、斜压和热力过程（积云对流等）。这种初值方法解决了进行线性化稳定性分析采用特征值方法遇到的困难。

（7）Rennick（1976）研究的主要结果是，非洲波主要从非洲低空急流的水平切变流中获得能量。垂直切变和对流对非洲波涡流动能增长的贡献也不小。在非洲波形成阶段，最重要是水平切变（正压过程）的作用，其次是垂直切变（斜压过程）的作用，再次是对流的作用。

6.4 两类非洲波

观测和分析表明，东大西洋上空存在两类非洲波。北半球夏季的非洲东风急流大约位于 13°N 附近，最大风速（约 30 m s^{-1}）出现在 600 hPa 附近高度上。在非洲东风急流的北部和南部都观察到了向西移动的非洲波的轨迹。Reed 等（1988）的研究给出了如图 6.2 所示的风暴的经向风协方差（将扰动通过的频率视为纬度和气压的函数），其时间尺度为 3~4 天。

这个频率的垂直剖面显示了在接近 9°N 的急流以南 600 hPa 高度附近明显的波动活动。这是位于非洲东风急流气旋性切变一侧的非洲波主体所在的纬度。在非洲东风急流的北部是撒哈拉急流，与之相关的低热压和低层辐合是第二类非洲波所在地。这些波动导致在 20°N 附近 850 hPa 等压面上出现经向风协方差的大值。非洲东风急流所处纬度以南的波动更加潮湿,而非洲东风急流以北的波动充满沙尘,这些沙尘是从非洲扩散至东大西洋的,因此相当干燥。在图6.1中,非洲东风急流的位置用符号 ⊕ 表示。这两类非洲波活动的频率存在季节内差异。在6月和7月,更多的气旋性相对涡度(量级大于 $4\times10^{-5}\,\mathrm{s}^{-1}$)主要出现在急流北侧的波动中;在8月和9月,非洲东风急流南部的波动占主导地位。Ross 和 Krishnamurti(2007)的研究工作对此给出了说明(见图6.3)。

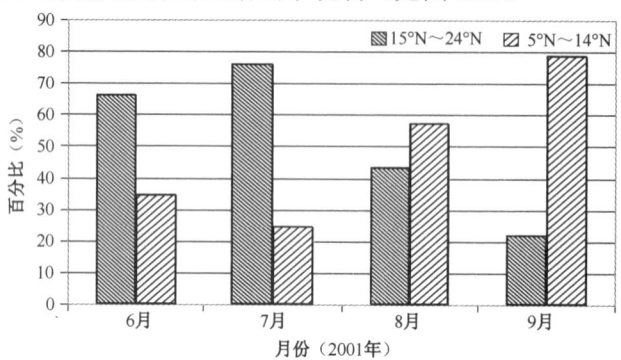

图6.2 非洲东风波区域(35°W~15°E 和 5°S~30°N)两个纬度带(5°N~14°N 和 15°N~24°N)850 hPa 观测风场中相对涡度中心量级大于 4.0×10^{-5} 所占百分比的逐月变化(2001年6—9月)(引自 Ross 和 Krishnamurti,2007)

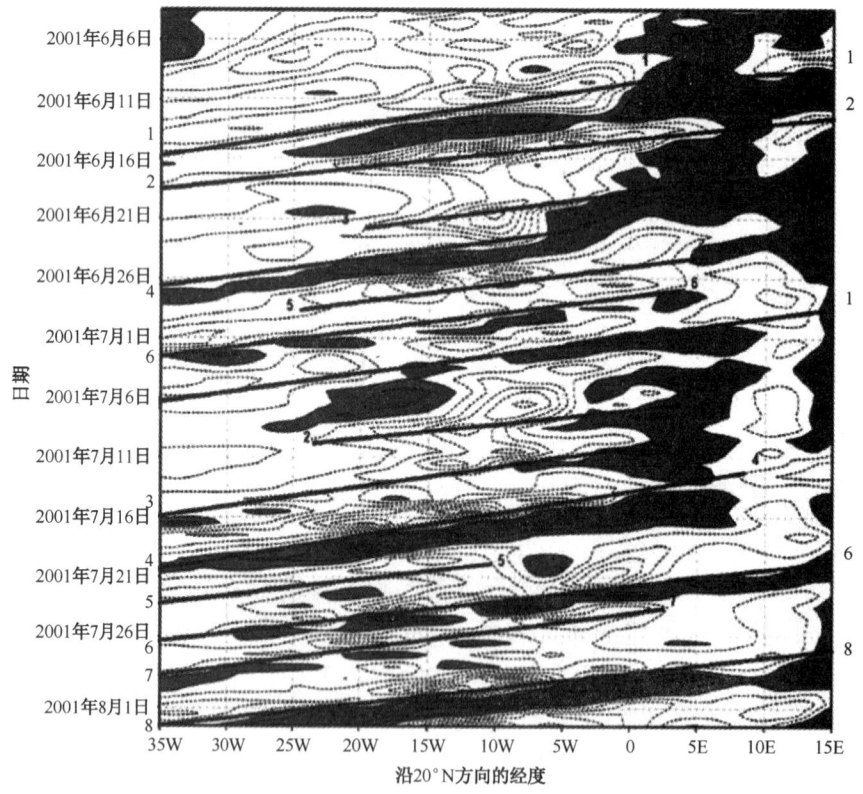

图6.3 2001年6月、7月沿20°N方向15°E~35°W经度带850 hPa经向风分量(单位:m·s⁻¹)分析(观测)结果的霍夫穆勒图。其中,正值(南风分量)用实线表示,负值(北风分量)用虚线表示;非洲东风急流的传播由从右上角到左下角的直线指示,每个月连续编号(引自 Ross 和 Krishnamurti,2007)

大西洋飓风季一般从 6 月持续到 11 月。大西洋飓风季的前期主要受北部地区波动的制约，而后期通常受南部波动的制约。然而北部地区波动（约占总数的 25%）在整个飓风季都很活跃，这使得在非洲东风急流的南北两侧可能同时出现波动。经向风的霍夫穆勒图可以更好地示意这两类非洲波的向西传播过程（见图 6.3）。图 6.4 和图 6.5 展示了飓风季早期（6 月、7 月）和晚期（8 月、9 月）35°W~15°E 范围内的相关情况。

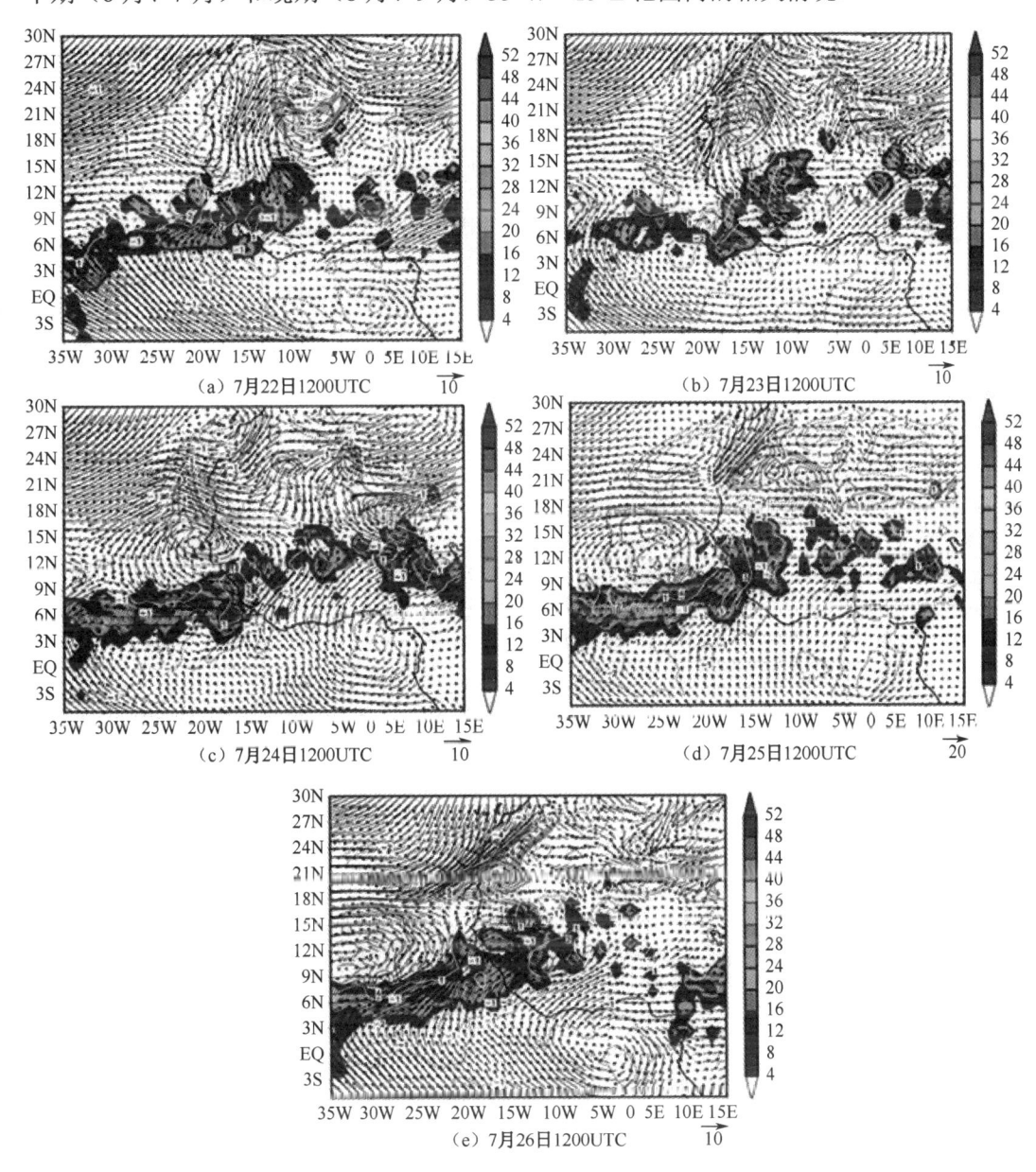

图 6.4　2001 年 7 月 22—26 日，7 月第 6 号波动（热带风暴 Barry 的前期）的 850 hPa 风矢量和相对涡度（$10^{-5}\,s^{-1}$）及观测的 24 小时降水量（单位：mm day^{-1}）（引自 Ross 和 Krishnamurti，2007）

在飓风季前期沿 20°N 记录了大约 14 个波动，而在飓风季晚期沿 10°N 也观测到了数量相近的波动。这些经向—时间剖面处于 850 hPa 附近，最大经向风速的量级为 3~6 m s^{-1}，南侧波动的强度稍强一些。这些波动以大约 70 km day^{-1} 的速度向西传播。根据 Ross 和 Krishnamurti（2007）的研究工作，下面将说明从这两类非洲波动中形成的热带气旋和飓风。图 6.4 和图 6.5 给出了一组 850 hPa 急流北侧和南侧两类波动的西传过程。2001 年 7 月，北侧的波动向西南方向传播，最终形成热带风暴 Barry（见图 6.4）。2001 年 8 月，南侧的波动向正西方向移动，形成了飓风 Erin（见图 6.5）。虽然南北两侧的波动同时出现时，在纬度上往往保持了一定的可分离性，但它们有时也会合并，并且通常会形成大型飓风。

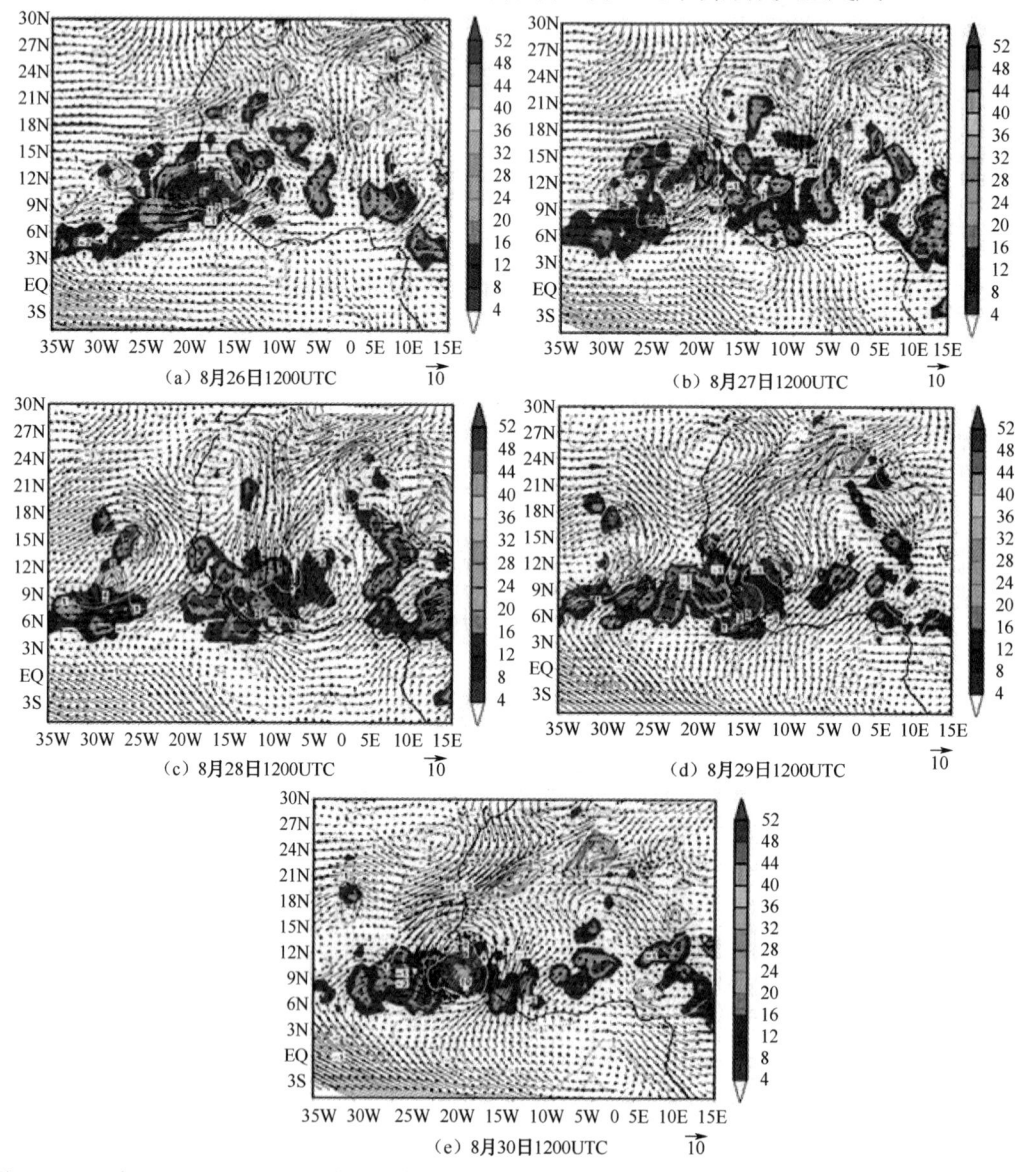

图 6.5　2001 年 8 月 26—30 日，8 月第 6 号波动（飓风 Erin 的前期）的 850 hPa 风矢量和相对涡度（10^{-5} s^{-1}）及观测的 24 小时降水量（单位：mm day^{-1}）（引自 Ross 和 Krishnamurti，2007）

原著参考文献

Burpee, R.W. The origin and structure of easterly waves in the lower troposphere of North Africa. J. Atmos. Sci., 1972, 29, 77-90.

Burpee, R.W. Characteristics of North African easterly waves during summers of 1968 and 1969. J. Atmos. Sci., 1974, 31, 1556-1570.

Carlson, T. N. Synoptic histories of three African disturbances that developed into Atlantic hurricanes. Mon. Weather Rev., 1969, 97, 256-276.

Duvel, J. P. Convection over tropical Africa and the Atlantic Ocean during northern summer part II: modulation by easterly waves. Mon. Weather Rev., 1990, 118, 1855-1868.

Frank, N. The 'Inverted V' cloud pattern-an easterly wave? Mon. Weather Rev., 1968, 97, 130-140.

Krishnamurti, T. N., Pan, H. L., Chang, C. B., Ploshay, J., Walker, D., Oodally, A. W. Numerical weather prediction for GATE. J. Roy. Mef. Soc, 1979a.

Norquist, C. C., Recker, E. E., Reed, R. J. The energetics of African wave disturbances as observed during phase III of GATE. Mon. Weather Rev., 1977, 105, 334-342.

Pytharoulis, I., Thorncroft, C. D. The low-level structure of African easterly waves in 1995. Mon. Weather Rev., 1999, 127, 2266-2280.

Rayleigh, L. The traveling cyclone. Mon. Weather Rev., 1919, 47, 644.

Reed, R. J., Norquist, D. C., Recker, E. E. The structure and properties of African wave disturbances as observed during phase III of GATE. Mon. Weather Rev., 1977, 105, 317-333.

Reed, R. J., Klinker, E., Hollingsworth, A. The structure and characteristics of African easterly wave disturbances as determined from the ECMWF operational analysis/forecast system. Meteor. Atmos. Phys., 1988, 38, 22-33.

Rennick, M. A. The generation of African waves. J. Atmos. Sci., 1976, 33, 1955-1969.

Ross, R. S. Diagnostic studies of African Easterly waves observed during GATE. Technical Report, National Science Foundation Grant No.TM-7825857, Department of Earth Sciences, Millersville University of PA, 1985, 375.

Ross, R. S., Krishnamurti, T. N. Low-level African easterly wave activity and its relation to tropical cyclone activity in 2001. Mon. Weather Rev., 2007, 135, 3950-3964.

Thorncroft, C. D. An idealized study of African easterly waves part III. Q. J. Roy. Meteor. Soc., 1995, 121, 1589-1614.

Thorncroft, C. D., Hodges, K. African easterly wave variability and its relationship to Atlantic tropical cyclone activity. J. Climate, 2001, 14, 1166-1179.

第 7 章

热带季节内振荡

7.1 观测事实

热带季节内振荡（Madden Julian Oscillation，MJO），是热带环流的一个主要特征。它表现为海平面气压场和风场结构的准周期振荡，进而表现为海面温度、对流和降水的准周期波动。这种现象的时间尺度平均为 30~60 天。1971 年，Madden 和 Julian 对 10 年的热带纬向风和海平面气压记录数据进行研究，首次发现了热带季节内振荡现象。MJO 的时间尺度在热带大气变率中占有相当大的比例。

为了清楚地看到这种现象，通常需要采用时间带通滤波器。经过滤波，MJO 海平面气压异常表现为自西向东移动的行星波，其约 40 天就可绕地球运动一周。最大的异常（大约几 hPa）出现在赤道附近，特别是赤道印度洋和赤道西太平洋。图 7.1 给出了与 MJO 相关的 850 hPa 纬向风异常各季节的空间分布。图 7.1 中显示的一些显著特征是北半球春季和夏季近赤道纬度地区纬向风异常的累积。在这两个季节，大的纬向风异常分布在阿拉伯海上空并向东延伸。夏季（季风季）纬向风异常高达 3~5 m s^{-1}。纬向风异常足够大，以至于人们实际上可以直接在这些风场数据集中看到这种向东传播的 MJO 波的存在。

到了秋季，MJO 时间尺度上的印度洋和太平洋纬向风异常覆盖的区域较小。冬季，大部分热带地区的纬向风异常都很小，为 1~2 m s^{-1}。热带地区的 MJO 之所以引人关注，是因为它在风场的总方差中占相当大的比例。值得注意的是，在 20~60 天的时间尺度上，纬向风振荡的最大振幅位于 50°纬度的向极一侧，其大小可以高达 9 m s^{-1}，且大部分位于海洋区域。然而，这种中纬度/极地出现的类似特征不能被称为 MJO。在高纬度地区，即北半球的冰岛和阿留申低压区，以及南半球 40°S 咆哮风带向极一侧，MJO 时间尺度振荡对总方差的贡献较小，这里主导的时间尺度为 4~6 天。观察 MJO 时间尺度功率谱的垂直结构，会注意到最大功率再次出现在极地的这些高纬度地区（见图 7.2）。这里给出了不同纬度和等压面的功率谱（功率×频率）。图 7.2 中给出了 140°W（东太平洋）和 90°E（季风）地区的经向风分量和纬向风分量的功率谱。大部分大功率区出现在对流层上部 40°纬度向极一侧。在 90°E，人们可以看到 850 hPa 附近纬向风的大功率，这反映了 MJO 时间尺度上的季风调制。这些结果是基于一年数据计算的，显示了这个时间尺度对季风的重要性。

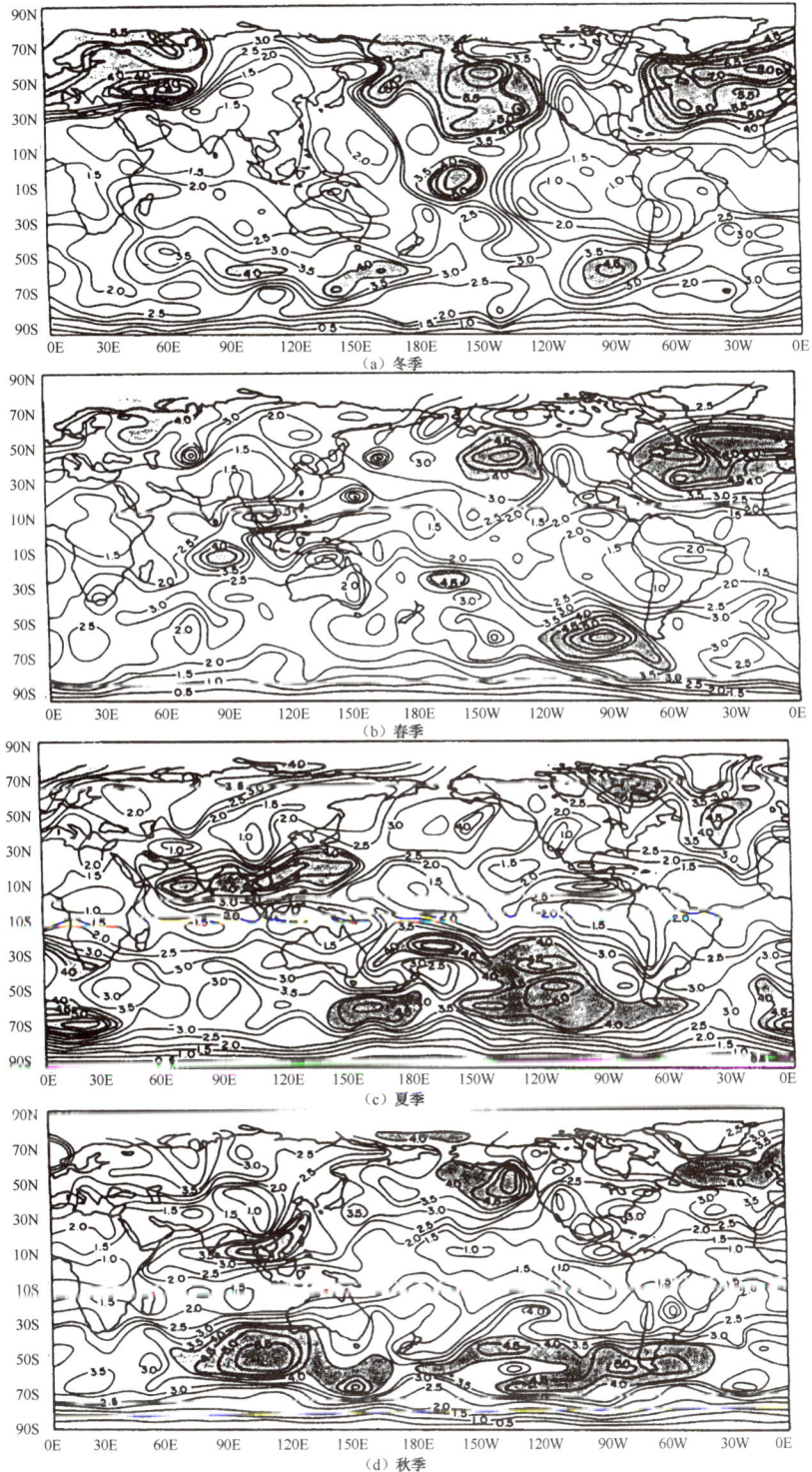

图 7.1　850 hPa 上各季节与 MJO 相关的最大纬向风（单位：m s^{-1}）（引自 Krishnamurti 等，1992a）

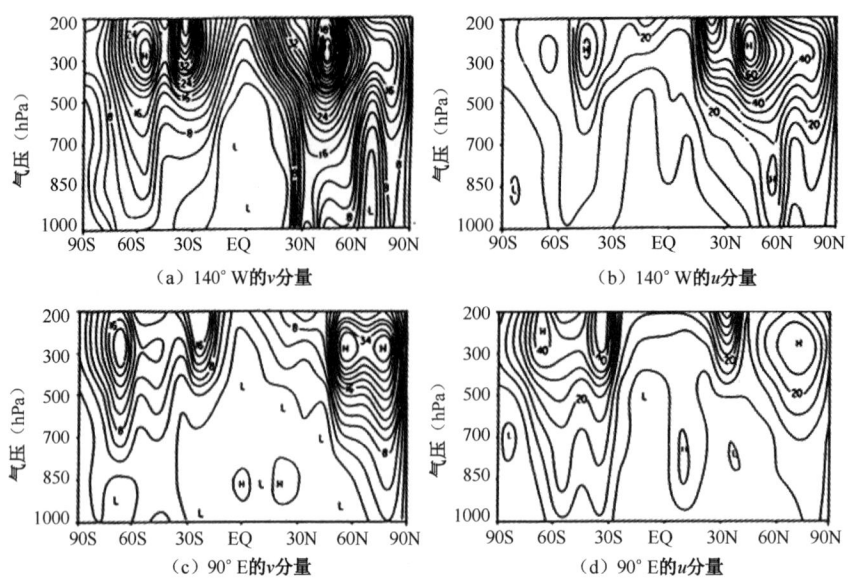

图7.2 作为纬度和气压的函数分析的功率谱（功率×频率）的垂直分布（引自 Krishnamurti 等，1992a）

MJO 波在热带低纬度地区表现为斜压性，在高纬度地区则表现为准正压波，这可以从 MJO 波位相的垂直结构中很好地看出来。图 7.3 显示了基于一年数据计算的两个热带格点（上）和两个高纬度格点（下）的纬向风振幅。纬向风（西风带有阴影，东风带无阴影）的位相表现出从对流层低层向高层的明显逆转。在高纬度地区并没有这种位相变化。这就是我们所说的，在 MJO 时间尺度上，热带地区更多地表现为斜压结构，热带以外地区则表现为正压结构。MJO 与有组织的热带对流密切相关，这种系统在对流层为低压，而在高层为高压。在高纬度地区，这个时间尺度可能更多地是由动力驱动的。

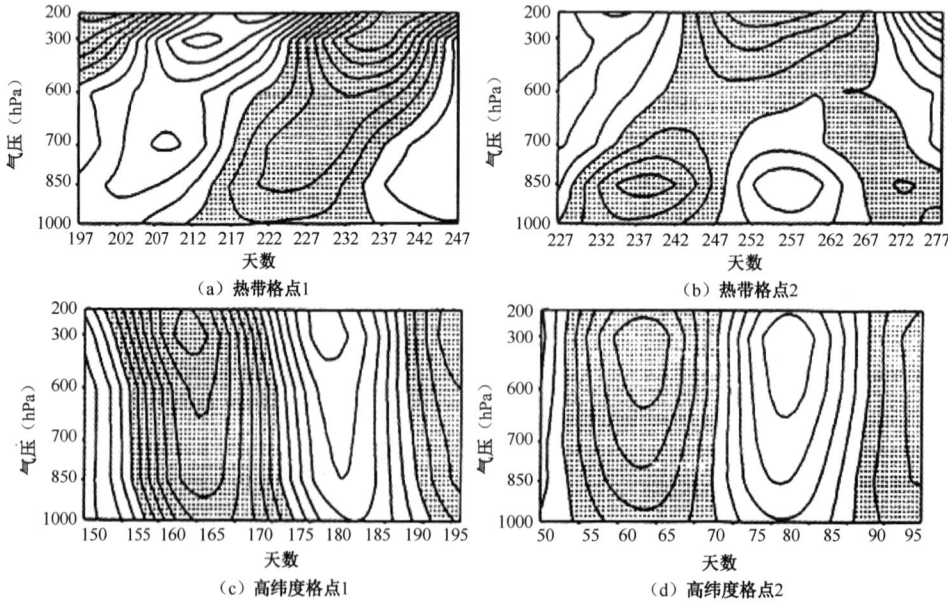

图7.3 两个热带格点和两个高纬度格点 30~50 天时间尺度的纬向风的气压—时间分析图
（单位：m s^{-1}；阴影区域表示负值；引自 Krishnamurti 等，1992a）

热带上空全球向东传播的 MJO 波是辐散波。当它向东前进时，超过一半的波动会发生辐合或辐散，这可以从速度势图中看出。速度势 χ 可定义为

$$\nabla^2 \chi = -\nabla \cdot V = -\nabla \cdot V_\chi \tag{7.1}$$

式中，$V_\chi = -\nabla \chi$ 为辐散风分量，V 为总的风矢量。要绘制速度势图，首先需要对风场 V 进行分析。图 7.4 是间隔 5 天的一组图，显示了 MJO 波的纬向传播。1979 年，MJO 波用了大约 30 天绕地球一周。绘制这些速度势图首先需要在各个网格点上对风场 (u,v) 进行局地时间滤波，然后计算 $-\nabla^2\chi$。速度势场通过求解泊松方程 $\nabla^2\chi = -\nabla \cdot V$ 得到。MJO 波是一个长波，它的变化主要体现在纬向 1 波和 2 波中。MJO 波的一半 χ 较低，另一半 χ 较高。这实际上意味着 MJO 波具有辐合、辐散交替出现的特征。热带天气似乎受到 MJO 波传播的调制，即 MJO 波在对流层低层的辐合有利于天气活动，反之亦然。

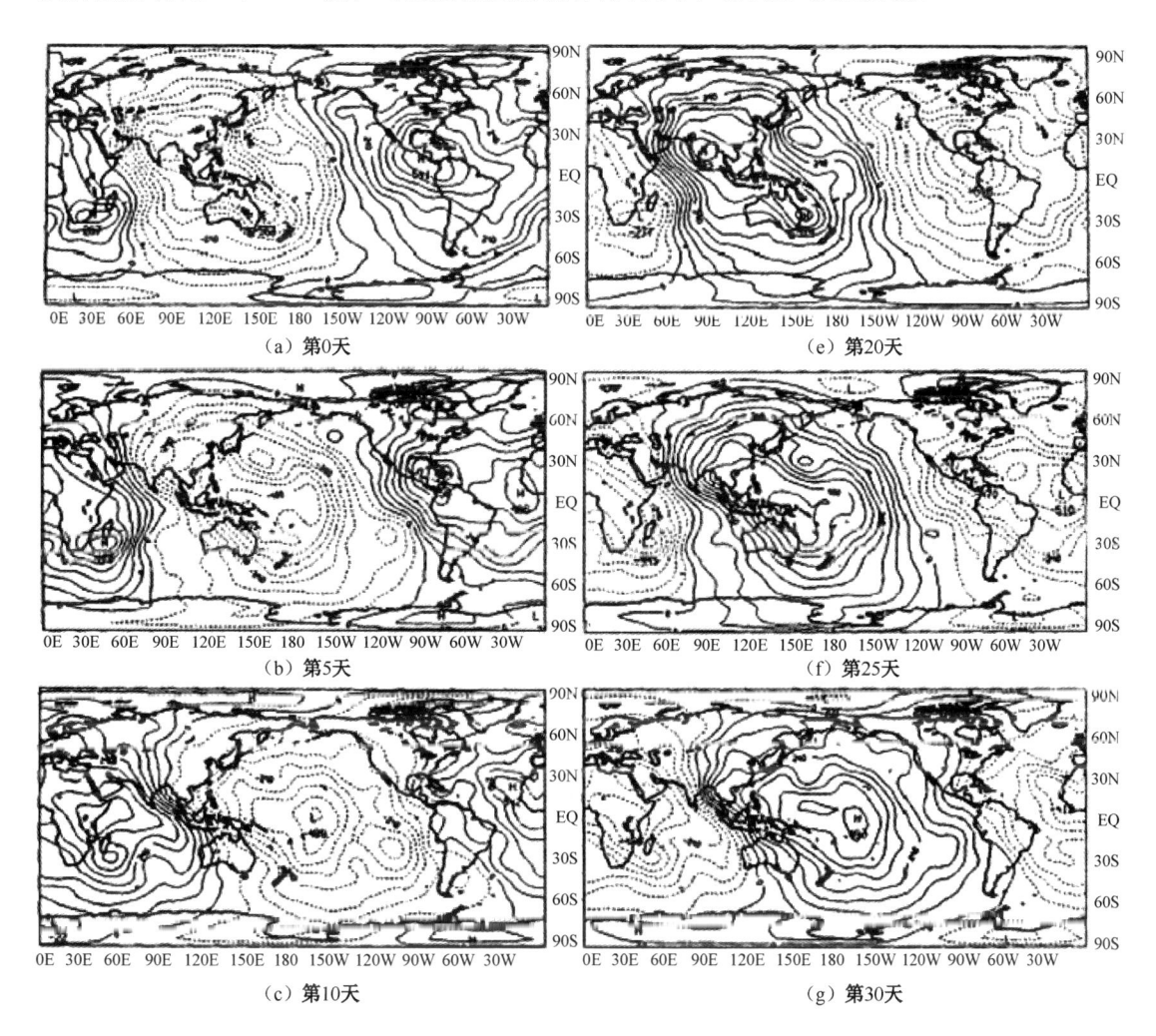

图 7.4　基于观测风的 200 hPa 速度势图，其中，等值线的间隔为 60×10^{-4} m² s⁻¹，第 0 天是 1979 年 6 月 1 日，各图之间的时间间隔是 5 天（引自 Krishnamurti 等，1992b）

(d) 第15天　　　　　　　　　　　　　　(h) 第35天

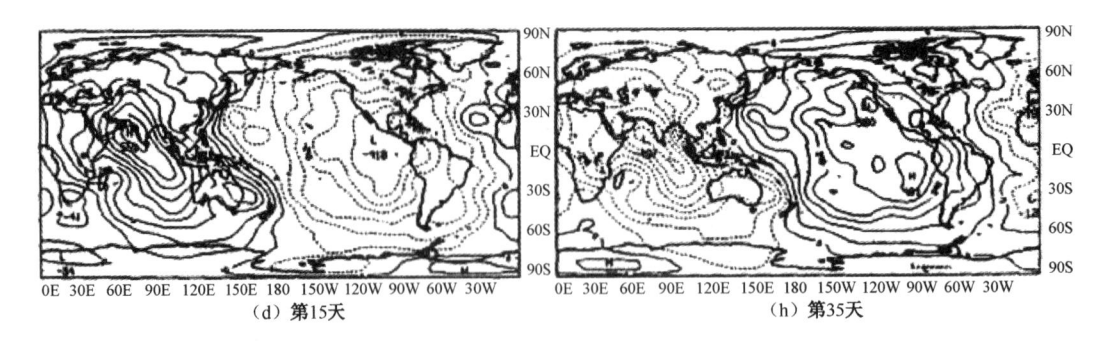

图 7.4　基于观测风的 200 hPa 速度势图，其中，等值线的间隔为 $60×10^{-4}\,m^2\,s^{-1}$，第 0 天是 1979 年 6 月 1 日，各图之间的时间间隔是 5 天（引自 Krishnamurti 等，1992b）（续）

MJO 波的东向传播可以用速度势的霍夫穆勒图来说明（见图 7.5）。在图 7.5 中，横坐标为经度，纵坐标表示一整年的时间，给出了在 MJO 时间尺度上时间滤波的速度势 χ 在南北纬 5°之间的区域平均值，由此可以看到 MJO 的壮观现象。MJO 波全年绕地球以大约 40 天的时间尺度传播。波动的振幅在 4—10 月最大，最大振幅出现在亚洲和西太平洋对应的经度上。如前所述，随着这类慢波通过，高空辐散气流的传输似乎对天气起到了调节作用。

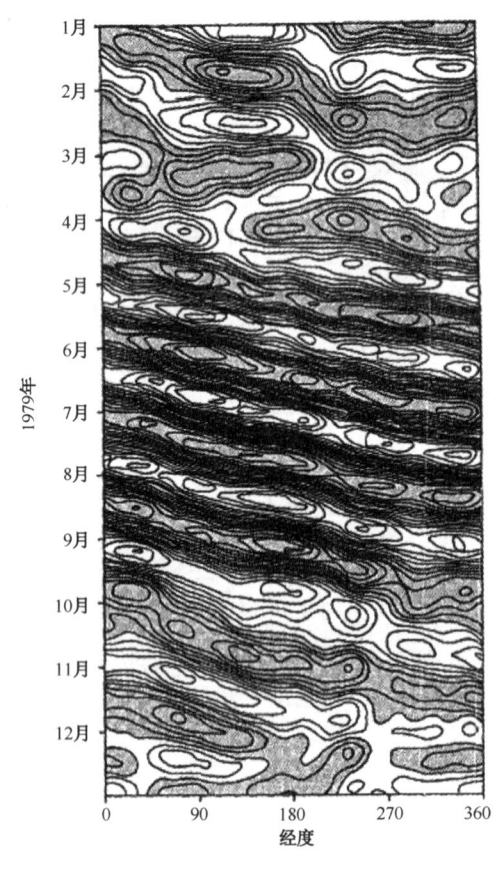

图 7.5　1979 年 200 hPa 速度势的霍夫穆勒图。图中给出的是南北纬 5°之间的区域平均值；等值线间隔为 $1.3×10^{-6}\,m^2\,s^{-1}$（引自 Krishnamurti 等，1992a）

Nakazawa（1988）阐述了这种对天气的调节机制。他指出，对流层低层辐合区上空的 MJO 波包携带着相当多的中尺度对流降水云单体，可以清楚地看到，这些云单体明显向西移动，整个波包则向东移动。云单体通常以 5~10 经度/天的速度向西移动，而波包以大约 10 经度/天的速度向东移动。在这两个时间尺度上显然存在一些有趣的尺度之间的相互作用，这将在第 8 章讨论。

如果我们观察 5°N~30°N 的亚洲区域，就会发现这种纬向传播中存在季风异常。当 MJO 时间尺度上的近赤道波向东移动时，亚洲上空的赤道外波动似乎具有经向传播分量。MJO 波的这个偏离赤道的分量并不是简单地向东传播。波的经向传播被称为季节内振荡，或者被称为 ISO。它的经向波长约为 3000 km，传播速度约为 1 纬度/天。它的位相在对流层低层再次表现出辐合辐散交替出现的特征，分别携带着扰动和未扰动的天气。这种经向运动特征与 MJO 时间尺度相同。它似乎是一个反射的罗斯贝重力波，即被苏门答腊山脉反射的赤道开尔文波（向东传播的 MJO 波）。这一观点虽然尚未得到证实，但值得研究。这种经向传播的季节内振荡被称为季风 ISO，是一种辐散波。利用时间滤波数据集，特别是 850 hPa 高度上风场的经向传播可以示意这类波动（见图 7.6），即从赤道纬度交替向北传播的波峰和波谷。图 7.6 大致说明了这一主要现象的一个周期。需要注意的是，从气候态来看，850 hPa 上的夏季风系统，包括向东的信风、从肯尼亚离岸的越赤道气流，以及非洲之角以东（索马里附近）的索马里急流和阿拉伯海中部的西南季风气流，其都受到南亚和东南亚上空向北传播的 ISO 波的调制。ISO 波的通过，往往会增强或减弱阿拉伯海上空的西南季风气流，在气候学尺度上，这些被称为平行流或反平行流。ISO 波对季风天气的调制，依赖气候态西南季风的加强（平行）或者减弱（反平行）。对降水或 OLR 数据进行带通滤波，可以代替云产品，从而考查作为 ISO 波一部分的天气变化。最能显著反映这一特征的变量包括相对湿度、降水量、风、云和散度。

就 ISO 波的源地问题已经开展了一些研究工作。其源地似乎是 5°S 附近的南赤道槽。这是一个气压槽~5°S 附近的顺时针风场，在夏季对流层下部的气候态中最明显。图 7.7 给出了 7 月低层风场的气候态，从中可以很容易地看到南赤道槽。为了说明这一区域的经向传播，可以绘制 ISO 波传播数周内 850 hPa 上纬向风和相对涡度等变量的纬度—时间图。图 7.8 给出了这些图，其中使用了 850 hPa 高度上纬向风和相对涡度在 MJO/ISO 尺度上的时间滤波数据，我们清楚地看到了 0°~5°S 附近 ISO 波的源地。波动向北移动，伴随交替分布的西风分量和东风分量（振幅约为 3 m s^{-1}），以及气旋和反气旋涡度（振幅约为 0.5×10^{-5} s^{-1}）。此外，我们注意到一个较弱的 ISO 波的辐散分量自南赤道槽向南移动。这一现象及其机制目前还不清楚，但是在季风季节 ISO 波的北移分量对天气的调节机制已经得到了很好的论述。

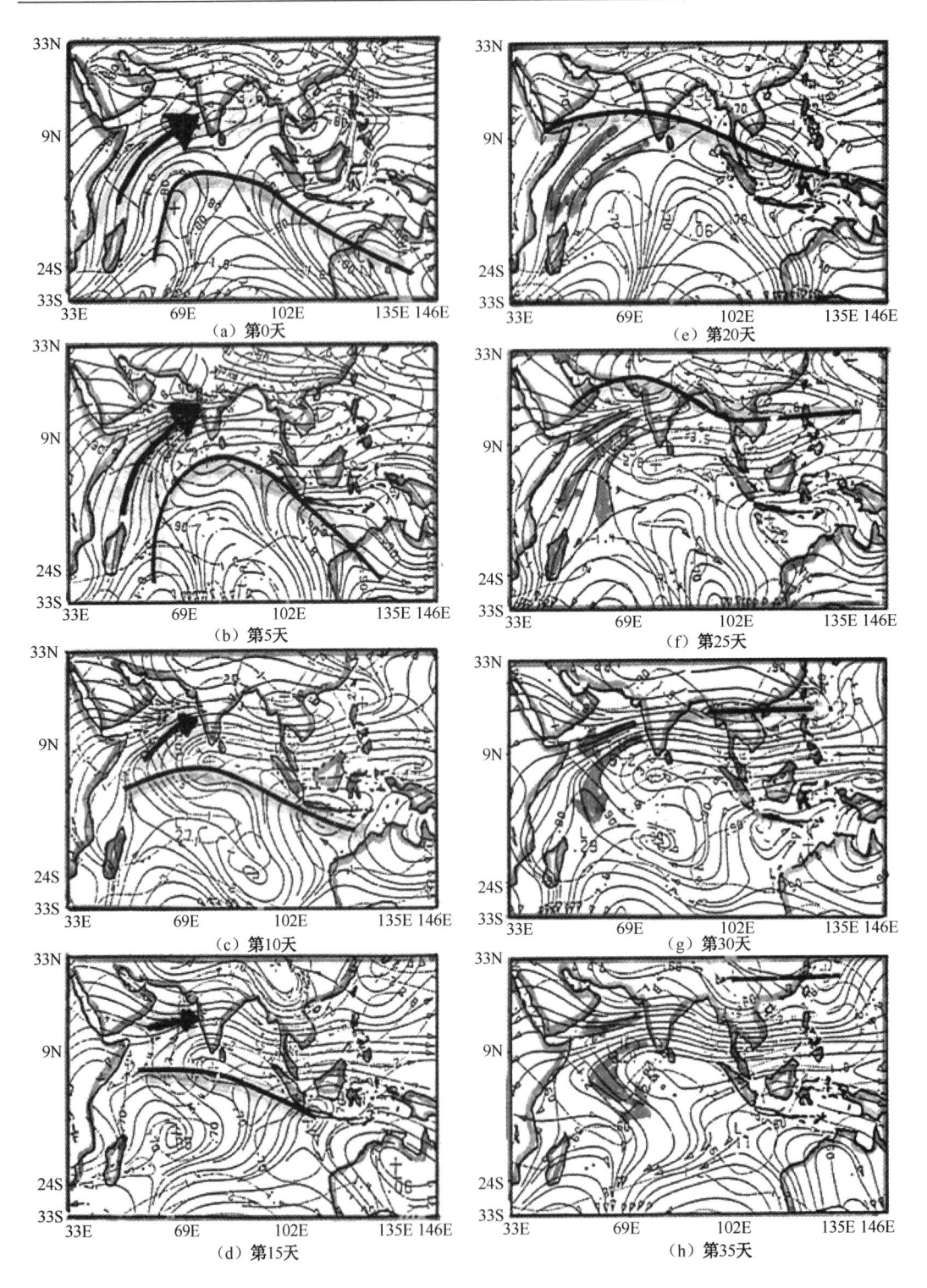

图 7.6 印度旱灾期间 950 hPa 流场（经过 30～50 天时间尺度滤波）演变图，实线为流线，虚线为等风速线（单位：m s^{-1}），各图间隔 5 天，第 0 天为 1979 年 7 月 31 日

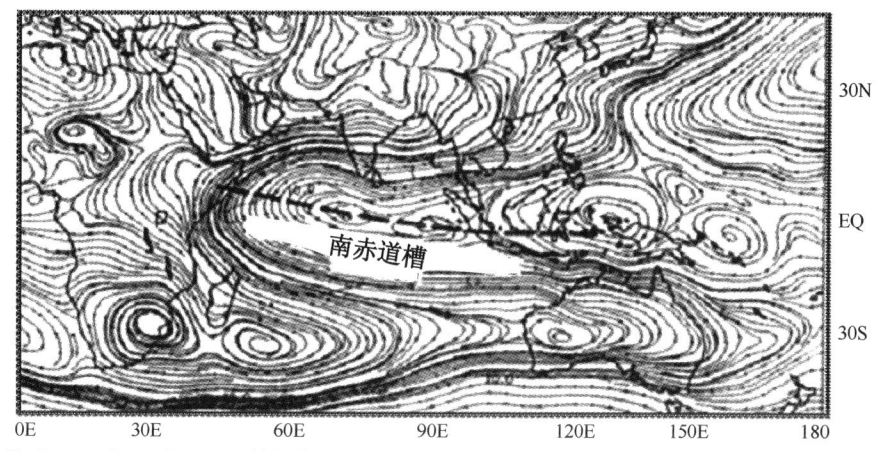

图7.7 基于1979年7月FGGE数据集绘制的850 hPa平均流线,其中强调了将南赤道槽视为低频波动经向传播的源区(引自Krishnamurti等,1992a)

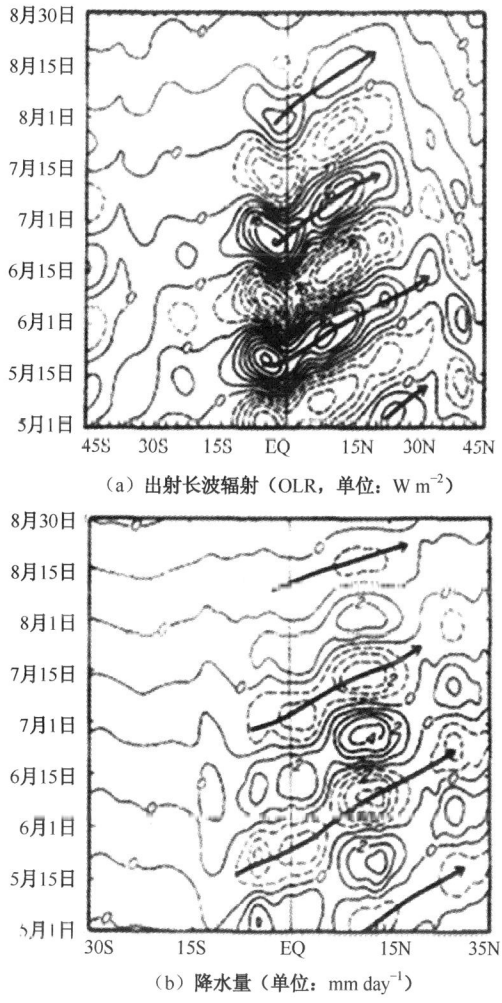

图7.8 70°E～85°E平均的出射长波辐射(OLR)和降水量异常的纬度—时间图。异常的时间尺度为30～50天,箭头表示经向传播(引自Krishnamurti等,1997)

7.2 MJO 理论

Lau 和 Peng（1987）提出了一个向东传播的 Madden-Julian 波的理论，这些波在大约 40 天内绕着地球传播一周。该理论指出，这些波与对流发生相互作用，可以用一种被称为波动 CISK 的机制来研究。这是一个很有前景的理论，这里对其进行概述。

Lau 和 Peng（1987）的分析中，使用了一个全球模式，涉及涡度和散度方程、连续性方程、热力学方程和静力平衡方程等。它是由包含涡度、散度、温度、地面气压、位势高度 5 个未知数的 5 个方程组成的一个闭合系统。在 σ 坐标系中，方程组为

$$\frac{\partial \zeta}{\partial t} = -\nabla \cdot (\zeta + f)V - \mathbf{k} \cdot \nabla \times \left(RT\nabla q + \dot{\sigma}\frac{\partial V}{\partial \sigma} - F\right) \tag{7.2}$$

$$\frac{\partial D}{\partial t} = -\mathbf{k} \cdot \nabla \times (\zeta + f)V - \nabla \cdot \left(RT\nabla q + \dot{\sigma}\frac{\partial V}{\partial \sigma} - F\right) - \nabla^2\left(\phi + \frac{V \cdot V}{2}\right) \tag{7.3}$$

$$\frac{\partial T}{\partial t} = -\nabla \cdot TV + TD + \dot{\sigma}\gamma - \frac{RT}{C_p}\left(D + \frac{\partial \dot{\sigma}}{\partial \sigma}\right) + H_T \tag{7.4}$$

$$\frac{\partial q}{\partial t} = -V \cdot \nabla q - D - \frac{\partial \dot{\sigma}}{\partial \sigma} \tag{7.5}$$

$$\sigma \frac{\partial \phi}{\partial \sigma} = -RT \tag{7.6}$$

式中，ζ 是涡度；D 是散度；V 是水平风矢量；T 是温度；$q = \ln p_s$，即地面气压的对数；$\gamma = RT/C_p\sigma - \partial T/\partial \sigma$ 为静力稳定度参数；F 为摩擦力；H_T 为非绝热热源或热汇。

Lau 和 Peng（1987）使用的模式是一个标准的全球谱模式，其水平分辨率为 15 波（菱形截断），垂直方向上分为 5 层。全球谱模式是一种预报模式，它包含某些物理参数化模型。Krishnamurti 等（2006）发表的文章详细介绍了此类模拟。Lau 和 Peng（1987）使用的全球谱模式具有如下特征。

（1）瑞利摩擦用于耗散，即在涡度方程中是 $-K\zeta$ 的形式，在散度方程中是 $-KD$ 的形式。

（2）在热力学第一定律的热力学方程中，牛顿冷却项 $-KT$ 代表净辐射冷却。

（3）无地形。

（4）对流加热是非绝热加热的唯一形式。

他们引入了一个由下述方程定义的条件对流加热：

$$Q(\sigma) = \begin{cases} -m\eta(\sigma)rLq_{sat}(T_5)D_5\Delta\sigma/C_p, & D_5 < 0 \\ 0, & D_5 \geq 0 \end{cases} \tag{7.7}$$

式中，加热 $Q(\sigma)$ 是在 σ 面上定义的，其与式（7.4）中 H_T 之间的关系由 $H_T = \dfrac{1}{C_p}\dfrac{\theta}{T}Q$ 给出；D_5 是模式最低层（第 5 层）的散度，该层 $\sigma=0.9$，即接近 900 hPa 高度；r 是 $\sigma=0.75$ 层（约 750 hPa 高度）上最常见的相对湿度；式中只考虑水平辐合对加热的影响（没有考虑冷却机制）；q_{sat} 是温度为 T_5 时 $\sigma=0.90$ 层的饱和比湿；$\eta(\sigma)$ 是加热的归一化垂直剖面（其垂直积分为 1）。

第一类条件不稳定性是指在条件不稳定大气中小扰动的增长。这个理论基于 Kuo（1961）和 Lilly（1960）开展的线性分析。他们指出，在条件不稳定大气中，最不稳定（增长最快）的模态出现在几千米量级的尺度上。由于 3000 km 尺度的热带扰动（如东风波）在热带地区比比皆是，因此 Charney 和 Eliassen（1964）提出了一个适用于从几千米尺度到几千千米尺度的不稳定尺度理论，即所谓的第二类条件不稳定性，也被称为 CISK。从数学上讲，这要求加热与扰动增长过程中的内部垂直运动无关。在条件不稳定大气中对线性扰动增长进行分析发现，边界层顶部加热率与 Ekman 抽吸（垂直速度）成正比，其增长率确实比云的增长率大得多。

在没有任何明显的 Ekman 抽吸的情况下，由重力波、开尔文波、混合重力—罗斯贝波和罗斯贝波等内波产生的 CISK 被定义为波动 CISK（Lindzen，1974）。在 CISK 机制中，低层辐合是由对流层低层波动的传播引起的，但赤道附近 Ekman 抽吸的有效性似乎是可疑的。内波是高度辐合的，不需要 Ekman 抽吸来产生 CISK。潜热释放过程与个例相关，这与 CISK 相似。

图 7.9 给出了这个 5 层模式中内部加热的垂直结构。在质量辐合（$D_5<0$）的每个格点，由 $\eta(\sigma)$ 给出的垂直结构代入式（7.7）得到加热的垂直结构，$\eta(\sigma)$ 的垂直结构决定了整体加热的幅度。外部加热的初始水平结构如图 7.10 所示，这是一个加热（实线）和冷却（虚线）的非对称纬向偶极子，在初始时刻作为外强迫嵌入，在模式经过大约 5 天的 spin up 之后，从随开尔文波移动的内部加热中将外部加热移除。300 hPa 纬向风（单位：m s^{-1}）沿着赤道的经度—时间剖面如图 7.11 所示，图中清晰地展示了纬向风异常的纬向传播，其振幅为 3~4 m s^{-1}，且接近观测值。图 7.11 还显示了最初的 spin up 周期大约为 5 天。强西风和弱东风大约在 25 天内绕地球传播一周。这个波是由开尔文波的自由动力学加上波动 CISK 的强迫动力学共同驱动的，降水也以相似的周期传播（见图 7.12）。这就是 Lau 和 Peng（1987）成功的理论和模拟工作。他们的基本发现可以总结为：模拟向东传播的 MJO 现象需要一个简单的波动 CISK（与行波表面辐合成比例的加热）。这里讨论的是长行星波（波数为 1 和 2），其中对风场扰动的振幅也进行了合理的模拟。在这个试验中，向东传播的 MJO 波的相速度的模拟值约为 20 m s^{-1}，大约为观测值的 2 倍。Lau 和 Peng（1987）将这种差异归因于更真实的海气耦合的减速效应，并揭示了对超级云团进行模拟的必要性。

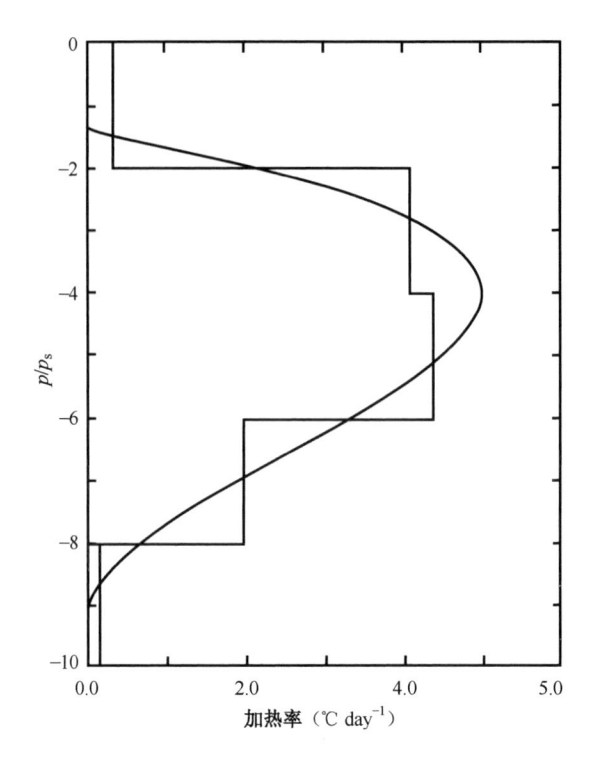

图 7.9　加热廓线的垂直结构（引自 Geisler，1981），模式层中实际使用的值用离散实线表示（单位：℃ day^{-1}）

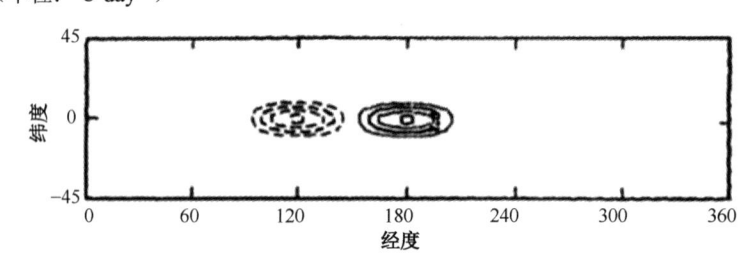

图 7.10　以 44 天周期振荡的偶极子热源第 77 天的空间结构，此时正（负）加热在 180°（120°）经度最强，等值线从 1 ℃ 开始，间隔 2 ℃（引自 Lau 和 Peng，1987）

波动 CISK 通常适用于波长约为 1000 km 的天气尺度热带波。将波动 CISK 理论应用于尺度为 10000 km 量级的行星尺度开尔文波显然是有问题的，因为需要通过在这类行星尺度上的辐合来实现对流调制。更有可能的是，一些小尺度的波动和对流在 MJO 尺度上的组织化。这些问题无法通过 Lau 和 Peng（1987）提出的简单模式配置得以解决。MJO 模拟研究中发现了更宽的尺度谱。

Randall 等（2003）提出，MJO 模拟首先需要对构成超级云团的深对流云进行成功模拟。为此，他们设计了一个（带有设定的月平均海洋温度的）全球模式，该全球模式中包括显式云方案。利用这样一个全球模式，能够复现 MJO 的许多特征。

Saha（2006）等指出，既然该时间尺度也存在于海温异常场中，那么在模拟 MJO 时有必要采用大气—海洋耦合模式。

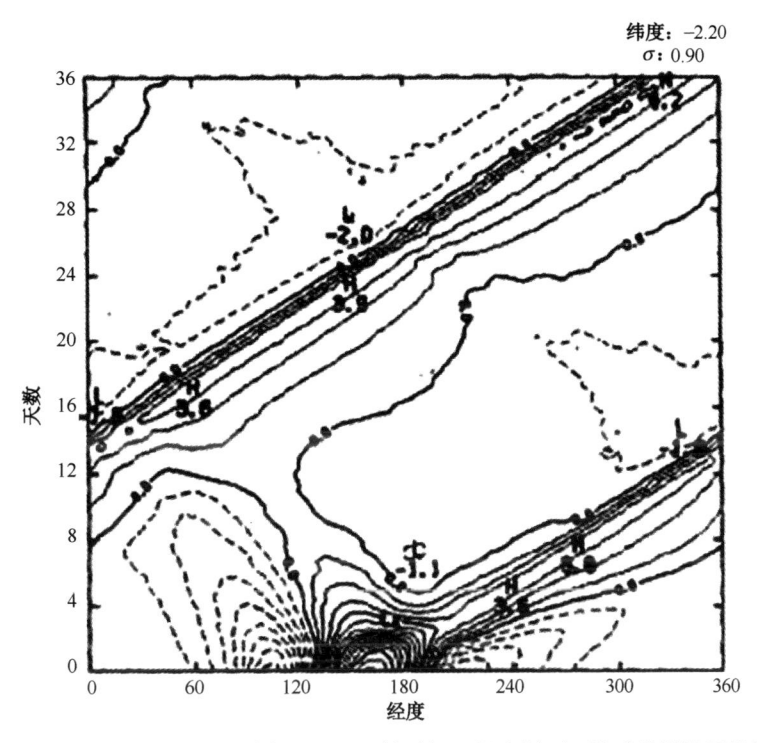

图 7.11　理想试验中 300 hPa 纬向风（单位：m s^{-1}）的时间—经度剖面，该试验设计了类似 CISK 的加热（引自 Lau 和 Peng，1987）

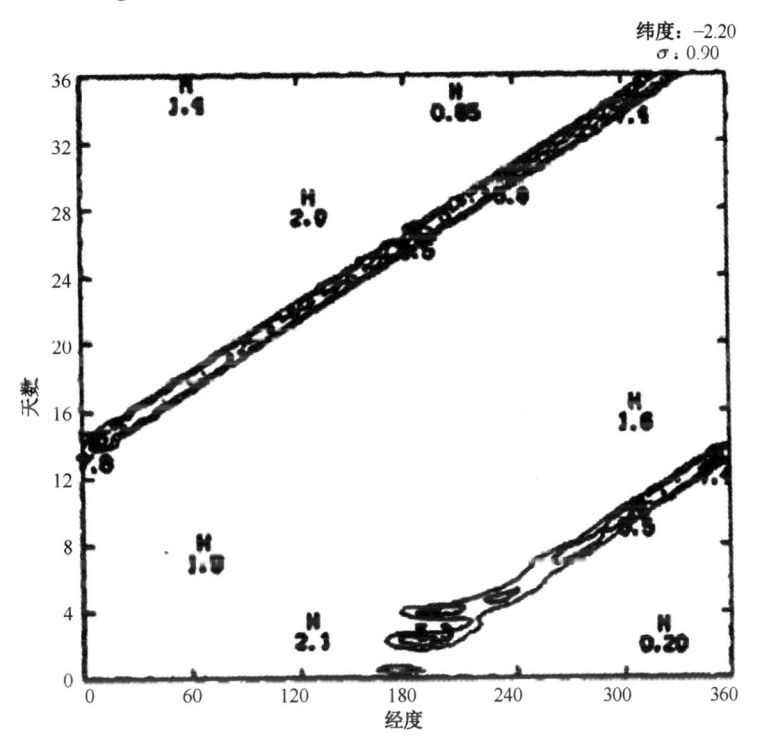

图 7.12　与图 7.11 类似，但为降水量（单位：mm day^{-1}；引自 Lau 和 Peng，1987）

7.3 MJO 中的西风爆发

纬向风中的 MJO 信号相当强。许多研究已经对地面和 850 hPa 的风场进行了详细分析，并且注意到 MJO 的西风位相在赤道地区通常伴随着强风。这个特征足够显著，以至于在总的纬向风中也可以发现这种特征，在赤道地区总的风场（而不仅是风异常）通常为西风。在印度洋和西太平洋也可以观测到这种特征。在南北半球穿越这个风带的区域，赤道地区西风爆发可以在风带分别位于南北半球的两侧产生水平风场的气旋性切变，这些区域通常具有强的气旋性切变涡度，最终形成热带低压，并进一步发展成为热带气旋（或台风）。图 7.13 给出了 2003 年 5 月一个类似事件的典型个例，在赤道两侧形成了两对热带气旋，一对在阿拉伯海/印度洋上空，另一对在孟加拉湾/印度洋上空。赤道地区 850 hPa 风场的西风风速为 15 m s^{-1}。

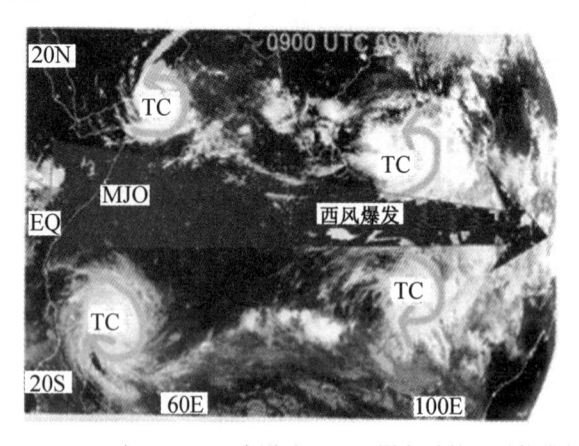

图 7.13 2003 年 5 月 9 日赤道地区西风爆发时的两对热带气旋

7.4 ENSO 的生消与 MJO 的联系

大量的观测事实表明，在厄尔尼诺事件形成阶段，MJO 的一些西风位相可以向东延伸至太平洋，这在图 7.14 中得以说明（Krishnamurti 等，2000）。这些是 5°S～5°N 赤道区域平均的 850 hPa 逐日纬向风的霍夫穆勒（经度—时间）图。其中，MJO 时间尺度的西风异常用阴影区表示；矩形方框表示厄尔尼诺爆发时段，这个时段往往与 MJO 时间尺度的西风异常明显向东传播的时段相吻合。1968—1969 年、1971—1972 年、1976 年、1981—1982 年、1991—1992 年、1992—1993 年和 1996—1997 年，MJO 西风位相向太平洋扩展的时段均与厄尔尼诺爆发时段一致。4.3 节中图 4.4 给出了起源于印度洋的对流层低层东风的减弱，这似乎是厄尔尼诺现象在大多数年份的一个重要的前期特征。

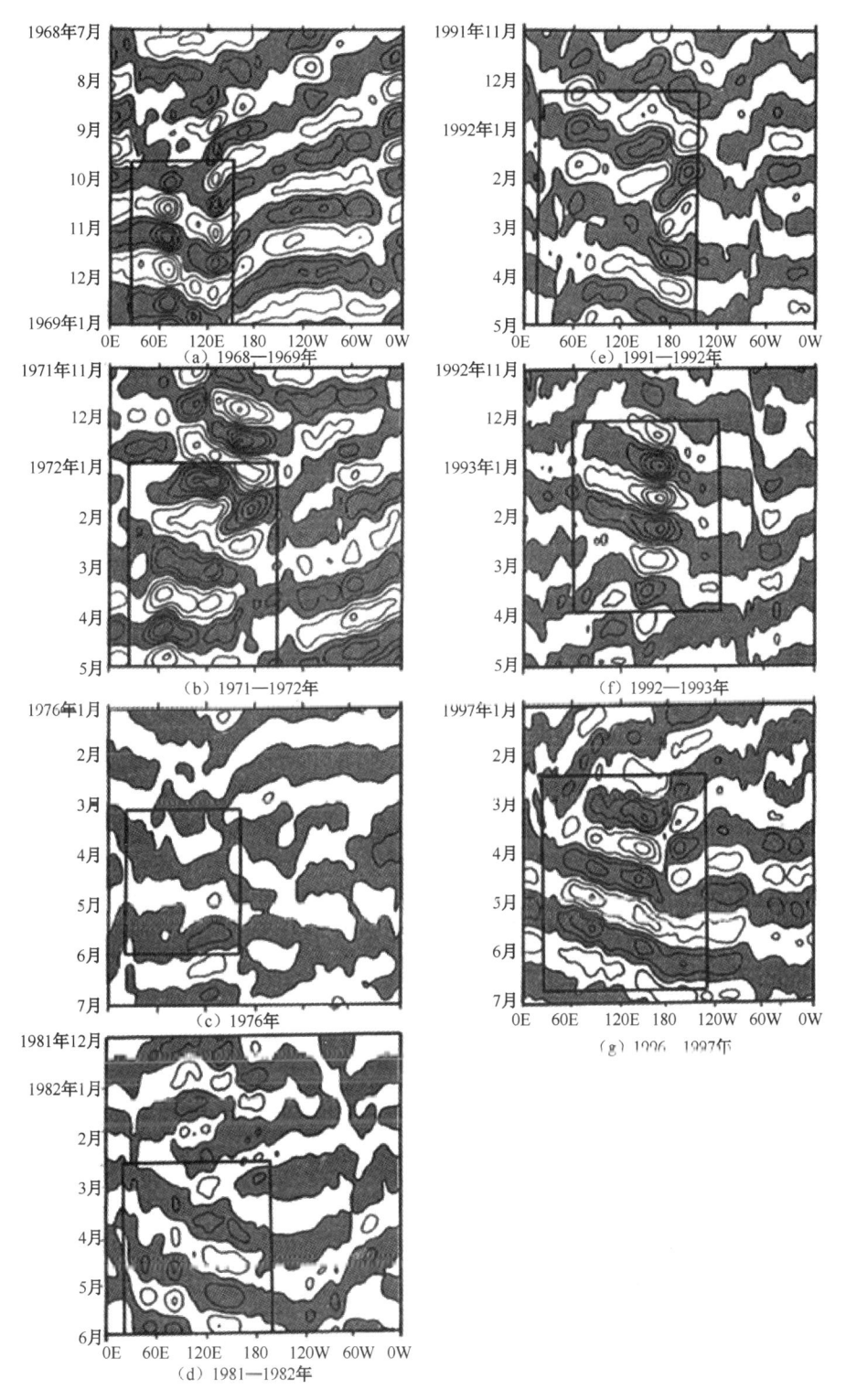

图 7.14 850 hPa（30～60 天）时间滤波纬向风的经度—时间剖面图。其中，阴影区表示西风异常，结果来自不同厄尔尼诺年；矩形方框内表示厄尔尼诺爆发时段（引自 Krishnamurti 等，2000）

也有一些证据表明，赤道印度洋的 MJO 活动可对厄尔尼诺的结束起作用。Takayabu 等（1999）报道了 1997—1998 年厄尔尼诺结束时的情况。他们研究了赤道地区降水量、海面温度和海面风的霍夫穆勒图，发现了一个强 MJO 携带强的东风位相传播至太平洋。这一事件与 1997—1998 年厄尔尼诺的突然终止同时发生（见 Takayabu 等 1999 年发表文章中的图）。1998 年 5 月下旬，东太平洋海域 120°W 附近海面温度降低至 27℃ 以下，这凸显了 1997—1998 年厄尔尼诺暖水位相的结束。该图另一个显著的特征是出现了强劲的东风，这标志着太平洋信风的建立。1998 年 5 月，强东风从印度洋向赤道太平洋（3°S～3°N）的传播明显减弱了。

7.5 穿越热带的波能通量

Eliassen 和 Palm（1961）、Yanai 和 Lu（1983）提出的线性理论，均采用了以下方程来描述穿越纬圈的波能通量：

$$\overline{\phi' v'} = (\bar{u} - c)\left[\overline{u'v'} - \frac{1}{\sigma_0}\overline{\frac{\partial u}{\partial p}}\,\overline{\frac{v'\partial \phi'}{\partial p}}\right]$$

式中，$\overline{\phi' v'}$ 表示穿越纬圈的波能通量；$\bar{u}$ 是平均纬向风；c 是波的相速度；$\overline{u'v'}$ 表示经向涡动通量；σ_0 是参考干静力稳定度；$\overline{\frac{\partial u}{\partial p}}$ 表示平均纬向风的垂直切变；$\overline{\frac{v'\partial \phi'}{\partial p}}$ 用于度量穿越纬圈的经向热通量。

很明显，当 $u-c$ 趋近零时，波能通量也为零。由此得出一个主要结论，即 $u-c$ 为零所在的纬度是一个临界纬度，可以视为阻止从热带地区向中纬度地区发生波能交换的屏障；反之亦然。这意味着因为这个屏障的存在，热带波的活动不能影响较高纬度地区，温带波动也不能直接影响热带地区，这在许多后续研究中得到证实。然而，这个线性理论存在一个重大缺陷，即包括纬向平均流在内的几乎所有尺度的运动对于不同的时间尺度而言存在变化，其中包括 1 年、2 年、MJO、ENSO 和 10 年等不同时间尺度。一旦我们考虑了其他时间尺度的存在，这个问题的性质就会改变。这就成为频域中的波能通量问题（Krishnamurti 等，1997）。在这个公式中，$\bar{u}$ 不再是常数，其他时间平均项也不再是常数。在推导波能通量的方程中，这种公式具有非线性特征。这里不再给出该方程的推导，除非可以为 $\overline{\phi' v'}$ 给出一个包含更多项的表达式。这些项来自包括所有非线性平流项的完整的动力学方程和热力学方程。在给定再分析数据集的情况下，原则上可以计算波能通量。有人可能会问这样一个问题：波能通量是否仍然可能消失，或者如线性理论中所提出的在临界纬度附近接近零？对这些量的计算的确表明，基于线性理论临界纬度上的总波能通量确实非常小。这可能表明线性理论也可以从包含非线性项的完整方程中得到证实，然而，我们可以进一步处理这些方程。这些完整的波能通量方程可以在一个频域中求解，人们可能提出其他问题：在特定时间尺度窗口内的通量是多少？在 MJO 时间尺度上究竟发生了什么？Krishnamurti 等（1997）回答了这些问题，他们发现临界纬度在频域中不再是一个屏障，因为 $\bar{u}$ 不再是常数，而是在 MJO 时间尺度上随时间变化，所以大量的波能通量可以穿越屏障从热带地区逃逸到较高纬度地区。此外，在更高的频率下，波能通量可以从温带地区返回热带地区。虽然对所有频率窗口求和得到的总波能通量很小，但是在单独的频率上热带地区和较高纬度地区之间存在明显的能量传输。从这个角度来看，MJO 时间尺度是非常有趣的，因为在这个时间尺度上，热带地区和中纬度地区之间的能量交换非常显著。

图 7.15 给出了波能通量随纬度和时间（天）的演变，其中对对流层的波能通量进行垂直积分，并取纬向平均，我们可以明显看到波能通量从热带地区向较高纬度地区的经向传播。30°N～60°N 的纬度带内这些波能通量向右倾斜，这意味着波能通量随着时间演变向北传输。这同样说明在 60°N 附近，波能通量具有很强的辐合。在 60°N 附近，30～60 天时间尺度（MJO 时间尺度）上的纬向风异常存在较大的变率。线性理论未能将 MJO 时间尺度上的热带信号与高纬度地区的热带信号联系起来，而跨越临界纬度的特定能量通量在频域上是可能的，这使得热带地区和高纬度地区之间有可能得以连通。

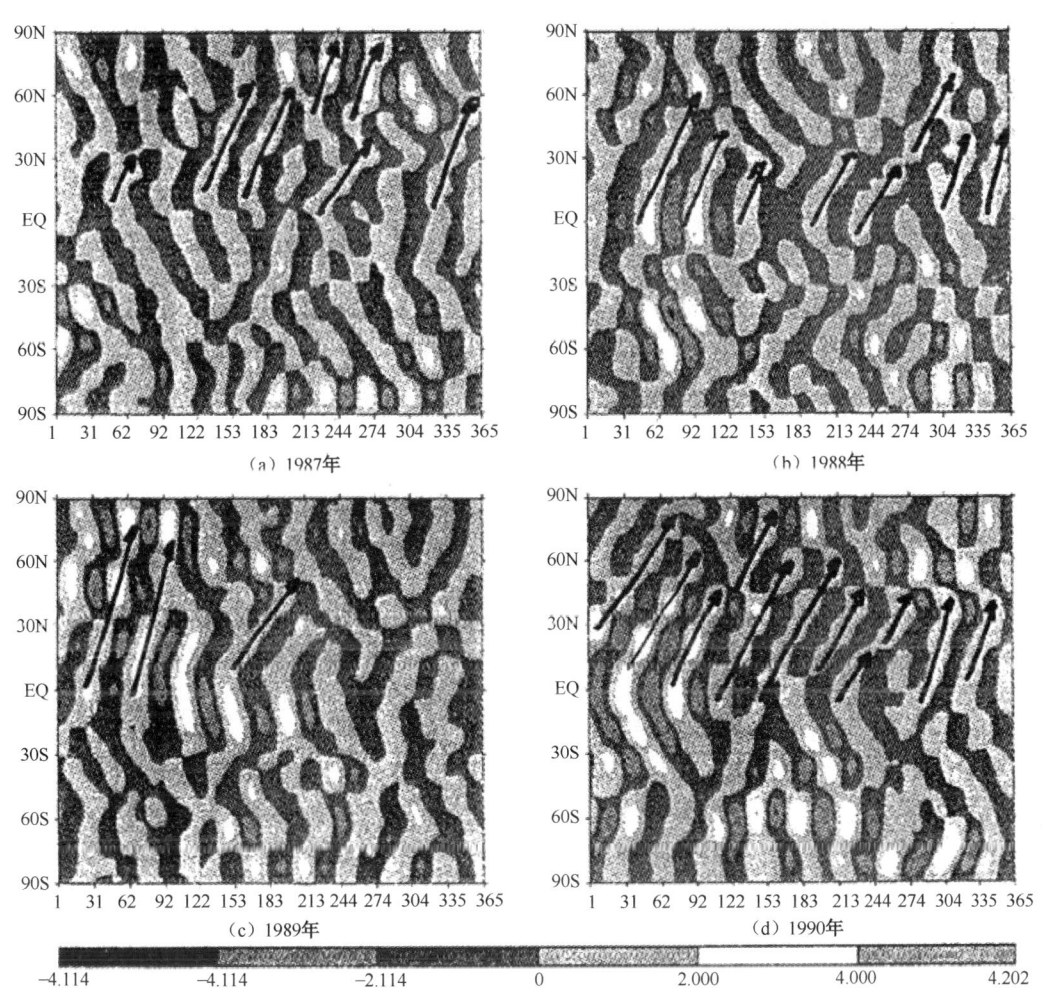

图 7.15　30～50 天时间尺度上 200 hPa 经向波能通量 $\overline{\phi'v'}$ 的纬度—时间图。其中，纵坐标表示纬度，横坐标表示一年中的某一天（单位：$J\,m\,s^{-1}$）

7.6 基于实测数据的 ISO 预测

一系列模拟试验（Krishnamurti 等，1990，1992b，1995）表明，至少可以对通过印度、中国和澳大利亚季风的一个 ISO 周期的波动进行预测。这些研究的前提是，季节内环流异常和大气环流气候场的叠加有利于增强或减弱降水异常。图 7.16、图 7.17 和图 7.18 分别给出了印度、中国和澳大利亚的季风示意图。

以印度季风为例，若气候平均的西南气流因瞬变扰动[季节内分量；见图 7.16（a）、图 7.16（b）]而削弱，将会导致季风干旱。同样地，在印度季风雨季，西南气流也因低层气流的季节内分量而加强[见图 7.16（c）、图 7.16（d）]。与此类似，低层（约 850 hPa）气流的季节内分量对西太平洋副热带高压气候态具有调节作用，从而导致中国季风区的旱季和雨季（见图 7.17）。如图 7.18 所示，对于澳大利亚季风来说，季节内模态的传播可对 10°S～15°S 的热带辐合带产生调制作用。

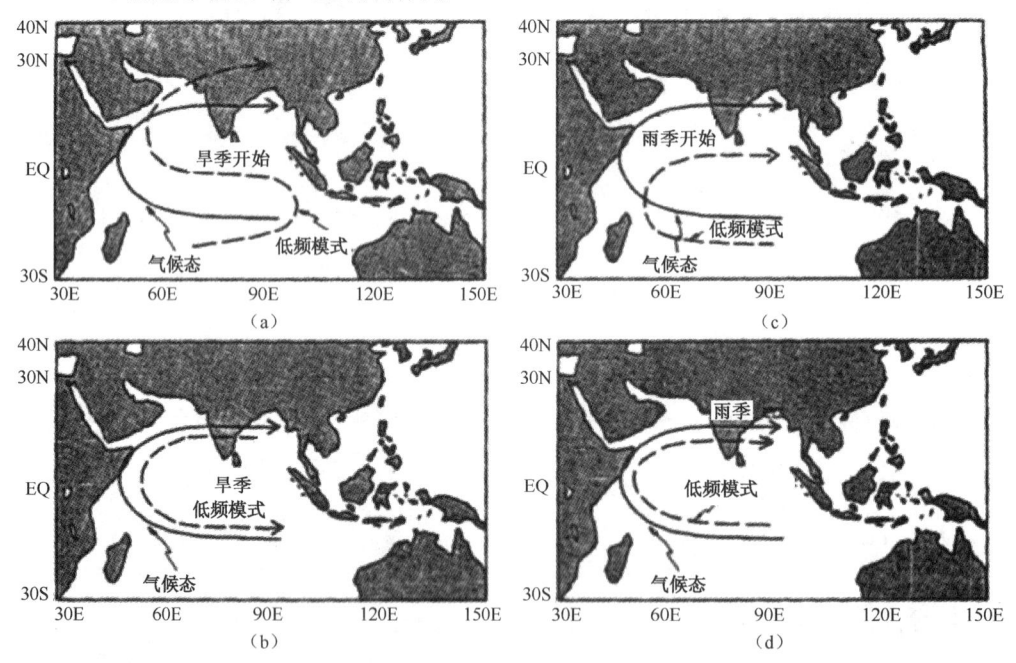

图 7.16 导致印度季风期异常干旱、多雨的反向流[（a）、（b）]和同向流[（c）、（d）]示意图（引自 Krishnamurti 等，1992b）

Krishnamurti 等（1990，1992b，1995）提出了一种大气模式的初始化技术，可以预测这种季节内模态在一个周期内的演变。这种初始化技术基于这样一个事实：模式积分过程中甚高频变率的增长会污染季节内模态的预测。此外，根据早期观测研究的结果（Krishnamurti 等，1988），人们认为海温在 ISO 时间尺度上也存在异常。因此，对海温进行低通滤波，从而在模式的每个海洋格点上保留从预报第 0 天（或开始）之前 120 天至预报起点这段时间内的季节内模态；然后，将这些异常简单地外推至未来，并保留其过去最近一个时次的振幅。然而，它的位相是根据观测到的海温获得的上一个周期的振幅外推得到的。同样，对所有的大气变量进行低通滤波，只有低频异常被保留在预报的第 0 天。图 7.19（a）、图 7.19（b）分别显示了采用这种初始化技术得到的全球、亚洲季风区 850 hPa 风场预报中一个月内的典型误差增长。在这些预报结果中，距平相关系数在预报的 30 天内超过了 0.5。

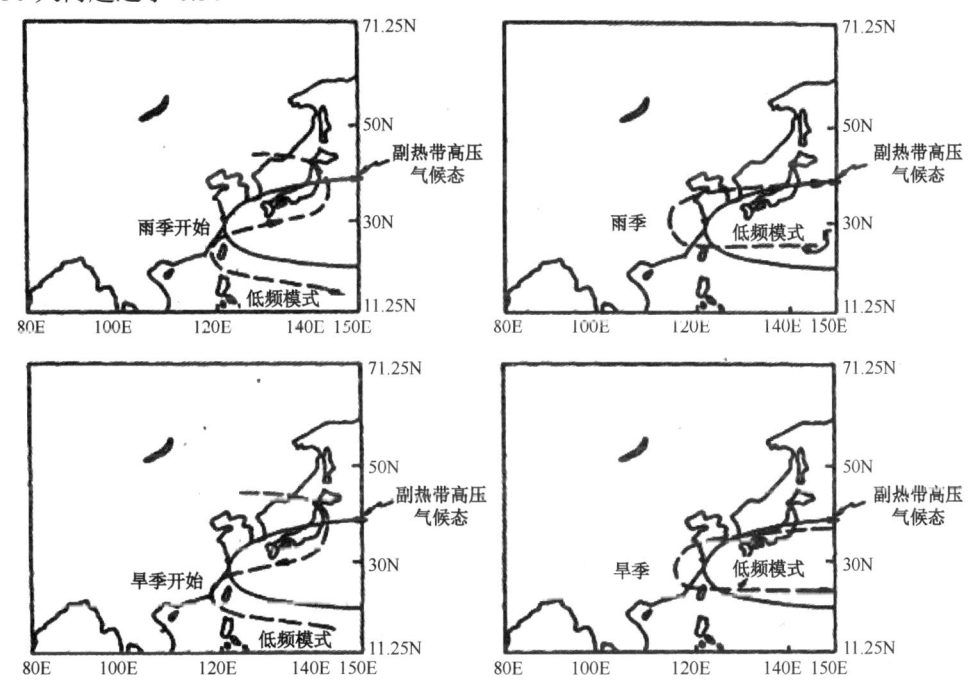

图 7.17　与图 7.16 相同，但为中国季风区（引自 Krishnamurti 等，1992b）

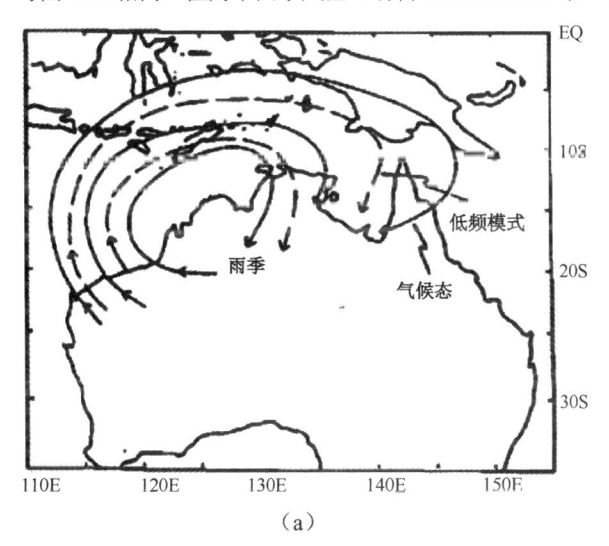

图 7.18　导致澳大利亚季风区异常干旱、多雨的同向流（a）和反向流（b）示意图（引自 Krishnamurti 等，1995）

（b）

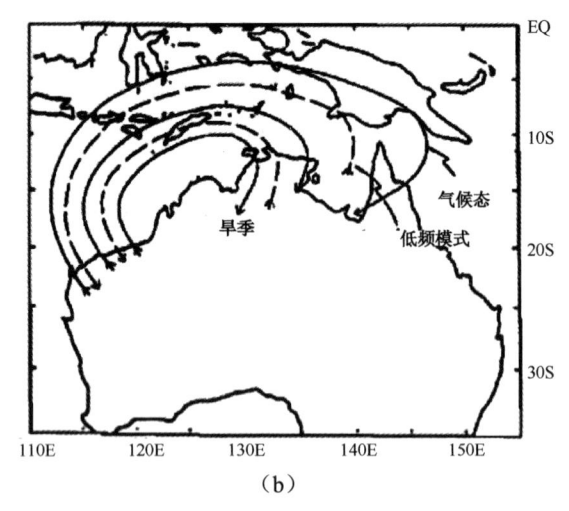

图 7.18 导致澳大利亚季风区异常干旱、多雨的同向流（a）和反向流（b）示意图（引自 Krishnamurti 等，1995）（续）

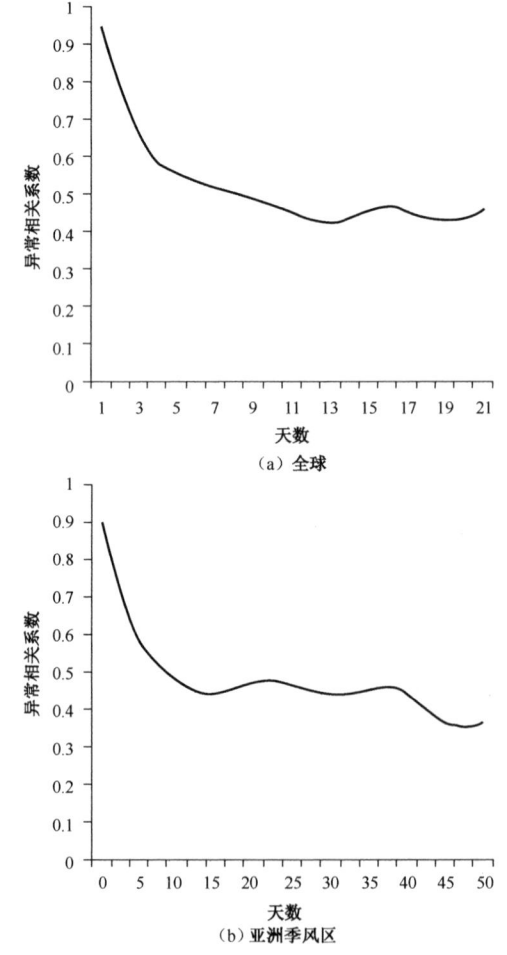

（a）全球

（b）亚洲季风区

图 7.19 低频变率预报初始化试验的全球（a）和亚洲季风区（b）850 hPa 风场的异常相关系数（引自 Krishnamurti 等，1992b）

图 7.20 给出了以 5 天为间隔的（30~60 天时间尺度滤波）850 hPa 全部的预报风场。为了进行比较，图 7.21 展示了相应的观测结果。图 7.20 中预测的 ISO 波在 ISO 的第一阶段与图 7.21 中的相应观测结果非常一致，这表明可以通过在初始时刻滤掉高频扰动，并引入海洋强迫实现对 ISO 的预报。

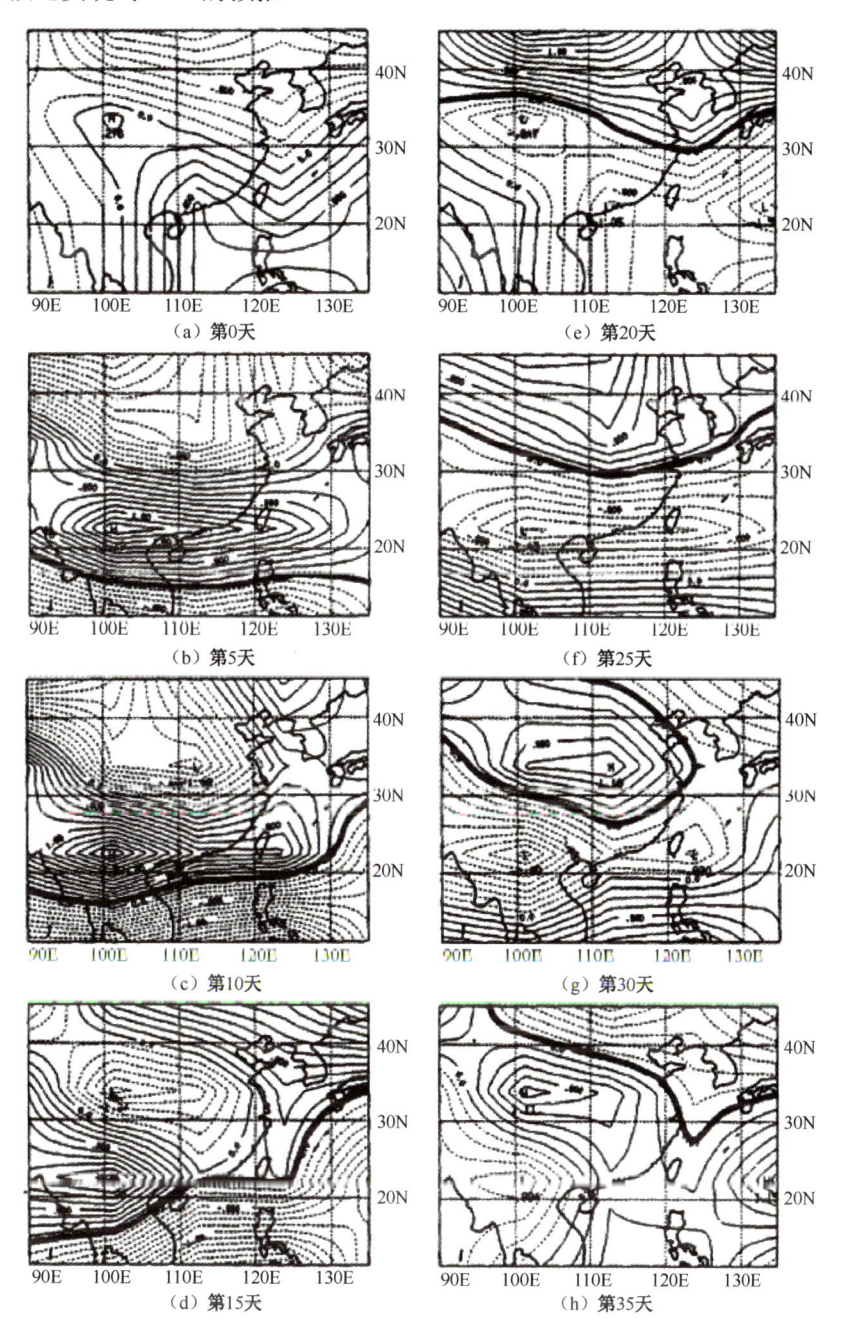

图 7.20 基于季节预测的 850 hPa 纬向风预报结果（单位：m s^{-1}），第 0 天为 1979 年 6 月 1 日，各图之间间隔 5 天（引自 Krishanmurti 等，1992b）

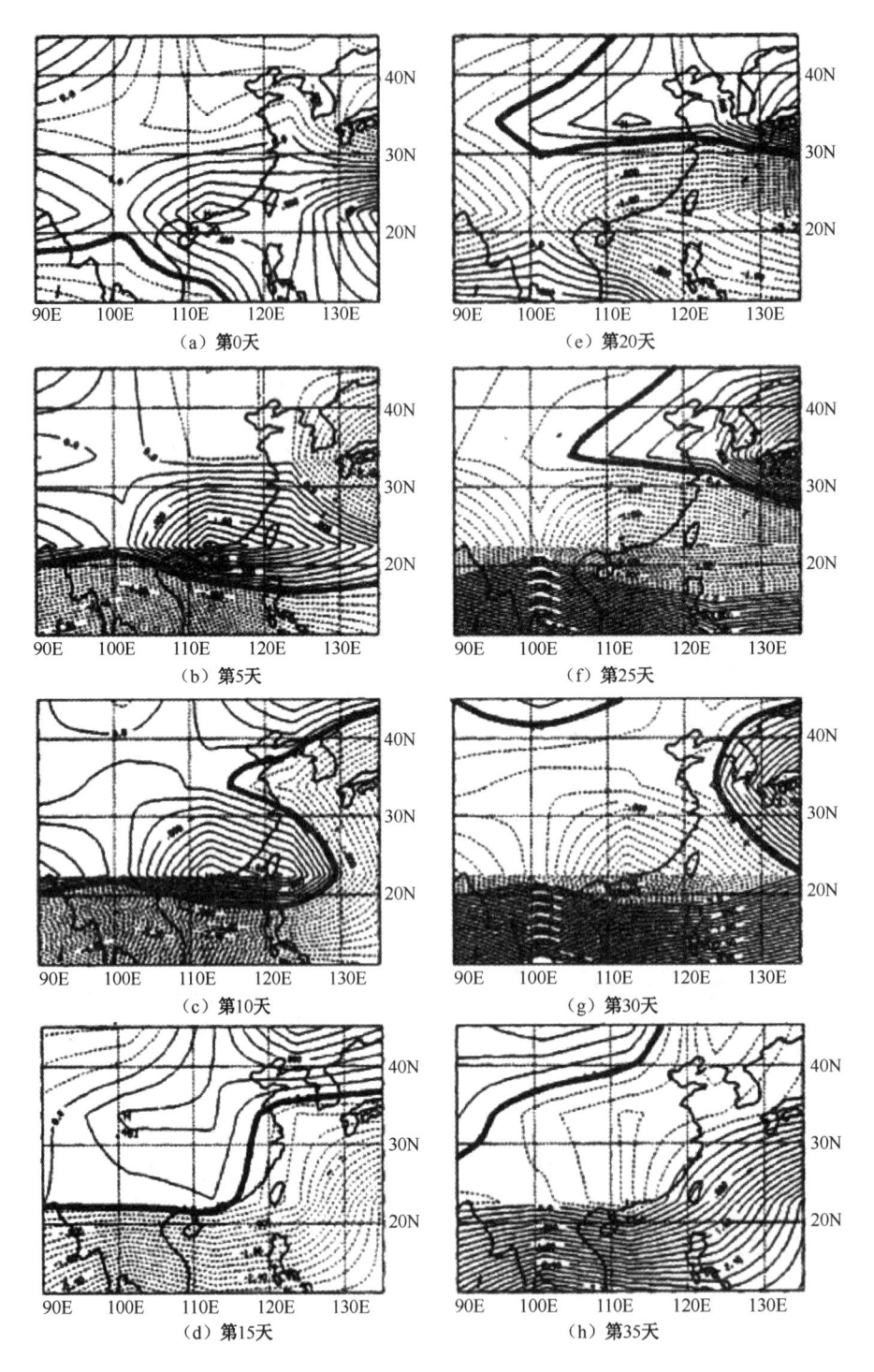

图 7.21 与图 7.20 相同，但基于观测数据绘制（ECMWF FGGE 1979 年的再分析数据；引自 Krishanmurti 等，1992b）

原著参考文献

Charney, J., Eliassen, A. On the growth of the hurricane depression. J. Atmos. Sci., 1964, 21, 68-75.

Eliassen, A., Palm, E. On the transfer of energy in stationary mountain waves. Geof. Pub., 1961, 3, 1-23.

Geisler, J. E. A linear model of the Walker Circulation. J. Atmos. Sci., 1981, 38, 1390-1400.

Krishnamurti, T. N., Jayakumar, P. K., Sheng, J., Surgi, N., Kumar, A. Divergent circulations on the 30-50-day time scale. J. Atmos. Sci., 1985, 42, 364-375.

Krishnamurti, T. N., Oosterhof, D., Mehta, A. V. Air-sea interaction on the time scale of 30-50 days. J. Atmos. Sci., 1988, 45, 1304-1322.

Krishnamurti, T. N., Subramaniam, M., Oosterhof, D., Daughenbaugh, G. On the predictability of low frequency modes. Meteorol. Atmos. Phys., 1990, 44, 131-166.

Krishnamurti, T. N., Sinha, M. C., Krishnamurti, R., Oosterhof, D., Comeaux, J. Angular momentum, length of day, and monsoonal low frequency mode. J. Meteorol. Soc. Jpn., 1992a, 70(1B), 131-166.

Krishnamurti, T. N., Subramaniam, M., Daughenbaugh, G., Oosterhof, D., Xue, J. One month forecasts of wet and dry spells of the monsoon. Mon. Weather Rev., 1992b, 120, 1191-1223.

Krishnamurti, T. N., Han, S. O., Misra, V. Prediction of wet and dry spells of the Australian Monsoon. Int. J. Climatol., 1995, 15, 753-771.

Krishnamurti, T. N., Sinha, M. C., Misra, V., Sharma, O. P. Tropical-middle latitude interactions viewed via wave energy flux in the frequency domain. Dyn. Atmos. Oceans, 1997, 27, 383-412.

Krishnamurti, T. N., Bachiochi, D., LaRow, T., Jha, B., Tewari, M., Chakraborty, D. R., Correa Torres, R., Oosterhof, D. Coupled atmosphere-ocean modeling of the El Niño of 1997-1998. J. Climate, 2000, 13, 2428-2459.

Krishnamurti, T. N., Bedi, H., Hardiker, V., Ramaswamy, L. An Introduction to Global Spectral Modeling. 2nd Edition Springer, 2006, 317.

Kuo, H. L. Convection in conditionally unstable atmosphere. Tellus, 1961, 13, 441-459.

Lau, K. M., Peng, L. Origin of low-frequency (intraseasonal) oscillations in the tropical atmosphere, Part I: The basic theory. J. Atmos. Sci., 1987, 44, 950-972.

Lilly, D. K. On the theory of disturbances in a conditionally unstable atmosphere. Mon. Weather Rev., 1960, 88, 1-17.

Lindzen, R. S. Wave-CISK in the tropics. J. Atmos. Sci., 1974, 31, 156-179.

Madden, R. A., Julian, P. R. Detection of a 40-50 day oscillation in the zonal wind in the tropical

Pacific. J. Atmos. Sci., 1971, 28, 702-708.

Nakazawa, T. Tropical super clusters within intraseasonal variations over the western Pacific. J. Meteorol. Soc. Jpn., 1988, 66, 823-839.

Randall, D., Khairoutdinov, M., Arakawa, A., Grabowski, W. Breaking the cloud parameterization deadlock. Bull. Am. Meteorol. Soc., 2003, 84(11), 1547-1564.

Saha, S., et al. The NCEP climate forecast system. J. Climate, 2006, 19, 3483-3517.

Takayabu, Y. N., Iguchi, T., Kachi, M., Shibata, A., Kanzawa, H. Abrupt termination of the 1997-1998 El Ninõ in response to a Madden-Julian oscillation. Nature, 1999, 402, 279-282.

Yanai, M., Lu, M. M. Equatorially trapped waves at the 200 hPa level and their association with convergence of wave energy flux. J. Atmos. Sci., 1983, 40, 2785-2803.

第 8 章

尺度间相互作用

8.1 简介

热带大气环流包含许多不同时间尺度和空间尺度的运动。就时间尺度或频率域而言，从几秒尺度（湍流运动），到半日和日尺度、天气尺度（2～7 天）、准双周尺度、MJO 尺度（30～60 天）、年循环、ENSO 尺度、PDO 尺度等。就空间尺度或波数域而言，从几毫米的湍流过程、几百米的云尺度运动、几百千米的热带扰动，到几千千米的非洲东风波等。

这些尺度并非独立存在的，而是在不断相互作用。描述这种现象的专业术语为"尺度间相互作用"。尺度间相互作用的数学公式有点复杂，但物理解释很简单。尺度间相互作用是大气—海洋动力学和热力学的一个中心议题。基于观测数据或数值模拟数据，可以计算给定（空间或时间）尺度与任何其他尺度之间的相互作用产生的动能或位能的变化率。

下面给出一个有趣的尺度间相互作用的例子。众所周知，深层积云对流可以促进飓风/台风/热带气旋的发展。深层积云对流（积雨云）的空间尺度只有几千米左右，而飓风的空间尺度达 100 千米以上。这些不同空间尺度之间是如何相互作用的呢？这是一个需要通过尺度间相互作用方法解决的问题。

8.2 波数域

能量（除平均流外的）在不同尺度运动之间传输的唯一方式是三重波相互作用；当且仅当 $k+m=n$，或 $-k+m=n$，或 $k-m=n$ 时，波数为 n、m 和 k 的三重波才可以相互作用，这就是所谓的三角选择规则（参见 Saltzman，1957）。

象征性地，波数为 n 和纬向平均流的动能和位能的变化的计算公式为

$$\frac{\partial K_n}{\partial t} = \langle K_0 \to K_n \rangle + \langle K_{n,m} \to K_k \rangle + \langle P_n \to K_n \rangle + \langle F_n \to K_n \rangle$$

$$\frac{\partial K_0}{\partial t} = -\sum_n \langle K_0 \to K_n \rangle + \langle P_0 \to K_0 \rangle + \langle F_0 \to K_0 \rangle$$

$$\frac{\partial P_n}{\partial t} = \langle P_0 \to P_n \rangle + \langle P_{k,m} \to P_n \rangle - \langle P_n \to K_n \rangle + \langle H_n \to P_n \rangle$$

$$\frac{\partial P_0}{\partial t} = -\sum_n \langle P_0 \to P_n \rangle - \langle P_0 \to K_0 \rangle + \langle H_0 \to P_0 \rangle$$

式中，K_n 和 K_0 分别代表波数为 n 和波数为 0（纬向平均值）的动能；同样，P、F 和 H 分别代表下标所示波数的有效位能、摩擦耗散和加热。$\langle\ \rangle$ 中的项表示交换（箭头方向为正），这些交换可以分析如下。

（1）纬向基流向波动的动能交换。

$$\langle K_0 \to K_n \rangle = -\left[\varPhi_{uv}(n)\frac{\cos\varphi}{a}\frac{\partial}{\partial\varphi}\left(\frac{U(0)}{\cos\varphi}\right) - \varPhi_{vv}(n)\frac{1}{a}\frac{\partial V(0)}{\partial\varphi} + \right.$$
$$\left. \varPhi_{u\omega}(n)\frac{\partial U(0)}{\partial p} + \varPhi_{v\omega}(n)\frac{\partial V(0)}{\partial p} - \varPhi_{uu}(n)V(0)\frac{\tan\varphi}{a} \right]$$

该公式表示纬向平均动能向波数为 n 的扰动的动能转换（符号的含义及转换方程的推导参见本章附录 1）。这或多或少是一种正压能量交换的过程，引入了纬向平均运动和涡动通量之间的协方差。

（2）波—波动能交换。

$$\langle K_{n,m} \to K_n \rangle = \sum_{\substack{m=-\infty \\ m\neq 0}}^{\infty} \left\{ U(m)\left(\frac{1}{a\cos\varphi}\varPsi_{uu_\lambda}(m,n) + \frac{1}{a}\varPsi_{vu_\varphi}(m,n) + \right.\right.$$
$$\left. \varPsi_{\omega u_p}(m,n) - \frac{\tan\varphi}{a}\varPsi_{uv}(m,n) \right) +$$
$$V(m)\left(\frac{1}{a\cos\varphi}\varPsi_{uv_\lambda}(m,n) + \frac{1}{a}\varPsi_{vv_\varphi}(m,n) + \right.$$
$$\left. \varPsi_{\omega v_p}(m,n) + \frac{\tan\varphi}{a}\varPsi_{uu}(m,n) \right) -$$
$$\frac{1}{a\cos\varphi}\frac{\partial}{\partial\varphi}\left[\cos\varphi(U(m)\varPsi_{vu}(m,n) + V(m)\varPsi_{vv}(m,n)\right] -$$
$$\left. \frac{\partial}{\partial p}(U(m)\varPsi_{\omega u}(m,n) + V(m)\varPsi_{\omega v}(m,n)) \right\}$$

波—波动能交换是指不同尺度运动之间动能的非线性交换。这是三重态相互作用，因为涉及三重乘积。3 个尺度（m、k、n）必须满足 $m+k=n$ 或 $m-k=n$ 或 $-m+k=n$，否则动能交换为零。

(3) 有效位能和动能之间的波—波转换。

$\langle P_n \to K_n \rangle = -\dfrac{R}{P}\Phi_{T\omega}(n)$ 是指 n 波的位能转化为相同波数的动能。这是一个（尺度内）二重态相互作用。

(4) 摩擦耗散和动能之间的波—波转换。

$\langle F_n \to K_n \rangle$ 是指摩擦耗散和动能之间的转换。这也是相同尺度内的二重态相互作用。因为摩擦力是动能的汇，所以该项应该为负值。

(5) 有效位能与动能的纬向转换。

$\langle P_0 \to K_0 \rangle = -\dfrac{R}{P}\Phi_{T\omega}(0)$ 是指纬向平均位能到纬向平均动能的转换。这对应于 Hadley 环流的垂直翻转，即暖空气上升、冷空气下沉。

(6) 纬向基本流向波动的有效位能交换。

$\langle P_0 \to P_n \rangle = -\left[\dfrac{C_p\gamma}{a}\Phi_{Tv}(n)\dfrac{\partial Y(0)}{\partial \psi} + \dfrac{\gamma p^\mu}{\mu}\left\{\Phi_{T\omega}(n)''\dfrac{\partial \overline{\theta}''}{\partial p}\right\}\right]$ 是指纬向平均流与 n 波扰动之间的位能交换，它与纬向基本流和不同尺度波动之间的热通量相关。

(7) 有效位能的波—波交换。

$$\langle P_{m,n} \to P_k \rangle = C_p\gamma \sum_{\substack{m=-\infty \\ m\neq 0}}^{\infty} Y(m)\left(\dfrac{1}{a\cos\varphi}\Psi_{uT_\lambda}(m,n) + \dfrac{1}{a}\Psi_{vT_\varphi}(m,n) + \right.$$

$$\left. \Psi_{\omega T_p}(m,n) + \dfrac{R}{C_p p}\Psi_{\omega T}(m,n)\right) -$$

$$\dfrac{1}{a\cos\varphi}\dfrac{\partial}{\partial \varphi}\cos\varphi Y(m)\Psi_{vT}(m,n) - \dfrac{\partial}{\partial p}Y(m)\Psi_{\omega T}$$

有效位能的波—波交换是指不同尺度波动之间的非线性位能交换。这是满足选择规则的三重波之间的相互作用。

(8) 波动有效位能的产生。

$\langle H_n \to P_n \rangle = \gamma\Phi_{Th}(n)$ 是指加热产生的波数为 n 的有效位能。这涉及 n 波尺度上的加热和温度的变化，该项为二次项。

(9) 纬向有效位能的产生。

$\langle H_0 \to P_0 \rangle = \gamma\Phi_{Th}(0)$ 是指加热产生的纬向平均尺度的有效位能。此时，有效位能的产生是通过纬向平均加热和温度的变化来实现的。

平均气流和不同尺度波动之间可能的能量交换的整体示意如图 8.1 所示。

波数域中给定尺度 n 的总能量收支必须包括以下部分。

(1) 涉及二次非线性的交换（尺度内交换）：

— 尺度 n 上由热源（或热汇）导致的有效位能的产生（或损失）；

— 尺度 n 上动能和有效位能之间的转换；

— 纬向平均动能和尺度 n 上动能之间的转换；

—— 纬向平均有效位能和尺度 n 上有效位能之间的转换。
（2）涉及三重乘积的非线性交换（跨尺度交换）：
—— 波数 m、k 的三重有效位能交换，其中 $n=\pm(m\pm k)$；
—— 波数 m、k 的三重动能交换，其中 $n=\pm(m\pm k)$。

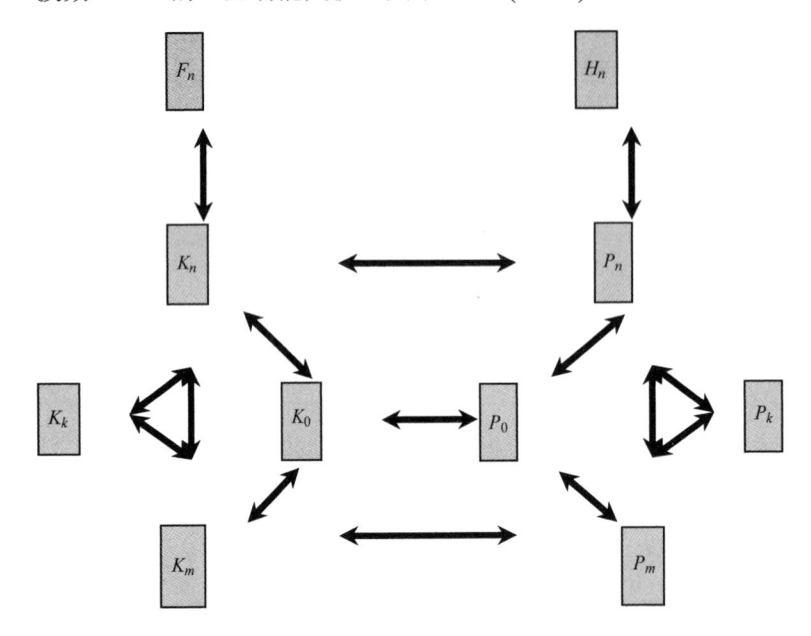

图 8.1　平均气流（下标 0）和不同尺度波动（下标 k、m、n）之间可能的能量交换的整体示意

8.3　频域

类似的方法也可以用于推导频域能量交换方程。在这种情况下，变量的傅里叶分解是在时间域上的，而不是在空间域上的，即 $f(t)=\sum_{n=-\infty}^{\infty}F(n)\mathrm{e}^{\mathrm{i}2\pi nt/T}$，其中，$T$ 是数据集的长度。在这种情况下，n 表示波的频率（而不是波数）。时间振荡可分为长期平均（$n=0$）、低频模式（n 较小）和高频模式（n 较大）。为了使频率为 n、m 和 k 的振荡之间能进行能量交换，需要满足选择原则 $k=\pm(m\pm n)$。例如，如果使用一年的数据集（$T=365$ 天），天气尺度（2.5～5 天）振荡的频率 $m,n=146-73$。另外，热带季节内振荡的典型周期是 30～50 天，或者 $k=12-7$。那么，MJO 时间尺度与天气尺度之间允许的相互作用是：

$m=146, n=139, k=7; m=146, n=138, k=8; \cdots; m=146, n=134, k=12;$
$m=145, n=138, k=7; m=145, n=137, k=8; \cdots; m=146, n=133, k=12;$
$m=85,\ \ n=78,\ \ k=7; m=85,\ \ n=77,\ \ k=8; \cdots; m=85,\ \ n=73,\ \ k=12$

8.4 频域示例

在尺度间相互作用中，MJO 的维持是一个很有吸引力的问题。MJO 的时间尺度为 20～60 天，理论上可以与如下几个时间尺度存在相互作用：

（1）热带扰动时间尺度（4～7 天），包括热带波和低压；

（2）年循环；

（3）厄尔尼诺—南方涛动时间尺度；

（4）长期平均状态，即气候态。

Sheng 和 Hayashi（1990a，1990b）使用过去 30 年的全球再分析数据集研究了这个问题，他们得到的最重要的结论是，4～7 天时间尺度上天气尺度的典型波动为维持 MJO 时间尺度（20～60 天）的运动提供了动能。这种从天气尺度到 MJO 时间尺度的动能交换涉及一系列的频率，在通常情况下，两个频率位于 4～7 天时间尺度天气尺度，一个频率位于 MJO 时间尺度（时间尺度是频率的倒数）。举例而言，5～6 天时间尺度与 30 天时间尺度间相互作用，即 1/30=1/5−1/6。这个例子满足选择规则 $n_{\text{MJO}} = n_{\text{synoptic1}} - n_{\text{synoptic2}}$。

Sheng 和 Hayashi（1990a，1990b）的研究还有一些其他的发现。

— 还有一族三重波，可以为 MJO 时间尺度的运动提供有效位能。这类交换一般都很小。

— MJO 时间尺度的有效位能主要来自 MJO 时间尺度运动的尺度内加热。

— MJO 时间尺度的动能也来自垂直翻转过程（同一时间尺度上的暖空气净上升、冷空气下沉，将有效位能转换为动能）。相对于 MJO 时间尺度上的三重波动能交换，这一项的贡献较小。

这就产生了三重波之间的相互作用。在一项研究中，Krishnamurti 等（2003）回答了在 MJO 时间尺度上，哪些尺度的波动对热带海洋向大气的潜热通量最重要。他们再次发现了三重波相互作用，其中，两个波在 4～7 天时间尺度天气尺度范围内，一个波在 MJO 时间尺度范围内。大量这样的三重波对潜热通量起到促进作用。图 8.2 和图 8.3 给出了地表和行星边界层顶的研究结果，分别显示了热带印度洋和西太平洋的年潜热总通量。

在图 8.2 和图 8.3 中，（a）～（h）的内容分别如下。

（a）MJO 时间尺度上的潜热总通量。

（b）仅由 MJO 时间尺度与 3～7 天时间尺度天气尺度间相互作用产生的 MJO 时间尺度上的潜热总通量。

（c）三重频率（MJO 时间尺度和 3～7 天时间尺度天气尺度的相互作用）对潜热总通量的贡献。

（d）显著的三重频率。形式为 7, 57, 50 的三重频率的解释为：时间尺度分别为 364/7 天、364/57 天和 364/50 天。这里，三重态相互作用涉及表面风 V、海温 T 对应的饱和比湿 q_s 和依赖稳定性的阻力系数 CD 的三重乘积。

图 8.2（a）～图 8.2（d）显示了常值通量层，即近地层的情况。图 8.2（e）～图 8.2（h）显示的场与图 8.2（a）～图 8.2（d）依次对应，但位于行星边界层顶部。所有通量都以 W m^{-2} 为单位。如图 8.2 所示的热带印度洋上空的结果与如图 8.3 所示的西太平洋上空的结果非常相似。总而言之，年潜热总通量的很大一部分（近 15%）发生在 MJO 时间尺度上。在 MJO 时间尺度上，这种从海洋到大气的通量需要相同时间尺度的 SST 变化率。天气尺度（4～7 天）扰动似乎在 MJO 时间尺度上从海洋中获得能量。如果 MJO 时间尺度的 SST 变化率很小，那么 MJO 时间尺度上的潜热通量也很小。结果发现，在 MJO 时间尺度上，一些显著的三重频率［见图 8.2（d）～图 8.2（h）］占潜热总通量很大的一部分。这似乎同时涉及 MJO 时间尺度和天气尺度。

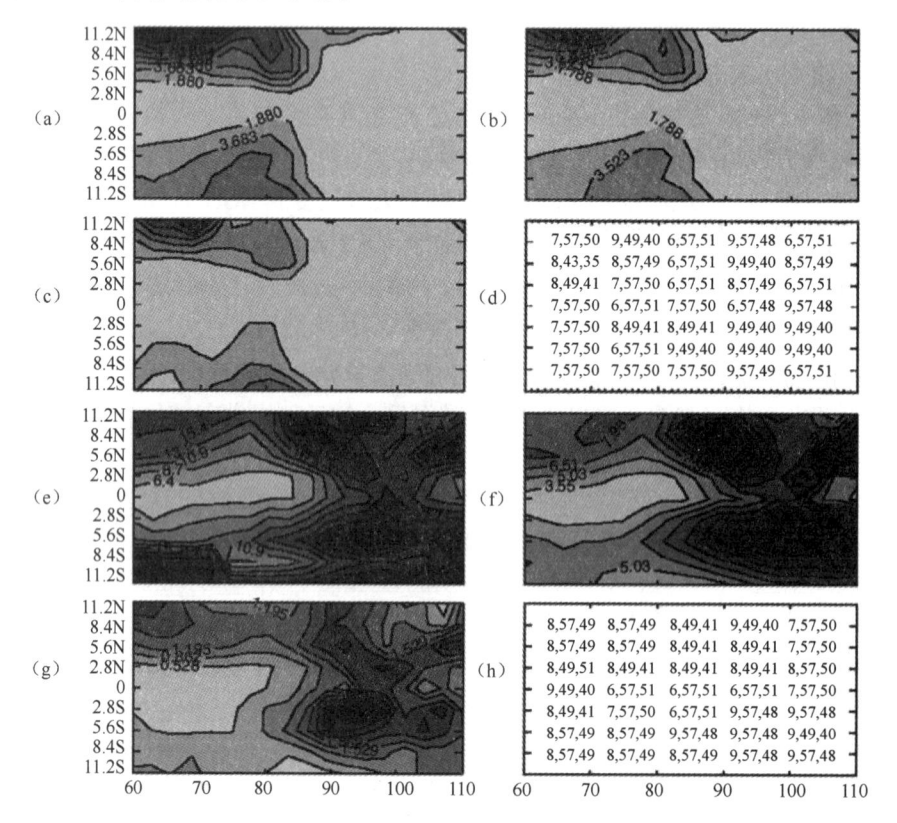

图 8.2 印度洋上空的潜热通量（单位：W m^{-2}）。(a) MJO 时间尺度上穿越常值通量层的潜热总通量。(b) 在 MJO 时间尺度上，仅由 MJO 时间尺度与 3～7 天时间尺度天气尺度相互作用产生的穿越常值通量层的潜热总通量。(c) 近地层中显著（最强）的三重频率相互作用贡献的潜热通量。(d) 对 MJO 时间尺度上穿越常值通量层的潜热总通量有贡献的最强三重频率相互作用。(e) MJO 时间尺度上 850 hPa 高度行星边界层（PBL）中的潜热总通量。(f) 在 MJO 时间尺度上，仅由 MJO 时间尺度与天气尺度（3～7 天）相互作用而产生的 850 hPa 高度 PBL 中的潜热总通量。(g) PBL 中显著（最强）的三重频率相互作用贡献的潜热通量。(h) 对 MJO 时间尺度上 850 hPa 高度 PBL 中的潜热通量有贡献的最强三重频率相互作用（引自 Krishnamurti 等，2003）

根据尺度间相互作用计算得出的 MJO 的机制如下：在环绕全球热带的整个 MJO 时间

尺度上并没有发现有组织的云，因此，云在 MJO 时间尺度上并未组织化。在这个区域，我们确实看到了似乎与 MJO 波有关的云，如在季风带和热带西太平洋等地区，但实际上我们看到的是与这些区域的天气尺度、中尺度扰动有关的云。MJO 时间尺度上对流相关的辐合、辐散量级为 $10^{-7} \sim 10^{-6}$。这种辐合、辐散太弱，不足以实现 MJO 时间尺度上深层积云对流的组织化。有足够的证据表明，云是在热带波天气尺度上组织化的，并在天气尺度内嵌入了中尺度运动。在这种情况下，术语"对流组织化"是指在天气扰动尺度上云的组织化，大量对流中心的组织化有助于在对流加热和温度间产生协方差，从而为对流尺度和天气尺度扰动的发展提供有效位能。此外，垂直速度和温度间产生的协方差也出现在这些类似组织化的尺度上，为天气尺度扰动提供涡旋动能。这是亚洲季风和热带西太平洋纬度带天气尺度运动的维持机制之一。这些二次非线性（协方差）支持尺度内的过程。没有按天气尺度组织化的云层不能满足三角选择规则，而是会整体减弱。这个方案的下一个组成部分是 MJO 的维持，可以用组织化的动力学解释：这里，一对天气尺度（如 5 天和 6 天时间尺度的扰动）可以与 MJO 时间尺度的一个成员（如 30 天时间尺度，$1/5 - 1/6 = 1/30$，满足空间坐标系选择规则）相互作用，并为 MJO 时间尺度的扰动提供能量。这种由三重波决定的能量交换主要来自非线性平流动力学项，因此需要一个组织化的动力学过程来满足能量交换和 MJO 的维持。

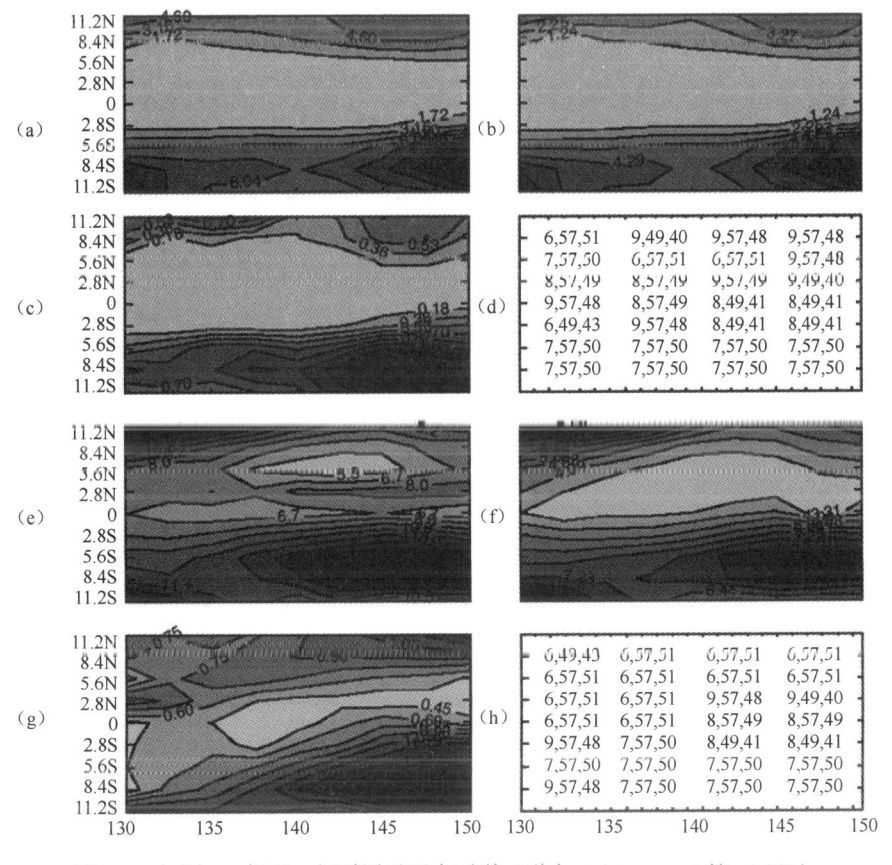

图 8.3　与图 8.2 相同，但适用于西太平洋（引自 Krishnamurti 等，2003）

8.5 波数域示例

8.5.1 全球热带地区

在亚洲夏季风背景下，尺度间相互作用揭示了其维持机制。当季风爆发时，行星尺度的季风环流（纬向1波和2波）迅速形成。图8.4显示了季风爆发前、爆发中和爆发后的动能谱随纬向波数的变化。这个动能是 50°E～150°E、30°S～40°N、地表至 100 hPa 范围内的质量平均动能。它清楚地表明，1979 年 6 月季风爆发后不久，在行星尺度（纬向1波和2波）上就显示出能量的爆发性增长。这个行星尺度如图8.5所示，该图给出了 8 月

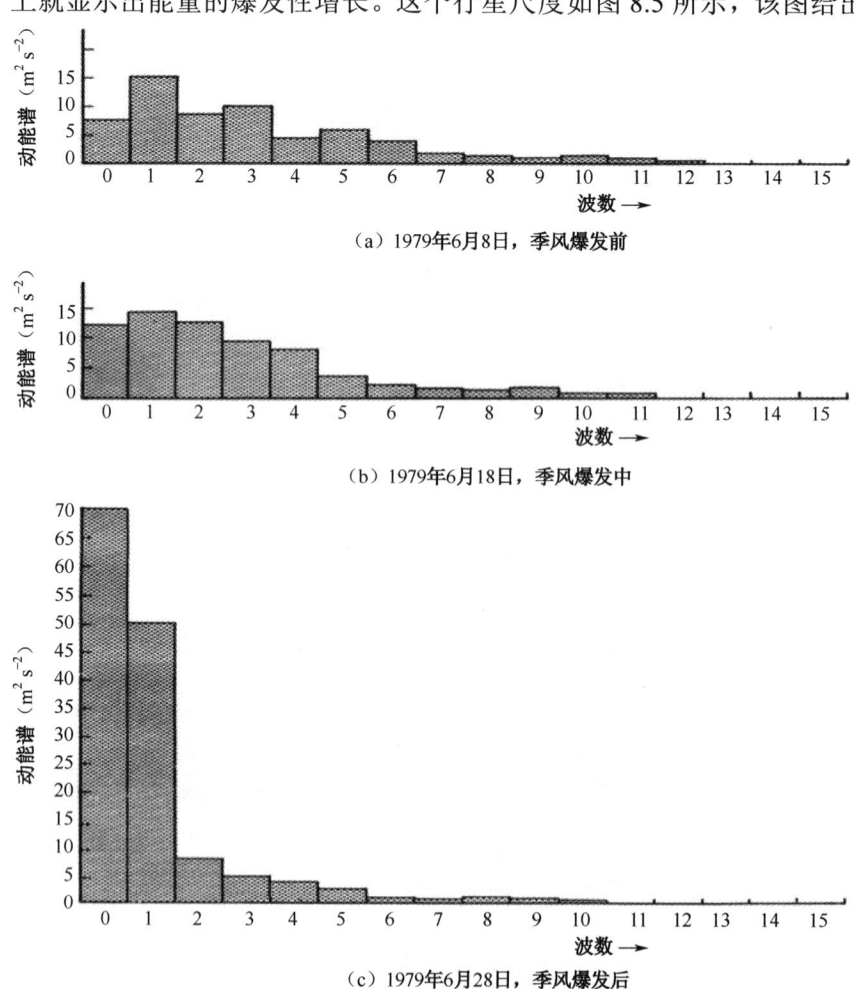

(a) 1979年6月8日，季风爆发前

(b) 1979年6月18日，季风爆发中

(c) 1979年6月28日，季风爆发后

图 8.4　在 1979 年季风爆发前、爆发中和爆发后的动能谱（在 50°E～150°E、30°S～40°N、地表至 100 hPa 范围内取质量平均；根据 NCEP/NCAR 再分析数据计算）

200 hPa 上 10 年平均的流场，显示了季风爆发后青藏高压的建立所揭示的行星尺度季风的地理范围。这支季风延伸至 20°W 太平洋日界线附近。这个高层反气旋系统下方的对流层是暖性的，在很大程度上主要是亚洲上空的积云对流持续加热的结果。时间平均的热力学场如图 8.6 所示，该图给出了夏季 300 hPa 平均气温。东西向的热力不对称也是这个行星尺度特征的一部分。在副热带大西洋和太平洋中部发现了冷槽，这也是出现大洋中部高空槽的地方。就尺度间相互作用而言，另一个重要的特征是东西向的辐散环流，在高空反气旋区域缓慢上升，而在高空槽区域缓慢下沉。这个特征可以从速度势的几何结构和辐散风的流线分布上很好地得到反映（见图 8.7）。

图 8.5　8 月 200 hPa 上 10 年平均的流场（根据 NCEP/NCAR 再分析资料计算）

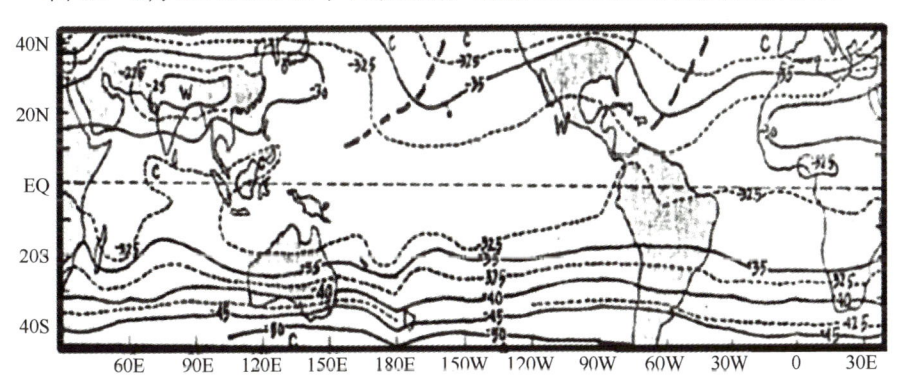

图 8.6　夏季 300 hPa 的平均气温（单位：℃；根据 NCEP/NCAR 再分析资料计算）

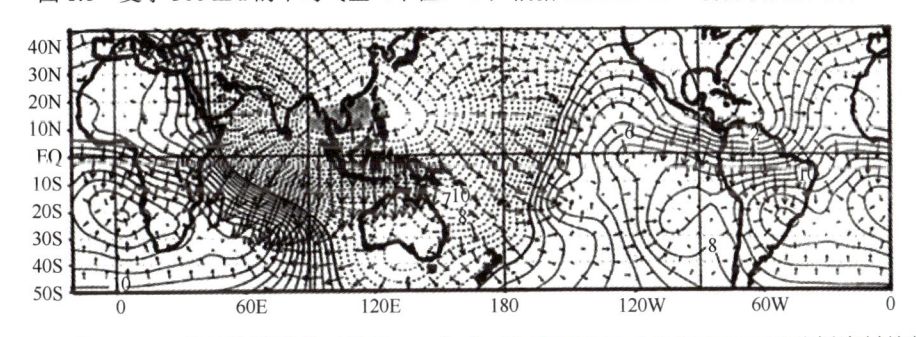

图 8.7　8 月 200 hPa 的平均速度势（单位：$10^6 \, m^2 s^{-1}$）和辐散风（根据 CDAS 再分析资料绘制）

图 8.8 引自 Kanamitsu 等（1972），给出了利用尺度间相互作用导出的热带地区夏季大气中纬向平均流及短、中、长波之间的能量交换示意。图 8.8 说明了以下情况：在长波尺度上，东西方向存在明显的加热差异（H_L）。这将在长波尺度上建立有效位能（P_L）。辐散的东西向环流具有垂直速度和温度的净协方差，即 $-\dfrac{\omega_L T_L}{p} > 0$，可以产生长波动能。

在纬向平均意义上，夏季 Hadley 环流的能量也是这一情景的重要组成部分。10°N 附近纬向平均加热 H_Z 和 25°S 的净冷却产生了纬向有效位能 P_Z。Hadley 环流通过 10°N 附近暖空气的上升和南半球 25°S 附近冷空气的下沉产生了动能 K_Z。

用下标 S 表示的较短的时间尺度和空间尺度的扰动包括热带波、热带低压和热带风暴。有些扰动具有冷核，而另一些扰动是具有暖核。根据结构和热力学状态，它们可以从有效位能转换为涡流动能，反之亦然。

图 8.8 显示了可以象征尺度间相互作用的多尺度之间的横向能量交换。热带地区的长波和短波之间存在非线性动能交换，也有相当多的证据表明动能从纬向尺度向较短的尺度转移（Krishnamurti 等，1975b）。位能在不同尺度间的非线性交换具有一定的不确定性，但目前的资料证明了长波 P_L 向短波 P_S 的降尺度传输。在季风系统上建立了一个长波尺度的巨型海风线状系统，这个大尺度系统通过尺度间相互作用向其他尺度提供能量。

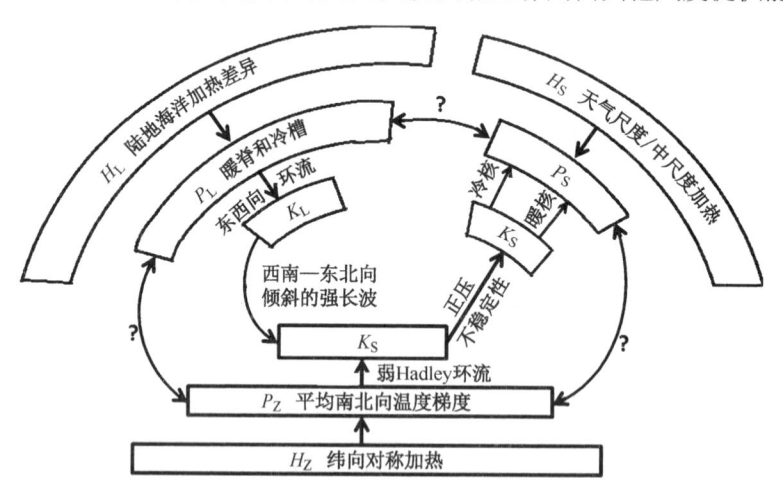

图 8.8 热带地区大气中纬向平均流及短、中、长波之间的能量交换示意（单位：10^{-6} m² s⁻³；引自 Krishnamurti，1979）

8.5.2 飓风

尺度间相互作用的方法亦可用于了解飓风内部的尺度间相互作用。采用圆柱坐标系，在方位角方向上进行傅里叶分解。方位角方向 0 波对应飓风平均环流，1 波和 2 波对应飓风非对称部分，较高的波数可能与云尺度上的贡献有关。不同形式的能量之间有能量交换，如动能、有效位能的纬向能量和涡动能量，以及在同一种形式能量之间的非线性交换，如动能到动能、涡动有效位能到涡动有效位能，这些都是不同尺度之间的能量交换。本章附录 1 提供了具体的数学表达式。

（1）$\langle P_0 \cdot K_0 \rangle$。涡动有效位能的产生及其向涡动动能的转换，即风暴的动能依赖两个能量间协方差的大小。它们是对流加热和温度，以及垂直速度和温度的乘积。与周围环境相比，眼壁的增温、眼壁和雨带周围的下沉、暴雨区的对流加热是导致这些过程发生的重要因素。

（2）$\langle P_L \cdot K_L \rangle$。飓风的尺度可以通过沿包括最大风速在内的内半径的方位角坐标进行风场的傅里叶分析来评估。这样的分析表明，大部分方位角方差存在于（波数为 0 的）方位角平均值，以及围绕方位角坐标的前 2 个或 3 个最长波（这里用以风暴中心为原点的局地柱坐标表示）。这些长波和波数为 0 的波对飓风尺度下涡动有效位能转换为涡动动能的贡献最大。这是由垂直环流引起的，即 0 波的 Hadley 环流。这也发生在长波尺度上，那里暖空气的上升相较冷空气的下沉更有助于协方差的增大，从而使飓风加强。这种能量转换的最终结果是涡动动能的增加和飓风的加强。有组织对流的破坏也可能以相反的方式导致飓风减弱。

（3）$\langle P_c \cdot K_c \rangle$。从涡动有效位能向涡动动能的能量转换，$P_c$ 到 K_c 只能在云尺度上产生动能，而不能在飓风尺度上产生动能。原因在于这种能量转换引起了垂直运动和温度之间的二次非线性过程，所有这种二次非线性过程只能在尺度内发生。

（4）$\langle H_0 \cdot P_0 \rangle$。在云尺度上产生的有效位能 H_0 到 P_0 定义了在云尺度上的加热（在暖云上空加热，而在较冷的云上空冷却）产生的能量。这是一个二次项，只会描述尺度内过程，并不直接涉及飓风尺度。该计算涉及云尺度对流加热和云尺度温度的协方差。

（5）$\langle H_L \cdot P_L \rangle$。飓风能量学的重要组成部分。这里，方位角长波尺度上的加热（在暖云上空加热，而在较冷的云上空冷却）可以生成有效位能。

（6）$\langle H_c \cdot P_c \rangle$。在小尺度上产生的有效位能。

（7）$\langle P_S \cdot P_L \rangle$。从 P_S 到 P_L 表示在短波尺度上和长波尺度上有效位能的传递。该计算采用二重波非线性，并要求在短波和长波之间通过传热进行感热传递，热量可以沿着或逆着长波的热梯度方向传递。如果感热从长波传递到短波（从而增强短波），则这种传递是长波传递给短波的；反之亦然。但是，并未发现这是飓风能量学的主要驱动因素。

（8）$\langle K_S \cdot K_L \rangle$。短波和长波之间直接的动能交换。这就引起了三重波非线性，通常使两个短波与一个长波发生相互作用，导致长波动能的增加或损失。动能交换的符号是由局地长波流和短波涡动通量的辐合辐散特征之间的协方差决定的。如果行星尺度的季风从长波的有效位能建立了长波尺度的动能，那么这种能量通常被三重波机制频散到短波。在飓风中，三重波非线性动能交换对方位角方向的长波和短波之间的相互交换并不具有非常重要的贡献。

（9）$\langle K_0 \cdot K_L \rangle$。$K_0$ 到 K_L 的交换，表示从纬向基流到长波尺度的传统正压过程，其中引入了方位平均流和长波尺度下涡动通量辐合辐散特征之间的协方差。在飓风动力学和行星尺度的季风中，这都是一个重要的贡献因素。

（10）$\langle K_0 \cdot K_S \rangle$。从方位角平均纬向动能到短波尺度动能的交换。简单来说，这是正压稳定/不稳定问题的另一个组成部分。这就引入了纬向流和由短波引起的涡动通量的辐合辐散特征之间的协方差。这虽然不是一个无关紧要的影响，但是似乎并不直接对飓风尺度的运动产生重要影响。

（11）$\langle P_0 \cdot P_L \rangle$。$P_0$ 到 P_L 表示从方位角平均有效位能向方位角长波尺度有效位能的交换。$\langle P_0 \cdot P_L \rangle$ 是飓风动力学一个重要的组成部分。波数为 0 的方位角平均流具有暖核结构，可以实现有效位能的交换。

（12）$\langle P_0 \cdot P_c \rangle$。$P_0$ 到 P_c 表示从纬向平均有效位能向长波位能的交换。这与沿着或逆着方位角平均流的热梯度的感热通量有关。

单个的积雨云或云团在一段时间内演变成一个大尺度的云团时,会发生对流的组织化(Moncrieff,2004)。在一个简单的线性模型中,这是一个正反馈循环。在这个循环中,强烈的潜热产生上升运动,在高空产生辐散,从而使地面气压降低。降低的地面气压增大了低层的气压梯度,从而产生了更强的低层风。这导致风暴中心的辐合变得更强,并使对流进一步增强。另外,整个循环过程将重复进行。

为了揭示模拟飓风过程中的对流组织化,对不同波数下雨水混合比的振幅谱进行研究。选择雨水混合比是因为它可以指示飓风中深厚对流云单体的特征(Krishnamurti 等,2005)。用这种方法解释对流组织化有三方面原因:①振幅可以度量信号的强度;②随着风暴的形成,某些波数的信号随之增强;③可以确定风暴中发生对流组织化的部分,即可以确定哪些半径的信号最强。利用所有的飓风模拟结果,对柱坐标系中 900 hPa 高度上的每个雨水混合比数据点进行傅里叶变换,然后绘制波数分别为 0、1、2、25 的振幅谱的时间—半径图。由于波数超过 3 之后能量将迅速衰减,因此,我们将波数 3 以上的所有波集中在一起,统称为"云尺度"。另外,随机选择波数 25 作为任何云尺度谐波的代表。

图 8.9 和图 8.10 分别给出了 2001 年 9 月 11—14 日 900 hPa 上飓风 Felix 72 小时预报的雨水混合比(kg kg^{-1})和风速。

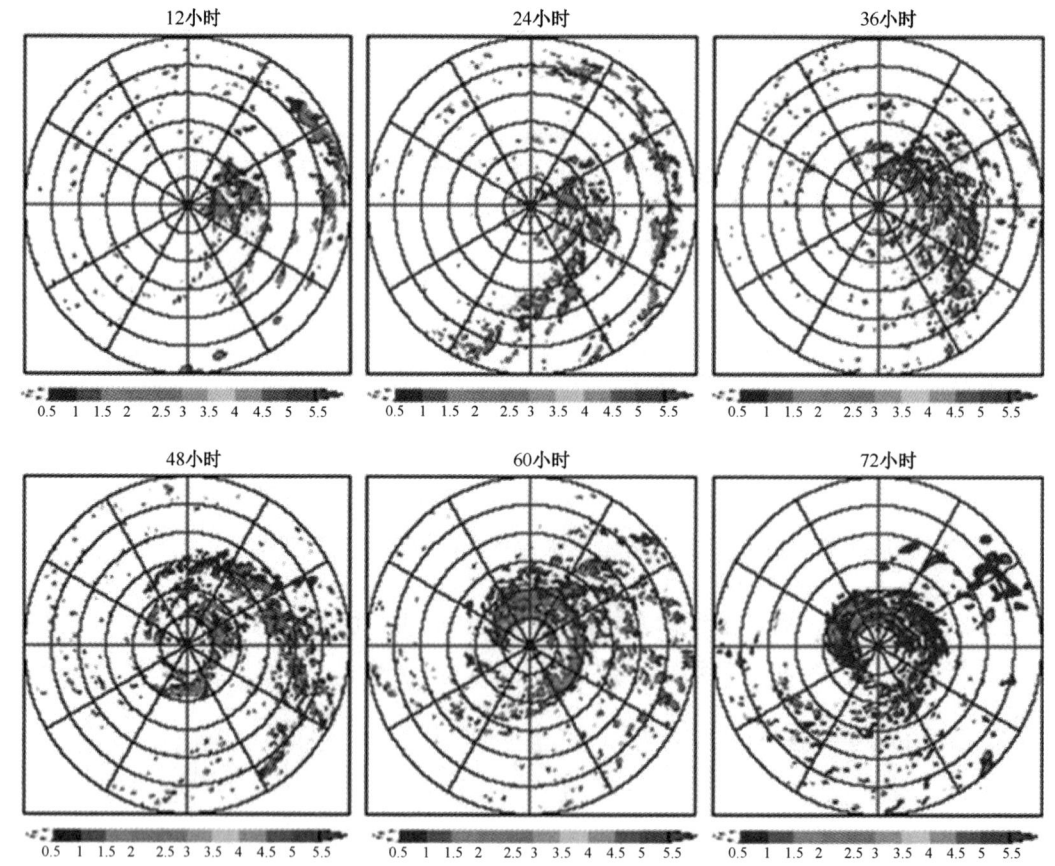

图 8.9 以 Felix 飓风中心为坐标原点的 2001 年 9 月 11—14 日 900 hPa 上的雨水混合比($\times 10^{-3}$ kg kg^{-1})预报结果,其中径向增量为 0.5°(约 56 km)

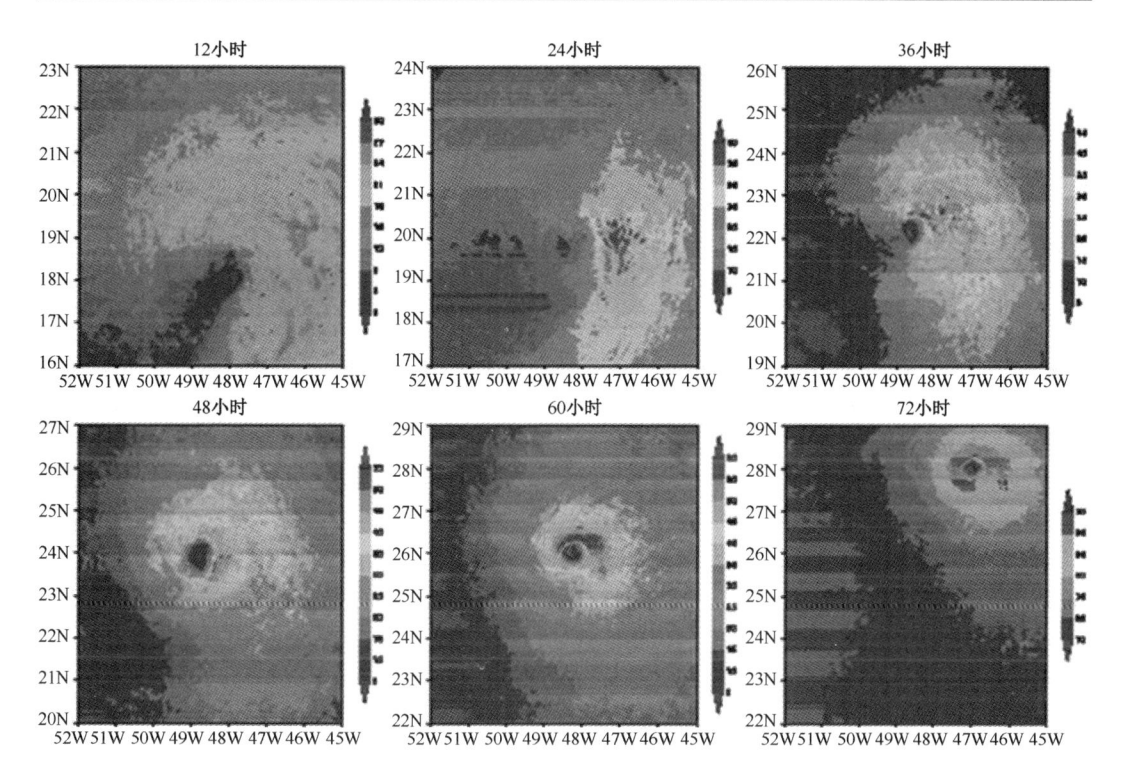

图 8.10 模式预报的 2001 年 9 月 11—14 日飓风 Felix 900 hPa 上风场分布（单位：m s^{-1}），各图之间间隔 12 小时

从 12 小时到 36 小时，风暴非常不对称，雨水混合比预报的最大值出现在风暴中心的东南部和东部，900 hPa 最大风速出现在风暴中心的东部，因此，预计 1 波信号逐渐加强。从 48 小时到 72 小时，风暴将逐渐变对称，0 波信号出现最大的振幅，但是风暴仍有些不对称。

能量学的中心问题是，深厚积云对流只能通过飓风尺度上云层沿方位角方向的组织化驱动飓风。很多的云单体，如果它们并没有被组织化，就无法产生有效位能，也无法将其转化为飓风的动能。随着组织化的发展，强度可能会发生变化。在飓风形成的早期阶段，动力不稳定性在对流组织化中起着重要作用，它提供了沿以气旋中心为圆心的圆形云带分布。这通常在正压过程中发生，即当切变流涡度转化为曲率涡度时。

飓风尺度主要用方位角尺度 0 波、1 波、2 波和 3 波来描述。成熟飓风的能量学机制依赖飓风尺度上的对流组织化。在飓风尺度上，对流加热和温度的协方差为正，因而产生了有效位能。通过单一尺度内的垂直环流，能量被分配给方位角尺度 0 波、1 波、2 波和 3 波的动能，这个过程主要是暖空气上升和相对较冷的空气下沉。有效位能到涡旋动能的交换在各个尺度上都是单一尺度内的过程，从数学上来讲是单独发生的。上述两种能量过程均由二次非线性描述。其他较小尺度的能量交换的量级小很多。从方位角平均流动能向飓风尺度的正压交换也有一定的重要性。非线性三重波相互作用一般很小，但并非无足轻重。

所有尺度相加的总有效位能如图 8.11 所示。按照波数分组的结果由柱状图给出。这些结果还以 40 km 为界进行了分组，即半径小于 40 km 的内核区和半径较大的（大于

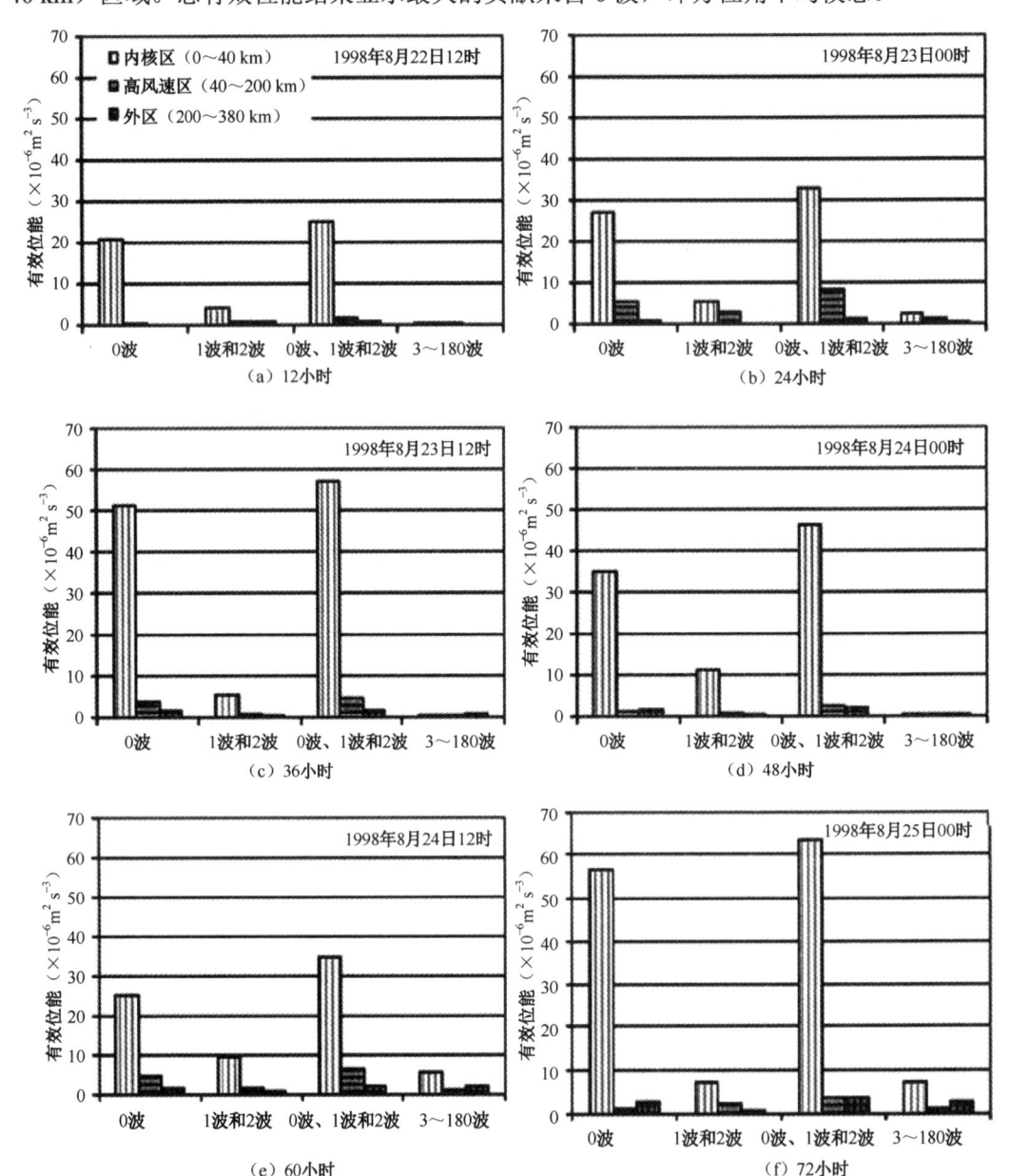

40 km）区域。总有效位能结果显示最大的贡献来自 0 波，即方位角平均模态。

图 8.11 基于模式输出数据计算的 1998 年 8 月 22—25 日飓风 Bonnie 产生的有效位能，每个子图中 3 个不同的柱状图代表 3 个区域：内核区（0~40 km）、高风速区（40~200 km）和外区（200~380 km）（引自 Krishnamurti 等，2005）

对于中纬度地区纬向平均急流的波数域，1 波和 2 波的能量交换占了大约一半，180 波的能量交换占比实际上很小，甚至在不同的小尺度下仅有正、负符号的波动。中纬度地区 0 波纬向平均急流波数域中的能量学与方位角 0 波飓风的波数域中的能量学情况相反。在前一种情况下，波动向 0 波基流提供能量；在后一种情况下，波动从飓风环流中获得能量。前者通常被认为是一种低 Rossby 数现象，而后者显然是 Rossby 数超过 1 的现象。虽然云尺度很小，接近 80 波，但对流组织化使 0 波和长波的有效位能成为主要贡献源（见图 8.12）。

图 8.13 给出了飓风 Katrina（2005 年）成熟阶段能量转换的方向，说明了飓风内半径的能量交换和最大风区附近的能量交换之间的差异。在内半径处，暖空气下沉（热力逆循环）导致动能转化为位能；在内半径以外，情况正好相反。在内半径区域，动能和位能一般都从非对称尺度和云尺度到方位平均尺度传输；同样，在内半径区域之外，情况正好相反。

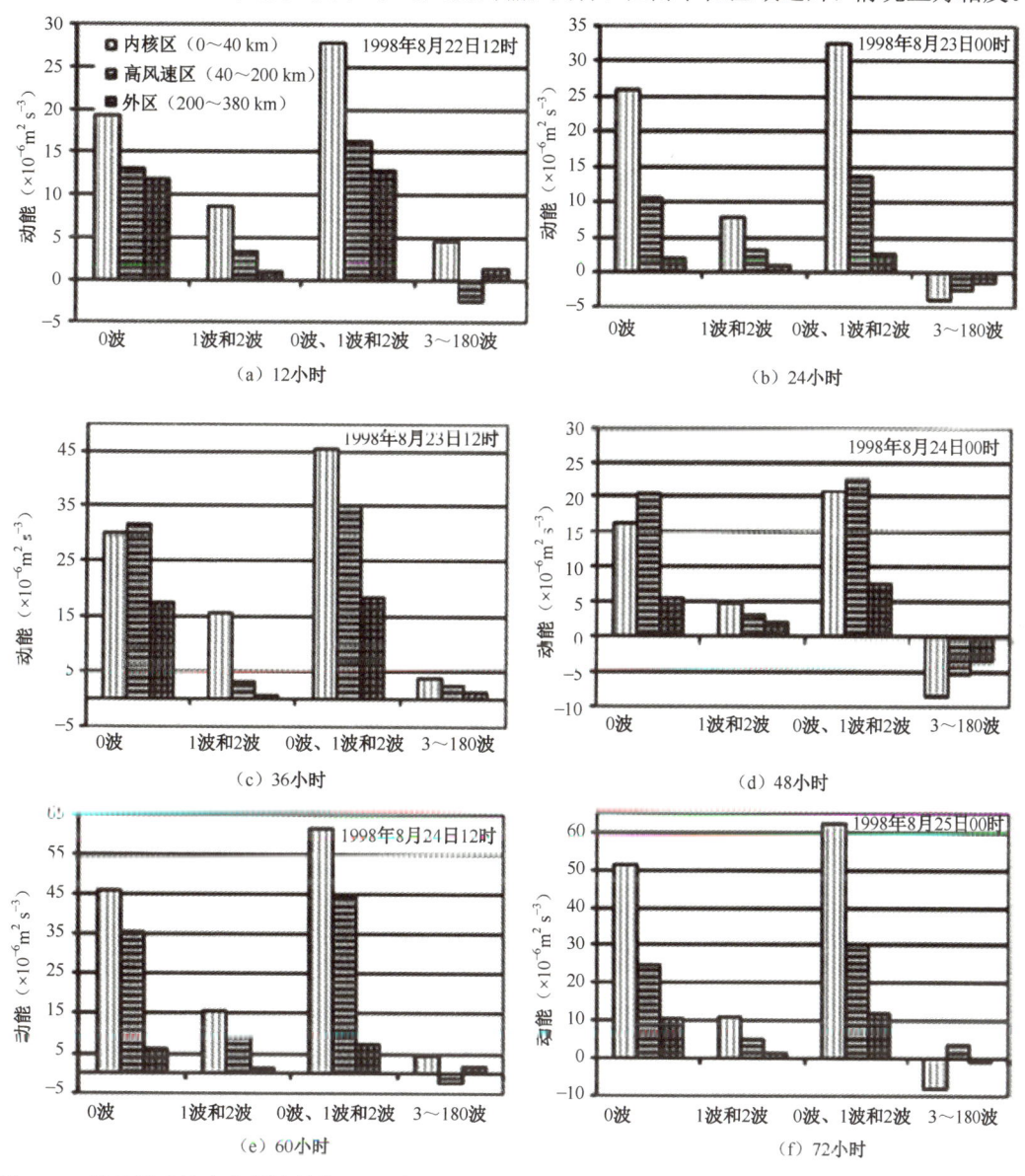

图 8.12 基于模式输出数据计算的 1998 年 8 月 22—25 日飓风 Bonnie 因垂直运动产生的动能，每个子图中 3 个不同的柱状图代表 3 个区域：内核区（0~40 km）、高风速区（40~200 km）和外区（200~380 km）（引自 Krishnamurti 等，2005）

(a) 最大风速区内侧

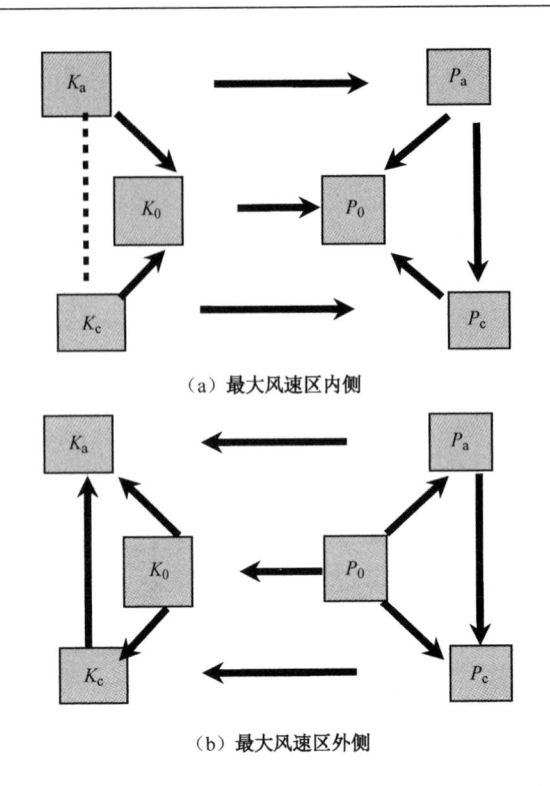

(b) 最大风速区外侧

图 8.13　飓风 Katrina（2005 年）成熟阶段能量传输方向的示意

附录 1　波数域方程的推导

经典的 Lorenz 方法将运动分为纬向平均运动和涡旋运动，以及静态和瞬变态。这里主要介绍 Saltzman（1957）针对波数域开发的方法，Hayashi（1980）将该方法拓展至频域。

这里将遵循 Salzman（1957）所采用的步骤，推导 n 波尺度的扰动与纬向平均流或其他尺度的扰动相互作用时的增长率，这个过程需要一些关于傅里叶变换的初步知识。

任何平滑变量都可以沿纬圈进行傅里叶变换：

$$f(\lambda) = \sum_{n=-\infty}^{\infty} F(n) e^{in\lambda} \tag{8.1}$$

其中，复傅里叶系数 $F(n)$ 为

$$F(n) = \frac{1}{2\pi} \int_0^{2\pi} f(\lambda) e^{-in\lambda} d\lambda \tag{8.2}$$

两个函数乘积的傅里叶变换可以表示为

$$\frac{1}{2\pi} \int_0^{2\pi} f(\lambda)g(\lambda) e^{-in\lambda} d\lambda = \frac{1}{2\pi} \int_0^{2\pi} \sum_{k=-\infty}^{\infty} F(k) e^{ik\lambda} \sum_{m=-\infty}^{\infty} G(m) e^{im\lambda} e^{-in\lambda} d\lambda \tag{8.3}$$

从指数的正交性可以看出，只有当 $k + m - n = 0$，即 $k = n - m$ 时，这个积分才存在唯一的非零值。于是，这两个函数乘积的傅里叶变换的表达式可以变为

$$\frac{1}{2\pi}\int_0^{2\pi} f(\lambda)g(\lambda)\mathrm{e}^{-\mathrm{i}n\lambda} = \sum_{m=-\infty}^{\infty} F(n-m)G(m) \tag{8.4}$$

这种将两个函数的乘积与其傅里叶变换联系起来的关系称为 Parseval 定理。由于傅里叶系数与 λ 无关，因此函数关于 λ 的导数的傅里叶展开式为

$$\frac{\partial f(\lambda)}{\partial \lambda} = \sum_{n=-\infty}^{\infty} F(n)\frac{\partial \mathrm{e}^{\mathrm{i}n\lambda}}{\partial \lambda} = \sum_{n=-\infty}^{\infty} \mathrm{i}nF(n)\mathrm{e}^{\mathrm{i}n\lambda} \tag{8.5}$$

函数相对于任何其他自变量 α 的导数都可以简单地表示为

$$\frac{\partial f(\lambda)}{\partial \alpha} = \sum_{n=-\infty}^{\infty} \frac{\partial F(n)}{\partial \alpha}\mathrm{e}^{\mathrm{i}n\lambda} \tag{8.6}$$

这里，我们将从运动方程、连续性方程、静力平衡方程和热力学方程开始，并对上述所有方程进行傅里叶变换。利用这些公式，我们将推导出一个单独的纬向谐波 n 的涡旋动能方程 K_n，还将推导出一个类似的单谐波 P_n 的有效位能方程。接下来，我们对这些方程进行分类，以研究这些波动与其他波动或平均纬向流相互作用过程中 K_n 和 P_n 的增长率（或衰减率），反之亦然。

在球面坐标系中，取静力平衡假设的运动方程如下。

（1）纬向运动方程：

$$\frac{\partial u}{\partial t} = -\frac{u}{a\cos\varphi}\frac{\partial u}{\partial \lambda} - \frac{v}{a}\frac{\partial u}{\partial \varphi}\omega\frac{\partial u}{\partial p} + v\left(f + \frac{u\tan\varphi}{a}\right) - \frac{g}{a\cos\varphi}\frac{\partial z}{\partial \lambda} - F_1 \tag{8.7}$$

（2）经向运动方程：

$$\frac{\partial v}{\partial t} = -\frac{u}{a\cos\varphi}\frac{\partial v}{\partial \lambda} - \frac{v}{a}\frac{\partial v}{\partial \varphi}\omega\frac{\partial v}{\partial p} + u\left(f + \frac{u\tan\varphi}{a}\right) - \frac{g}{a}\frac{\partial z}{\partial \varphi} - F_2 \tag{8.8}$$

（3）连续性方程：

$$\frac{\partial \omega}{\partial p} = -\left(\frac{1}{a\cos\varphi}\frac{\partial u}{\partial \lambda} + \frac{1}{a}\frac{\partial v}{\partial \varphi} - \frac{v\tan\varphi}{a}\right) \tag{8.9}$$

（4）静力平衡方程：

$$\frac{\partial z}{\partial p} = -\frac{RT}{gp} \tag{8.10}$$

（5）热力学方程：

$$\frac{\mathrm{d}T}{\mathrm{d}t} = \frac{h}{C_p} + \frac{\omega RT}{C_p p} \tag{8.11}$$

式中，λ 为经度，φ 为纬度，p 为气压，u、v 分别为东风、北风分量，ω 为气压坐标系下的垂直速度，z 为等压面高度，a 为地球半径，T 为温度，f 为科里奥利参数，R 为理想气体常数，C_p 为定压比热，F_1 和 F_2 是摩擦力沿 u 方向和 v 方向的分量，h 为加热量。

在加热量 h 已知的情况下，式（8.7）~式（8.11）形成了一个关于因变量 (u,v,ω,z,T) 的闭合系统。基于这个闭合系统，我们将推导出涉及动能和位能的尺度间相互作用的方程。

在 $0\sim 2\pi$ 积分式（8.7）~式（8.11），并使用下表中列出的符号，可以写出这些变量的傅里叶变换：

变量	$u(\lambda)$	$v(\lambda)$	$\omega(\lambda)$	$z(\lambda)$	$T(\lambda)$
傅里叶变换	$U(n)$	$V(n)$	$\Omega(n)$	$Z(n)$	$Y(n)$

接下来我们将对式（8.7）～式（8.11）给出的闭合方程组进行如下傅里叶变换。

（1）纬向运动方程：

$$\frac{\partial U(n)}{\partial t} = -\sum_{m=-\infty}^{\infty}\left[\frac{im}{a\cos\varphi}U(m)U(n-m) + \frac{1}{a}U_\varphi(m)V(n-m) + U_p(m)\Omega(n-m) - \frac{\tan\varphi}{a}U(m)V(n-m)\right] - \frac{ing}{a\cos\varphi}Z(n) + fV(n) - F_1(n) \qquad (8.12)$$

（2）经向运动方程：

$$\frac{\partial V(n)}{\partial t} = -\sum_{m=-\infty}^{\infty}\left[\frac{im}{a\cos\varphi}V(m)U(n-m) + \frac{1}{a}V_\varphi(m)V(n-m) + V_p(m)\Omega(n-m) + \frac{\tan\varphi}{a}U(m)U(n-m)\right] - \frac{g}{a}Z(n) - fU(n) - F_2(n) \qquad (8.13)$$

（3）连续性方程：

$$\Omega_p(n) = -\left[\frac{in}{a\cos\varphi}U(n) + \frac{1}{a}V_\varphi(n) - \frac{\tan\varphi}{a}V(n)\right] \qquad (8.14)$$

（4）静力平衡方程：

$$Z_p(n) = -\frac{R}{gp}Y(n) \qquad (8.15)$$

（5）热力学方程：

$$\frac{\partial Y(n)}{\partial t} = -\sum_{m=-\infty}^{\infty}\left[\frac{im}{a\cos\varphi}Y(m)U(n-m) + \frac{1}{a}Y_\varphi(m)V(n-m) + Y_p(m)\Omega(n-m) - \frac{R}{C_pp}Y(m)\Omega(n-m)\right] - \frac{1}{C_p}H(n) \qquad (8.16)$$

式（8.12）～式（8.16）构成了关于因变量的傅里叶振幅的闭合系统。纬向平均动能为

$$\bar{k} = \frac{1}{2\pi}\int_0^{2\pi}\frac{u^2+v^2}{2}d\lambda = \frac{U(0)^2+V(0)^2}{2} + \sum_{n=1}^{\infty}\left[|U(n)|^2 + |V(n)|^2\right] \qquad (8.17)$$

式（8.17）中等号右边第一项是纬向平均流的动能，第二项是所有波数 n 的涡旋动能之和，由 $K(n) = |U(n)|^2 + |V(n)|^2$ 给出。

类似于式（8.12）和式（8.13），可以写出 $\dfrac{\partial U(-n)}{\partial t}$ 和 $\dfrac{\partial V(-n)}{\partial t}$ 的方程式。用 $U(-n)$ 乘以

式(8.12)，用 $V(-n)$ 乘以式(8.13)，并将表达式 $\dfrac{\partial U(-n)}{\partial t}$ 和 $\dfrac{\partial V(-n)}{\partial t}$ 分别乘以 $U(n)$ 和 $V(n)$，将所得方程相加，就可以得到波数为 n 的扰动的动能变化率的方程，即

$$\begin{aligned}\frac{\partial K(n)}{\partial t} = &\sum_{\substack{m=-\infty\\m\neq 0}}^{\infty}\Bigg\{U(m)\bigg(\frac{1}{a\cos\varphi}\Psi_{uu_\lambda}(m,n)+\frac{1}{a}\Psi_{vu_\varphi}(m,n)+\Psi_{\omega u_p}(m,n)-\frac{\tan\varphi}{a}\Psi_{uv}(m,n)\bigg)+\\ &V(m)\bigg(\frac{1}{a\cos\varphi}\Psi_{uv_\lambda}(m,n)+\frac{1}{a}\Psi_{vv_\varphi}(m,n)+\Psi_{\omega v_p}(m,n)+\frac{\tan\varphi}{a}\Psi_{uu}(m,n)\bigg)-\\ &\frac{1}{a\cos\varphi}\frac{\partial}{\partial\varphi}\big[\cos\varphi(U(m)\Psi_{vu}(m,n)+V_{vv}(m,n))\big]\\ &\frac{\partial}{\partial p}(U(m)\Psi_{\omega u}(m,n)+V(m)\Psi_{\omega v}(m,n))\Bigg\}\\ &\bigg[\Phi_{uv}(n)\frac{\cos\varphi}{a}\frac{\partial}{\partial\varphi}\bigg(\frac{U(0)}{\cos\varphi}\bigg)-\Phi_{vv}(n)\frac{1}{a}\frac{\partial V(0)}{\partial\varphi}+\Phi_{u\omega}(n)\frac{\partial U(0)}{\partial p}+\\ &\Phi_{v\omega}(n)\frac{\partial V(0)}{\partial p}-\Phi_{uu}(n)V(0)\frac{\tan\varphi}{a}\bigg]-\\ &\bigg[\frac{1}{a\cos\varphi}\Phi_{uz_\lambda}(n)+\frac{1}{a}\Phi_{vz_\varphi}(n)\bigg]-\big[\Phi_{uF_1}(n)+\Phi_{uF_2}(n)\big]\end{aligned} \tag{8.18}$$

式中

$$\begin{aligned}\Psi_{ab}(m,n) &= A(n-m)B(-n)+A(-n-m)B(n)\\ \Phi_{ab}(n) &= A(n)B(-n)+A(-n)B(n)\end{aligned} \tag{8.19}$$

式中，a 和 b 是任意两个因变量，A 和 B 是它们各自的傅里叶变换。式（8.18）中的下标表示导数，例如，$u_\lambda \equiv \dfrac{\partial u}{\partial \lambda}$。式（8.18）是特定波数 n 对应的动能 $K(n)$ 变化率的方程。从表面来看，这像一个复杂且混乱的问题，然而，它可以被整理出来，从而在物理上具有吸引力和可解释性。

以符号形式，式（8.18）可以表示为

$$\frac{\partial K_n}{\partial t} = \langle (K_m, K_p)\cdot K_n\rangle + \langle K_0\cdot K_n\rangle + \langle P_n\cdot K_n\rangle + F_n \tag{8.20}$$

式（8.20）等号右边的各项解释如下。

（1）第1项表示其他波数对 m 和 p 尺度上的动能向波数 n 尺度上的动能交换。这遵循三角选择规则，即对于一个交换，$n=m+p$ 或 $n=|m-p|$；如果3个波数 n、m 和 p 不满足三角选择规则，则动能交换为0。这是尺度间相互作用中一个重要的动力学项，因为它允许3个不同尺度间相互作用，从而使能量从一个尺度向另两个尺度增加或耗散。这种尺度间相互作用允许"尺度外"能量交换。

（2）第2项表示 n 波扰动与0波纬向基流相互作用时获得的能量。它也被认为是正压能量交换，可能与水平切变流不稳定性有关。

（3）第3项表示由相同尺度的涡动有效位能 P_n 导致的动能 K_n 的增长。这是同一个尺

度（波数 n）内的能量传输，在很大程度上是由 $-\dfrac{\varPhi_n(\omega,T)}{p}$ 的区域积分定义的，即它主要涉及垂直速度 ω 和温度 T 在波数 n 上的协方差。如果区域内暖空气上升，而相对较冷的空气下沉，则该协方差为正，对 $\dfrac{\partial K_n}{\partial t}$ 的净贡献为正；反之，净贡献为负。

（4）第 4 项表示由于摩擦耗散产生的波数 n 上动能 K_n 的净得量或净失量。

n 波的涡动有效位能定义为 $P(n)=C_p\gamma|Y(n)|^2$，其中，$\gamma=-\dfrac{R^2}{C_p p^{R/C_p}}\left(\dfrac{\partial\varTheta}{\partial p}\right)^{-1}$。以类似的方式，我们得到

$$\begin{aligned}\dfrac{\partial p(n)}{\partial t}=&C_p\gamma\sum_{\substack{m=-\infty\\m\neq 0}}^{\infty}Y(m)\left(\dfrac{1}{a\cos\varphi}\varPsi_{uT_\lambda}(m,n)+\dfrac{1}{a}\varPsi_{vT_\varphi}(m,n)+\varPsi_{\omega T_p}(m,n)+\dfrac{R}{C_p p}\varPsi_{\omega T}(m,n)\right)-\\
&\dfrac{1}{a\cos\varphi}\dfrac{\partial}{\partial\varphi}\cos\varphi Y(m)\varPsi_{vT}(n,m)-\dfrac{\partial}{\partial p}Y(m)\varPsi_{\omega T}-\\
&\left[\dfrac{C_p\gamma}{a}\varPhi_{Tv}(n)\dfrac{\partial Y(0)}{\partial\varphi}+\dfrac{\gamma p^\mu}{\mu}\left\{\varPhi_{T\omega}(n)''\dfrac{\partial\overline{\theta}''}{\partial p}\right\}\right]+\\
&\dfrac{R}{p}\varPhi_{T\omega}(n)+\gamma\varPhi_{Th}(n)\end{aligned}\qquad(8.21)$$

其用于表示波数 n 与波数 m 和波数 $n\pm m$ 的非线性相互作用，以及与（0 波）平均流、n 波的二次（尺度内）相互作用产生的有效位能的局地增长率。

附录 2　一个简单的例子

为了简单起见，我们假设存在一个运动方程：

$$\dfrac{\partial u}{\partial t}=-\dfrac{u}{a\cos\varphi}\dfrac{\partial u}{\partial\lambda}\qquad(8.22)$$

纬向风 $u(\lambda,t)$ 可按式（8.1）展开为傅里叶级数：

$$u(\lambda)=\sum_{n=-\infty}^{\infty}U(n)\mathrm{e}^{\mathrm{i}n\lambda}\qquad(8.23)$$

式中，复傅里叶系数 $U(n)$ 根据式（8.2）可以表示为

$$U(n)=\dfrac{1}{2\pi}\int_0^{2\pi}u(\lambda)\mathrm{e}^{-\mathrm{i}n\lambda}\mathrm{d}\lambda\qquad(8.24)$$

此外，根据 Parseval 定理［引自式（8.3）］，有

$$\dfrac{1}{2\pi}\int_0^{2\pi}u(\lambda)^2\mathrm{e}^{-\mathrm{i}n\lambda}\mathrm{d}\lambda=\sum_{m=-\infty}^{\infty}U(n)U(n-m)\qquad(8.25)$$

此处，如果式（8.22）的两侧均乘以 $1/(2\pi)$，并沿一个经圈积分，则纬向风的第 n 个

复傅里叶系数的倾向方程可以写为

$$\frac{\partial U(n)}{\partial t} = -\sum_{m=-\infty}^{\infty} \frac{\mathrm{i}(n-m)}{a\cos\varphi} U(m)U(n-m) \tag{8.26}$$

对 $U(-n)$ 也可以写出类似的方程式，即

$$\frac{\partial U(-n)}{\partial t} = -\sum_{m=-\infty}^{\infty} \frac{\mathrm{i}(-n-m)}{a\cos\varphi} U(m)U(-n-m) \tag{8.27}$$

式（8.27）乘以 $U(n)$，式（8.26）乘以 $U(-n)$，将结果相加，注意到 $K(n) = |U(n)|^2$，由此可得

$$\frac{\partial K(n)}{\partial t} = U(n)\frac{\partial U(-n)}{\partial t} + U(-n)\frac{\partial U(n)}{\partial t} \tag{8.28}$$

从而得到了 n 波的动能变化率的表达式，即

$$\frac{\partial K(n)}{\partial t} = -\sum_{m=-\infty}^{\infty} \frac{\mathrm{i}}{a\cos\varphi} U(m)\big[(n-m)U(n-m)U(-n) + (-n-m)U(-n-m)U(n)\big] \tag{8.29}$$

在 $m = 0$ 的情况下，式（8.27）的右边变成

$$-\frac{\mathrm{i}}{a\cos\varphi} U(0)\big[nU(n)U(-n) - nU(-n)U(n)\big] \equiv 0 \tag{8.30}$$

可以很容易地证明，$m = -n$ 和 $m = n$ 的贡献相互抵消，从而使式（8.28）的最终形式变为

$$\frac{\partial K(n)}{\partial t} = \sum_{\substack{m=-\infty \\ m\neq 0 \\ m\neq \pm n}}^{\infty} \frac{\mathrm{i}}{a\cos\varphi} U(m)\big[(n-m)U(n-m)U(-n) + (-n-m)U(-n-m)U(n)\big] \tag{8.31}$$

既然 $m \neq 0$ 和 $m \neq \pm n$ 这个问题不存在二重态相互作用，则三重态相互作用的计算可以用一个简化的例子来说明，其中只考虑了波数为 ± 1、± 2、± 3 的波动。在这种情况下，1 波的动能可以用式（8.31）表示为

$$\begin{aligned}\frac{\partial K(1)}{\partial t} = &-\frac{\mathrm{i}}{a\cos\varphi} U(2)\big[-U(-1)U(-1) - 3U(-3)U(1)\big] - \\ &\frac{\mathrm{i}}{a\cos\varphi} U(-2)\big[3U(3)U(-1) + U(1)U(1)\big] - \\ &\frac{\mathrm{i}}{a\cos\varphi} U(3)\big[-2U(-2)U(-1)\big] - \\ &\frac{\mathrm{i}}{a\cos\varphi} U(-3)\big[2U(2)U(1)\big] \end{aligned} \tag{8.32}$$

或者重新整理后的形式为

$$\begin{aligned}\frac{\partial K(1)}{\partial t} = &\frac{\mathrm{i}}{a\cos\varphi}\big[-U(1)U(2)U(-3) + U(-1)U(-2)U(3) - \\ &U(-1)U(-1)U(2) + U(1)U(1)U(-2)\big] \end{aligned} \tag{8.33}$$

每个复傅里叶系数都有一个实部分量和一个虚部分量，即对于任意波数 n，有

$$U(n) = U_R(n) + iU_I(n) \tag{8.34}$$

式中，下标 R 表示实部，下标 I 表示虚部。如果我们使用式（8.34）来表示式（8.33）中的所有傅里叶系数，并进行乘法运算，则可得到

$$\begin{aligned}\frac{\partial K(1)}{\partial t} = -\frac{2}{a\cos\varphi}[&U_I(1)U_R(2)U_R(3) + U_R(1)U_I(2)U_R(3) + \\ &U_R(1)U_R(2)U_I(3) - U_I(1)U_I(2)U_I(3) + \\ &U_I(1)U_R(1)U_R(2) + U_R(1)U_I(1)U_R(2) + \\ &U_R(1)U_R(1)U_I(2) - U_I(1)U_I(1)U_I(2)]\end{aligned} \tag{8.35}$$

原著参考文献

Hayashi, Y. Estimation of non-linear energy transfer spectra by the cross-spectral method. J. Atmos. Sci., 1980, 37, 299-307.

Kanamitsu, M., Krishnamurti, T. N., Depardine, C. On scale interactions in the tropics during northern summer. J. Atmos. Sci., 1972, 29, 698-706.

Krishnamurti, T. N. Compendium of Meteorology for Use by Class I and Class II Meteorological Personnel. Volume II, Part 4-Tropical Meteorology. WMO, vol. 364. World Meteorological Organization, Geneva, 1979.

Krishnamurti, T. N., Kanamitsu, M., Godbole, R. V., Chang, C. B., Carr, F., Chow, I. H. Study of a monsoon depression. I. Synoptic structure. J. Meteor. Soc. Japan, 1975b, 53, 227-239.

Krishnamurti, T. N., Chakraborty, D. R., Cubukcu, N., Stefanova, L., Vijaya Kumar, T. S. V. A mechanism of the Madden-Julian Oscillation based on interactions in the frequency domain. Q. J. Roy. Meteorol. Soc., 2003, 129, 2559-2590.

Krishnamurti, T. N., Pattnaik, S., Stefanova, L., Vijaya Kumar, T. S. V., Mackey, B. P., O'Shay, A. J., Pasch, R. J. The hurricane intensity issue. Mon. Weather Rev., 2005, 133, 1886-1912.

Moncrieff, M. W. Analytic representation of the large-scale organization of tropical convection. J. Atmos. Sci., 2004, 61, 1521-1538.

Saltzman, B. Equations governing the energetics of the larger scales of atmospheric turbulence in the domain of the wave number. J. Meteorol., 1957, 14, 513-523.

Sheng, J., Hayashi, Y. Observed and simulated energy cycles in the frequency domain. J. Atmos. Sci., 1990a, 47, 1243-1254.

Sheng, J., Hayashi, Y. Estimation of atmospheric energetics in the frequency domain in the FGGE year. J. Atmos. Sci., 1990b, 47, 1255-1268.

第 9 章

厄尔尼诺和南方涛动

9.1 简介

南方涛动（Southern Oscillation）是东太平洋和印度洋之间赤道纬度上的海平面气压之间的振荡现象。厄尔尼诺（El Niño）是赤道中部和东太平洋海表温度高于正常值的现象。这两种现象紧密地交织在一起，以至于它们通常被视为一体，以 ENSO 或 El Niño-Southern Oscillation 命名。南方涛动的时间尺度为 4~6 年。在此期间，中、东太平洋暖海温异常（El Niño）之后是冷海温异常（La Nina）。本章主要从观测、理论和模拟等方面对 ENSO 进行讨论。

9.2 观测事实

南方涛动是印度洋（澳大利亚北部达尔文）和东太平洋（法属波利尼西亚的塔希提岛）之间的海平面气压的"跷跷板"式振荡现象。这种振荡的时间尺度为 4~6 年，振幅尺度约为几百帕，它被称为南方涛动，是因为它的最大振幅出现在赤道和 5°S 之间的南半球。多年平均气候态表明，在赤道纬度上，东太平洋一侧的海平面气压高于印度洋一侧。南方涛动可以看作叠加在多年平均气候态之上的一种气压振荡。Trenberth 和 Shea（1987）给出了一张著名的示意图，很好地说明了振荡的地理范围。该图给出了全球范围内所有点的年平均海平面气压与印度洋中一个参考点的年平均海平面气压之间的相关性，该参考点取为澳大利亚达尔文港（见图 9.1）。这些点之间的相关性在达尔文港附近很高，在达尔文港达到最大值，即 100%（时间序列与其自身的相关性自然是完美的）。远离达尔文港的站点，相关系数会随之减小，在某些站点会趋于 0。远离达尔文港，而靠近塔希提岛的站点，相关系数会变成较大的负值，到达塔希提岛相关系数接近-80%。达尔文港和塔希提岛这两个站点恰好是南方涛动主要的偶极子中心。大的负相关系数表明，这两个站点的年平均海平面气压的时间序列几乎是完全反位相的。

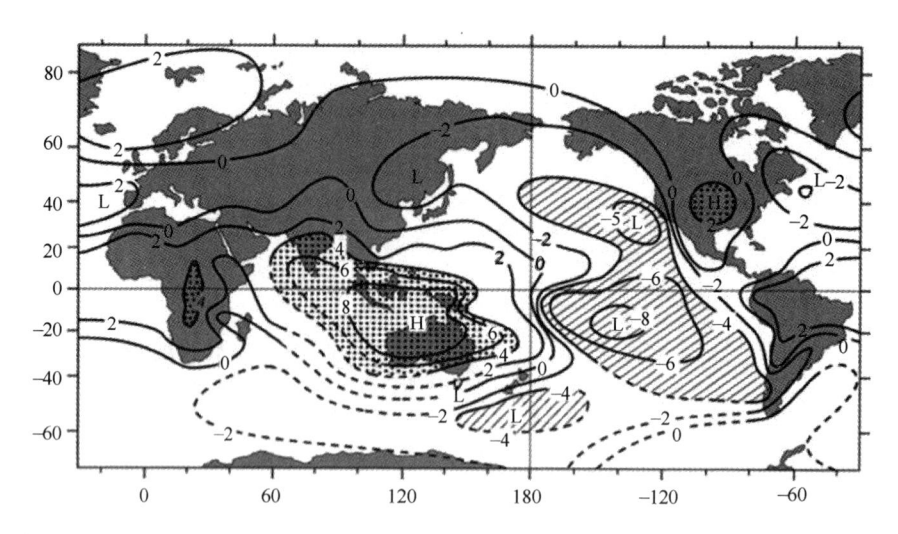

图 9.1　全球年平均海平面气压与澳大利亚达尔文港年平均海平面气压之间的相关性（×10）（引自 Trenberth 和 Shea，1987）

达尔文港和塔希提岛之间海平面气压距平的差值被用于定义一个标准化指数，称为南方涛动指数（SOI）。当塔希提岛的海平面气压高于正常值，而达尔文港的海平面气压低于正常值时，SOI 为正值；在相反情况下，SOI 为负值。已经证实，持续的负 SOI 往往与热带东太平洋海面温度高于正常值有关，这是厄尔尼诺的一个指标条件；相反，持续的正 SOI 与热带东太平洋海面温度低于正常值有关，可以作为拉尼娜的指标条件。

厄尔尼诺是赤道太平洋中部和东部海面温度持续（3 个月或更长时间）高于正常值的现象。与之相对应的拉尼娜，其特征是同一地区海面温度持续低于正常值。当厄尔尼诺发生时，赤道纬度的暖海温使 ITCZ 内的对流增强，其纬向伸展范围近 2000 km。这种深对流又驱动了 ITCZ 附近区域高层的辐散流，这种辐散流可以分解为纬向分量和经向分量。图 9.2 显示了两个典型的冬季辐散流的纬向分量，一个是厄尔尼诺年或拉尼娜年，另一个是正常年或拉尼娜年。该示意图说明，厄尔尼诺年的辐散环流异常在太平洋中部暖海区上空具有显著的上升运动；在正常年，这一特征位于更加偏西的海域，是印度尼西亚冬季风环流的一部分。这种正常年的垂直环流被称为沃克环流。它是一个东西向的垂直辐散流，在印度尼西亚附近上升，而在东太平洋上空下沉。季节平均的纬向辐散风的量级为 m/s，而垂直运动的量级为 cm/s。厄尔尼诺的出现引起了正常辐散环流的中断，并改变了上升支和下沉支的位置。该正常辐散环流中下沉支的位置具有特殊的气候学意义，因为下沉运动与对流抑制有关。最常受此影响的地区之一是澳大利亚东部，大部分厄尔尼诺事件均会导致那里干旱和少雨。虽然不具规律性，但是包括东非、印度季风区、中国、马来西亚和菲律宾在内的其他一些地区也可能受到与厄尔尼诺事件相关的下沉支位置移动的影响。一次特定的厄尔尼诺事件对上述地区能产生多大的影响取决于一系列的影响因子，例如，盛行的大尺度纬向风，热带和副热带上空的热力学层结，等等。这些因子均有助于确定下沉支的位置。

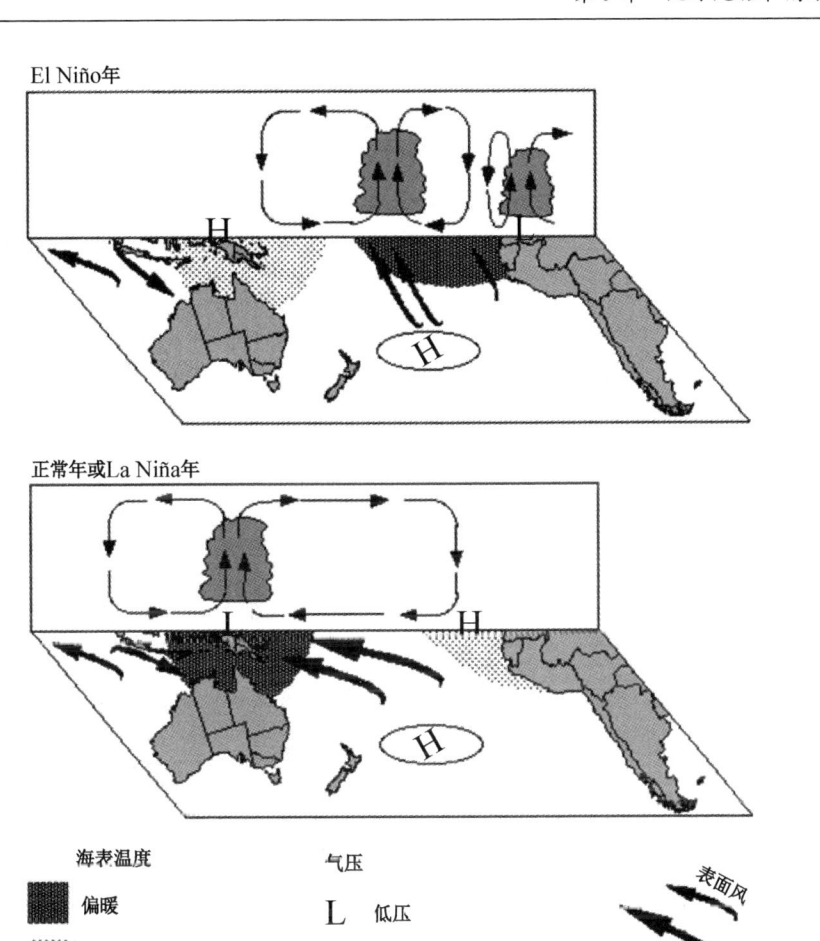

图 9.2 厄尔尼诺年（顶部）和正常年或拉尼娜年（底部）的大气环流示意（改编自 Partridge，1994）

9.3 ENSO 情景

以下是根据观测得到的 ENSO 周期内各要素演变的情景再现。

9.3.1 近赤道纬度海平面气压出现异常

当前，全球范围内已有近 80 年的海平面气压数据。尽管近年来海平面气压测量的覆盖范围有所不同，但这些数据仍然可应用于许多研究。如果取海平面气压的长期气候平均，则根据多年的逐日数据可以发现，从平均值来看，沿赤道纬度，东太平洋的气压高于西太平洋，而叠加于长期气候平均之上的是许多不同时间尺度的海平面气压异常。在 ENSO 时间尺度（4~6 年周期），存在振幅为几百帕量级的气压异常。这些气压异常使得太平洋东西两侧气压差的长期气候平均得以加强和减弱。这种东西方向气压差的调制影响了太平洋信风的强度。北太平洋和南太平洋的信风受到 ENSO 时间尺度的调制。赤道地区东西方向气压差的调制与自高纬度地区系统性地到达赤道地区的海平面气压异常有关。到达西太平洋的高压异常和到达东太平洋的低压异常会导致信风减弱；反之，则会使信风增强。图 9.3 显示了两个这种气压异常的例子，1961—1962 年和 1971—1972 年厄尔尼诺刚刚开始时，东西向气压梯度削弱，信风减弱。这些气压异常图每隔 6 个月显示一次。厄尔尼诺是赤道中、东太平洋海面温度增暖的现象，后面的小结中将给出更加完整的介绍。随着时间的推移，这些气压异常从赤道向外传播，随着厄尔尼诺事件的结束，气压距平的东西向梯度发生逆转，信风增强。

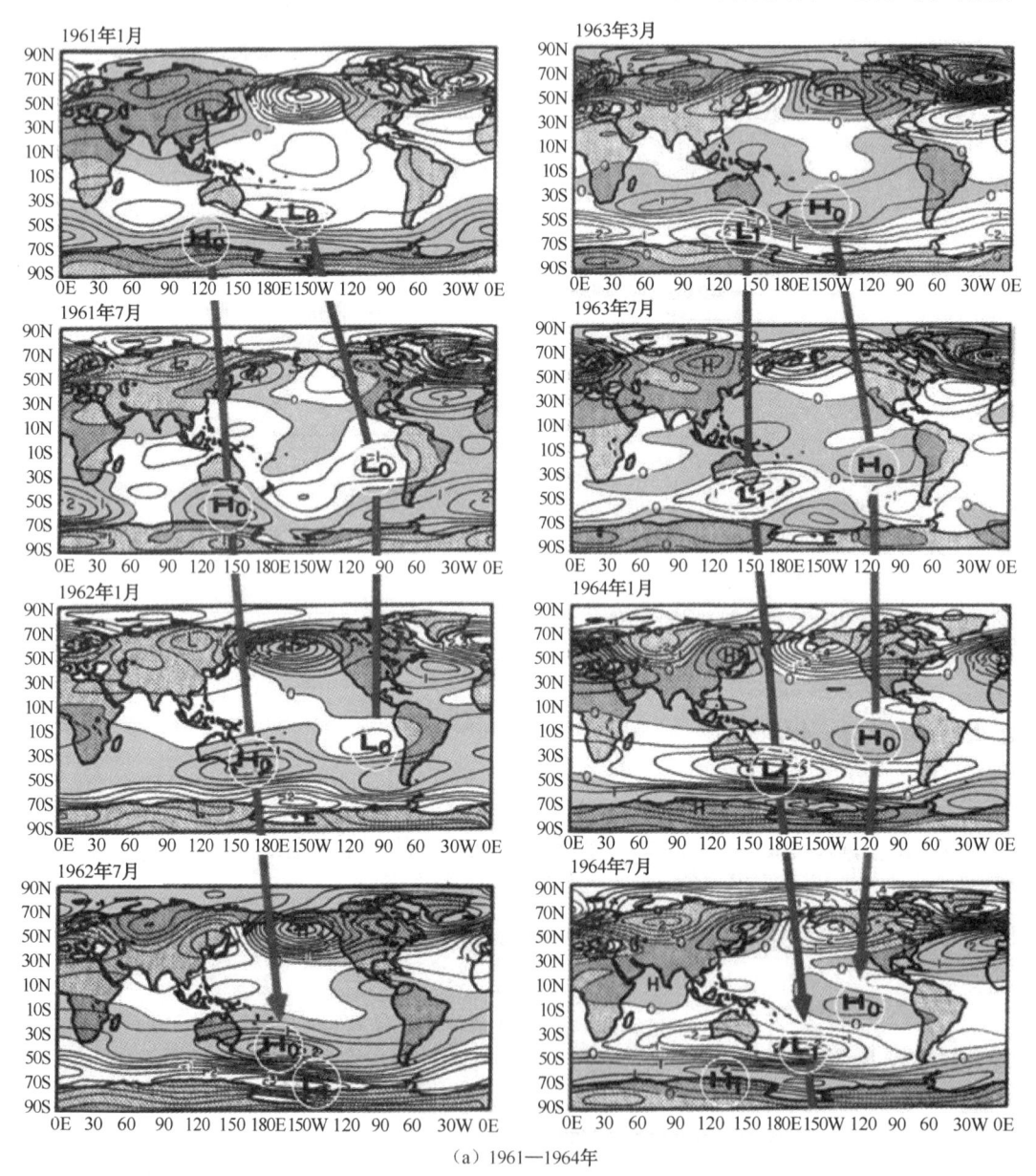

(a) 1961—1964 年

图 9.3　30～50 个月时间滤波的海平面气压逐 6 个月演变图，分析场包括 0 波、1 波、2 波和 3 波，等值线间隔 0.5 hPa，阴影区域表示正气压距平（改编自 Krishnamurti 等，1986）

(b) 1969—1972年

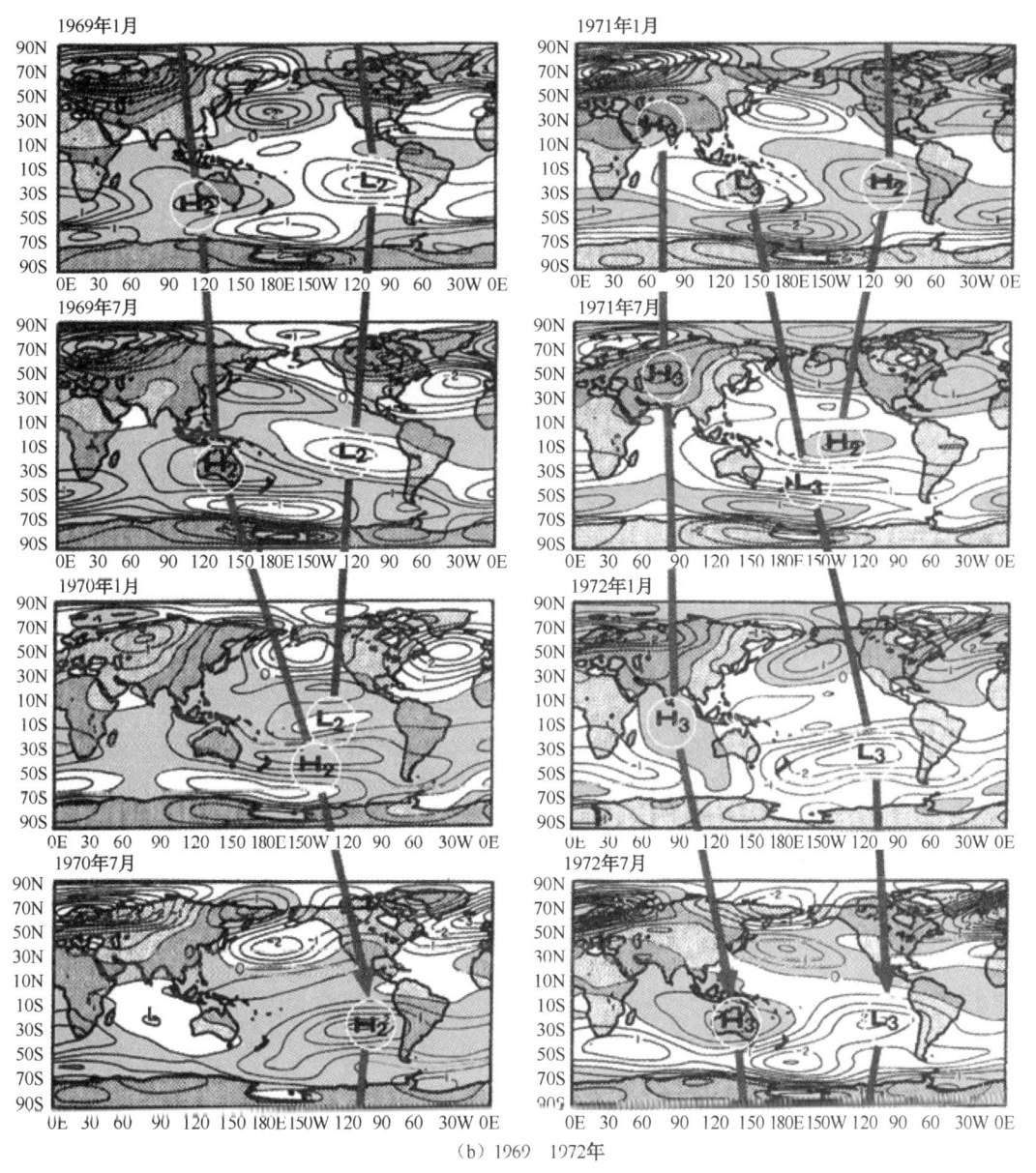

图 9.3 30～50 个月时间滤波的海平面气压逐 6 个月演变图，分析场包括 0 波、1 波、2 波和 3 波，等值线间隔 0.5 hPa，阴影区域表示正气压距平（改编自 Krishnamurti 等，1986）（续）

9.3.2 信风

图 9.4 显示了 ENSO 时间尺度上信风的增强和减弱，展示的是 5°S～5°N 近赤道带上的纬向风。这是一个经度—时间剖面图（霍夫穆勒图），它显示了强信风减弱，然后再增强的过程。总的信风强度量级约为 $10\,\mathrm{m\,s^{-1}}$，ENSO 时间尺度上信风调制的尺度为 $2\sim3\,\mathrm{m\,s^{-1}}$。有趣的是，霍夫穆勒图可以显示信风开始减弱的纬度和时间。在太平洋沿岸信风减弱的几

个月前,已经注意到印度洋沿岸的信风有所减弱。这与印度洋上空纬向气压梯度早期的减弱有关,并远早于太平洋上空的信风减弱时间,海平面气压异常似乎先到达印度洋,从而减小了纬向气压梯度。在这种情况下,赤道印度洋一侧出现高压异常,而赤道东太平洋上空出现低压异常。

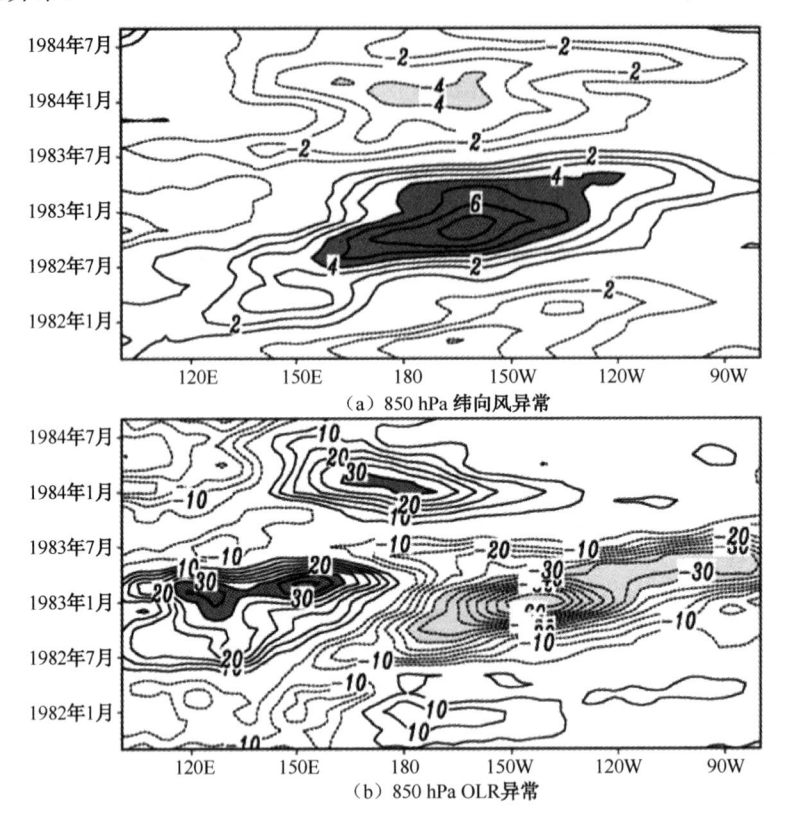

(a) 850 hPa 纬向风异常

(b) 850 hPa OLR异常

图 9.4　5°S～5°N 太平洋海域经向平均的 850 hPa 纬向风异常(单位:m s^{-1})和 OLR 异常(单位:W m^{-2})

9.3.3　西太平洋海水的堆积

在 ENSO 的强信风位相期间,经常看到的特征是太平洋东部海岸的平均海平面高度的降低,而西太平洋的情况与此相反。监测全球海平面的工具来自诸如 TOPEX/Poseidon 及后续 Jason-1 等卫星。这些卫星携带机载雷达高度计和全球定位系统(GPS),可用于估计海平面高度(相对于长期平均值)的异常,精度在几毫米以内。自 1992 年以来,这些卫星高度计的测量值一直取 10 天平均。

图 9.5 显示了用 TOPEX/Poseidon 数据集计算的厄尔尼诺事件发生之前和发生期间的海平面高度异常。在正常情况下[见图 9.5(a)],热带东太平洋的海平面高度低于平均海平面高度,而热带西太平洋的海平面高度则高于平均海平面高度。在厄尔尼诺事件期间[见图 9.5(b)],海平面高度异常的梯度出现反转迹象,而热带东太平洋的海平面高度异常变为正值。

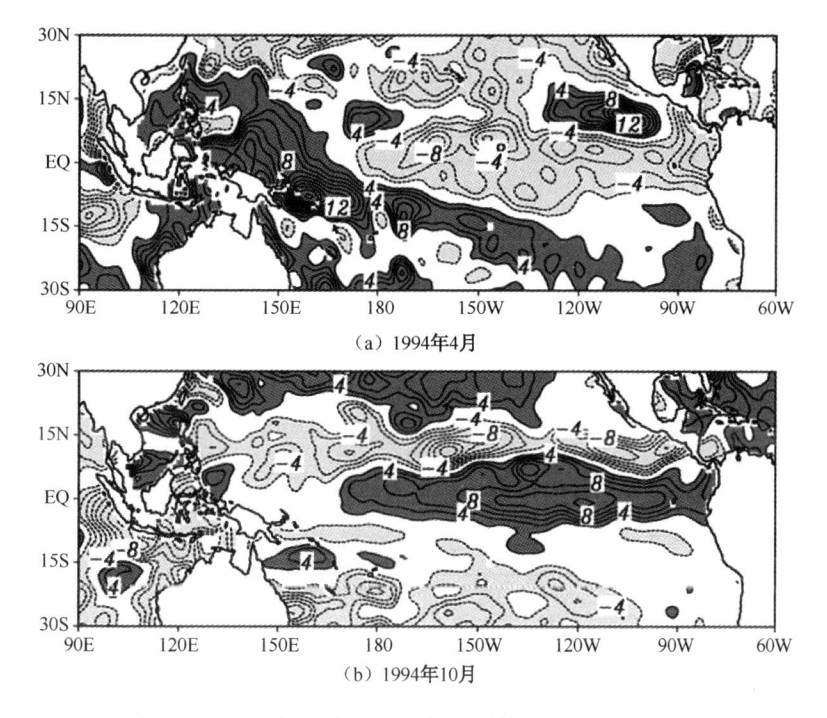

图 9.5　1994 年 4 月和 1994 年 10 月的海平面高度异常

9.3.4　温跃层转换

图 9.6 示意性地给出了正常年、拉尼娜年和厄尔尼诺年之间发生的海洋温跃层响应。图 9.6 中以倾斜实线表示的气候平均水位，是所有年份海平面高度的平均值，在正常年和 ENSO 年并没有变化。图 9.6 中还显示了正常年、拉尼娜年和厄尔尼诺年的水位和温跃层（将温暖的表层水体和寒冷的底层水体分开的一条线）深度。

虚线表示的真实水位随着 ENSO 的位相而变化。在厄尔尼诺爆发前的正常非 ENSO 条件下，较强的信风占主导地位，海水堆积在西部海洋上，并降低了东太平洋的海平面高度。因此，在正常情况下西太平洋的海平面高度比东太平洋高。在厄尔尼诺期间，信风减弱削弱了这种影响。在此期间，东太平洋的海平面高度距平为正值，西太平洋的海平面高度距平为负值。

温跃层会对这些变化做出响应。厄尔尼诺年，西太平洋正常的温跃层上升约 20 m，东太平洋的则下降了约 50 m。这些变化与上层海洋的异常环流有关。在太平洋西部的经度—高度剖面上，这种异常环流在正常年是逆时针的，但在厄尔尼诺年变为顺时针。顺时针异常环流的一个结果是东部海洋上的海水下沉，这种异常环流削弱了净的上升流。上升流削弱的直接结果是，东部海洋的表层海水冷却机制被削弱。这种冷却机制的削弱被认为是海温异常增暖（厄尔尼诺的发生）导致的。

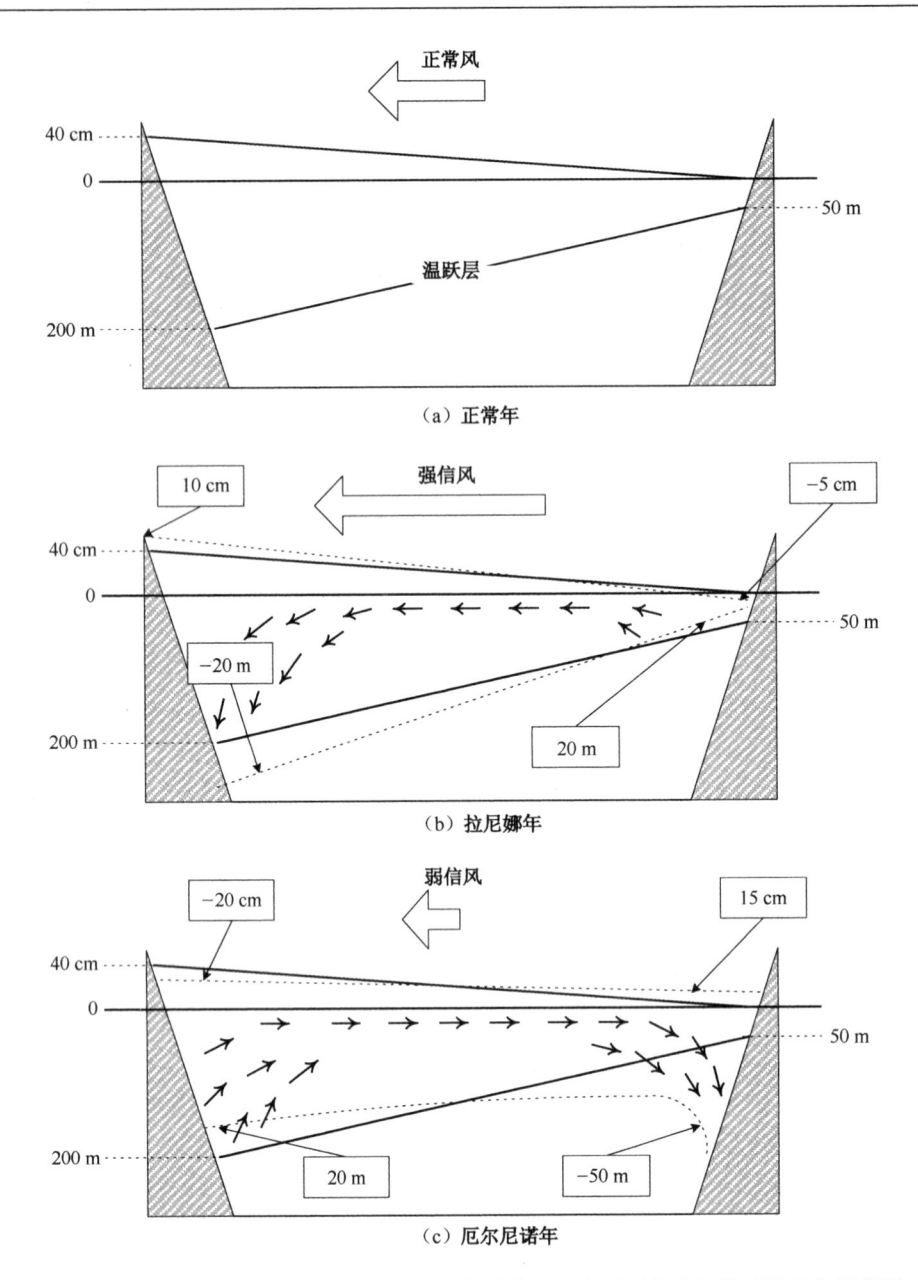

图 9.6 正常年、拉尼娜年和厄尔尼诺年的海面信风、海平面高度和温跃层响应示意图

9.3.5 典型海温异常、正常年和厄尔尼诺年海温异常

图 9.7 给出了基于 Reynolds 和 Smith（1994）提供的数据集计算的 1987 年厄尔尼诺事件整个周期内逐 6 月海温异常（SSTA）序列图，这是相对于（对应月份的）长期平均值求得的。图 9.7 中的时间范围为 1986 年 6 月至 1989 年 12 月，其中，暗阴影表示偏暖的 SSTA 区域，而淡阴影表示偏冷的 SSTA 异常。

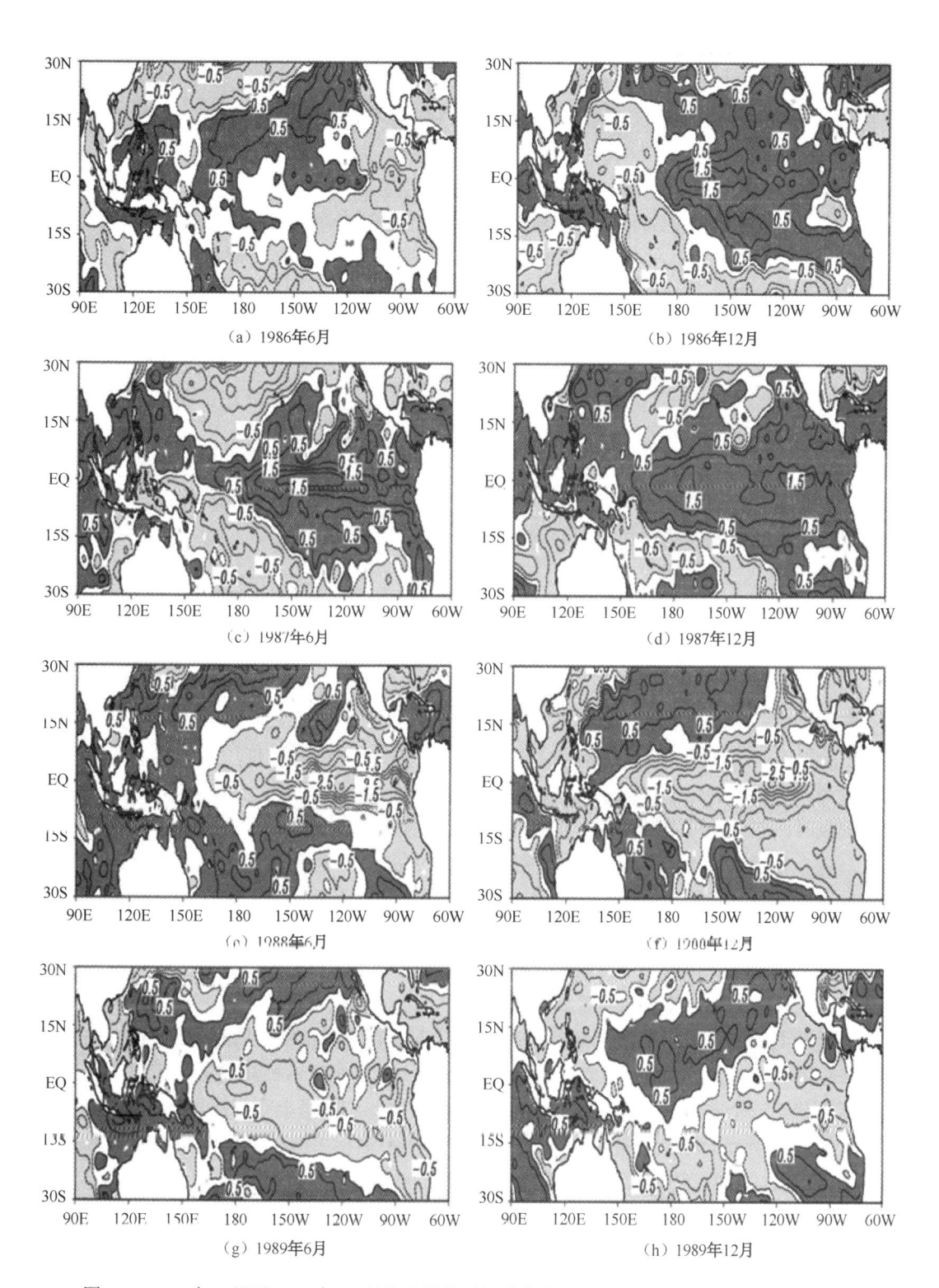

图 9.7 1986 年 6 月至 1989 年 12 月海温异常时间演变序列图（单位：℃），时间间隔 6 个月

1986年6月，东太平洋以冷异常为主要特征，其振幅为-1.0~-0.5℃。1986年12月，该地区已经出现变暖；1987年6月，这种升温变得最剧烈。变暖持续了整个1987年，直到1988年6月才出现逆转。此后，东太平洋上空持续冷位相，到1988年12月（拉尼娜年）冷异常的振幅最大（-2.5℃）。此后，冷异常减小到-1.0~-0.5℃。一个有趣的特点是，厄尔尼诺事件中暖异常周围被一个（马蹄形状的）冷盖环绕，这在1987年12月的形势中尤其明显。暖异常的西北部和西南部被冷异常所包围，其振幅约为-0.5℃。在拉尼娜事件中（见1988年12月）存在一个相反的特征，即在拉尼娜事件中一个暖盖以某种类似的方式环绕着负的SSTA。

应该注意的是，不同的厄尔尼诺事件之间存在许多差异。一些厄尔尼诺事件有振幅高达4~5℃的暖异常，而其他厄尔尼诺事件的温度异常就显得非常温和。在某些厄尔尼诺事件中（如1987年12月），东太平洋正SSTA的经向宽度（或范围）非常大，而在其他厄尔尼诺事件中暖异常的范围相对较窄。

在拉尼娜事件中，SSTA的冷位相也存在类似的特征。在冷位相期间，赤道东太平洋附近有一个非常狭窄的冷SSTA区，被一个更加接近赤道的暖水盖所包围。在这种情况下，冷位相对天气的影响可能与暖位相非常相似。

9.3.6 太平洋北美（PNA）遥相关型

太平洋北美遥相关型或PNA遥相关型，是一个巨大的遥相关波列，是外罗斯贝波驻波引起的结果。它发源于厄尔尼诺年海上的暖SSTA区，大致环绕一个从赤道中太平洋开始、在美国东南部终止的大圆。沿着上述大圆路径，交替的高压、低压系统构成了这个静止的波列。这个波列位于对流层上层，最大振幅位于200~300 hPa。当暖SSTA区在东太平洋形成时，赤道地区的特征是深层对流。在对流层上部，我们发现有两个跨越赤道的高压区，中心分别位于5°S和5°N。由于科里奥利力的消失，近赤道对流不能维持赤道纬度上的反气旋环流，因此，在赤道以北建立的高压系统顺时针旋转，而在赤道以南建立的高压系统逆时针旋转。这些高压系统的范围可以覆盖±5°~±10°纬度。它们引发了如图9.8所示的波列。图9.8中给出了1983年1月厄尔尼诺年200 hPa的位势高度距平场。这对应于高压、低压系统交替出现的区域：与近赤道上空高压相邻的低压位于亚热带东太平洋上空，紧随其后的是位于美国西北部的高压，其下游有一个位于美国东南部的高层低压。

在位涡守恒的β平面上，可以使用一个简单的浅水模式对这种波列进行模拟。在连续性方程中给定一个非绝热质量通量，可以模拟与赤道暖SSTA区上空对流加热相关的热源。该浅水模式将季节平均的纬向基流作为初值模拟PNA遥相关型。PNA遥相关型通常被称为外罗斯贝波，因为产生它的热源位于热带以外的赤道带。

9.3.7 发源于厄尔尼诺地区、近乎环绕全球的西风急流

众所周知，近乎环绕全球的西风急流是厄尔尼诺在对流层高层的显著特征。东太平洋

上空 PNA 遥相关型的第一个对流层高层高压和波列下一个低压之间是高空西风带。该西风带横穿东太平洋、墨西哥、西非、阿拉伯海、印度，并直达热带太平洋。图 9.9 给出了西风带的一个示例。这些西风异常是热带组织化对流的主要干扰因素。它们削弱了西非上空的东风急流，削弱了非洲波动的振幅和降水量。这些西风带穿过印度时，会减弱通常产生暴雨的季风槽和季风低压。

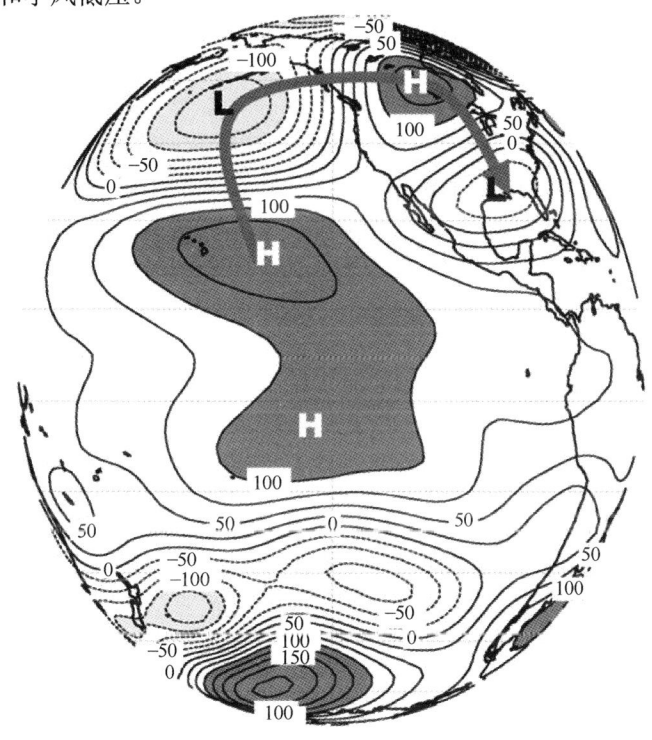

图 9.8　1983 年 1 月厄尔尼诺年 200 hPa 的位势高度距平场（PNA 遥相关型示意）

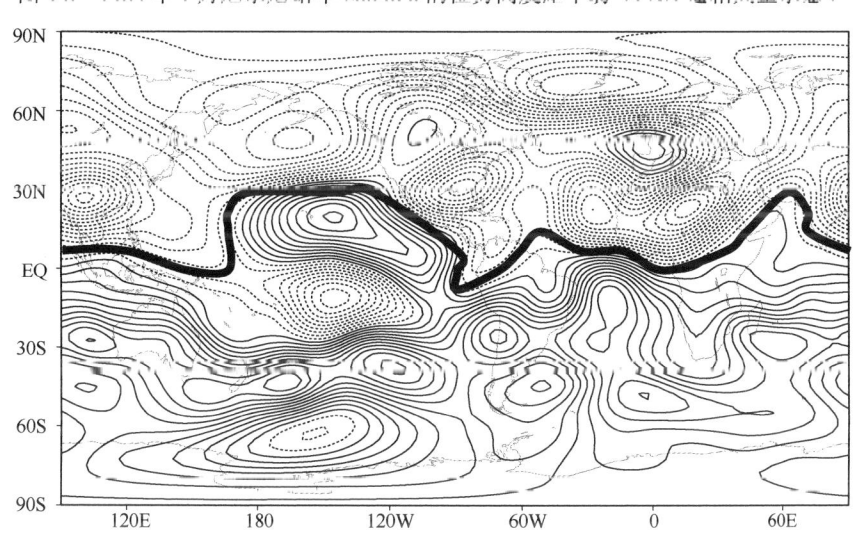

图 9.9　1983 年 1 月厄尔尼诺年 200 hPa 的流函数图。其中，强西风带发源于以 15°N 为中心的反气旋以北的日界线附近，用粗黑线显示

尽管该西风带最早出现在厄尔尼诺开始时（主要在冬季开始时），但异常西风带几乎持续了 6~9 个月，影响了次年夏季的气候。对流层高层的这些异常西风带也会影响大西洋和太平洋的飓风和台风。垂直风切变的增强通常会减少组织化对流和降水。

9.4　ENSO 的耦合模拟

本节主要讨论一个简单的 ENSO 耦合模式，该模式由两部分组成：一部分是基于第 4 章描述的 Adrian Gill（1980）开发模式的大气分量，另一部分是基于 Zebiak 和 Cane（1987）开发模式的海洋分量。

9.4.1　Zebiak-Cane 海洋模式

Zebiak 和 Cane（1987）提出了一个简单的模式来模拟海洋上升流和海面温度对表面风应力的响应，该模式可以作为理解厄尔尼诺机制的工具。他们考虑了一个 $1\frac{1}{2}$ 层海洋模式，相当于一个下层深度固定的两层模式。其中，洋流用一个线性化的动力学方程来模拟；在用于模拟温度的热力学方程中保留了非线性项。

令 u_1 和 u_2 分别表示上层和下层的海流矢量，H_1 和 H_2 分别表示上层和下层的平均深度，p_1 和 p_2 分别表示上层和下层的平均动力压强，τ 是表面风应力，h 是上层深度异常，w_s 是下层海水进入表层的挟卷率。两层的动量方程和连续性方程用 β 平面上的线性浅水方程表示。上层洋流的动量方程为

$$\frac{\partial u_1}{\partial t} + f\,\boldsymbol{k} \times \boldsymbol{u}_1 = -\nabla p_1 + \frac{\tau}{\rho H_1} \frac{K(\boldsymbol{u}_1 - \boldsymbol{u}_2)}{H_1} - r\,\boldsymbol{u}_1 \tag{9.1}$$

式中，r 和 K 是摩擦相关的参数，$-\dfrac{K(\boldsymbol{u}_1 - \boldsymbol{u}_2)}{H_1}$ 代表垂直扩散，$-r\,\boldsymbol{u}_1$ 代表瑞利摩擦。

如式（9.1）所示的动量方程表示海流的局地变化加上科里奥利力与气压梯度力、风应力、垂直扩散和瑞利摩擦之和的平衡。下层海洋的动量方程可以表示为

$$\frac{\partial u_2}{\partial t} + f\,\boldsymbol{k} \times \boldsymbol{u}_2 = -\nabla p_2 + \frac{K(\boldsymbol{u}_1 - \boldsymbol{u}_2)}{H_2} - r\,\boldsymbol{u}_2 \tag{9.2}$$

由于下层没有风应力，因此其不受表面风应力 τ 的直接影响。连续性方程表示为

$$\frac{\partial h}{\partial t} + H_2 \nabla \cdot \boldsymbol{u}_2 = -w_s - rh \tag{9.3}$$

连续性方程等号左侧为自由表面高度的局地变化率加底层的散度，等号右侧则为下层流体对上层流体的挟卷与瑞利摩擦 $-rh$ 的和。表层垂直挟卷速度可以表示为

$$w_s = H_1 \nabla \cdot \boldsymbol{u}_1 \tag{9.4}$$

以上 4 个方程构成了关于 u_1、u_2、p_1、p_2、h 和 w_s 的方程组（注意：前两个方程是矢量

方程）。为了使方程组闭合，需要引入一些简化。如果将切变矢量 $\boldsymbol{u}_s$ 定义为 $\boldsymbol{u}_s = \boldsymbol{u}_1 - \boldsymbol{u}_2$，从式（9.1）减去式（9.2）可以得到切变矢量的方程：

$$\frac{\partial \boldsymbol{u}_s}{\partial t} + f\boldsymbol{k} \times \boldsymbol{u}_s = -\nabla(p_1 - p_2) + \frac{\boldsymbol{\tau}}{\rho H_1} - r_s \boldsymbol{u}_s \qquad (9.5)$$

Zebiak 和 Cane 通过消去局地变化项和气压梯度力项对该方程进行简化，从而获得摩擦力、科里奥利力和风应力之间的平衡，即

$$r_s \boldsymbol{u}_s + f\boldsymbol{k} \times \boldsymbol{u}_s = \frac{\boldsymbol{\tau}}{\rho H_1} \qquad (9.6)$$

利用大气模式（如前述章节介绍的 Adrian Gill 大气模式）给定表面风应力 $\boldsymbol{\tau}$，可以对切变矢量 $\boldsymbol{u}_s$ 进行推导。切变矢量 $\boldsymbol{u}_s$ 的纬向分量和经向分量分别为

$$r_s u_s - f v_s = \frac{\tau_x}{\rho H_1} \qquad (9.7)$$

$$r_s v_s - f u_s = \frac{\tau_y}{\rho H_1} \qquad (9.8)$$

联立式（9.7）和式（9.8），并分别消去 v_s 和 u_s，可得

$$u_s = \frac{1}{r^2 + f^2} \frac{r\tau_x + f\tau_y}{\rho H_1} \qquad (9.9)$$

$$v_s = \frac{1}{r^2 + f^2} \frac{-f\tau_x + r\tau_y}{\rho H_1} \qquad (9.10)$$

由于赤道附近 f 很小，故有 $\dfrac{1}{r^2 + f^2} \approx \dfrac{1}{r^2}$。假设赤道流几乎是纬向的，则经向风应力可以忽略，即 $\tau_y \approx 0$。通过这些近似，式（9.9）和式（9.10）式可以简化为

$$u_s = \frac{\tau_x}{r\rho H_1} \qquad (9.11)$$

$$v_s = \frac{-f\tau_x}{r^2 \rho H_1} \qquad (9.12)$$

假设下层接近地转，即散度为 0，则挟卷速度 w_s 可近似为

$$w_s \approx H_1 \nabla \cdot \boldsymbol{u}_s \qquad (9.13)$$

将 u_s 和 v_s 的表达式代入挟卷速度方程中，可以得到

$$w_s = H_1 \left(\frac{\partial u_s}{\partial x} + \frac{\partial v_s}{\partial y} \right) = \frac{1}{r\rho} \frac{\partial \tau_x}{\partial x} - \frac{1}{r^2 \rho} \left(\frac{\partial f}{\partial y} \tau_x + f \frac{\partial \tau_x}{\partial y} \right) \qquad (9.14)$$

因为 $\dfrac{\partial \tau_x}{\partial x} = 0$，$f \approx 0$，$\dfrac{\partial f}{\partial y} = \beta$，故该方程最终可变为

$$w_s = -\frac{\beta \tau_x}{r^2 \rho} \qquad (9.15)$$

这是一个关于赤道附近上升流速 w_s 非常有用的表达式，该流速由风应力 τ_x 驱动。分析的下一步是获得基于简化重力模式的海流，其中，$-\dfrac{1}{\rho}\nabla p_1$ 被 $-g'\nabla h$ 代替。这里 g' 是定

义为 $g' = g\dfrac{\rho'}{\rho_0}$ 的简化重力,其中,g 是法向重力加速度,而 ρ' 是围绕参考密度 ρ_0 的密度扰动。

上层流场的浅水方程为

$$\dfrac{\partial \boldsymbol{u}_1}{\partial t} + f\,\boldsymbol{k} \times \boldsymbol{u}_1 = \dfrac{\boldsymbol{\tau}}{\rho H_1} - r\boldsymbol{u}_1 - g'\nabla h \tag{9.16}$$

$$\dfrac{\partial h}{\partial t} + H\nabla \cdot \boldsymbol{u}_1 = -rf \tag{9.17}$$

这个系统包含两个方程和两个未知数。给定表面风应力 $\boldsymbol{\tau}$ 就可以使用标准的时间差分方案(如蛙跳格式)求解关于 $\boldsymbol{u}_1$ 和 h 的随时间演变的数值问题(参见 Krishnamurti 等,2006)。该方法可以提供在给定的表面风应力 $\boldsymbol{\tau}$ 强迫下,$\boldsymbol{u}_1$ 和 h 作为时间函数的数值解。

上述步骤可获得 $\boldsymbol{u}_s$、w_s、$\boldsymbol{u}_1$ 和 h 的解。底层流矢量 $\boldsymbol{u}_2$ 可以从 $\boldsymbol{u}_2 = \boldsymbol{u}_1 - \boldsymbol{u}_s$ 这个简单的关系式中获得。至此,这一过程仅涉及动力学,而与海洋热力学无关。为了解决厄尔尼诺问题,现在利用这些解对温度倾向方程进行数值求解,具体步骤如下所述。

将热力学第一定律应用于海洋温度,海洋表层温度的方程式为

$$\dfrac{\partial T}{\partial t} + \boldsymbol{u}_1 \cdot \nabla T + M(w_s)\dfrac{T - T_e}{H_1} = \dfrac{Q}{H_1} \tag{9.18}$$

式中,T 是海洋表层温度,T_e 是从底层挟卷到表层的海水温度;Q 用于度量海洋表面加热,函数 $M(w_s)$ 定义为

$$M(w_s) = \begin{cases} w_s, & w_s > 0 \\ 0, & w_s \leqslant 0 \end{cases} \tag{9.19}$$

换句话说,如果存在上升流($w_s > 0$),那么 $M(w_s)$ 等于 w_s;如果没有上升流,则 $M(w_s)$ 为 0。根据式(9.19),温度的局地变化与温度的水平平流和垂直平流之和等于地表总非绝热加热。T_e 是底层的参考温度,在 Zebiak-Cane 海洋模式中几乎是任意指定的。下一步是写下平均温度 $\overline{T}$ 的方程式,它是特定月份的长期平均值,如

$$\dfrac{\partial \overline{T}}{\partial t} + \boldsymbol{u}_1 \cdot \nabla \overline{T} + M(\overline{w}_s)\dfrac{\overline{T} - \overline{T}_e}{H_1} = \dfrac{\overline{Q}}{H_1} \tag{9.20}$$

其中,"¯"表示长期平均值,"′"表示相对于该平均值的异常。由式(9.20)减去式(9.18)得到海面温度异常方程,表达式为

$$\begin{aligned}&\dfrac{\partial T'}{\partial t} + \boldsymbol{u}'_1 \cdot \nabla(\overline{T} + T') + \boldsymbol{u}_1 \cdot \nabla T' + \\ &\left(M(\overline{w}_s + w'_s) - M(\overline{w}_s)\right)\dfrac{\overline{T} - \overline{T}_e}{H_1} + M(\overline{w}_s + w'_s)\dfrac{T' - T'_e}{H_1} = \dfrac{Q'}{H_1}\end{aligned} \tag{9.21}$$

式(9.21)等号左侧的各项从左至右依次为:海面温度异常的局地变化;异常上层流对总温度的水平平流;平均上层流对温度异常的水平平流;异常挟卷引起的平均温度的垂直平流;总流场引起的异常温度的垂直平流。所有这些项之和等于非绝热加热异常。非绝热加热异常可能涉及海洋—大气界面上的净辐射、感热通量和蒸发热通量。垂直平流项包

含的 $\frac{\overline{T}-\overline{T}_e}{H_1}$ 和 $\frac{T'-T'_e}{H_1}$ 分别代表了 $\frac{\partial \overline{T}}{\partial z}$ 和 $\frac{\partial T'}{\partial z}$。Zebiak 和 Cane（1987）利用经验公式将从底层挟卷上来的海水温度异常 T'_e 进行了参数化，即

$$T'_e = \gamma T'_{\text{sub}} + (1-\gamma)T' \tag{9.22}$$

式中，T'_{sub} 是给定的次表层温度异常，$0 < \gamma \leq 1$ 是表层和次表层水体混合的效率系数。由此，Zebiak 和 Cane 使用的温度异常方程的最终形式为

$$\frac{\partial T'}{\partial t} = -\boldsymbol{u}_1 \cdot \nabla(\overline{T}+T') - \boldsymbol{u}_1 \cdot \nabla T' - \gamma\left(M(\overline{w}_s + w'_s) - M(\overline{w}_s)\right)\frac{\partial \overline{T}}{\partial z} - \\ \gamma M(\overline{w}_s + w'_s)\frac{T'-T'_{\text{sub}}}{H_1} - \alpha T' \tag{9.23}$$

此处，挟卷的温度异常已经用 γ 进行了扩展；加热项被牛顿冷却项 $-\alpha T'$ 所代替，用于表示海洋表面的净辐射效应；$\frac{\partial \overline{T}}{\partial z} = \frac{\overline{T}-\overline{T}_{\text{sub}}}{H_1}$ 是温度的气候平均递减率。式（9.23）提供了厄尔尼诺期间暖海温异常的最初步理解。它所描述的机制始于信风的减弱。这种减弱意味着来自大气强迫的纬向东风应力减弱。结合式（9.15）可知，这将促使 w_s 减小。挟卷速度仍然是正的，因为较弱的信风产生的东风应力 τ_x 虽然量级较小，但仍然为负值。减弱的信风产生的 w_s 较小，意味着上升流减小、挟卷效应削弱。需要注意的是，在赤道信风区，挟卷速度的气候平均值 $\overline{w}_s$ 亦为较小的正值。因为递减率的气候平均值通常是正值，所以与信风减弱的情况相反，在信风异常加强的情况下，$-\gamma\left(M(\overline{w}_s + w'_s) - M(\overline{w}_s)\right)\frac{\partial \overline{T}}{\partial z}$ 为更大的负值。在信风强度变化过程中，$-\gamma M(\overline{w}_s + w'_s)\frac{T'-T'_{\text{sub}}}{H_1}$ 以类似的方式变化。在上述两项中，后者具有更大的量级，因此在 Zebiak-Cane 海洋模式中，该项是解释厄尔尼诺开始的重要因素。这是一个相对直接的场景，信风减弱使 τ_x 为较小的负值，从而使 w_s 为较小的正值，进而减小了垂直平流，从而使温度异常的倾向值 $\frac{\partial T'}{\partial t}$ 为较小的负值。请注意，γ 为正值，在厄尔尼诺开始期间，信风减弱，上升流变弱，风应力和风应力旋度也变小，因此 $\overline{w}_s$ 和 w'_s 变为较小的正值；γ 为正值，$T'-T'_{\text{sub}}$ 为正值，H_1 亦为正值，因此整项的值趋向小的负值（该项前面为负号）。将其与拉尼娜事件进行比较，较强的信风会使上述所有的量变成更大的正值，而此时的倾向项（其前面为负号）会变成更大的负值，即拉尼娜事件期间有更显著的降温趋势。因此，厄尔尼诺期间的增温本质上是削弱的上升流导致较弱的海面降温。这是在 Zebiak-Cane 海洋模式设计中构建的关于厄尔尼诺的基本主题。

9.4.2　Zebiak-Cane 海洋模式的模拟结果

简单地使用月平均观测表面风驱动 Zebiak-Cane 海洋模式，就可以对厄尔尼诺的一个周期进行模拟。风应力 τ_x 可由体积空气动力学公式 $\tau_x = C_\text{d}\rho_\text{a}\left(u^2+v^2\right)^{1/2}u$ 获得，其中，u

和 v 是纬向和经向的表面风分量，C_d 是表面体积空气动力阻力系数，ρ_a 是表面空气密度。表面体积空气动力阻力系数一般取 1.4×10^{-3}（无量纲）。除观测到的风应力外，对于 Zebiak-Cane 海洋模式，还需要适用于式（9.6）中所有变量的气候值。给定这样的数据集，就可以对 Zebiak-Cane 海洋模式进行长期积分。图 9.10 显示了厄尔尼诺/南方涛动的模拟结果。这里分别给出了模式使用的海面温度异常初始场，以及从厄尔尼诺发生前一年 12 月的观测估计值得出的海面温度异常场。这两个场之间的初始差异是模式对初始场的 spin-up 产生的。Zebiak-Cane 海洋模式的 spin-up 通常使用多年的风应力观测值及观测的海面温度利用牛顿松弛程序进行。这将强制表面场适应施加的这些强迫值。在这个过程中，较深的海洋相对于表面场达到了平衡。

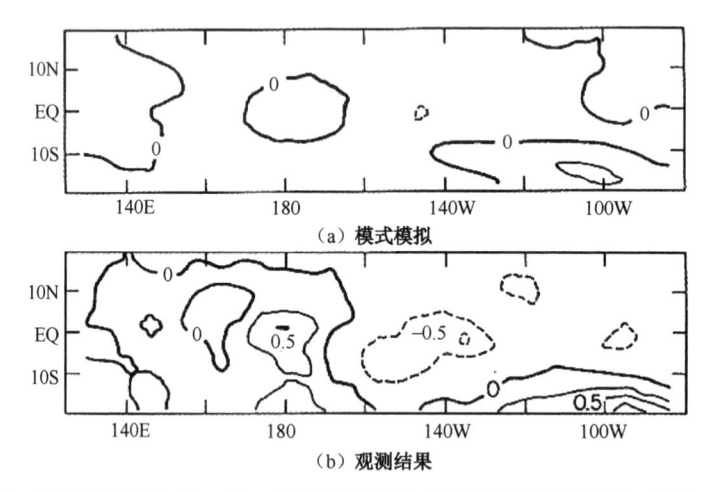

图 9.10 厄尔尼诺发生前一年 12 月模式模拟和观测的海面温度异常（单位：℃）

如图 9.10 所示初始状态的观测海面温度和模式模拟海面温度异常之间的差异并不是很关键，因为随后几个月的风强迫会产生一个真实的厄尔尼诺。图 9.11 和图 9.12 分别给出了厄尔尼诺年 5 月和 12 月的模式模拟和观测海面温度异常。我们可以清晰地看到，模式成功地模拟了通过施加观测风强迫所导致的暖海面温度异常。

上面的例子描述了基于观测数据的风强迫驱动的 Zebiak-Cane 海洋模式的模拟结果，没有使用任何大气模式。

此外，大气强迫也可以由 Adrian Gill 大气模式提供，该大气模式可以在动量方程和连续性方程中加入局地时间倾向项，从而得到预测场。基于稳定线性模式，可以得到对称和反对称个例的 Adrian Gill 解。Zebiak 和 Cane 用于 ENSO 循环模拟的大气模式就是 Adrian Gill 大气模式；但是，他们不得不放弃定常假设，以便将海洋模式与 Adrian Gill 大气模式在时间上进行耦合。Adrian Gill 大气模式连续性方程中的非绝热质量通量项还应包括一些形式对流加热的参数化，这些加热对热带地区的模拟是很重要的。对于 Adrian Gill 大气模式，这类加热可以简单地表示为 $Q = \eta w$，其中，w 是两层界面处的垂直速度（上层基本上是下层的镜像），而 η 是常数。这种耦合模式（其中，Adrian Gill 大气模式与 Zebiak-Cane 海洋模式相耦合）需要使用从表面风导出的月平均风应力观测值进行初始的 spin-up。首先，以 spin-up 模式将海洋模式积分 60 年。在 spin-up 过程中，可以注意到厄尔尼诺和拉尼娜事件的发生。然后，在海洋模式达到平衡后，引入大气模式代替观测的大气强迫，从而启动耦合模拟系统。参数化加热通过定义大气模式的加热（或缺少加热）实现。这种模式是自我维持的，这意味着在整个积分时段内，厄尔尼诺事件和拉尼娜事件将不断交替发生。

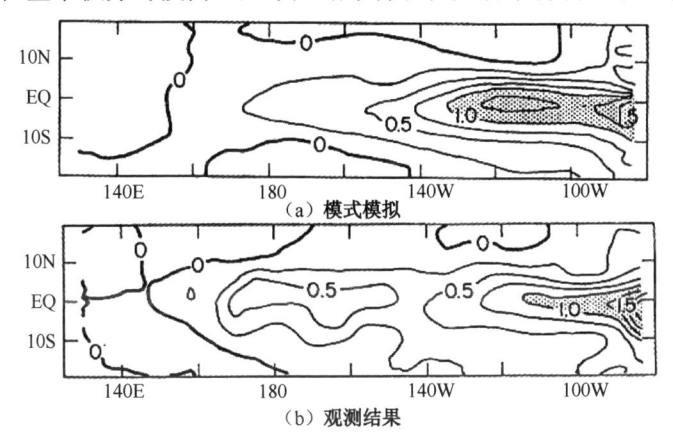

图 9.11 厄尔尼诺年 5 月模式模拟和观测的海面温度异常（单位：℃）

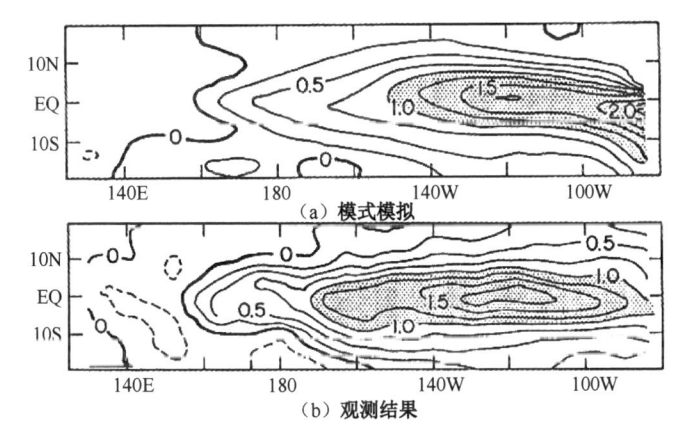

图 9.12 厄尔尼诺年 12 月模式模拟和观测的海面温度异常（单位：℃）

9.5 ENSO 理论

解释 ENSO 现象的一个流行理论是延迟振子理论（Schopf and Suarez，1988；Suarez and Schopf，1988；Battati and Hirst，1989）。从最初的版本开始，该理论经历了几次修改，其与观测到的 ENSO 特征更为一致。

Bjerknes（1966，1969）首次尝试将赤道太平洋东部的大范围 SST 异常与海气耦合作用联系起来。他指出赤道东太平洋 SST 异常（SSTA）、赤道太平洋 SST 纬向梯度、信风和海洋上升流之间形成一个正反馈。赤道东太平洋的正 SSTA 降低了赤道太平洋 SST 的纬向梯度，进而削弱了信风，从而减弱了赤道太平洋东部的上升流，导致该区域进一步变暖。这一论点可以反过来解释冷 ENSO 事件的发展。然而，Bjerknes 机制的一个主要缺点是无法解释 ENSO 从一种（暖或冷）状态向另一种状态的转变。

Schopf 和 Suarez（1988）、Suarez 和 Schopf（1988）、Battisti 和 Hirst（1989）提出了延迟振荡理论解释 ENSO 的准周期振荡。该理论认为，赤道中太平洋的纬向西风应力异常激发了下沉流赤道开尔文波，并向东边界迅速传播。赤道东太平洋浅层温跃层的下沉流开尔文波增大了海面温度梯度。随后，如 Bjerknes 机制所解释的那样，SSTA 随后在局地海气相互作用的影响下进一步增大。同时，来自赤道中太平洋强迫区的西传罗斯贝波被反射，成为源自西边界的涌升流开尔文波，该波动到达赤道东太平洋，并与下沉流开尔文波相互作用，这种耦合不稳定将导致暖事件的终结，并引发冷事件。

虽然这一理论可以解释 ENSO 各位相之间的转换，但该理论模拟的 ENSO 周期与观测周期相比太短。相对于观测的 ENSO 周期，开尔文波和罗斯贝波在海盆中来回传播的时间太短。Cane 等（1990）认为，赤道东太平洋源于局地耦合不稳定的 SSTA 增大，需要赤道波的多次反射来逆转 ENSO 的位相。

然而，Schneider 等（1995）利用经验延迟振子方程进行研究，结果表明，由赤道陷得到的开尔文波和罗斯贝波导致的时间延迟并不能单独解释 ENSO 的低频（>4 年周期）振荡。在利用 Zebiak-Cane 海洋模式进行的一系列详尽的理论试验中，Kirtman（1997）展示了远离赤道（超过南北纬 7°范围）的罗斯贝波在决定 ENSO 的低频振荡中的作用。他指出，赤道中太平洋纬向风应力异常的经向结构可以影响 ENSO 周期：相对宽（窄）的经向结构导致长（短）的 ENSO 周期。这里的论点是，宽纬向风应力异常激发了远离赤道的罗斯贝波，其传播速度比赤道罗斯贝波慢得多。此外，它们破坏性地干扰了涌升流开尔文波，从而减小了开尔文波的振幅。与产生于经向范围相对较窄的赤道纬向风应力异常中的 ENSO 相比，远离赤道的罗斯贝波的这两个特征导致 Zebiak-Cane 海洋模式模拟的 ENSO 周期延长了。Kirtman（1997）的研究表明，在西边界处不受远离赤道的罗斯贝波影响的情况下，无论赤道中太平洋纬向风应力异常的经向结构如何，都会产生一个两年周期的 ENSO。Kirtman（1997）的结论是，罗斯贝波的振幅最大（经向第一）模态从西边界的反射是产生 ENSO 振荡的必要条件，而这种振荡周期是由远离赤道的罗斯贝波决定的。

许多可以产生 ENSO 类振荡的动力耦合模式均符合延迟振荡理论。但是，还有其他一些具有挑战性的理论，如平流—反射振荡（Picaut 等，1997）、西太平洋振荡（Weisberg 和 Wang，1997）、充放电理论（Jin，1997a，1997b）、联合振荡（Wang，2001）等也试图对 ENSO 振荡加以解释。

原著参考文献

Battisti, D. S., Hirst, A. C. Interannual variability in a tropical atmosphere-ocean model: Influence of the basic state, ocean geometry, and non-linearity. J. Atmos. Sci., 1989, 46, 1687-1712.

Bjerknes, J. A possible response of the atmospheric Hadley circulation to equatorial anomalies of ocean temperature. Tellus, 1966, 18, 820-828.

Bjerknes, J. Atmospheric teleconnections from the equatorial Pacific. Mon. Weather Rev., 1969, 97, 163-172.

Cane, M. A., Münnich, M., Zebiak, S. E. A study of self-excited oscillations of the tropical ocean-atmosphere system. Part I: Linear analysis. J. Atmos. Sci., 1990, 47, 1562-1577.

Gill, A. E. Some simple solutions for heat-induced tropical circulations. Q. J. Roy. Meteor. Soc., 1980, 106, 447-462.

Jin, F. F. An equatorial ocean recharge paradigm for ENSO. Part Ⅰ: Conceptual model. J. Atmos. Sci., 1997a, 54, 811-829.

Jin, F. F. An equatorial ocean recharge pradigm for ENSO. Part Ⅱ: A stripped down coupled model. J. Atmos. Sci., 1997b, 54, 830-847.

Kirtman, B. P. Oceanic Rossby wave dynamics and the ENSO period in a coupled model. J. Climate, 1997, 10, 1690-1704.

Krishnamurti, T. N., Chu, S. H., Iglesias, W. On the sea level pressure of the southern oscillation. Meteor. Atmos. Phys., 1986, 34, 385-425.

Krishnamurti, T. N., Chakraborty, A., Krishnamurti, R., Dewar, W. K., Clayson, C. A. Seasonal prediction of sea surface temperature anomalies using a suite of 13 coupled atmosphere-ocean models. J. Climate, 2006, 19, 6069-6088.

Partridge, I. J. Will It Rain? The Effects of the Southern Oscillation and El Ninõ on Australia. 2nd Edition. Dept. of Primary Industries, Brisbane, 1994.

Picaut, J., Masia, F., du Penhoat, Y. An advective-reflective conceptual model for the oscillatory nature of the ENSO. Science, 1997, 277, 663-666.

Reynolds, R. W., Smith, T. N. Improved global sea surface temperature analysis using optimal interpolation. J. Climate, 1994, 7, 929-948.

Schneider, E. K., Huang, B., Shukla, J. Ocean wave dynamics and El Ninõ. J. Climate, 1995, 8, 2415-2439.

Schopf, P. S., Suarez, M. J. Vacillations in a coupled ocean-atmosphere model. J. Atmos. Sci., 1988, 45, 549-566.

Suarez, M. J., Schopf, P. S. A delayed action oscillator for ENSO. J. Atmos. Sci., 1988, 45, 3283-3287.

Trenberth, K. E., Shea, D. J. On the evolution of the Southern Oscillation. Mon. Weather Rev., 1987, 115, 3078-3096.

Wang, C. A unified oscillator model for the El Nino-Southern Oscillation. J. Climate., 2001, 14, 98-115.

Weisberg, R. H., Wang, C. A western Pacific oscillator paradigm for the El Ninõ-Southern Oscillation. Geophys. Res. Lett., 1997, 24, 779-782.

Zebiak, S. E., Cane, M. A. A Model El Ninõ/Southern Oscillation. Mon. Weather Rev., 1987, 115, 2262-2278.

第 10 章

全球热带非绝热位涡

10.1 简介

大多数读者都非常熟悉绝对涡度守恒和位涡守恒的基本概念。绝对涡度守恒通常用于二维情况,忽略热源、热汇、散度、垂直运动和摩擦的影响,追随一个气块涡度的垂直分量 $\nabla \times V + f$ 守恒。另外,继 Ertel 的开创性工作之后,位涡守恒被适当地应用于等熵面上气块的三维运动。这里同样忽略了热源、热汇及摩擦的影响,但是保留了散度和垂直运动的影响。简便起见,我们可以使用以下两个近似方程:

$$\frac{\mathrm{d}\zeta_a}{\mathrm{d}t} = -\zeta_a \nabla \cdot V \tag{10.1}$$

$$\frac{\mathrm{d}\Gamma_d}{\mathrm{d}t} = \Gamma_d \nabla \cdot V \tag{10.2}$$

式(10.1)为涡度方程,其中,ζ_a 是绝对涡度;式(10.2)则为稳定性方程,其中,$\Gamma_d = -g\frac{\partial \theta}{\partial p}$ 是干静力稳定度。涡度方程告诉我们,辐散($\nabla \cdot V > 0$)将使绝对涡度减小,即 $\frac{1}{\zeta_a}\frac{\mathrm{d}\zeta_a}{\mathrm{d}t} < 0$。稳定性方程表明,辐散($\nabla \cdot V > 0$)增强稳定性,即 $\frac{1}{\Gamma_d}\frac{\mathrm{d}\Gamma_d}{\mathrm{d}t} > 0$。通过引入绝热位涡 $\zeta_p = \zeta_a \Gamma_d$,可以消除上述方程中的散度,从而得到

$$\frac{\mathrm{d}}{\mathrm{d}t}\zeta_p = 0 \tag{10.3}$$

式(10.3)是位涡守恒方程。该方程指出,对于绝热无摩擦运动,位涡是守恒的。

然而,对于大多数热带地区来说,热源和热汇是大量存在的,这使得绝热运动的假设是无效的。有人指出,用式(10.3)给出的位涡守恒作为基本原则,甚至不能提前一天预报热带多雨地区的环流。因此,我们必须考虑非绝热位涡方程。

10.2 非绝热位涡方程

非绝热位涡方程考虑了热源和热汇，并就此问题提出了更准确的公式。非绝热位涡方程采用位温作为垂直坐标。Bluestein（1993）在等熵坐标系中，将完全 Ertel 位涡方程的准静力形式表示为

$$\frac{\mathrm{d}}{\mathrm{d}t}\left(-\zeta_{a\theta}g\frac{\partial\theta}{\partial p}\right)=\left(-\zeta_{a\theta}g\frac{\partial\theta}{\partial p}\right)\frac{\partial}{\partial\theta}\frac{\mathrm{d}\theta}{\mathrm{d}t}+\left\{\nabla\frac{\mathrm{d}\theta}{\mathrm{d}t}\cdot\frac{\partial(\boldsymbol{V}\times\boldsymbol{k})}{\partial\theta}\right\}g\frac{\partial\theta}{\partial p}-\{\nabla\cdot(\boldsymbol{F}\times\boldsymbol{k})\}g\frac{\partial\theta}{\partial p} \quad (10.4)$$

其中，等熵绝对涡度为

$$\zeta_{a\theta}=\left(\frac{\partial v}{\partial x}\right)_{\theta}-\left(\frac{\partial u}{\partial y}\right)_{\theta}+\frac{u}{a}\tan\varphi+f \quad (10.5)$$

等熵位势涡度（PV，简称位涡）表示为

$$\zeta_{p\theta}=-g\zeta_{a\theta}\frac{\partial\theta}{\partial p} \quad (10.6)$$

式中，φ 和 θ 分别是纬度和位温。准静力是指，垂直运动及其加速度出现在式（10.4）中，但系统还不是非静力的，即垂直加速度不会改变重力。除非存在超绝热层，否则干静力稳定度 $-g\frac{\partial\theta}{\partial p}$ 一般为正。除了零位涡等值线弯弯曲曲地绕过跨赤道区域，等熵绝对涡度 $\zeta_{a\theta}$ 和等熵位势涡度 $\zeta_{p\theta}$ 在北半球一般为正，而在南半球一般为负。

将式（10.6）代入式（10.4），结果发现等熵位势涡度的局地变化率为

$$\frac{\partial}{\partial t}\zeta_{p\theta}=-\boldsymbol{V}\cdot\nabla\zeta_{p\theta}-\frac{\mathrm{d}\theta}{\mathrm{d}t}\frac{\partial\zeta_{p\theta}}{\partial\theta}+\zeta_{p\theta}\frac{\partial}{\partial\theta}\frac{\mathrm{d}\theta}{\mathrm{d}t}+\left\{\nabla\frac{\mathrm{d}\theta}{\mathrm{d}t}\cdot\frac{\partial(\boldsymbol{V}\times\boldsymbol{k})}{\partial\theta}\right\}g\frac{\partial\theta}{\partial p}-\{\nabla\cdot(\boldsymbol{F}\times\boldsymbol{k})\}g\frac{\partial\theta}{\partial p} \quad (10.7)$$

换句话说，在等熵面上，有

PV 的局地变化率 = PV 的水平平流 + 加热的水平梯度 + 加热的垂直梯度 + 摩擦项

如果略去等号右侧的最后 3 项，式（10.7）将退化为我们熟悉的绝热位涡守恒方程。保留这 3 项可以解释水平加热梯度或垂直加热梯度和摩擦使位涡产生或减小。位涡收支的计算涉及使用插值到等熵面上的变量计算上述所有项。

10.3 非绝热位涡方程在全球热带地区的应用

考虑到要将方程式（10.7）应用于全球热带地区，其等号右侧各项的量级通过尺度分析进行估计，详述如下。

10.3.1 位涡

位涡定义为 $\zeta_{p\theta} = -\zeta_{a\theta}g\dfrac{\partial \theta}{\partial p}$。为了估计典型的位涡，考虑 $g = 9.8\,\text{m s}^{-2}$，$\zeta_{a\theta} \approx 10^{-4}\,\text{s}^{-1}$，大尺度热带环境的典型位温垂直变化可以估计为 $\dfrac{\partial \theta}{\partial p} \approx \dfrac{5\,^\circ\text{C}}{100\,\text{hPa}} \approx 5\times 10^{-4}\,\text{kg}^{-1}\,\text{m s}^2\,\text{K}$。由此得到，$\zeta_{p\theta} \approx 5\times 10^{-7}\,\text{kg}^{-1}\,\text{m}^2\,\text{s}^{-1}\,\text{K}$ 作为热带等熵位涡的典型值。图 10.1 显示了给定某一天全球热带地区位涡的分布。

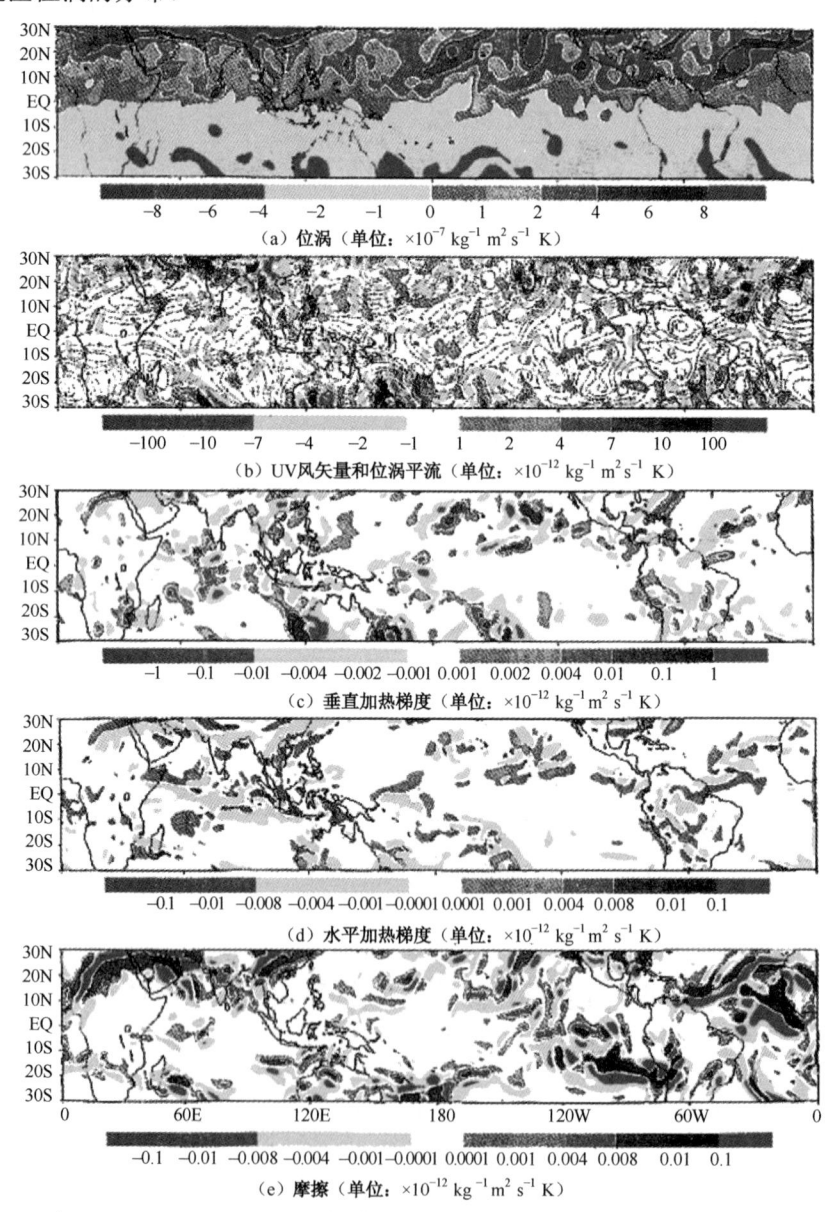

图 10.1 1992 年 12 月 1 日 12 UTC 325 K 等熵面上的位涡收支相关场（引自 Krishnamurti 等，2000）

10.3.2 位涡的水平平流

位涡的水平平流由 $-V \cdot \nabla \zeta_{p\theta}$ 给出。水平风的量级是 $V \approx 10 \text{ m s}^{-1}$。典型热带环流系统的水平尺度可以近似取为 300 km，从而得出 $\nabla \approx \dfrac{1}{1000 \text{ km}} = 10^{-6} \text{ m}^{-1}$。根据这些和先前估计的位涡 $\zeta_{p\theta} \approx 5 \times 10^{-7} \text{ kg}^{-1} \text{ m}^2 \text{ s}^{-1} \text{ K}$，可得 $-V \cdot \nabla \zeta_{p\theta} \approx 5 \times 10^{-12} \text{ kg}^{-1} \text{ m}^2 \text{ s}^{-2} \text{ K}$ 作为大尺度位涡水平平流的一个典型的量级。

10.3.3 位涡的垂直平流

位涡的垂直平流由 $-\dfrac{\mathrm{d}\theta}{\mathrm{d}t} \dfrac{\partial \zeta_{p\theta}}{\partial \theta}$ 给出。根据几项研究，如 Luo 和 Yanai（1984），可从典型热带地区的感热源 Q_1 的取值中获得加热率 $\dfrac{\mathrm{d}\theta}{\mathrm{d}t}$ 的测量值。一般来说，这些加热率是 5 K day^{-1}。注意 $\dfrac{\mathrm{d}\theta}{\mathrm{d}t} = \left(\dfrac{p_0}{p}\right)^{\frac{R}{C_p}} \dfrac{\mathrm{d}T}{\mathrm{d}t}$；$5 \text{ K day}^{-1}$ 的加热率在对流层低层中大致转化为 $\dfrac{\mathrm{d}\theta}{\mathrm{d}t} \approx 6 \times 10^{-5} \text{ K s}^{-1}$。位涡的垂直微分 $\left(\dfrac{\partial \zeta_{p\theta}}{\partial \theta}\right)$ 大概是 10^{-7}，那么位涡垂直平流的量级约为 $10^{-12} \text{ kg}^{-1} \text{ m}^2 \text{ s}^{-2} \text{ K}$。

10.3.4 垂直加热梯度

垂直加热梯度是由 $\zeta_{p\theta} \dfrac{\partial}{\partial \theta} \dfrac{\mathrm{d}\theta}{\mathrm{d}t}$ 给出的，它是位涡方程中最主要的非绝热项。基于东大西洋（GATE）和西太平洋（TOGA-COARE；Johnson，1984）上感热源的典型剖面，不妨设 $\dfrac{\partial}{\partial \theta} \dfrac{\mathrm{d}\theta}{\mathrm{d}t}$ 在对流层低层通常大于零，在对流层高层最大对流加热上方通常小于零。

由于等熵位涡 $\zeta_{p\theta}$ 在北半球通常为正值，因此这类对流加热的影响是（如 GATE 或 TOGA-COARE 试验中的观测值）在对流层低层产生位涡，在对流层上层破坏位涡。一个需要考虑的问题是该项影响的尺度和范围。这个问题可以通过查看感热源 Q_1 的图表得到答案，计算数据来自 Luo 和 Yanai（1984），以及其他一些数据源；但是，该项在中尺度对流暴雨区域会明显很大。大的 $\dfrac{\mathrm{d}\theta}{\mathrm{d}t}$ 不仅存在于单个深层对流云中，而且在云的下沉气流区域及比云本身更大的尺度上也占主导地位。由于 $Q_1 \approx C_p \left(\dfrac{p}{p_0}\right)^{\frac{R}{C_p}} \dfrac{\mathrm{d}\theta}{\mathrm{d}t}$，因此当感热源 Q_1 的垂直梯度较大时，可以期望较大的 $\zeta_{p\theta} \dfrac{\partial}{\partial \theta} \dfrac{\mathrm{d}\theta}{\mathrm{d}t}$。这意味着，在天气尺度上，热带以下地区可以通过沿垂直方向的加热变化产生位涡，主要包括热带辐合带（ITCZ）、季风和热带低压、热带波动、热带气旋、热带飑线系统、降雨系统和对流层中层气旋等。

正如在卫星云图上常见的那样，全球热带地区分布着大量的浅层积云。这一观测结果基于第一次全球大气研究计划（GARP）全球试验（FGGE）中提取的大量云迹风资料也能得到。这些低云运动矢量大部分来自对浅层积云传播的追踪，可以从地球静止卫星的高分辨率图像中观察到。图 10.2 显示了 FGGE 期间延迟收集的低云运动矢量的分布。这表明在未受扰的热带海洋上空存在大量的浅层积云。当然，图中只给出了层积云可能分布的一小部分，因为卫星并没有监测到所有的浅层积云。

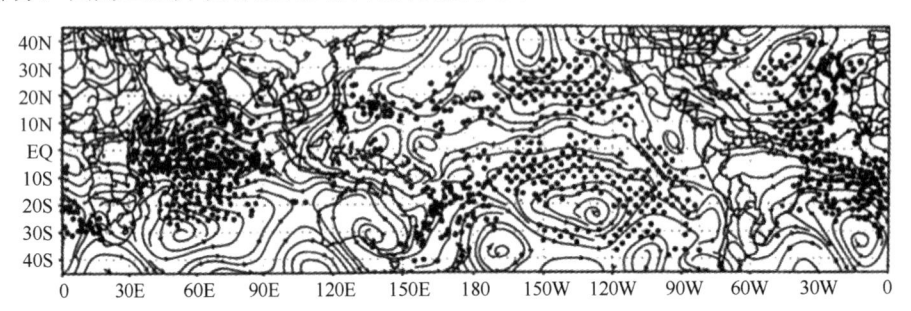

图 10.2　1979 年 7 月 16 日 00 UTC 850 hPa 流场和云迹风矢量位置，黑点表示从 5 颗地球静止卫星对低云（浅层积云）的跟踪中提取的对应时刻的低云运动的矢量位置（引自 Krishnamurti，1985）

可以预计，热带对流层的温度在这些浅层积云的顶部附近将大幅降低。在无云的大气中，在对流层这些高度上的冷却率通常要小得多。因此，$\frac{\partial}{\partial\theta}\frac{\mathrm{d}\theta}{\mathrm{d}t}$ 在云顶下方为负，而在云顶上方为正。请勿将这种浅层对流加热与热带扰动中的总加热相混淆，后者主要来自与深厚积云对流有关的加热。后者在对流层中部某处有一个最大值，并且在对流层低层有一个正的垂直加热梯度项。但在浅对流区域，云顶冷却在很大程度上由于辐射效应可以局部逆转为垂直加热梯度。因此，在北半球，垂直加热梯度对位涡产生的非绝热贡献在这些浅云的上部是正值，而在浅云的下部为负值。基于此，非绝热强迫可以促进这些区域的位涡产生或破坏。但是还需要回答：这个非绝热强迫的大小是多少？时间尺度是什么？与位涡平流相比如何？

垂直微分 $\frac{\partial}{\partial\theta}\frac{\mathrm{d}\theta}{\mathrm{d}t}$ 的量级约为 $10^{-5}\mathrm{s}^{-1}$。这是考虑了积云尺度加热的量级推导出来的。假定 $\frac{\partial}{\partial\theta}$ 的量级为 10^{-1}（沿垂直方向观察 $10°$ 间隔的绝热层，采用 Yanai 的方法估计感热加热率，即 $10℃\ \mathrm{day}^{-1}$（大约是 $10^5\mathrm{s}$），得到的加热值大约是 $10^{-5}\mathrm{s}^{-1}$。

假设 $\zeta_{p\theta}\approx 5\times 10^{-7}\mathrm{kg}^{-1}\ \mathrm{m}^2\ \mathrm{s}^{-1}\ \mathrm{K}$，可以得到估计值 $\zeta_{p\theta}\frac{\partial}{\partial\theta}\frac{\mathrm{d}\theta}{\mathrm{d}t}\approx 5\times 10^{-12}\mathrm{kg}^{-1}\ \mathrm{m}^2\ \mathrm{s}^{-2}\ \mathrm{K}$。此外，在天气尺度上云顶附近的辐射冷却可以估计为 $5\sim 10℃\ \mathrm{day}^{-1}$（Chen 和 Cotton，1987）。因此，这些项在浅层积云区域估计的量级为 $\zeta_{p\theta}\frac{\partial}{\partial\theta}\frac{\mathrm{d}\theta}{\mathrm{d}t}\approx 2\times 10^{-12}\mathrm{kg}^{-1}\ \mathrm{m}^2\ \mathrm{s}^{-2}\ \mathrm{K}$，这意味着在接近 700 hPa 的地方（浅层积云的云顶高度）可以看到明显的位涡生成。

10.3.5 水平加热梯度

在非绝热位涡方程中，水平加热梯度是 $\left(\nabla \dfrac{\mathrm{d}\theta}{\mathrm{d}t} \cdot \dfrac{\partial(\boldsymbol{V}\times\boldsymbol{k})}{\partial\theta}\right) g\dfrac{\partial\theta}{\partial p}$。在 β 平面上，水平加热梯度可以表示为 $-g\dfrac{\partial\theta}{\partial p}\left[\dfrac{\partial u}{\partial\theta}\dfrac{\partial}{\partial y}\dfrac{\mathrm{d}\theta}{\mathrm{d}t}-\dfrac{\partial v}{\partial\theta}\dfrac{\partial}{\partial x}\dfrac{\mathrm{d}\theta}{\mathrm{d}t}\right]$。干静力稳定度 $-g\dfrac{\partial\theta}{\partial p}$ 通常为正值，因此，水平加热梯度对位涡产生或破坏的影响是由括号内代表水平加热项的符号决定的。水平加热梯度括号内的项实际上有点类似于以气压为垂直坐标的涡度方程的扭转项，即 $\dfrac{\partial\omega}{\partial y}\dfrac{\partial u}{\partial p}-\dfrac{\partial\omega}{\partial x}\dfrac{\partial v}{\partial p}$。在等熵坐标系中，$\dfrac{\mathrm{d}\theta}{\mathrm{d}t}$ 与气压坐标系中的垂直速度 ω 类似，$\dfrac{\partial\boldsymbol{V}}{\partial\theta}$ 表示等效垂直风切变。既然在气压坐标系中扭转项通常很小，因此可以预期在位涡方程中这个水平加热项也很小。然而，正如我们将要看到的那样，在热带具有强风切变和强水平加热梯度的区域并非如此。

为了估计水平加热项的量级，可以假设经向风 v 很小，并简单地考察 $-g\dfrac{\partial\theta}{\partial p}\left(\dfrac{\partial u}{\partial\theta}\dfrac{\partial}{\partial y}\dfrac{\mathrm{d}\theta}{\mathrm{d}t}\right)$ 的量级。取 $g\approx 9.8\ \mathrm{m\ s^{-2}}$，$\dfrac{\partial\theta}{\partial p}\approx 5\times 10^{-4}\ \mathrm{kg^{-1}\ m\ s^2\ K}$，$u\approx 10\ \mathrm{m\ s^{-1}}$，$\dfrac{\partial u}{\partial\theta}\approx 3\ \mathrm{m\ s^{-1}\ K^{-1}}$，$\dfrac{\partial}{\partial y}\approx\dfrac{1}{1000\times 10^3\ \mathrm{m}}$，$\dfrac{\mathrm{d}\theta}{\mathrm{d}t}\approx 6\times 10^{-5}\ \mathrm{K\ s^{-1}}$，可得 $-g\dfrac{\partial\theta}{\partial p}\times\left(\dfrac{\partial u}{\partial\theta}\dfrac{\partial}{\partial y}\dfrac{\mathrm{d}\theta}{\mathrm{d}t}\right)\approx 10^{-12}\ \mathrm{kg^{-1}\ m^2\ s^{-2}\ K}$ 作为水平加热项的量级。

10.3.6 摩擦贡献项

摩擦对局地位涡变化率的贡献由 $-\{\nabla\cdot(\boldsymbol{F}\times\boldsymbol{k})\}g\dfrac{\partial\theta}{\partial p}$ 给出。$\boldsymbol{F}$ 可以用 $-g\dfrac{\partial\boldsymbol{\tau}}{\partial p}$ 来估计，其中，$\boldsymbol{\tau}$ 是表面应力。在 β 平面上，有

$$\nabla\cdot(\boldsymbol{F}\times\boldsymbol{k})=-g\dfrac{\partial}{\partial p}\nabla\cdot(\boldsymbol{\tau}\times\boldsymbol{k})=-g\dfrac{\partial}{\partial p}\left[\dfrac{\partial\tau_y}{\partial x}-\dfrac{\partial\tau_x}{\partial y}\right]=\left(\dfrac{\partial F_y}{\partial x}-\dfrac{\partial F_x}{\partial y}\right) \quad (10.8)$$

其中

$$F_x=-g\dfrac{\partial\tau_x}{\partial p},\qquad F_y=-g\dfrac{\partial\tau_y}{\partial p} \quad (10.9)$$

由干静力稳定度 $-g\dfrac{\partial\theta}{\partial p}$ 一般为正，风应力旋度的垂直变化（取决于其符号）对位涡的产生或破坏具有贡献。在地表强气旋附近，$-g\dfrac{\partial}{\partial p}\left[\dfrac{\partial\tau_y}{\partial x}-\dfrac{\partial\tau_x}{\partial y}\right]$ 往往具有偶极子结构，周围有强的正负涡度中心。因此，在强的地表涡度附近可能同时看到位涡的产生和破坏。对流层低层地表通量的垂直结构总体上相似，但是或多或少会影响位涡的生成，或者对位涡产生破坏。

如果我们使用基于表面相似理论用全球模式计算的 F 的典型值，并注意到摩擦项对位涡变化率的贡献包含表面风应力的旋度，其中，风应力表示为

$$\tau_x = C_D \rho |V| u$$
$$\tau_y = C_D \rho |V| v$$
（10.10）

式中，C_D 是与稳定性相关的拖曳系数，然后使用式（10.9）给出的摩擦力和应力之间的关系，并假设 $C_D \approx 1.4 \times 10^{-3}$，$\rho \approx 1.2 \text{ kg m}^{-3}$，$|V| \approx 10 \text{ m s}^{-1}$，$\Delta p \approx 100 \text{ hPa}$，$\Delta x \approx \Delta y \approx 300 \times 10^3 \text{ m}$。我们可以得到位涡方程摩擦项的一个典型值，即 $10^{-12} \text{ kg}^{-1} \text{ m}^2 \text{ s}^{-2} \text{ K}$。这个值在地表附近是很典型的，但在更高的层次上它可能小很多。

10.4 非绝热位涡方程在飓风系统中的应用

飓风系统中通常具有大量的深厚积云对流。这种深厚积云对流沿着眼壁和雨带特别强，在那里垂直加热梯度 $\zeta_{p\theta} \dfrac{\partial}{\partial \theta} \dfrac{d\theta}{dt}$ 是位涡最重要的非绝热贡献项。在北半球，飓风区域一般具有正的位涡 $\zeta_{p\theta}$。在最大对流高度下，$\dfrac{\partial}{\partial \theta} \dfrac{d\theta}{dt}$ 为正，这与正的位涡相结合，导致 $\dfrac{\partial}{\partial t} \zeta_{p\theta} > 0$。在飓风眼壁附近等强降水地区，在超过 5 km 的大气高度范围内，加热率的差值可达到约 50 K day^{-1}。在大气层的这个高度范围内，位温的变化大约为 5 K。所有这些都可转换成 $\dfrac{\partial}{\partial \theta} \dfrac{d\theta}{dt} \approx 10^{-4} \text{s}^{-1}$。飓风的位涡量级为 $10^{-6} \text{ kg}^{-1} \text{ m}^2 \text{ s}^{-1} \text{ K}$。因此，这种垂直加热梯度引起的位涡变化率可能相当大，量级约为 $10^{-10} \text{ kg}^{-1} \text{ m}^2 \text{ s}^{-2} \text{ K}$，与飓风中位涡的水平平流的大小相当（甚至比位涡的水平平流大一些）。这两个效应（垂直加热梯度和位涡的水平平流）有效促进飓风强度的增加，具体讨论如下所示。

位涡的水平平流和 $\zeta_{p\theta} \dfrac{\partial}{\partial \theta} \dfrac{d\theta}{dt}$ 对非绝热位涡的贡献都会导致位涡局地增加。在暴雨区，对流层下部的辐合减小了干静力稳定度（见 10.2）。由于位涡增大时，干静力稳定度减小，因此绝对涡度必须增大。对于缓慢的纬向运动扰动来说，科里奥利参数实际上可视为常数，因此绝对涡度的增大将导致相对涡度的大幅增大，这意味着将产生更强的气旋性环流，即产生更强的风暴。

图 10.3 是一个理想的东风波的示意图，展示了与该东风波对应的降水区域、对流层低层质量辐合和非绝热加热。可以这样总结位涡的产生与热带扰动加强之间的关系。

（1）与深对流相关的对流加热将在对流层低层产生非绝热位涡。

（2）对深层低层质量辐合减小了同一区域的干静力稳定度。

（3）如果位涡增大，干静力稳定度减小，由于位涡是干静力稳定度和绝对涡度的乘积，那么，绝对涡度必须增大。

（4）在热带波动通过期间，地转涡度（科里奥利参数）没有显著变化。既然绝对涡度是相对涡度和地转涡度之和，那么，绝对涡度是增大的，相对涡度也必然是增大的。

（5）相对涡度的增大意味着热带波动的加强，并且热带波动可能演变成风暴，或者使已经存在的风暴得以加强。

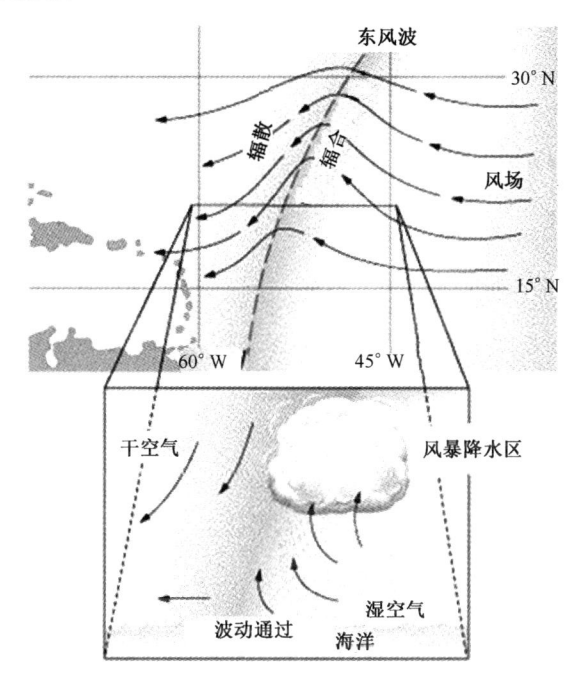

图 10.3　理想的东风波的示意图，展示了湿空气的辐合和相关的对流（引自 Arizona 大学）

另一个对飓风的位涡产生有重要贡献的项是位涡方程中的水平加热梯度项，即 $\left(\nabla\dfrac{\mathrm{d}\theta}{\mathrm{d}t}\cdot\dfrac{\partial(\boldsymbol{V}\times\boldsymbol{k})}{\partial\theta}\right)g\dfrac{\partial\theta}{\partial p}$。穿过飓风眼壁的加热梯度可能很大。沿风暴中心向外延伸的径向方向，我们可以用 $-g\dfrac{\partial\theta}{\partial p}\left(\dfrac{\partial V_\theta}{\partial\theta}\dfrac{\partial}{\partial r}\dfrac{\mathrm{d}\theta}{\mathrm{d}t}\right)$ 来近似这个项，其中，V_θ 是风的切向分量。在一个厚度约为 10 km 的典型眼壁范围内，$\dfrac{\mathrm{d}\theta}{\mathrm{d}t}$ 沿径向的变化可能很大。因此，水平加热梯度也可能接近 $10^{-10}\,\mathrm{kg}^{-1}\,\mathrm{m}^2\,\mathrm{s}^{-2}\,\mathrm{K}$。这又会导致位涡的大幅增大，进而导致风暴增强。

原著参考文献

Bluestein, H. B. Synoptic-Dynamic Meteorology in Midlatitudes: Vol II, Observations and Theory of Weather Systems. New York: Oxford University Press, 1993.

Chen, C., Cotton, W. R. Internal structure of a small mesoscale convective system. Mon. Weather Rev., 1987, 44, 2951-2977.

Johnson, R. H. Partitioning tropical heat and moisture budgets into cumulus and mesoscale components: Implications for cumulus parameterization. Mon. Weather Rev., 1984, 112, 1590-1601.

Krishnamurti, T. N. Summer monsoon experiment-A review. Mon. Weather Rev., 1985, 113, 1590-1626.

Krishnamurti, T. N., Jha, B., Bedi, H. S., Mohanty, U. C. Diabatic effects on potential vorticity over the global tropics. J. Meteor. Soc. Jpn., 2000, 78, 527-542.

Luo, H., Yanai, M. The large-scale circulation and heat sources over the Tibetan Plateau and surrounding areas during the early summer of 1979. Part II: Heat and moisture budgets. Mon. Weather Rev., 1984, 112, 966-989.

第 11 章

热带云团

11.1 引言

当我们从一个大陆的西海岸，如北美洲的加利福尼亚或非洲西北部的摩洛哥出发，向近赤道海洋 ITCZ 前进时，会注意到热带云系的主要种类发生了以下转变：沿海层云、层积云、晴空积云、高耸积云和积雨云。这是南北两个半球太平洋和大西洋上空的典型现象。亚洲季风在印度洋上也具有其自身的云层特征。图 11.1 是北半球夏季热带地区云类型和典型降雨分布的拼图。图 11.1 确定了来自 ITCZ、台风、季风及近岸现象的降水特征。这里所示的降水量是根据 TRMM 卫星的微波辐射计资料估算的。热带地区云种类繁多，动力学、物理学和云微物理学等是这些云的生命周期中相互关联的重要科学领域。如何模拟单个云体和云团的生命周期，如何对大尺度环境中不可分辨的云的影响进行表征，都是热带气象学中非常重要的领域。海洋、陆面和行星边界层大尺度风场，以及热力和湿度层结均对云的演变性质具有显著的控制作用。

了解不同类型的云及其生命周期需要具备云物理学的背景知识。中尺度时空尺度上的对流运动对这些云的生命周期有很大的影响。由于需要了解气溶胶—云相互作用、云—辐射相互作用，以及云微物理学、动力学和其他物理过程之间的相互作用，因此这一问题进一步复杂化。云似乎可以在从海风等相对较小的尺度到季风等大尺度系统中组织化。因此，云与运动场可以在许多时空尺度中共存。我们在"尺度相互作用"相关章节已经提到了其中的一些问题。

对流有效位能（CAPE），是一种广泛使用的表征对流不稳定的指标。CAPE 表示将一个气块抬升到平衡高度释放的浮力能的垂直积分，它的单位是 $J\ kg^{-1}$。CAPE 通常使用一个倾斜 $T\text{-}\log p$ 图来估计。CAPE 越大，发展为深对流的可能性越大。CAPE 为负代表环境稳定；CAPE 为 0~1000 $J\ kg^{-1}$，代表环境弱不稳定；CAPE 为 1000~2500 $J\ kg^{-1}$，代表环境中等不稳定；CAPE 为 2500~4000 $J\ kg^{-1}$，代表环境非常不稳定；CAPE 为大于 4000 $J\ kg^{-1}$ 的值，代表大气环境极端不稳定。

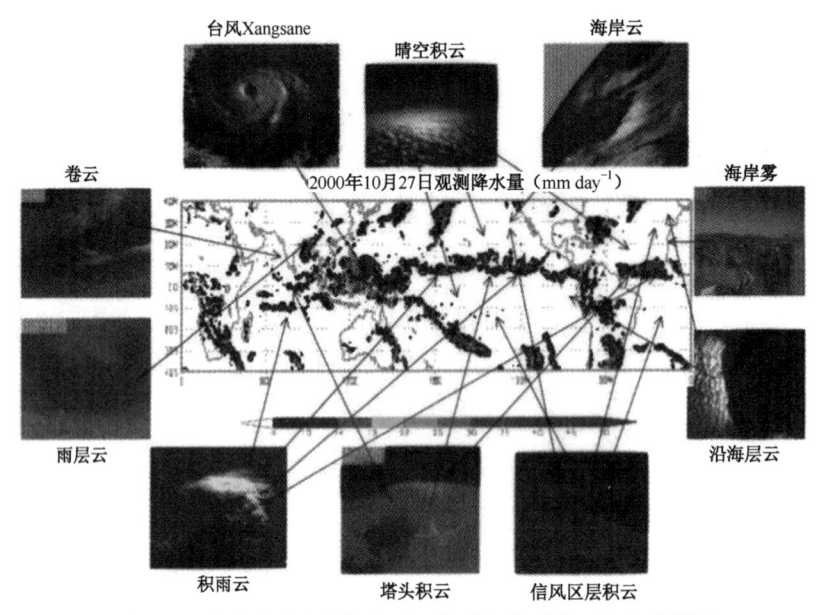

图 11.1　北半球夏季热带地区云类型和典型降雨分布的拼图

许多不稳定性的度量指标对于理解对流是非常重要的。这些度量指标的含义可以在气象学的介绍文章中找到。学生应熟悉绝对不稳定性、条件不稳定性、位势不稳定性等概念。

在本章中，我们采用了数值模拟方法，以理解那些对浮力驱动的干对流的解释、无降水浅对流的模拟及云团的模拟等非常重要的过程。当然，这种方法显然有其缺陷——这里给出的模型示例都不是完美的。这些模型基于许多假设，因此有许多局限性。尽管如此，与观测的云图和卫星云图相比，这些模型还是非常有用的，不过，对于我们上文提及的复杂的相互作用，这些粗略的解释从来都不是非常完美的。数值模拟更适合作为辅助理解的途径，前提是要注意其局限性。

11.2　简单浮力驱动的干对流

这里我们将展示一个浮力驱动云模型的例子。该模型可用于了解温暖陆地表面的干对流。它描述了中性探空中浮力驱动的云的增长，即这个探空的初始层结在垂直方向具有不变的位温。利用简化的二维涡度方程、热力学方程和连续性方程，可以在 $x-z$ 平面上建立一个相当简单的模型来研究这种云的增长。

干对流的热源通常为炎热的地表，如沙漠，那里最低层的大气具有超绝热递减率。在地表以上的加热驱动下，产生了热浮力，也称为浮力驱动。这些浮力驱动的单体会破坏超绝热递减率。在静力平衡环境中，有

$$0 = -\frac{\partial p}{\partial z} - \rho g \tag{11.1}$$

对于密度为 ρ' 的气块，垂直浮力加速度为

$$\frac{dw}{dt} = -\frac{1}{\rho'}\frac{\partial p'}{\partial z} - g \tag{11.2}$$

假设浮力单体上的气压是连续的，即 $\frac{\partial p'}{\partial z} = \frac{\partial p}{\partial z}$，使用状态方程，有

$$p = \rho RT \tag{11.3}$$

垂直运动方程式（11.2）可写为

$$\frac{dw}{dt} = -g\frac{T'-T}{T} \tag{11.4}$$

浮力驱动的简单云模型最早是由 Malkus 和 Witt（1959）、Nickerson（1965）开发的。这个基本模型对干对流的理解最具指导性。这是纬向平面 $x-z$ 上一个简单的二维模型，其中，速度分量基于流函数 ψ 定义为

$$u = \frac{\partial \psi}{\partial z} \tag{11.5}$$

和

$$w = -\frac{\partial \psi}{\partial x} \tag{11.6}$$

从而确保满足连续性方程：

$$\frac{\partial u}{\partial x} + \frac{\partial w}{\partial z} = 0 \tag{11.7}$$

$x-z$ 平面上的涡度方程和热力学方程为

$$\frac{\partial \eta}{\partial t} - J(\psi, \eta) - g\phi + \nu \nabla^2 \eta \tag{11.8}$$

$$\frac{\partial \phi}{\partial t} = J(\psi, \phi) + \frac{Q}{\theta_0} + \nu \nabla^2 \phi \tag{11.9}$$

式中，$\eta = \frac{\partial u}{\partial z} - \frac{\partial w}{\partial x} = \nabla^2 \psi$，是相对涡度；$\phi = \frac{\theta - \theta_0}{\theta_0}$，是位温为 θ_0 的气块相对于环境 θ 的标准化位温增量；ν 是黏性系数；Q 是非绝热加热，其定义将在下文给出。基本上，这个问题被看作一个由两个方程和两个未知数 ψ 和 ϕ 组成的系统。一旦对 ψ 进行了求解，就可以从式（11.5）和式（11.6）中得到 u 和 w。这个问题仍然需要定义非绝热加热 Q，以及 ψ 和 ϕ 的边界条件和初始状态。ψ 的侧边界条件利用 $x=0$ 处的镜像和 Neuman 边界条件：在 $x=L$ 处，$\frac{\partial \psi}{\partial x} = 0$；在北部和南部边界上，将 ψ 设置为 0，并将 ϕ 设置为常数。

初始位温增量定义为

$$\theta - \theta_0 = 0.5\cos\left(\frac{\pi x}{320}\right)\cos^2\left(\frac{\pi(z-100)}{400}\right) \tag{11.10}$$

这个增量位于 $0 \leq x \leq 160$ m 和 $100 \leq z \leq 300$ m 范围内。

非绝热加热 Q 定义为

$$Q = Q_0 \cos\left(\frac{\pi x}{320}\right)\cos^2\left(\frac{\pi(z-100)}{40}\right) \tag{11.11}$$

Q 位于 $0 \leqslant x \leqslant 160$ m 和 $80 \leqslant z \leqslant 120$ m 范围内。这是式（11.10）定义的热泡底部的连续热源，它位于地球表面上方 $80 \sim 120$ m，并定义了一个初始浮力单体。最初的垂直层结为中性状态（θ_0 为常数）。随着积分的进行，浮力单体上升并在 $x = 0$ 附近形成蘑菇状云。这种浮力单体的增长很好地说明了浅层干对流的增长。

图 11.2 显示了积分开始 2 分钟、6 分钟和 10 分钟后模拟的云增长结果。其中，实线表示位温增量（单位：℃），虚线代表流函数（单位：$m^2 s^{-1}$）。可以看出，位温增量以羽流的形式增长，最终消耗了大部分的初始浮力。浮力的生命周期约为 15 分钟。还要注意的是，由于 $x = 0$ 附近施加了对称强迫，云的左半部分（此处未显示）是右半部分（如图 11.2 所示的）的镜像，从而形成蘑菇状云。

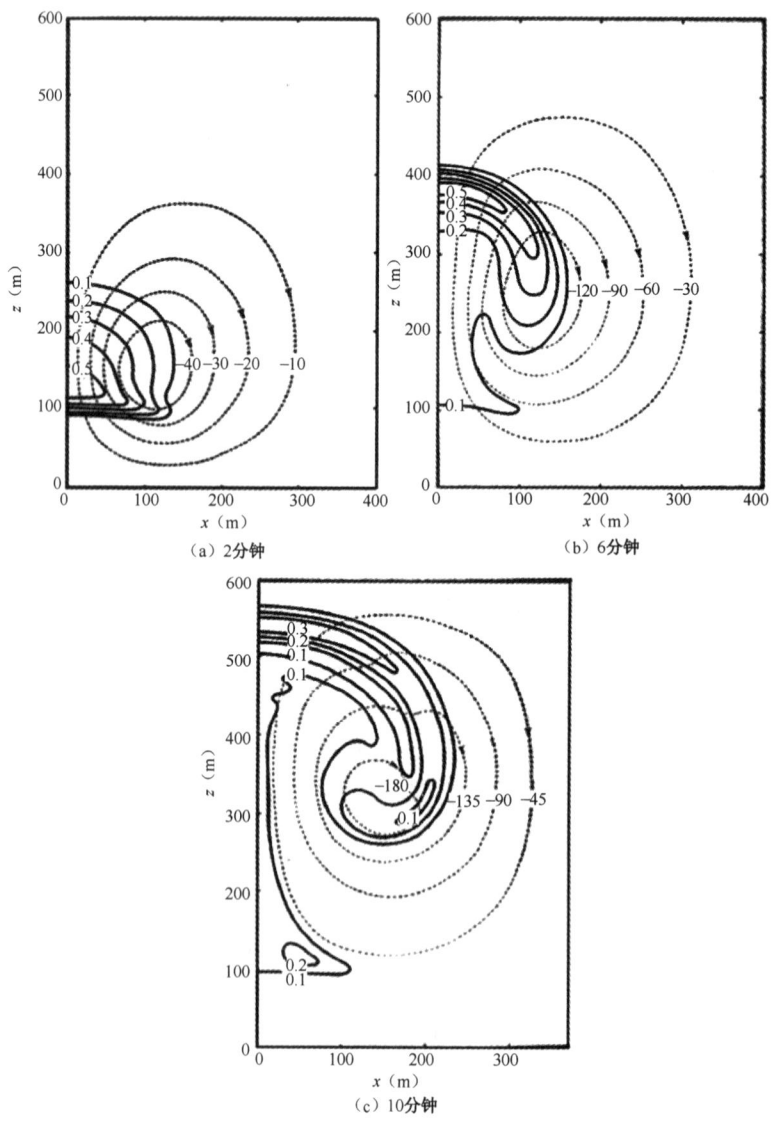

图 11.2　积分 2 分钟（a）、6 分钟（b）、10 分钟（c）后浮力单体的配置，实线表示位温增量（单位：℃），
　　　　虚线表示流函数（单位：$m^2 s^{-1}$）（引自 Nickerson，1965）

11.3 简单浮力驱动的浅层湿对流

11.3.1 简单云模型

Murray 和 Anderson（1965）提出的简单云模型是一个简单的无降水浅对流模型。该模型允许在过饱和环境下形成液态水，并允许在非饱和环境下蒸发液态水，但不允许雨水降落，因此，总水分（液态水和水蒸气）是守恒的。这里概要介绍这个二维（x-z 平面）云模型。

涡度方程为

$$\frac{\partial}{\partial t}\nabla^2\psi = -J(\psi,\nabla^2\psi) + \frac{g}{T_M}\frac{\partial T'}{\partial x} + \nu_M\nabla^4\psi \tag{11.12}$$

即

$$\text{局地涡度变化} = \text{涡度平流} + \text{浮力项} + \text{摩擦项}$$

式中，ψ 是垂直面 x-z 平面上的流函数；T_M 是整个区域的平均温度，并且是常数；T' 是局地温度 T 相对于水平方向（x 方向）平均值的偏差；ν_M 是涡动通量的扩散系数；流函数 ψ 通过如下关系与 u、w 速度分量相联系：

$$\frac{\partial \psi}{\partial z} = u \tag{11.13}$$

$$\frac{\partial \psi}{\partial x} = -w \tag{11.14}$$

从而满足连续性方程：

$$\frac{\partial u}{\partial x} + \frac{\partial w}{\partial z} = 0 \tag{11.15}$$

根据式（11.12），浮力场 $\frac{\partial T'}{\partial x} > 0$ 有助于涡度生成，即使得 $\frac{\partial}{\partial t}\nabla^2\psi > 0$。一般而言，涡度的增大将导致 x-z 平面上的环状流函数，以及速度 u 和 w 在浮力单体的不同部位得以增大。这就是浮力得以从静止初始状态触发运动的机制。如果 T' 在局部地区为较大的正值，则在其两侧分别有 $\frac{\partial T'}{\partial x} > 0$ 和 $\frac{\partial T'}{\partial x} < 0$ 的区域。在中心上升运动区的两侧将对应两个叶片状的下沉运动区。

任何用于研究一个现象随着时间演变的数值模式都应具备以下要素：

（1）自变量；
（2）因变量；
（3）闭合方程组；

（4）应用于上述闭合方程组的有限差分格式；
（5）边界条件；
（6）初始条件。

在这个问题中，x、z 和 t 是自变量。因变量为 u、v、ψ、T'、q_l 和 q_v，其中，q_l 和 q_v 分别为液态水和水蒸气的比湿。我们需要 6 个方程来构成关于这 6 个未知因变量的闭合系统。该模式所需的主要数值方案包括用于向前积分的时间差分格式和用于从涡度求得流函数的泊松求解方法。关于这些数值方案的细节可以在关于数值方法的教材中找到，如 Krishnamurti 和 Bounoua（1996）。

热力学能量方程为

$$\frac{dT}{dt} = -w\frac{g}{C_p} + \left(\frac{dT}{dt}\right)_{ph} + \nu_T \nabla^2 T \tag{11.16}$$

其中

$$T = T_M + T_0(z) + T' \tag{11.17}$$

式中，$T_0(z)$ 是已知的未受扰状态的初始温度层结，T_M 是区域平均温度（常数）。式（11.16）描述了温度 T 的变化，据此可推断温度 T' 的变化。$\left(\dfrac{dT}{dt}\right)_{ph}$ 是相变（凝结加热或蒸发冷却）引起的非绝热温度变化。相变和扩散分别引起的液态水和水蒸气的变化可表示为

$$\frac{dq_l}{dt} = \left(\frac{dq_l}{dt}\right)_{ph} + \nu_q \nabla^2 q_l \tag{11.18}$$

$$\frac{dq_v}{dt} = \left(\frac{dq_v}{dt}\right)_{ph} + \nu_q \nabla^2 q_v \tag{11.19}$$

如果充分定义了相变项，式（11.12）～式（11.19）将构成一个闭合系统。为此，如果 $q_v > q_{vs}$，其中，q_{vs} 是饱和比湿，则过饱和倾向可以用下面的关系参数化：

$$\left(\frac{dq_v}{dt}\right)_{ph} = -\frac{q_v - q_{vs}}{\Delta t} \tag{11.20}$$

一旦达到饱和状态，则式（11.19）的局地变化将设置为 0。此外，设定：

$$\left(\frac{dq_l}{dt}\right)_{ph} = -\left(\frac{dq_v}{dt}\right)_{ph} \tag{11.21}$$

因此，饱和将导致水蒸气被移除，并形成等量的液态水。

非饱和环境中的液态水将蒸发，直至环境达到饱和状态。这个过程表示为

$$\left(\frac{dq_l}{dt}\right)_{ph} = -\frac{q_{vs} - q_v}{\Delta t} \tag{11.22}$$

这就是蒸发过程的参数化。同样，水蒸气方程中的水蒸气相当增量定义为

$$\left(\frac{dq_v}{dt}\right)_{ph} = -\left(\frac{dq_l}{dt}\right)_{ph} \tag{11.23}$$

热力学方程的凝结加热或蒸发冷却定义为

$$C_p\left(\frac{dT}{dt}\right)_{ph} = -L\left(\frac{dq_v}{dt}\right)_{ph} \quad \text{或者} \quad C_p\left(\frac{dT}{dt}\right)_{ph} = +L\left(\frac{dq_l}{dt}\right)_{ph} \tag{11.24}$$

这里，人们必须使用在热力学方程中适当的符号来表示加热或冷却。

扩散项是抑制计算波的必要条件；否则，计算波可能会因所使用的数值求解算法的不同而出现不切实际的增长。这里我们不再讨论这个问题。

此时，系统将闭合，求解过程包括以下步骤。

（1）指定初始浮力和静止的初始状态，然后开始计算。初始浮力可以体现在 T' 场中，也可以通过水汽引入，从而使初始的虚温具有水平梯度。

（2）涡度方程式（11.12）产生了一个新的流函数值；然后基于式（11.13）和式（11.14）反推出 u 和 w 的值。

（3）这两个水汽方程提供了新的 q_l 和 q_v 的值。

（4）热力学方程式（11.24）提供了温度 T 和温度偏差 T' 的预报值。

11.3.2 初始条件和边界条件及区域定义

在 $x=0$ 处，所有变量的水平梯度 $\partial/\partial x$ 都设置为零，流函数在 $z=0$、$z=z_T$ 和 $x=x_R$（分别对应区域的底部、顶部和右侧边界）处为常数。温度扰动在这些边界处为 0。在边界处，液态水含量设为 0；在整个区域内，液态水含量的初始值设为 0。在初始时刻，水汽比湿 q_v 没有水平梯度，只有一个初始的垂直层结。初始热力层结显示，对流层低层 $T_0(z)$ 场存在条件不稳定性。利用 T' 场中的扰动引入一个增加的虚温，提供了对流增长所需的初始浮力扰动。

研究区域覆盖 8000 m × 8000 m，沿 x 方向和 z 方向的格距均为 250 m。在云的实际模拟中，Murray 和 Anderson 设置 $\nu_M = 500 \text{ m}^2 \text{ s}^{-1}$，$\nu_q = \nu_T = 0$，计算时间步长设为 15 s，满足线性稳定性判据。

11.3.3 数值模拟结果

图 11.3 显示了积分开始 0 分钟、10 分钟、15 分钟和 20 分钟后相当位温 θ_e 随时间的演变。初始时刻，θ_e 的最小值出现在 3 km 高度处。这个初始状态是条件不稳定的。在距离地面 0.5 km 处，初始状态包含一个稳定层。将初始浮力扰动放置在该地表稳定层之上，从而启动云的增长。当积分持续到 10 分钟、15 分钟和 20 分钟时，我们可以看到云的流函数的增长和 θ_e 场的演变。θ_e 的等值线随着时间演变被风场扭转，这令人印象深刻。随着云层在 x-z 平面内的增长，这种演变趋势减小了 x-z 平面上整体的条件不稳定性。图 11.4 给出了 θ_e 的斜率沿 x 方向的平均减小率。如图 11.4 所示，单个云体可以大大减小环境的条件不稳定性。为了恢复热带地区大尺度的条件不稳定性，必须产生额外的抵消作用（见第 14 章）。

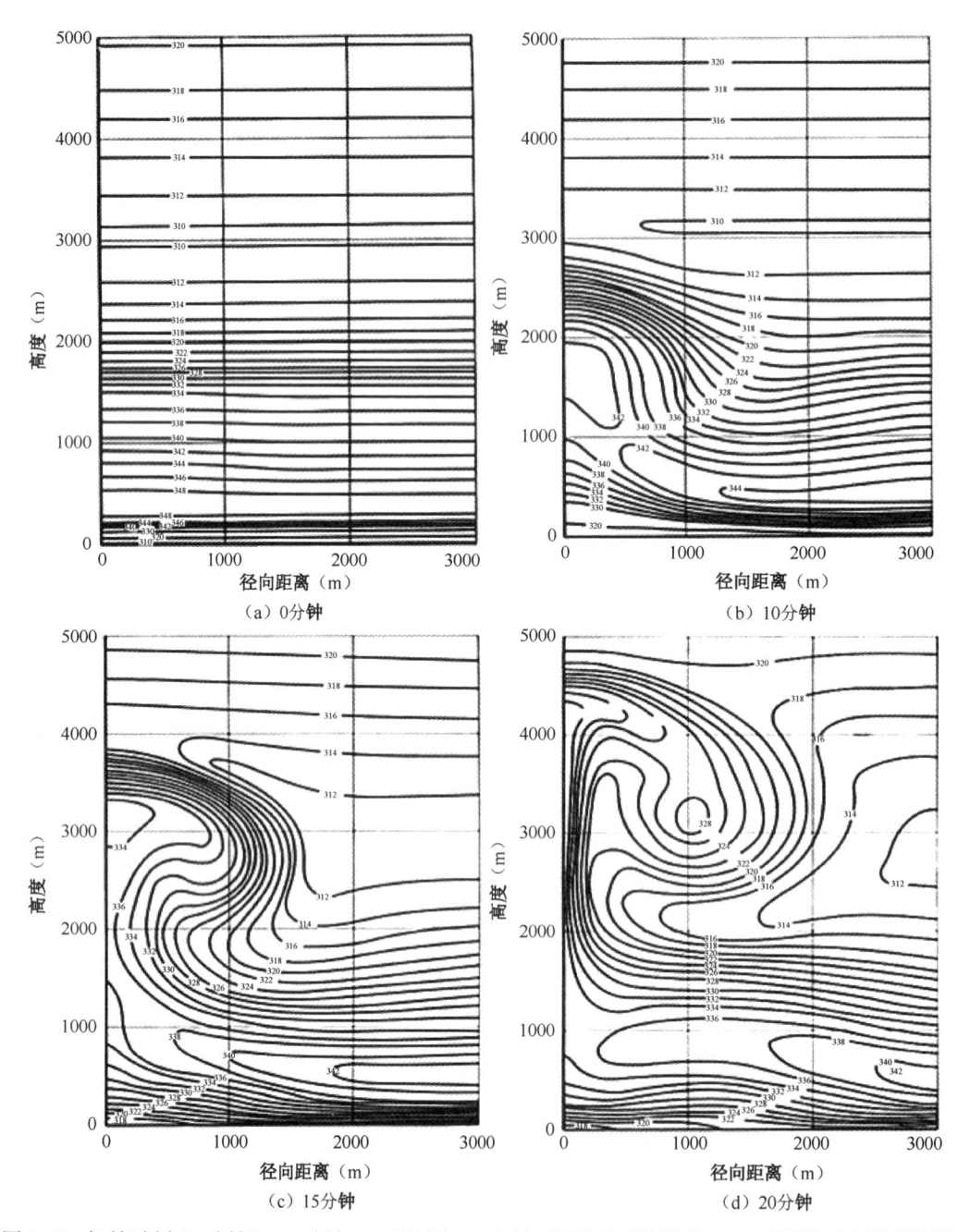

图 11.3 初始时刻（0 分钟）、10 分钟、15 分钟和 20 分钟时模拟相当位温的 $x-z$ 剖面图，说明了模拟浅层湿对流的演变（引自 Murray 等，1965）

如图 11.5 所示为云层轴线（$x = 0$）处垂直速度和温度偏差的时间演变，是覆盖云层整个模拟生命周期的高度—时间剖面。图 11.5（a）显示了以 $x = 0$ 为中心的垂直速度 w 积分 40 分钟内的演变。向上运动几乎随着积分的进行立即开始，自初始时间开始积分 14 分钟后，在距离地面 2.8 km 处达到接近 13 m s^{-1} 的最大值。之后，云层在积分 24 分钟左右消失，此后主要是微弱的向下运动。图 11.5（b）显示了相应的温度偏差 T'（相对于初始温度的水平平均值的冷暖异常)。在大约积分 12 分钟后,潜热在 2.8 km 高度提供了 5℃左右的热异常;16 分钟后,这个暖核减弱,在 3 km 高度附近减小至 2℃。

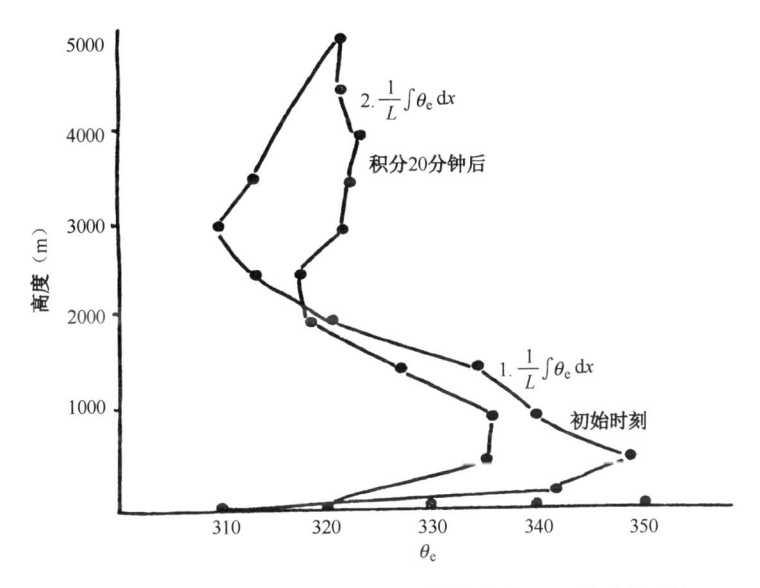

图 11.4　初始时刻和积分 20 分钟时的相当位温 θ_e 的垂直廓线

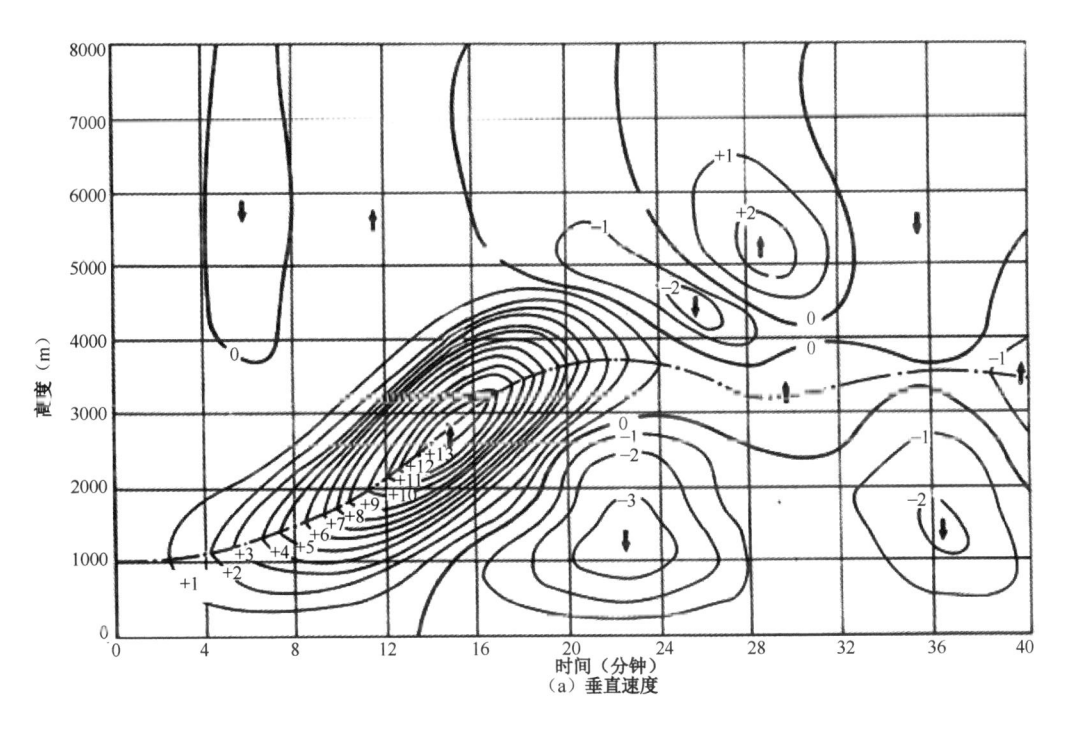

图 11.5　垂直速度和温度偏差的时间—高度剖面图,中心位于 $x=0$ 处(引自 Murray 和 Anderson,1965)

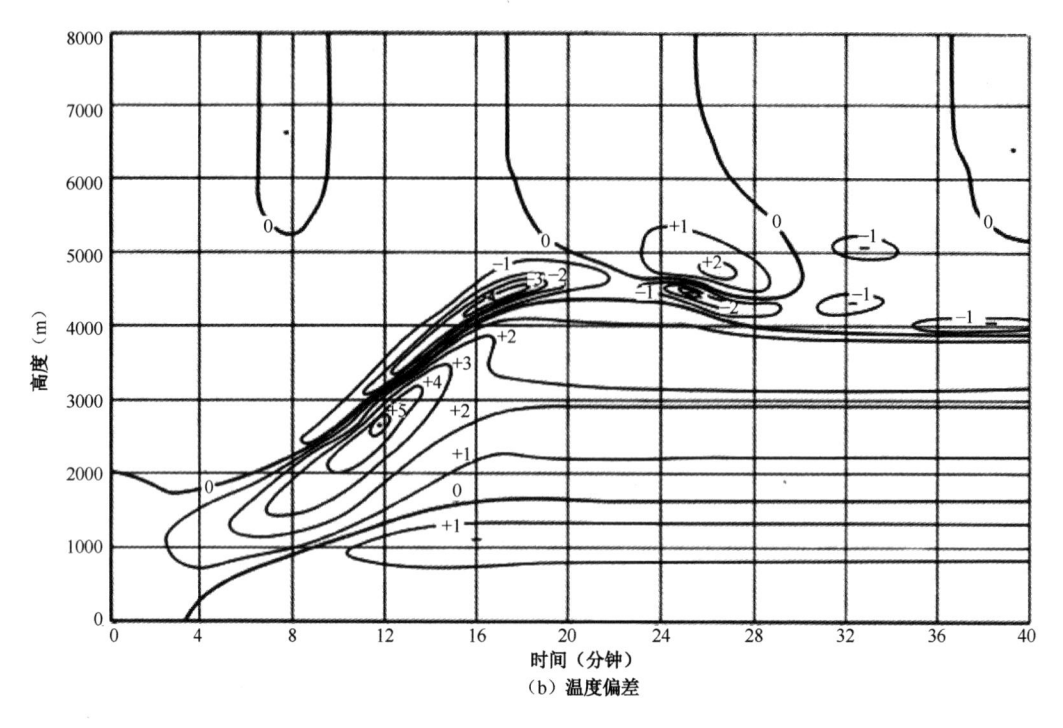

图 11.5　垂直速度和温度偏差的时间—高度剖面图，中心位于 $x=0$ 处（引自 Murray 和 Anderson，1965）（续）

这个云模型一个非常有趣的方面是浮力引起的垂直运动的过冲。垂直运动在云层上方的过冲导致了云层的蒸发和绝热冷却，云层上方出现了一个狭窄的冷帽。这个冷帽的温度距平是-4℃，在积分过程中持续了 28 分钟。

图 11.6 显示了 x-z 平面上的流函数 ψ（实线）和液态水混合比（虚线）在积分 10 分钟、15 分钟、20 分钟和 25 分钟内随时间的演变图。液态水混合比的等值线从 $\geqslant 0.4 \, \text{g kg}^{-1}$ 开始，勾画了模式模拟的云的形状（通常，热带地区可见的云的液态水混合比超过该阈值）。在这段时间的前 15 分钟，我们看到模拟的云的增长非常壮观，由流函数描述的对应的环流亦如此。此后，云层开始慢慢减弱。但是，在接近 3.5 km 的高度处，在轴（$x=0$）附近云的活动仍然非常活跃。当积分到第 20 分钟时，云的水平尺度约为 1 km，云的垂直范围约为 4 km。

这些数值模拟结果可视为对一个浅层无降水积云生命周期的模拟。

11.4　云模式

近年来，研究人员已经开发了一些云模式。这些云模式包括了气相、液相和冰相等几种形式的水物质。本节将描述由 Tao 和 Simpson（1993）开发的一个云模式。

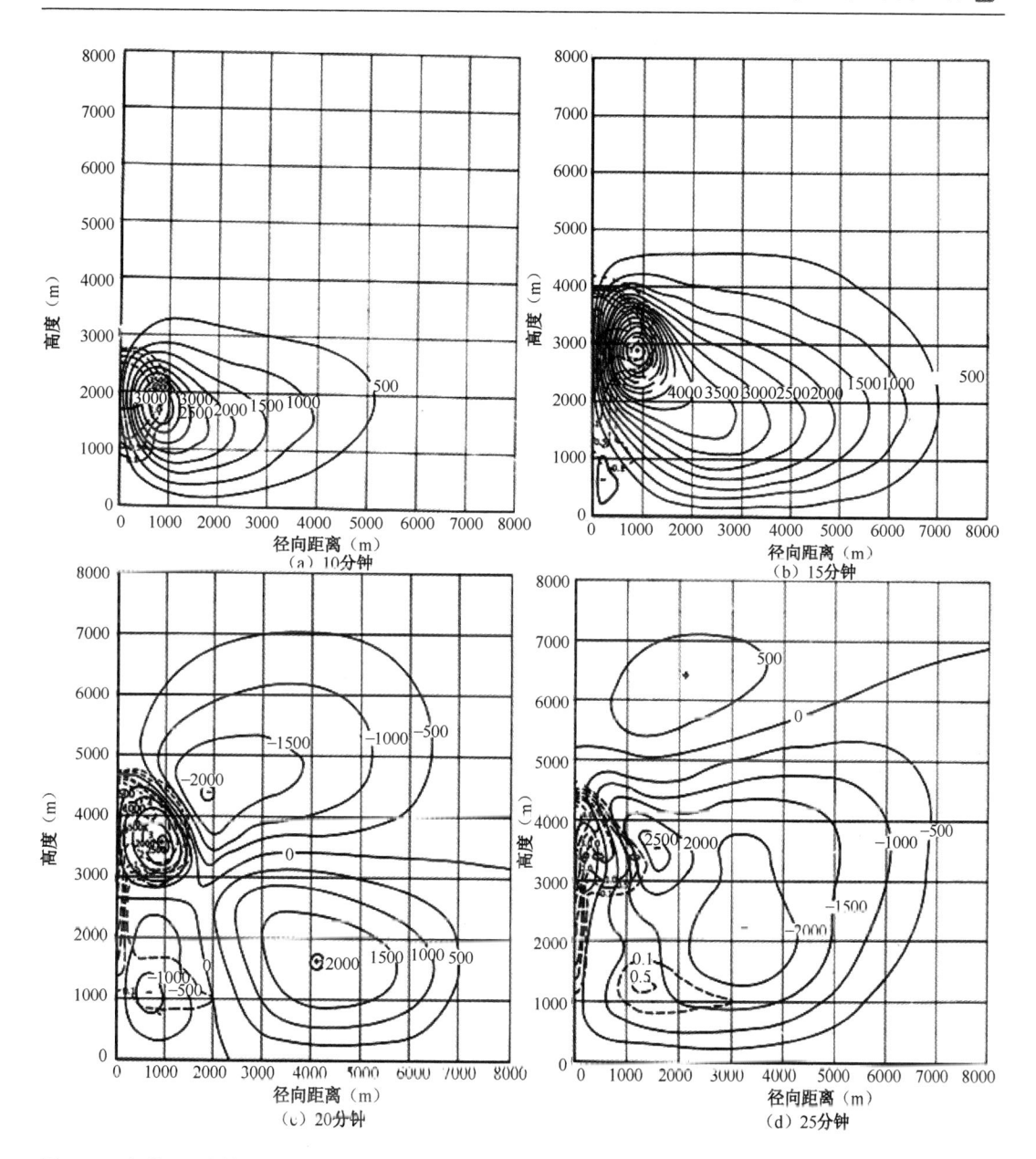

图 11.6 积分 10 分钟、15 分钟、20 分钟和 25 分钟时的流函数（实线）和液态水混合比（虚线）（引自 Murray 和 Anderson，1965）

11.4.1 运动学和热力学

状态方程为

$$p = \rho RT(1 + 0.61q_v) \tag{11.25}$$

式中，p、ρ 和 T 分别为空气的气压、密度和温度，$(1+0.61q_v)$ 为基于比湿 q_v 的空气的虚位温校正。

在下列方程式中，将使用 Exner 气压 π，其定义为

$$\pi = (p/p_0)^{R/C_p} \tag{11.26}$$

式中，p_0 是参考气压。

虚位温定义为

$$\theta_v = \theta(1 + 0.61 q_v) \tag{11.27}$$

使用位温的定义，$\theta = T(p_0/p)^{R/C_p}$，或者 $\theta = T/\pi$，3 个运动方程可以写成

$$\frac{\partial u}{\partial t} = -\frac{\partial}{\partial x}(uu) - \frac{\partial}{\partial y}(uv) - \frac{1}{\bar{\rho}}\frac{\partial}{\partial z}(\bar{\rho}uw) - C_p\bar{\theta}\frac{\partial \pi'}{\partial x} + fv + D_u \tag{11.28}$$

$$\frac{\partial v}{\partial t} = -\frac{\partial}{\partial x}(uv) - \frac{\partial}{\partial y}(vv) - \frac{1}{\bar{\rho}}\frac{\partial}{\partial z}(\bar{\rho}vw) - C_p\bar{\theta}\frac{\partial \pi'}{\partial y} - fu + D_v \tag{11.29}$$

$$\frac{\partial w}{\partial t} = -\frac{\partial}{\partial x}(uw) - \frac{\partial}{\partial y}(wv) - \frac{1}{\bar{\rho}}\frac{\partial}{\partial z}(\bar{\rho}ww) - C_p\bar{\theta}\frac{\partial \pi'}{\partial z} + g\left(\frac{\theta'}{\bar{\theta}} + 0.61 q_v' - q_1\right) + D_w \tag{11.30}$$

在这些方程中，u、v 和 w 分别为纬向、经向和垂直风分量；g 是重力加速度；q_1 是液态水和冰的混合比之和；变量右上角的"'"表示与相应的水平区域平均值的偏差；水平区域的平均值则用"¯"表示；D_u、D_v 和 D_w 分别为沿 3 个方向的次网格尺度的动量扩散率。热力学能量方程写为

$$\frac{\partial \theta}{\partial t} = -\frac{\partial}{\partial x}(u\theta) - \frac{\partial}{\partial y}(v\theta) - \frac{1}{\bar{\rho}}\frac{\partial}{\partial z}(\bar{\rho}w\theta) + D_\theta + \\ \frac{L_v}{C_p}(c - e_c - e_r) + \frac{L_f}{C_p}(f_r - m) + \frac{L_s}{C_p}(d - s) + Q_R \tag{11.31}$$

式中，L_v、L_f 和 L_s 分别表示凝结、融化和升华的潜热；c、e_c 和 e_r 分别表示凝结、云水蒸发和云滴蒸发的速率；f_r 和 m 是雨滴冻结和雪、霰或冰雹融化的速率；d 和 s 是冰粒子的凝华速率和升华速率；Q_R 是辐射加热或冷却；D_θ 是位温的水平扩散率。

比湿的方程式可以写成

$$\frac{\partial q_v}{\partial t} = -\frac{\partial}{\partial x}(uq_v) - \frac{\partial}{\partial x}(vq_v) - \frac{1}{\bar{\rho}}\frac{\partial}{\partial z}(\bar{\rho}wq_v) + D_{q_v} - (c - e_c - e_r) - (d - s) \tag{11.32}$$

式中，D_{q_v} 是水汽的水平扩散率。

11.4.2 云微物理

接下来我们将讨论模式中的水物质成分及其增长率。设滴谱函数 $N(D)$ 为

$$N(D) = N_0 e^{-\lambda D}$$

式中，滴谱函数 $N(D)$ 表示单位空间体积给定尺寸 D 的液滴数 N，与给定尺寸成反比；N_0 为 N 在 $D = 0$ 时的值，称为截获参数；λ 称为滴谱的斜率，并由经验公式表示为

$$\lambda = \left(\frac{\pi \rho_x N_0}{\rho q_x}\right)^{1/4} \tag{11.33}$$

式中，ρ_x 和 q_x 分别是特定水凝物 x 的密度和混合比。

该模式使用的霰、雪和雨的截距参数值约为 $0.04\ cm^{-4}$、$0.04\ cm^{-4}$ 和 $0.08\ cm^{-4}$，霰、雪和雨的密度分别为 $0.4\ g\ cm^{-3}$、$0.1\ g\ cm^{-3}$ 和 $1\ g\ cm^{-3}$。对于云冰，该模式假定了一个直径为 $2\times10^{-3}\ cm$ 的尺寸，密度为 $0.917\ g\ cm^{-3}$。

水物质成分的预测方程如下。

1. 云水

$$\bar{\rho}\frac{\partial q_c}{\partial t} = -\frac{\partial}{\partial x}(\bar{\rho}uq_c) - \frac{\partial}{\partial y}(\bar{\rho}vq_c) - \frac{\partial}{\partial z}(\bar{\rho}wq_c) + \bar{\rho}(c-e_c) - T_{qc} + D_{qc} \tag{11.34}$$

2. 雨水

$$\bar{\rho}\frac{\partial q_r}{\partial t} = -\frac{\partial}{\partial x}(\bar{\rho}uq_r) - \frac{\partial}{\partial y}(\bar{\rho}vq_r) - \frac{\partial}{\partial z}\left[\bar{\rho}(w-V_r)q_r\right] + \bar{\rho}(-e_r + m - f_r) - T_{qr} + D_{qr} \tag{11.35}$$

3. 冰

$$\bar{\rho}\frac{\partial q_i}{\partial t} = -\frac{\partial}{\partial x}(\bar{\rho}uq_i) - \frac{\partial}{\partial y}(\bar{\rho}vq_i) - \frac{\partial}{\partial z}(\bar{\rho}wq_i) + \bar{\rho}(d_i - s_i) - T_{qi} + D_{qi} \tag{11.36}$$

4. 雪

$$\bar{\rho}\frac{\partial q_s}{\partial t} = -\frac{\partial}{\partial x}(\bar{\rho}uq_s) - \frac{\partial}{\partial y}(\bar{\rho}vq_s) - \frac{\partial}{\partial z}\left[\bar{\rho}(w-V_s)q_s\right] + \bar{\rho}(d_s - s_s - m_s + f_s) - T_{qs} + D_{qs} \tag{11.37}$$

5. 霰

$$\bar{\rho}\frac{\partial q_g}{\partial t} = -\frac{\partial}{\partial x}(\bar{\rho}uq_g) - \frac{\partial}{\partial y}(\bar{\rho}vq_g) - \frac{\partial}{\partial z}\left[\bar{\rho}(w-V_g)q_g\right] + \bar{\rho}(d_g - s_g - m_g + f_g) - T_{qg} + D_{qg} \tag{11.38}$$

在上述方程等号的右边有 $\bar{\rho}(c-e_c)$、$\bar{\rho}(-e_r + m - f_r)$、$\bar{\rho}(d_i - s_i)$ 等项。以式（11.35）为例，$\bar{\rho}\frac{\partial q_r}{\partial t} = \cdots + \bar{\rho}(-e_r + m - f_r) + \cdots$，等号右侧解释为 - 蒸发（$e_r$）和冻结（$f_r$）降低雨水的混合比 q_r，因此它们在方程中用负号表示；融化（m）增加雨水的混合比，因此在方程中它用正号表示。类似的解释适用于上述所有方程中的此类项。

不同种类的水物质之间的转化率用带相关下标的 T 表示，具体方程式为

$$T_{qc} = -\left(P_{sacw} + P_{raut} + P_{racw} + P_{sfw} + D_{gacw} + Q_{sacw}\right) - P_{ihom} - P_{imlt} - P_{idw} \tag{11.39}$$

$$T_{qi} = -\left(P_{saut} + P_{saci} + P_{raci} + P_{sfi} + D_{gaci} + W_{gaci}\right) + P_{ihom} - P_{imlt} + P_{idw} \tag{11.40}$$

$$T_{qr} = Q_{sacw} + P_{raut} + P_{racw} + Q_{gacw} - \left(P_{iacr} + D_{gacr} + W_{gacr} + P_{sacr} + P_{gfr}\right) \tag{11.41}$$

$$T_{qs} = P_{saut} + P_{saci} + P_{sacw} + P_{sfw} + P_{sfi} + \delta_3 P_{raci} + \delta_3 P_{iacr} + \delta_2 P_{sacr} - \left[P_{gacs} + D_{gacs} + W_{gacs} + P_{gaut} + (1-\delta_2 P_{racs})\right] \tag{11.42}$$

$$T_{qg} = (1-\delta_3) P_{raci} + D_{gaci} + W_{gaci} + D_{gacw} + (1-\delta_3) P_{iacr} + P_{gacs} + D_{gacs} + W_{gacs} + P_{gaut} + (1-\delta_2) P_{racs} + D_{gacr} + W_{gacr} + (1-\delta_2) P_{sacr} + P_{gr} \tag{11.43}$$

在这些方程中

$$W_{gacr} = P_{wet} - D_{gacw} - W_{gaci} - W_{gacs} \tag{11.44}$$

如果温度高于冰点,则

$$P_{saut} = P_{saci} = P_{sacw} = P_{raci} = P_{iacr} = P_{sfi} = P_{sfw} = D_{gacs} = W_{gacs}$$
$$= P_{gacs} = D_{gacr} = P_{gwet} = P_{racs} + P_{sacr} = P_{gfr} = P_{gaut} = P_{imlt} = 0 \tag{11.45}$$

否则

$$Q_{sacw} = Q_{gacw} = P_{gacs} = P_{idw} = P_{ihom} = 0 \tag{11.46}$$

不同种类水物质之间的转化率方程式（11.39）～式（11.43），以及方程式（11.44）和式（11.45）中等号右端的符号表示不同的过程，如表11.1所述，并在图11.7中给出了示意图。Lin 等（1983）、Tao 和 Simpson（1993）对每个过程给出了更加详细的解释。

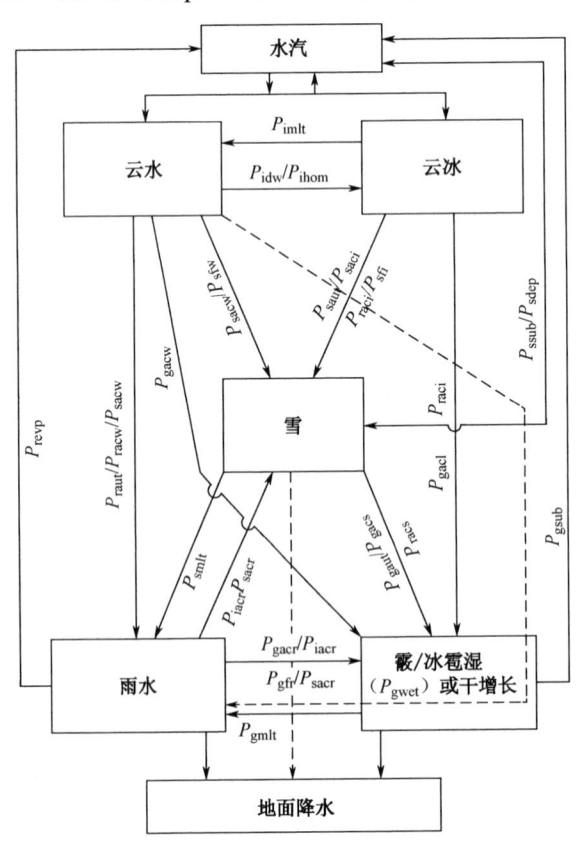

图 11.7 Goddard 积云模式的云微物理过程（引自 Lin 等，1983）

表 11.1 缩略词列表

符 号	含 义
P_{depi}	云冰的凝华生长
P_{int}	云冰的形成
P_{imlt}	云冰融化形成云水
P_{idw}	云冰消耗云水凝华生长
P_{ihom}	云水均匀冻结形成云冰
P_{iacr}	云冰撞冻雨水；依赖雨量生成雪或霰
P_{raci}	雨水撞冻云冰；依赖雨量生成雪或霰
P_{raut}	云水自动转化形成雨
P_{racw}	雨水撞冻云水
$P_{revp}(e_r)$	雨水蒸发
P_{racs}	雨水撞冻雪粒子；如果雨或雪超过临界值而 $T < 273.16$，或者雨水超过临界值而 $T > 273.16$，则产生霰
$P(Q)_{sacw}$	雪粒子撞冻云水；如果 $T < 273.16$，产生雪（P_{sacw}）；如果 $T > 273.16$，产生雨（Q_{sacw}）
P_{sacr}	雪粒子撞冻雨水；如果雨或雪超过临界值，就会产生霰；如果没有超过临界值，就会产生雪
P_{saci}	雪粒子撞冻云冰
P_{saut}	云冰自动转化（聚合）成雪
P_{sfw}	Bergeron 过程（凝华和淞附）——云水转变形成雪
P_{sfi}	用 Bergeron 过程胚胎（云冰）计算云水向雪的转换率（P_{sfw}）
$P_{sdep}(d_s)$	雪的凝华增长
$P_{ssub}(S_s)$	雪的升华
$P_{smlt}(m_s)$	若 $T > 273.16$，则融雪成雨
P_{wacs}	若 $T > 273.16$，则云水收集雪成雨
P_{gaut}	雪的自动转化（聚合）形成霰
$P_{gfr}(f_g)$	雨水偶然冻结形成霰
$D(Q)_{gacw}$	霰撞冻云水
$D(W)_{gaci}$	霰撞冻云冰
$D(W)_{gacr}$	霰撞冻雨水
$P_{gsub}(S_g)$	霰升华
$P_{gmlt}(m_g)$	霰融化形成雨，$T > 273.16$（在这种情况下，Q_{gacw} 假定为降雨）
P_{gwet}	霰的湿生长；可能包括 W_{gacs} 和 W_{gaci}，必须包括 D_{gacw} 和 W_{gacr}，或者两者都包括；不能结冰的 W_{gacw} 的数量转变成降雨

关于 u、v、w 的 3 个动量方程，关于 θ 的热力学方程，关于 q_v 的水汽方程，以及关于 q_c、q_r、q_i、q_s、q_g 的 5 个微物理过程方程，共同构成了 10 个预报方程。连续性方程和状态方程引入了另两个变量：Exner 气压 π（与气压 p 相关）和空气密度 $\bar{\rho}$。为了使这个方程组闭合，通常需要使用合适的经验参数来计算所有转换过程对应的转换率。

11.4.3 转换过程

如方程式（11.39）~式（11.43）和表 11.1 所示，许多转换过程将云中一种形式的水成物转化为另一种形式的水成物。转换过程一般是根据微物理场的试验结果进行经验模拟的。经验的程度和控制传输的参数数量都很大。在模拟研究中，云的增长或衰减对这些转换过程的模拟值非常敏感。为了便于说明，对其中 3 个过程的参数化描述如下。

1. 自动转换（云水转化为雨水，P_{raut}）：

自动转换过程包括液态水从云滴变成雨滴。Kessler（1969）提出了一个简单的参数化方案，描述液态水的自动转换在从含水量为 m（质量/体积）的雨滴转换成含水量为 M 的雨滴过程中的作用。自动转换公式为

$$c_1 = \left[\frac{\Delta q_1}{\Delta t}\right]_{\text{auto}} = k_a (q_c - q_{cr}) \tag{11.47}$$

另外，仅当云水混合比 q_c 大于临界值 q_{cr} 时，自动转换过程才允许发生。Kessler 使用的 q_{cr} 和 k_a 的值分别为 $0.05\,\text{g kg}^{-1}$ 和 $0.001\,\text{s}^{-1}$。

2. 撞冻（云水到雨水，P_{racw}）

撞冻的公式参照 Kessler（1969），末速度的公式参照 Srivastava（1967）。在雨滴胚胎形成后，假设转换为雨的含水量遵循逆指数分布函数（Marshall Palmer，1948），$N(D) = N_0 e^{-\lambda D}$，其中，$N(D)$ 是直径为 D 的体积内的雨滴数，$\lambda = 3.67/D_0$，D_0 是此过程开始时的最小直径阈值。

雨滴的截面积为 $\pi D^2 / 4$，其末速度为 v_{TD}，因此，单位时间内被雨滴扫过的体积为 $v_{\text{TD}} \rho q_c \pi D^2 / 4$。每个直径处雨滴质量的增加量为

$$\left[\frac{\Delta q}{\Delta t}\right]_{\text{acc}} = \int_0^\infty v_{\text{TD}} \rho q_c \frac{\pi D^2}{4} N(D) \text{d}D \tag{11.48}$$

假设 $v_{\text{TD}} = 1500 D^{1/2}\,\text{cm s}^{-1}$，对所有直径进行积分，得到计算撞冻过程的关系式，作为上述积分的精确解，即

$$c_2 = \left[\frac{\Delta q_1}{\Delta t}\right]_{\text{acc}} = \frac{1500\pi}{4} N_0 \rho \frac{\Gamma(3.5)}{\lambda^{3.5}} q_c \tag{11.49}$$

雨水混合比定义为

$$q_r = \int_0^\infty q_{rD} \text{d}D = \int_0^\infty N_0 e^{-\lambda D} \left[\pi \frac{D^3}{6} \rho_w\right] \text{d}D \tag{11.50}$$

对 $q_r = \pi \rho_w N_0 / \lambda^4$ 进行积分，其中，ρ_w 为液态水的密度，求得 λ 的值作为精确解：

$$\lambda = \left(\frac{4\pi \rho_w N_0}{q_r}\right)^{1/4} \tag{11.51}$$

最后，利用

$$v_{\mathrm{T}} = \frac{\int_0^\infty q_{\mathrm{rD}} v_{\mathrm{TD}} \mathrm{d}D}{\int_0^\infty q_{\mathrm{rD}} \mathrm{d}D} = \frac{\int_0^\infty q_{\mathrm{rD}} v_{\mathrm{TD}} \mathrm{d}D}{q_{\mathrm{r}}} \tag{11.52}$$

由式（11.48）代入，最终得到雨滴的最终下落速度为

$$v_{\mathrm{T}} = \frac{1}{\pi \rho_{\mathrm{w}} N_0 \lambda^{-4}} \int_0^\infty N_0 \mathrm{e}^{-\lambda D} \left(\frac{\pi D^3}{6}\right) \rho_{\mathrm{w}} 1500 D^{1/2} \mathrm{d}D \tag{11.53}$$

或者求得上述积分的精确解之后，得到

$$v_{\mathrm{T}} = 1500 \Gamma(4.5) / \lambda^{1/2} \Gamma(4) \tag{11.54}$$

3. 蒸发（云水到水蒸气，P_{revp}）

如果空气饱和，水蒸气的饱和混合比的变化率与整体饱和混合比的变化率相同，则蒸发过程在一定程度上遵循 Murray 和 Anderson（1965）的形式。基于饱和混合比条件下的相当位温守恒，有

$$\frac{\mathrm{d}q_{\mathrm{vs}}}{\mathrm{d}t} = -Bw \tag{11.55}$$

和

$$B = \frac{1 - \frac{1}{\varepsilon L}(C_p T - L q_{\mathrm{vs}})}{L + \frac{C_p R T^2}{L q_{\mathrm{vs}}(\varepsilon + q_{\mathrm{vs}})}} g \tag{11.56}$$

式中，$\varepsilon = 0.62195$ 是水蒸气的分子量/干空气的分子量，$L = 2.5 \times 10^6 \mathrm{J\ kg^{-1}}$ 是蒸发潜热，$C_p = 1004 \mathrm{J\ kg^{-1}\ K^{-1}}$ 是干空气的比热容。计算水蒸气混合比的局地变化量，有

$$\Delta q_{\mathrm{v}} = -Bw\Delta t \tag{11.57}$$

在向上运动的情况下，这就是凝结，并伴随着云水混合比的相同和相反的变化，以及温度的升高，即

$$\Delta q_{\mathrm{c}} = -\Delta q_{\mathrm{v}} \tag{11.58}$$

$$\Delta T = \frac{L}{C_p} \Delta q_{\mathrm{c}} \tag{11.59}$$

在饱和空气向下运动的情况下，采用同样的处理方法。然而，伴随这种变化而来的混合比的增加是通过云和/或雨的蒸发来实现的。如果云水足以完成这一变化，则雨水就不会蒸发。如果云水不足以完成这一变化，则一些雨水将被蒸发，直到云水和雨水蒸发之和足以完成式（11.55）计算的变化。

11.4.4 模拟结果

在本节中，我们将展示 Tao 和 Simpson（1993）、McCumber 等（1991）的一些结

果。这些结果包含对热带飑线过境非常敏感的云微物理特征。这条飑线从西非传播到东大西洋。

微物理敏感性试验表明，是否包括冰相过程会出现一些有趣的差异，结果之一是对流和云砧降雨的分配。这些覆盖了飑线模拟区域的结果如图 11.8 所示。当不包括冰相过程时，强降水量（且不切实际地）显著增加。冰的加入使这场强降水的降水量减小了 1 个数量级，但与观测结果一致。当不包括冰相过程时，层状云的厚度大大减小（见图 11.9）。若无冰相过程，则将不再出现一个明确的云砧，还会出现过多的强降水对流塔。不包含冰相过程的试验模拟的飑线的传播速度较慢。

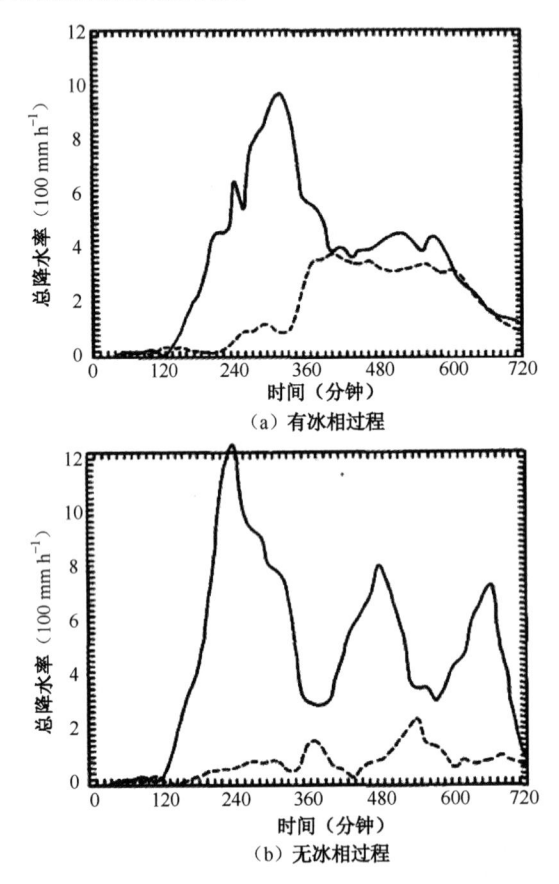

图 11.8 有冰相过程和无冰相过程的模拟结果，对流（实线）和层状云（云砧，虚线）区域所有格点的总降雨强度积分结果（改编自 McCumber 等，1991）

在云微物理参数化方案中采用不同的水物质密度和截距参数，可以研究云模拟对水物质的分布和参数的敏感性。

McCumbe 等（1991）的试验使用两种不同的方案来模拟云中水的冰相过程。他采用的方案具体如下。

（1）只考虑霰的方案，借鉴 Rutledge 和 Hobbs（1984）提出的包含霰和雪，但不考虑冰雹过程的方案。

（2）只有冰雹的方案，借鉴 Lin 等（1983）提出的包含雪和冰雹，但没有霰过程的方案。

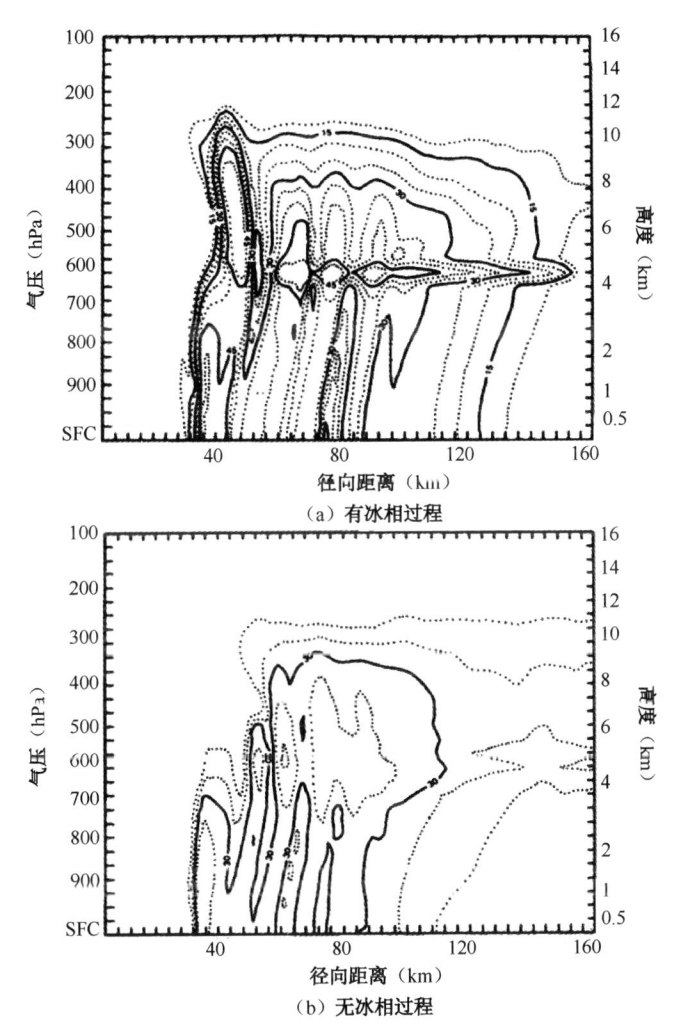

图 11.9 有冰相过程和无冰相过程模拟第 504 分钟的热带飑线型带状对流成熟阶段的垂直剖面，其中，雷达反射率的等值线从 10 dBz 开始，间隔 5 dBz；等值线以 15 dBz 间隔用实线突出显示（引自 McCumber 等，1991）

霰和冰雹的主要区别在于水物质密度（霰和冰雹的密度分别为 $0.4\,\mathrm{g\,cm^{-3}}$ 和 $0.9\,\mathrm{g\,cm^{-3}}$）和它们的大小（霰粒子通常要小得多）。

在只有霰的情况下［见图 11.10（a）］，水物质的垂直剖面显示：在对流区和云砧区，霰粒子较雪粒子占绝对优势。这是由于霰粒子比雪粒子小，下落速度更小，因而，在只有霰的情况下，雪的融化和凝华是二级过程。在只有冰雹的情况下［见图 11.10（b）］，由于冰雹的形成和快速下落，雪成为云砧区中主要的降水，大量的雪导致了大量的雪融化和凝华。

图 11.11 显示了热带飑线型对流系统的上述两个敏感性试验的垂直加热/冷却廓线。在对流层低层，仅包含冰雹的方案模拟出的非绝热冷却［见图 11.11（b）］远不如仅包含霰的方案模拟出的冷却［见图 11.11（a）］显著。仅考虑冰雹的个例中的冷却主要归因于雨水蒸发和雪的融化（雪的融化速度比冰雹的融化速度慢）；而在仅考虑霰的个例中，对流层低层有大量霰的融化，增强了对流层低层的冷却。

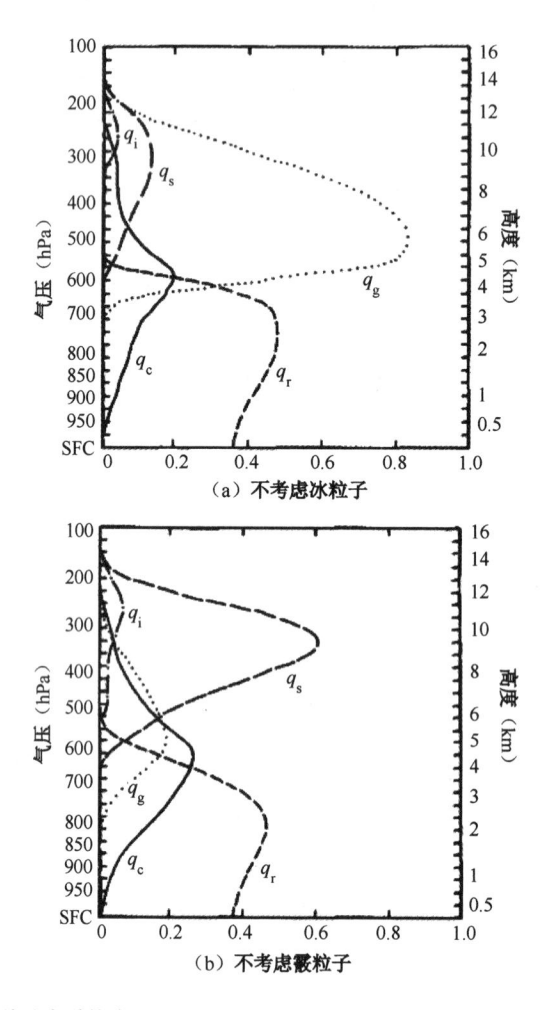

图 11.10 模拟热带飑线型对流系统中平均水和冰含量（单位：g kg^{-1} 每网格点）的垂直分布图。其中，水物质的分布曲线为雨（q_r，短划线）、云水（q_c，实线）、霰/冰雹（q_g，点虚线）、云冰（q_i，点划线）和雪（q_s，长划线）。图中的单位根据模式水平网格点的数量进行了标准化（非标准化单位通过乘以 512 km 获得；引自 McCumber 等，1991）

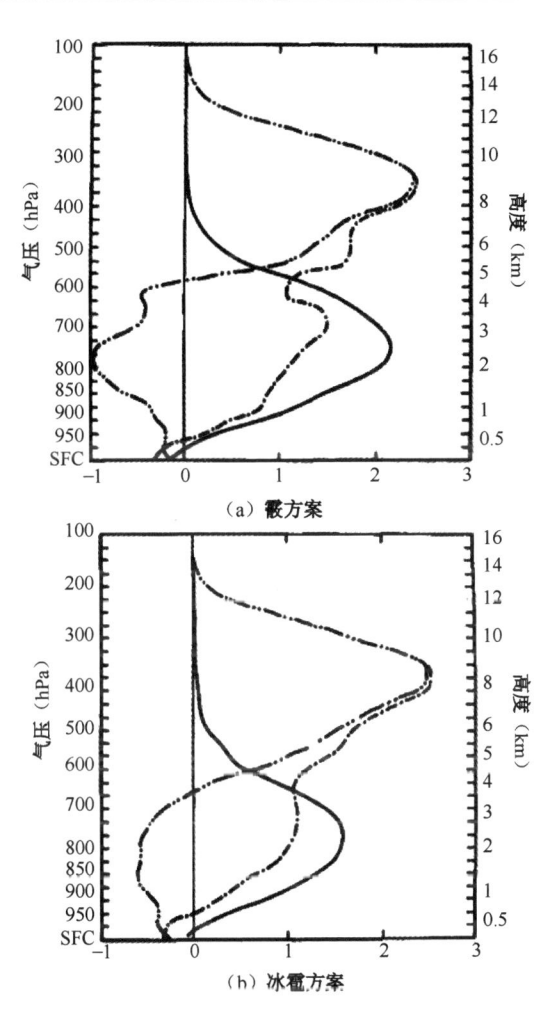

图 11.11 模拟热带飑线型带状对流最后 5 小时的二维对流加热廓线（单位：K h^{-1}）。图中展示了对流区加热（实线）、云砧区加热（双点划线）和总加热（点划线）（引自 McCumber 等，1991）

原著参考文献

Kessler, E. On the distribution and continuity of water substance in atmospheric circulation. Meteor. Monogr. Amer. Meteor. Soc., 1969, 32: 84.

Krishnamurti, T. N., Bounoua, L. An Introduction to Numerical Weather Prediction Techniques. Boca Raton: CRC Press, 1996.

Lin, Y. L., Farlcy, R., Orvillc, H. D. Bulk paramctcrization of thc snow ficld in a cloud modcl. J. Climate Appl. Meteor, 1983, 22, 1065-1092.

Malkus, J. S., Witt, G. The Evolution of A Convective Element: A Numerical Calculation. The Atmosphere and the Sea in Motion. New York: The Rockefeller Institute Press, 1959: 425-439.

Marshall, J. S., Palmer, W. M. K. The distribution of raindrops with size. J. Meteor., 1948, 5, 165-166.

McCumber, M., Tao, W. K., Simpson, J., Penc, R., Soong, S. T. Comparison of ice-phase microphysical parameterization schemes using numerical simulations of convection. J. Appl. Meteor., 1991, 30, 985-1004.

Murray, F. W., Anderson, C. E. Numerical Simulation of the Evolution of Cumulus Towers. Report SM-49230, Douglas Aircraft Company, Inc., Santa Monica, 1965, 97.

Nickerson, E. C. A numerical experiment in buoyant convection involving the use of a heat source. J. Atmos. Sci., 1965, 22, 412-418.

Rutledge, S. A., Hobbs, P. V. The mesoscale and microscale structure and organization of clouds and precipitation in mid-latitude clouds, Part XII: A diagnostic modeling study of precipitation development in narrowcold frontal rainbands. J. Atmos. Sci., 1984, 41, 2949-2972.

Srivastava, R. C. A study of the effects of precipitation on cumulus dynamics. J. Atmos. Sci., 1967, 24, 36-45.

Tao, W. K., Simpson, J. The Goddard Cumulus ensemble model, Part I: Model description. Terr. Atmos. Oceanic Sci., 1993, 4, 19-54.

第 12 章

热带边界层

本章将对热带边界层进行简要介绍。热带边界层是海—气、陆—气发生相互作用的主要区域,大量的热量、动量和水汽通量在这里产生,并沿垂直方向进行输送和交换。因此,热带边界层的结构对于研究热带对流和热带扰动,特别是飓风、热带辐合带、热带波动和低空急流等非常重要。这需要对地面以上 1 km 以内的大气层进行详细了解。

边界层结构受到很多大气过程的影响,例如,边界层内部强湍流和强垂直混合的特征,使近地层通量能够向上输送到不同的高度。此外,云底接近陆地或海洋表面(约 1 km 高度)的低云也通过其内部过程产生的下沉气流来影响边界层结构。

与海洋边界层相比,陆地表面高度的可变性及强的水平非均匀特征,使得陆地大气边界层内的热量、动量和水汽通量分布,以及地表能量平衡变得更加复杂。

本章将从观测事实出发进行介绍,虽然其中的一些内容较为基础,但要想完全掌握本章内容需要熟悉一些关于热带对流活动的知识是前提。本章也将介绍关于热带边界层的一些经验知识及动力学原理。当然,由于观测、理论、模拟和数值方法等的迅速发展,这里很难描绘出关于热带边界层的一幅完整图像,只能给出一个基本概述。

12.1 经验模型

12.1.1 混合长的概念

将高度 z 上的纬向风扰动 u' 定义为高度 z 的平均纬向风 $\bar{u}$ 和距离高度 z 一定距离 l 处 $(z+l)$ 的风的差值,即

$$u' = \bar{u}(z+l) - \bar{u}(l) \tag{12.1}$$

u' 在高度 z 附近的泰勒展开式为

$$u' \approx l\frac{\partial \bar{u}(z)}{\partial z} \tag{12.2}$$

式中,变量 l 表示在某一局地的湍流强度。采用同样的方法可以写出 θ'、v'、w' 和 q' 的表

达式，如果运动在三维空间全部是湍流的形式，则

$$|u'| \approx |v'| \approx |w'| \tag{12.3}$$

因此

$$w' \approx l\left|\frac{\partial \overline{u}}{\partial z}\right| \tag{12.4}$$

向上的动量通量可以写成

$$F_u = \rho\overline{w'u'} = -\rho l^2 \left(\frac{\partial \overline{u}}{\partial z}\right)\left|\frac{\partial \overline{u}}{\partial z}\right| \tag{12.5}$$

其中，引入负号是为了确保动量通量在通量梯度减小时为正。

式（12.5）给出了湍流动量通量作为 $\overline{u}$ 的函数时的参数化方案，但是应该指出的是，$\overline{u}$ 在地面附近变化很快，因此，仍然需要一些方法来定义 $\overline{u}$ 的廓线。

12.1.2 风廓线和地表拖曳

在近地层，假设混合长与大尺度运动的水平尺度无关，且与距离地面的高度成正比，即

$$l \approx \kappa z \tag{12.6}$$

式中，系数 κ 被称为冯·卡曼常数。将摩擦速度 u^* 定义为

$$u^* = \left(-\frac{F_{u0}}{\rho}\right)^{1/2} \tag{12.7}$$

式中，ρ 为空气密度，F_{u0} 是向上的地表动量通量。由于

$$F_{u0} = \rho\overline{w'u'} = -\rho l^2\left(\frac{\partial \overline{u}}{\partial z}\right)\left|\frac{\partial \overline{u}}{\partial z}\right| \tag{12.8}$$

因此，我们可以得到

$$-\frac{F_{u0}}{\rho} = l^2\left(\frac{\partial \overline{u}}{\partial z}\right)\left|\frac{\partial \overline{u}}{\partial z}\right| \tag{12.9}$$

或

$$u^{*2} = \left(\kappa z \frac{\partial \overline{u}}{\partial z}\right)^2 \tag{12.10}$$

由此可得到对数定律为

$$\overline{u}(z) = \frac{u^*}{\kappa}\ln\left(\frac{z}{z_0}\right) \tag{12.11}$$

式中，粗糙度高度 z_0 是与下垫面相关的一个属性，定义为风廓线的对数趋近 0 时的高度。粗糙度高度定义了一个尺度标准，表示地表粗糙度对湍流的阻碍程度。z_0 在不同区域取不同的经验值，例如，热带海洋地区约为 0.4，平原地区约为 1.0，山区约为 10.0。

将式（12.11）进一步写为

$$\overline{u}(z) = \left(-\frac{F_{u0}}{\rho}\right)^{1/2} \frac{1}{\kappa} \ln\left(\frac{z}{z_0}\right) \tag{12.12}$$

这样，式（12.12）就将表面风应力和平均风廓线在低层联系起来了。如果给定冯·卡曼常数 κ 和粗糙度高度 z_0，就可以利用式（12.12）计算 $\overline{u}(z)$，这种方法被称为廓线法。廓线法可以用来估算湍流动量通量 $\overline{u'w'}$ 的大小。当然，也可以通过船系气球、桅杆或观测塔等设备来精细测量 $\overline{u}(z)$。获得 $\overline{u}(z)$ 后，可以根据关系式 $\overline{u'w'} = -\rho l^2 \left(\frac{\partial \overline{u}}{\partial z}\right) \left|\frac{\partial \overline{u}}{\partial z}\right|$ 估算 $\overline{u'w'}$ 的大小。同理，廓线法也可以用来估算湍流热通量和水汽通量。

12.1.3 总体空气动力学方法

20 世纪 10 年代，Taylor 以池塘里所做的试验为基础，提出了总体空气动力学公式，建立了应力、热通量和水汽通量与大尺度变量之间的关系。对于某一变量 A，其从地球表面到大气的通量 F_A 一般可以表示为

$$F_A = C|V_a|(A_s - A_a) \tag{12.13}$$

式中，C 是无量纲参数，常被称作总体空气动力学系数或交换系数，$|V_a|$ 是由风速计测量的风速（10 m 高度的风），A_s 和 A_a 分别表示地表和 10 m 高度处测量的相关通量。根据式（12.13），F_A 为正表示变量 A 向上的通量，F_A 为负表示变量 A 向下的通量。

对于大多数热带气象问题而言，推荐的计算动量通量的总体空气动力学公式为

$$F_M = -C_M \rho |V_a|^2 \tag{12.14}$$

感热通量为

$$F_{SH} = C_S \rho C_p |V_a|(T_s - T_a) \tag{12.15}$$

潜热通量为

$$F_{LH} = C_L \rho L |V_a|(q_s - q_a) \tag{12.16}$$

式中，T_s 和 q_s 分别是地表的温度和比湿；同理，T_a 和 q_a 就是对应的 10 m 高度的温度和比湿。C_p 是等压空气比热；L 是蒸发潜热；ρ 是空气密度；交换系数（C_M 是动量交换系数，也常被称作拖曳系数，C_S 是感热交换系数、C_L 是潜热交换系数）的标准值分别是：$C_M = 1.1 \times 10^{-3}$、$C_S = 1.4 \times 10^{-3}$、$C_L = 1.6 \times 10^{-3}$。动量通量的单位一般为 N m^{-2}，潜热通量和感热通量的单位为 W m^{-2}。动量通量、感热通量、潜热通量的常用简化计算公式为

$$F_M = -1.35 \times 10^{-3} |V_a|^2 \tag{12.17}$$

$$F_{SH} = 1.72 \times 10^{-3} |V_a|(T_s - T_a) \tag{12.18}$$

$$F_{LH} = 4.9 \times 10^{-2} |V_a|(q_s - q_a) \tag{12.19}$$

在计算过程中，$|V_a|$ 的单位为 m s^{-1}，T_s 和 T_a 的单位为 K，q_s 和 q_a 的单位为 g kg^{-1}。

总体空气动力学公式适用于风速小于 5.8 m s^{-1} 的中性稳定条件。当风速大于 5.8 m s^{-1} 时，拖曳系数会发生变化，根据经验可表示为

$$C_M = \begin{cases} C_{M0} = 1.1 \times 10^{-3}, & |V_s| < 5.8 \text{ m s}^{-1} \\ C_{M0}(0.74 + 0.046|V_s|), & 5.8 \text{ m s}^{-1} \leq |V_s| \leq 16.8 \text{ m s}^{-1} \\ C_{M0}(0.94 + 0.034|V_s|), & |V_s| > 16.8 \text{ m s}^{-1} \end{cases} \quad (12.20)$$

在与热带风暴和飓风相关的大风条件下，需要考虑拖曳系数随风速增大的变化。

12.2 边界层的观测事实

对风速随高度变化的观测研究表明，在北半球热带辐合带（ITCZ）以北，气流基本上以顺时针转向（随高度顺时针变化）为主；在 ITCZ 以南，气流基本上以逆时针转向（随高度逆时针变化）为主。在此前的研究中，Robitaille 和 Zipser（1970）在莱恩岛的观测试验，以及 Estoque（1971）在圣诞岛的观测记录中得到类似的结论。

在晴朗地区、浅层对流地区和存在扰动的地区，热带边界层的特征普遍存在较大差异。在晴朗或未受扰动的信风区，热带边界层满足以下明确定义。

（1）近地层（地表至 20 m 高度处），位温随高度上升略有增大，湿度随高度上升有所减小。

（2）混合层（从地表以上 20 m 到大约 100 m 高度处），位温随高度上升近乎不变，湿度随高度上升略有减小。

（3）过渡层（位于云层底部之下的混合层正上方），是一个稳定层，随着高度上升位温升高而湿度减小。过渡层通常是非常薄的一层，厚度约为 100 m 或以下。

（4）云层（厚度通常为几百米），其中的湿度仍随着高度上升而减小，该区域观测的温度递减率接近湿绝热递减率。

（5）在云层顶部的逆温层中，位温随高度上升迅速升高，湿度随高度上升迅速减小。逆温层的底部可以看作定义边界层厚度的参考高度。

1977 年夏季，许多研究人员（Businger、Seguin、Augstein、Garstang、Lemone 等）基于大西洋热带试验（GARP Atlantic Tropical Experment，GATE）报道了东大西洋行星边界层的一些早期观测结果，这里简要介绍他们的重要发现。在这个试验中，科学家利用船舶、浮标、系留气球和飞机对热带信风区和 ITCZ 的边界层进行了观测探测，用于确定 1 km 边界层内通量的计算方法，包括总体空气动力学方法、廓线法、收支法和耗散法。

图 12.1 显示了 GATE 中使用的米级剖面浮标。在 8 m 范围内的几个高度层上安装了测量廓线和涡流相关性的仪器。这种类型的浮标对于确定地表附近边界层的垂直结构非常有用。此外，从观测塔、系留气球和低空飞行的飞机上所搭载的仪器可以得到最低几百米高度内的动量、热量和水汽通量的垂直分布。应该注意的是，由于桅杆的方位、风速计受到降雨量和海浪的影响，因此这类测量可能会产生不同类型的误差。常用于通量校正的方法是涡流相关法，涡流相关的计算可以按需要在不同的空间和时间上完成。

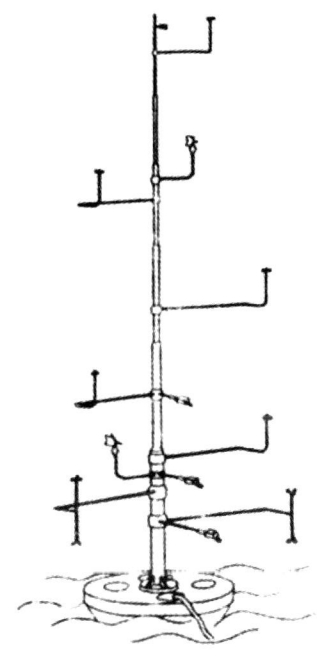

图 12.1　用于大气观测的典型海洋浮标示意

基于雷达探测数据，Garstang 和他的同事们定义了 5 种与扰动发展不同阶段相关的回波类别，以说明边界层的活动。它们可以定义为：①无降水的稳定型雷达回波；②有降水的增长型雷达回波；③衰减型雷达回波；④无降水的扰动消亡阶段雷达回波；⑤中等对流的稳定雷达回波。

第 1 阶段为未受扰动状态；第 2 阶段扰动开始发展；第 3 阶段扰动开始减弱、消亡；第 4 阶段扰动消亡，一段时间后残留对流云；第 5 阶段为重新接近未受扰动的状态。如图 12.2 所示为边界层 100 hPa 范围内 干静力能、湿静力能的平均垂直结构（这些参数见第 14 章）。在边界层 1 km 内，从未受扰动状态到扰动开始发展阶段，湿静力能显著降低。也

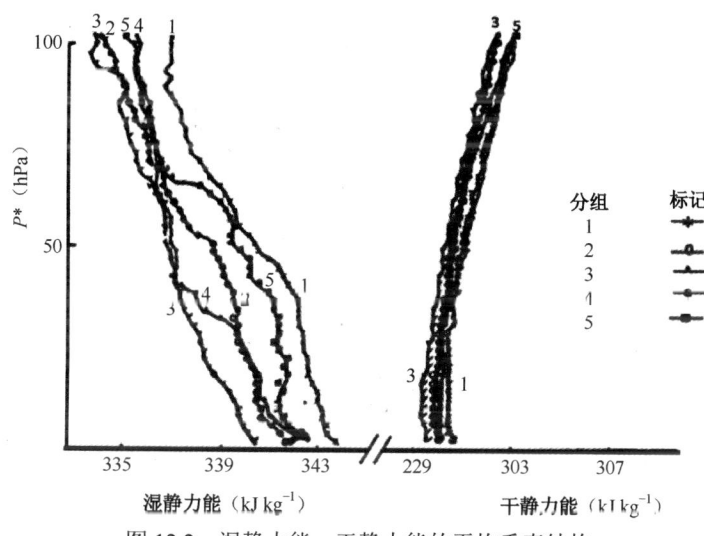

图 12.2　湿静力能、干静力能的平均垂直结构

就是说，混合层的恢复是随着湿静力能的逐渐增加而发生的，并且是按类别依次增加的。干静力能也随着扰动的发展而减小。Garstang 还报道，从未受扰动状态到扰动开始发展，边界层 1 km 内的风速逐渐增大。

图 12.3 显示了 GATE 期间，在稳定状态和受扰动状态下，海表面的浮力通量、感热通量和潜热通量的典型分布。我们注意到，在由稳定状态转变为受扰动状态过程中，浮力通量从约 25 W m^{-2} 增加到了约 40 W m^{-2}，感热通量从 10 W m^{-2} 增加到了约 40 W m^{-2}，而潜热通量从约 80 W m^{-2} 增加到了约 200 W m^{-2}。

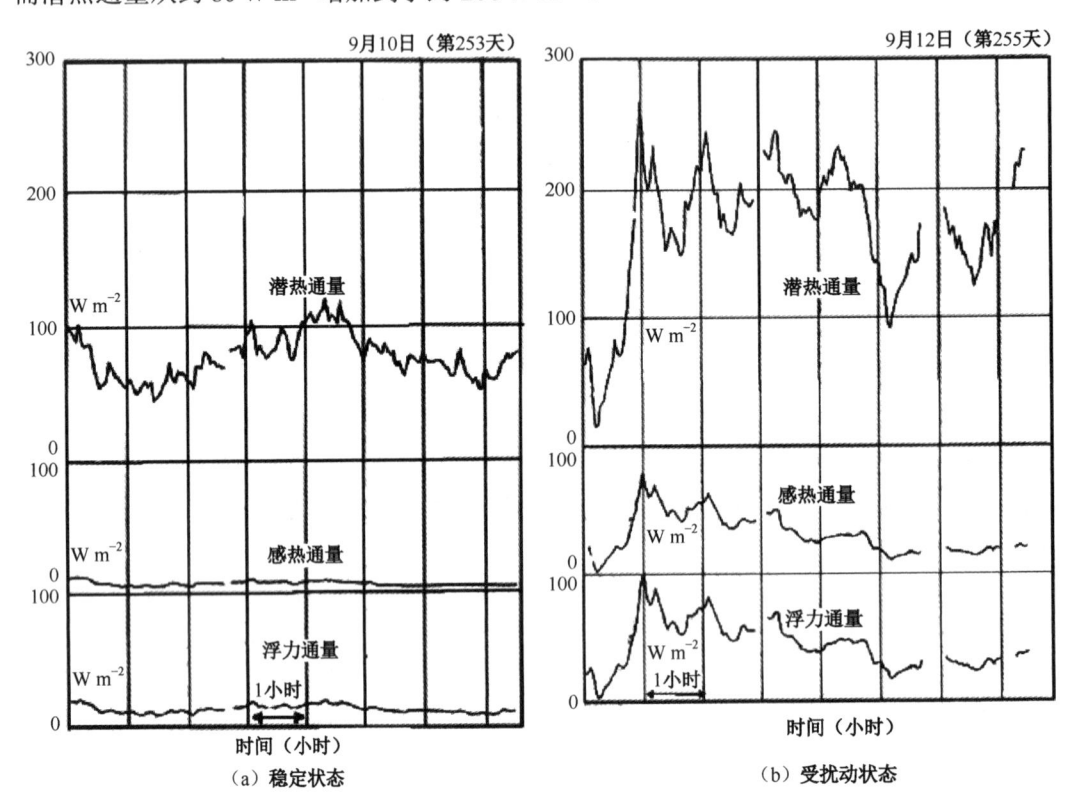

图 12.3　在稳定状态和受扰动状态下，海表面的浮力通量、感热通量和潜热通量的典型分布（引自 Garstang，1977）

混合层高度（位温几乎恒定不变的高度）是另一个重要的参数。图 12.4 中的所有参数都是通过 GATE 得到的。我们注意到，混合层高度从约 550 m（初始状态）下降到约 300 m（中等强度受扰动状态）。扰动发展期间，混合层高度的下降是大尺度、小尺度下沉运动共同造成的。

图 12.5 显示了在 GATE 期间，3 艘独立船舶每隔 1 小时观测到的混合层高度在 17 天内的连续变化。图 12.5 中显示出明显的日变化和 2~3 天的波动。混合层平均高度约为 400 m。

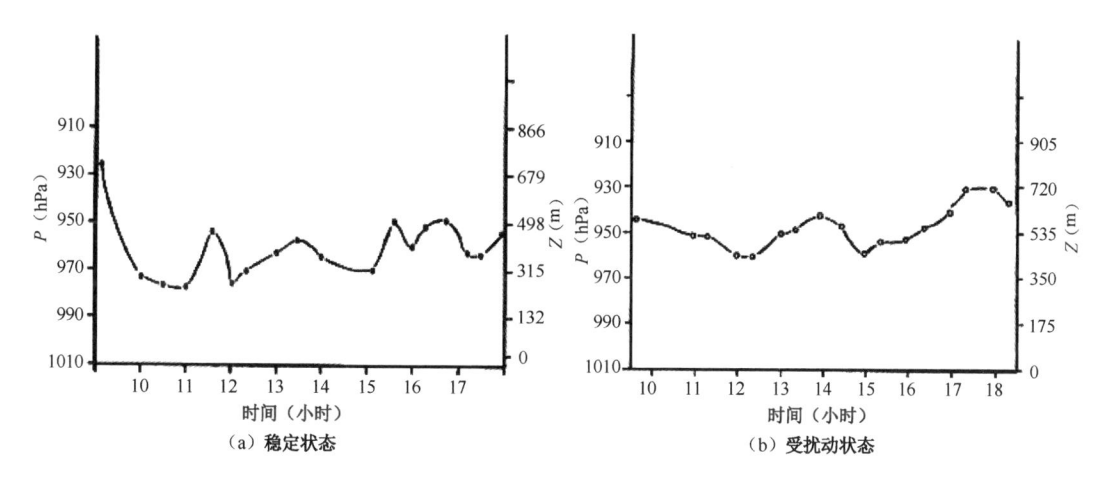

图 12.4　在稳定状态和受扰动状态下的混合层高度（美国达拉斯；引自 Garstang，1977）

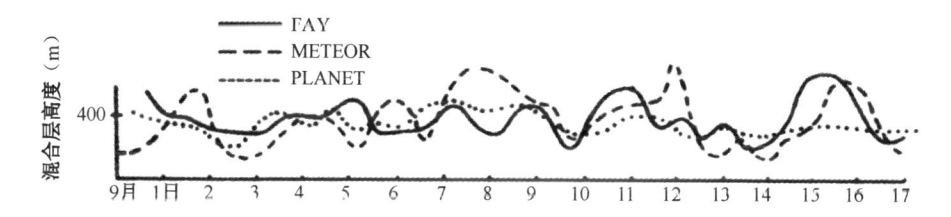

图 12.5　1977 年 9 月，由 3 艘独立船舶测量的混合层高度在 17 天内随时间的变化（引自 Garstang，1977）

行星边界层结构概况如表 12.1 所示。

表 12.1　初始状态和扰动条件下过渡层和对流云底的平均特性

属　性	初始状态	扰动条件
过渡层厚度	23 hPa ± 15 hPa	23 hPa ± 14.7 hPa
	200 m ± 130 m	200 m ± 130 m
过渡层底的高度	953 hPa ± 11.4 hPa	972 hPa ± 14.9 hPa
	500 m ± 100 m	330 m ± 130 m
云底高	930 hPa ± 14.6 hPa	948 hPa ± 19.0 hPa
	700 m ± 130 m	540 m ± 170 m
抬升凝结高度	937 hPa ± 8.7 hPa	952 hPa ± 16.3 hPa
	640 m ± 75 m	510 m ± 140 m

表 12.2 总结了利用收支诊断方法得到的表面通量的结果，数据取自 GATE 研讨会（1977）。符号含义如下：

I_1=由海面向上输送的总的潜热通量＋感热通量

I_2=以能量单位表示的地表降水量－蒸发量

I_3=到达地面的凝结潜热和海洋的感热通量产生的大气净加热总量

表 12.2　GATE 三期和马绍尔群岛的 I_1、I_2 和 I_3 值（引自 Garstang，1977）

N	GATE 85	马绍尔群岛 390
I_1	180 W m^{-2} ± 40 W m^{-2}	190 W m^{-2} ± 10 W m^{-2}
I_2	280 W m^{-2} ± 80 W m^{-2}	340 W m^{-2} ± 20 W m^{-2}
I_3	460 W m^{-2} ± 80 W m^{-2}	530 W m^{-2} ± 20 W m^{-2}

这里比较了东大西洋地区（GATE 三期）和西太平洋地区（马绍尔群岛）的结果。结果显示，西太平洋地区的对流活动（以总凝结潜热加热量来衡量）更加活跃。

上述结果完全来自 GATE 研讨会（1977 年）的结果。对所有 GATE 期间相关试验获取的边界层数据进行详细、深入的分析是相当有意义的，但从许多方面也可以明显看出，目前还缺乏一个基于动力学和热力学原理的更合理的框架。希望随着进一步的工作，能够形成一个理论框架，从而得到更多有意义的结果。

12.3　一个简单的热带边界层模式

Ekman 旋转描述了风在边界层随高度旋转的特征。假设给定气压场和随高度不变的水平气压梯度，风随高度的这种变化可以由下列方程导出：

$$-fv = -\frac{1}{\rho}\frac{\partial p}{\partial x} + k\frac{\partial^2 u}{\partial z^2} \quad (12.21)$$

$$fu = -\frac{1}{\rho}\frac{\partial p}{\partial y} + k\frac{\partial^2 v}{\partial z^2} \quad (12.22)$$

式中，k 是涡流扩散系数。求解由式（12.21）和式（12.22）组成方程组的边界条件是：①风在距离地面足够远的地方满足地转平衡（当 $z \to \infty$ 时，$u \to u_g$，$v \to 0$）；②在地面上风速为 0（当 $z = 0$ 时，$u = 0$，$v = 0$）。

该问题首先由 Akerblom 求得了在大气条件下的解，解的形式为

$$u = u_g\left[1 - e^{-\gamma z}\cos(\gamma z)\right] \quad (12.23)$$

$$v = u_g e^{-\gamma z}\sin(\gamma z) \quad (12.24)$$

式中，$\gamma = (f/2k)^{1/2}$；地转风分量 $u_g = -\frac{1}{f\rho}\frac{\partial p}{\partial y}$，$v_g = 0$。

在北半球，风随高度的 Ekman 旋转是顺时针的；在南半球，风随高度的 Ekman 旋转是逆时针的。该分析假设地转风（及由此产生的气压梯度力）不随高度变化。因为一旦考虑这样的变化（考虑热成风效应），相关问题就会变成一个相当复杂的问题，但不可否认这些变化在所有纬度上都是非常重要的。假设地转风在边界层随高度的变化是恒定的，则可以对上面给出的 Ekman 公式进行热成风修正。

通过热成风修正，u 和 v 的相应公式变为

$$u = \left(u_g - \frac{g}{fT}\frac{\partial T}{\partial y}z\right)\left[1 - \mathrm{e}^{-\gamma z}\cos(\gamma z)\right] \quad (12.25)$$

$$v = \left(u_g - \frac{g}{fT}\frac{\partial T}{\partial y}z\right)\mathrm{e}^{-\gamma z}\sin(\gamma z) \quad (12.26)$$

在实践中发现，当有冷锋过境和较大的水平温度梯度时，热成风修正很好地改进了计算结果。Mendenhall（1967）描述了式（12.25）和式（12.26）的应用。在他的研究中，图12.6显示了天鹅岛观测到的风向与计算得到的风向之间的高度一致性。

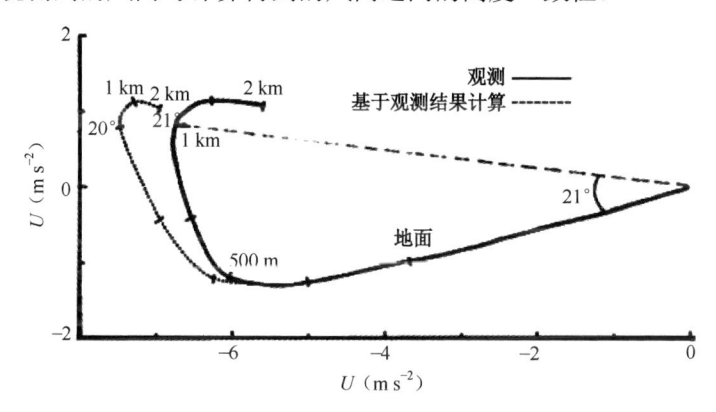

图 12.6 基于天鹅岛上 2070 次观测结果计算的风速矢端迹线（虚线）和观测结果（实线）的对比。高度标记显示了 150 m、300 m、500 m、1000 m、1500 m 和 2000 m 的高度层。每个风速矢端迹线上记录了风自地表至 1000 m 高度的偏向角。观察到的角度是 21°，计算得出的角度为 20°（引自 Mahart 和 Young，1972）

12.4 近地层相似理论

相似理论是建立在量纲分析和观测数据曲线拟合基础之上的。这种分析的目的是寻找观测到的湍流通量（基于观测塔的测量）与大尺度变量之间的稳定关系。这种稳定关系将使纯粹基于大尺度数据集计算未知通量成为可能。Monin 和 Obukhov（1954）首次提出了这种方法，并进行了成功应用。

20 世纪 50、60 年代，一些科学家试图将观测到的近地层（距离地表小于 50 m）通量的测量值与大尺度变量联系起来。但令人失望的是，从散点图上来看（根据大尺度变量测量的通量）这些数据是非常离散的，并没有显示出明显的关系。

理解湍流通量与大尺度变量之间关系的突破来自 Monin 和 Obukhov（1954）、Businger 等（1971）的开创性贡献。他们设计了一个 X-Y 关系空间，其中，未知量（通量）和已知量（大尺度变量）包含在横坐标和纵坐标中，这意味着湍流通量和大尺度变量之间可能存在复杂的非线性关系。他们首先定义了一个特征速度（u^*）、特征温度（θ^*）和特征比湿（q^*），并建立关系，即

$$F_u = u^{*2} = \overline{u'w'})_s \tag{12.27}$$

$$F_\theta = u^*\theta^* = -\overline{\theta'w'})_s \tag{12.28}$$

$$F_q = u^*q^* = -\overline{q'w'})_s \tag{12.29}$$

他们认为，3 个未知数，即近地层动量通量、热量通量和水汽通量均与 3 个变量 u^*、θ^*、q^* 有关。

这里，被称为莫宁—奥布霍夫长度的无量纲长度 L 被定义为

$$L = \frac{u^{*2}}{\kappa\beta\theta^*} \tag{12.30}$$

式中，κ 是冯·卡曼常数（$\kappa = 0.35 \sim 0.42$）；$\beta = g/\theta_0$，θ_0 为参考位温；L 的正负号是由热量通量的符号决定的，即 $-\overline{\theta'w'}$，如果热量通量向上，则 $-\overline{\theta'w'}$ 为正。

近地层的稳定度由 L 的符号决定，即

$L > 0$，　稳定
$L = 0$，　中性
$L < 0$，　不稳定

这里应该注意的是，上述讨论的问题涉及的所有参数都是未知数，因此稳定性本身也是未知的。

稳定性通常用整体理查森数的符号来表示，即

$$\mathrm{Ri}_B = \beta \frac{\partial \overline{\theta}/\partial z}{\left(\dfrac{\mathrm{d}\overline{u}}{\mathrm{d}z}\right)^2} \tag{12.31}$$

式（12.31）是稳定度和风切变平方的比值，常值通量层的热力稳定性决定了 Ri_B 的符号，即

$\mathrm{Ri}_B > 0$，　稳定
$\mathrm{Ri}_B = 0$，　中性
$\mathrm{Ri}_B < 0$，　不稳定

基于近地层观测塔的数据，Businger 等（1971）注意到，建立无量纲风切变和稳定度与无量纲高度的关系，可以大大减弱散点图的离散性。

Businger 等（1971）利用从不同高度 z 处获得的通量观测数据，并结合估计值，通过曲线拟合方法得到了上述关系式，并分别绘制了无量纲风切变和稳定度与无量纲高度之间的散点图。从图 12.7 可以看到，无量纲风切变和无量纲位温梯度几乎呈现一种单调关系，其离散性几乎消失了，这是一个重大的发现。这样我们就可以很容易地通过横坐标中已知的值，利用关系式获得未知的无量纲风切变和稳定度。

对于稳定的情况，其关系式为

$$\phi_m = \frac{\kappa z}{u^*}\frac{\partial \overline{u}}{\partial z} = \left(1 - 15\frac{z}{L}\right)^{-1/4} \tag{12.32}$$

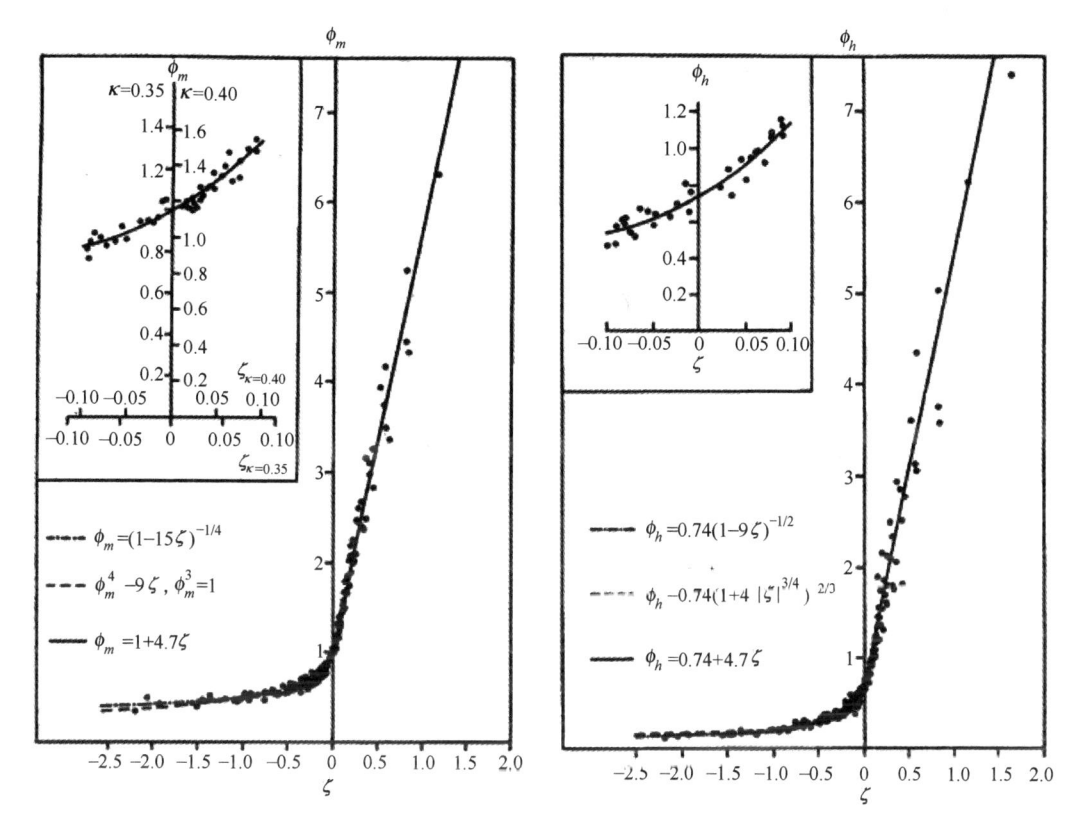

图 12.7 无量纲风切变(ϕ_m)和无量纲位温梯度(ϕ_h)观测值与无量纲高度(ζ)的比较(引自 Businger 等,1971)

$$\phi_h = \frac{\kappa z}{\theta^*}\frac{\partial \bar{\theta}}{\partial z} = 0.74\left(1-9\frac{z}{L}\right)^{-1/2} \tag{12.33}$$

$$\frac{\kappa z}{q^*}\frac{\partial \bar{q}}{\partial z} = 0.74\left(1-9\frac{z}{L}\right)^{-1/2} \tag{12.34}$$

对于不稳定的情况,有

$$\frac{\kappa z}{u^*}\frac{\partial \bar{u}}{\partial z} = 1.0 + 4.7\frac{z}{L} \tag{12.35}$$

$$\frac{\kappa z}{\theta^*}\frac{\partial \bar{\theta}}{\partial z} = 0.74 + 4.7\frac{z}{L} \tag{12.36}$$

$$\frac{\kappa z}{q^*}\frac{\partial \bar{q}}{\partial z} = 0.74 + 4.7\frac{z}{L} \tag{12.37}$$

式(12.32)~式(12.37)中,已定义的 L 和关于 $\frac{\partial \bar{u}}{\partial z}$、$\frac{\partial \bar{\theta}}{\partial z}$、$\frac{\partial \bar{q}}{\partial z}$ 的方程组成了一个关于 L、u^*、θ^* 和 q^* 的闭合方程组。对于 3 个未知数,对 L 给定一个初值,然后设定增量 ΔL,并通过一个简单的迭代格式,就可以很容易地解决这个问题。在这个过程中,按照 u^*、θ^* 和 L 的顺序进行迭代,当结果收敛到可接受的误差范围时,停止迭代。在得到 L

的解之后，就可以通过 $\dfrac{\partial \overline{q}}{\partial z}$ 的关系式很容易地求得 q^*。这是估算近地层动量通量、感热通量和潜热通量的有效模型。它依赖大气稳定性，因此比总体空气动力学方法更精确，因为后者只适用于中性条件。

对于所谓的稳定行星边界层，还需要做更多的工作。稳定行星边界层控制着陆地和海洋地区的日变化，同时与云层和整个降水物理过程密切相关。其涉及的湍流、辐射、内波、中尺度变化和非均匀地形等因素都需要进一步深入研究，以加深对稳定行星边界层的理解，这是边界层物理学的一个关键问题。

12.5 大尺度热带边界层的尺度分析

可以将水平运动方程用一种有趣的形式表述，以描述实际的边界层结构。这里，我们采用 Mahrt（1972）提出的分析方法。

纬向运动方程可写成

$$\frac{\partial u}{\partial t}+u\frac{\partial u}{\partial x}+v\frac{\partial u}{\partial y}-fv=-g\frac{\partial z}{\partial x}+F_x \tag{12.38}$$

或者表示为

趋势项（T）+ 平流项（A）+ 科里奥利力（C）= 气压梯度力（P）+ 摩擦力（F）

我们将使用以下尺度将上述方程无量纲化，即

$$u = Uu' \tag{12.39}$$
$$v = Uv' \tag{12.40}$$
$$\frac{\partial}{\partial x} = \left(\frac{U}{\beta}\right)^{1/2}\frac{\partial}{\partial x'} \tag{12.41}$$
$$\frac{\partial}{\partial y} = \left(\frac{U}{\beta}\right)^{1/2}\frac{\partial}{\partial y'} \tag{12.42}$$
$$f = \beta y \tag{12.43}$$
$$\frac{\partial}{\partial t} = \omega\frac{\partial}{\partial t'} \tag{12.44}$$

式中，ω 是特征频率。在边界层中，P 和 F 是主导项，我们希望在不同的 ω 取值范围内将 T、A 和 C 与主导项进行比较，这样可以给出上述方程式的尺度，即

$$\omega U\left(\frac{\partial u'}{\partial t'}\right)+\frac{U^2}{(U/\beta)^{1/2}}\left(u'\frac{\partial u'}{\partial x'}+v'\frac{\partial v'}{\partial y'}\right)-fUv' = P+F \tag{12.45}$$

$$\omega\left(\frac{\partial u'}{\partial t'}\right)+(U\beta)^{1/2}\left(u'\frac{\partial u'}{\partial x'}+v'\frac{\partial v'}{\partial y'}\right)-\beta yv' = \frac{P}{U}+\frac{F}{U} \tag{12.46}$$

假设垂直平流项很小。这里有 3 个时间尺度，即

$$\omega^{-1}、(U\beta)^{-1/2} 和 (\beta y)^{-1} \tag{12.47}$$

考虑以下 3 种情况：

(1) 如果 $\omega < \beta y$ 且 $(U\beta)^{1/2} < \beta y$，那么 C、P 和 F 是主导项，即 Ekman 平衡；

(2) 如果 $f = \beta y < (U\beta)^{1/2}$ 且 $\omega < (U\beta)^{1/2}$，那么平流项 A 与 $P+F$ 平衡，就是所谓的平流或漂移边界层；

(3) 如果 $\omega > \beta y$ 且 $\omega > (U\beta)^{1/2}$，那么趋势项 T 变为主导项，并且与 $P+F$ 平衡，这被称为 Stokes 机制。

在大尺度热带边界层中，人们通常想知道的是，在一个给定的区域上述 3 种情况中的哪种起主导作用。Mahrt 和 Young（1972）用一个有趣的示意图说明了这 3 者之间的关系（见图 12.8）。当然，热带边界层中也存在广泛的过渡区域，在这个过渡区域内多种机制在共同作用。在中纬度地区，y 值相对较大，主导的边界层机制以 Ekman 平衡为主。在热带地区，主导机制是 Stokes 漂移和平流过程。

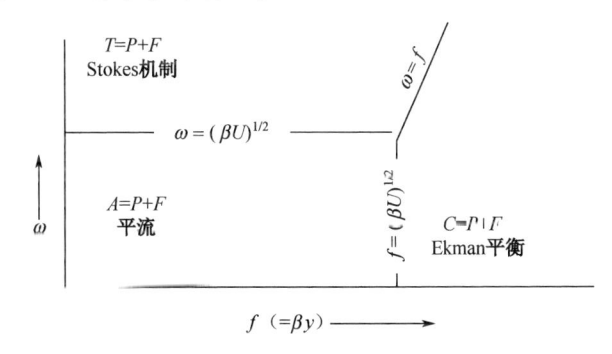

图 12.8　边界层的平衡状态（引自 Mahrt 和 Young，1972）

12.6　越赤道气流和行星边界层动力学

Mahrt（1972）针对边界层动力结构进行了一系列有趣的数值试验。这里，通过对给定的气压场进行积分，得到以下边界层方程的解，即

$$\frac{\partial v}{\partial t} = -v\frac{\partial v}{\partial y} - w\frac{\partial v}{\partial z} - fu - \frac{1}{f_0}\frac{\partial p}{\partial y} + k\frac{\partial^2 v}{\partial z^2} \tag{12.48}$$

$$\frac{\partial v}{\partial y} + \frac{\partial w}{\partial z} = 0 \tag{12.49}$$

可以利用式（12.48）和式（12.49）来描述经向—垂直剖面内的运动。给定涡流扩散系数，并将气压场表示为 $p = ax + by + c$ 的线性形式。这样，式（12.48）和式（12.49）中包含两个未知数，即 v 和 w。在一般情况下，其中一个方程可以通过对初始的 Ekman 解进行积分来求解，但这在赤道地区附近是不可行的，因为在那里分母中的科里奥利参数为零。

因此，初始时刻赤道地区的风场通过赤道两侧的 Ekman 解的线性插值来定义。经向—垂直剖面通常从两个半球的中纬度地区向南北延伸，在南北边界处，可以用不随时间变化的 Ekman 解来定义边界条件。这样，我们就展示了如何将 Ekman 廓线表示为给定气压场定义的地转风的函数。在求解过程中，水平分辨率和垂直分辨率对于结果非常重要。Mahrt（1972）在积分式（12.48）和式（12.49）时使用了 200 m 的垂直分辨率和 50 km 的水平分辨率。

这里，我们将举例说明 Krishnamurti 和 Wong（1979）对 Mahrt 框架的具体应用，该框架是北半球夏季东非低空急流边界层研究的一部分。在这项研究中，气压梯度力的经向分布沿 60°E，南北范围为 15°S～25°N，边界层模拟的主要结果如图 12.9 和图 12.10 所示。图 12.9 展示了沿 60°E 经向剖面上的水平风场，可以清晰地看到 12°N 附近的越赤道气流和低空急流（索马里急流）。只要知道了长期稳定的运动场，就可以计算运动方程中各项的值。

边界层中力的平衡与初始的 Ekman 层中力的平衡有很大的不同，前者是科里奥利力、气压梯度力和摩擦力之间的平衡，而新的各力之间的平衡关系如图 12.10 所示。

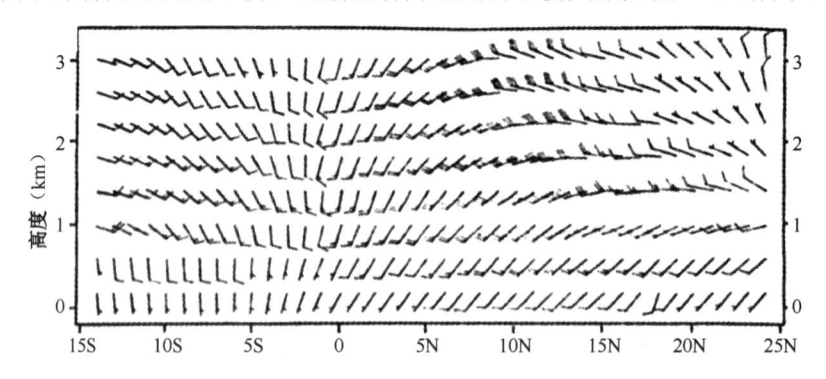

图 12.9　基于与高度相关的涡流扩散系数试验结果绘制的沿 60°E 风杆经向—垂直剖面图，风速单位为节（引自 Krishnamurti 和 Wong，1979）

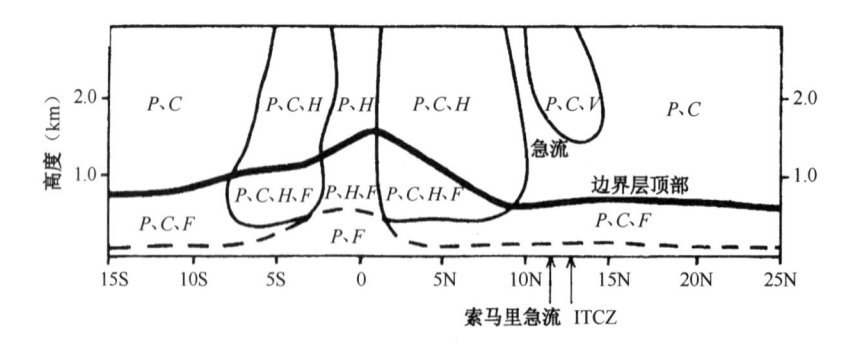

图 12.10　基于第 50 天积分结果描绘的边界层中各种状态和重要项的平衡关系示意图，字母 P、C、H、V 和 F 分别代表气压梯度力、科里奥利力、水平平流项、垂直平流项和摩擦力。在不同的状态下，只识别出大小超过 0.3 的相对力，虚线表示近地层顶部（引自 Krishnamurti 和 Wong，1979）

模拟结果表明，在整个区域内，近地层主要为气压梯度力和摩擦力之间的平衡（$P+F=0$）。在近地层之上是摩擦层。在亚热带地区，这一摩擦层的特点是 Ekman 平衡（$C+P+F=0$）。在赤道摩擦层中，水平平流项、气压梯度力和摩擦力（$H+P+F=0$）之间是平衡的；而近赤道摩擦层综合了亚热带地区和赤道地区的特点——这里科里奥利力、水平平流项、气压梯度力和摩擦力是平衡的（$C+H+P+F=0$）。由于水平平流项的影响在赤道地区和近赤道地区相对较大，因此这一地区的摩擦层被称为平流边界层。

除了重要的赤道地区，热带地区边界层还有两个令人感兴趣的特征：索马里急流和阿拉伯海北部的 ITCZ。计算结果表明，索马里急流位于水平平流项变得不那么重要的区域的偏北边缘；ITCZ 形成于平流边界层和 Ekman 边界层之间的区域，这是 Mahrt 首先注意到的结果。上述研究和各力之间的平衡关系图（见图 12.10）与热带边界层非常相关。该框架给定了气压场，但限制了对于热力学过程的研究，如海—气相互作用、日变化等，因此不适合用来研究边界层的时间变化特征。在这些重要区域开展边界层结构的研究工作需要采用不同的方法。

原著参考文献

Businger, J. A., Wyngaard, J. C., Izumi, Y., Bradley, E. F. Flux-profile relationships in the atmospheric surface layer. J. Atmos. Sci., 1971, 28, 181-189.

Estoque, M. A. The planetary boundary layer wind over Christmas Island. Mon. Weather Rev., 1971, 99, 193-201.

Garstang, M. Report of the U. S. GATE central program workshop by National Science Foundation and National Oceanic and Atmospheric Administration, 1977, 492.

Krishnamurti, T. N., Wong, V. A planetary boundary-layer model for the Somali Jet. J. Atmos. Sci., 1979, 36, 1895-1907.

Mahrt, L. J. A numerical study of the influence of advective accelerations in an idealized, low-latitude planetary boundary layer. J. Atmos. Sci., 1972, 29, 1477-1484.

Mahrt, L. J., Young, J. A. Some basic theoretical concepts of boundary layer flow at low latitudes. In: Dynamics of the Tropical Atmosphere: Notes from the Colloquium, Summer 1972. 411-420. National Center for Atmospheric Research, Boulder, Colorado, 1972.

Mendenhall, B. R. A statistical study of frictional wind veering in the planetary boundary layer. Department of Atmospheric Science, Colorado State University, Fort Collins, Colorado, Paper No. 116, 1967, 57.

Monin, A. S., Obukhov, A. M. Basic laws of turbulent mixing in the ground layer of the atmosphere. Akad. Nauk SSSR Geofiz. Inst. Tr., 1954, 151, 163-187.

Robitaille, F. E., Zipser, E. J. Atmospheric boundary layer circulations equatorward of the intertropica convergence zone. Symposium on Tropical Meteorology, University of Hawaii, Honolulu, 1970.

第 13 章

辐射强迫

13.1 热带地区的辐射过程

辐射传输是热带/副热带气象学关注的重要问题。在副热带地区，很大一部分面积被副热带高压（简称副高）所占据。虽然副高控制范围内的下沉运动可使空气绝热增温，但这种增温会被辐射冷却所抵消，这些地区每天的气温并不会发生太大的变化。在热带地区，对流层低层层云和层积云辐射冷却效应的精确模拟也是一个重要问题。此外，沙尘和气溶胶在亚洲地区和非洲地区分布较广，并延伸到大西洋，它们通过辐射效应影响着大气升温/降温的速率，这成为季风和飓风模拟中需要处理的重要问题。另外，在云底正下方，长波辐射过程会造成长波辐射通量的辐合，从而加热大气。有关这些过程的物理模型仍然需要深入研究。

在晴空条件下，信风区浅积云云顶的长波辐射冷却效应，使得信风区低层存在逆温，要准确理解这类逆温的发生、发展机制，就需要深入了解云的辐射传输过程。热带对流层的不同区域，可能表现为辐射稳定或不稳定的不同状态，这是热力学/动力学相互作用的重要物理过程。此外，大气的日变化与太阳天顶角有关，对日变化的理解也需要对辐射传输过程进行详细的解释。由于地表的热量收支包含了地表短波辐射和长波辐射的影响，因此需要对这些区域的地表热力学性质开展大量的研究，以充分了解陆地表面对大气过程的作用。同时，海面温度也显示出 $0.5℃\ \text{day}^{-1}$ 的日变化，这对热带地区大气浮力和云的形成也有重要影响。与此同时，对一些主要的热带环流，如 Hadley 环流和东西纬向环流，也需要深入理解并仔细模拟辐射和对流对热力平衡过程的影响。

对读者而言，以下几个领域有关辐射传输过程的计算至关重要。

（1）向上和向下的短波辐射通量垂直廓线。

（2）向上和向下的长波辐射通量垂直廓线。

（3）垂直方向上云的作用——低云、中云、高云，以及层状云和对流云。

（4）地表能量平衡。

读者应该从温度和比湿的垂直廓线数据集开始，自行开发完成上述计算的程序代码

（Krishnamurti 和 Bounoua，1996）。这些程序代码的验证，通常可以选择在可开展直接测量的区域进行，包括：

（1）辐射通量的直接观测估计；
（2）长波辐照度和短波辐照度的加热速率；
（3）云层的垂直分布；
（4）地表能量平衡的各组成部分。

这些观测通常可以从特定的现场试验中获得，如 GATE、TOGA/COARE 和 ARM 试验等。利用特种飞机的飞行可以直接测量长波分量和短波分量的上行辐照度和下行辐照度。这些试验也为地表能量平衡各分量和云层分布提供了直接的估计。

本书不会详细讨论辐射传输理论或模型，这些可以在专门的文献中找到。这里，我们将集中讨论与热带气象学有关的辐射相互作用过程。

13.2 浅积云和辐射传输

热带对流层低层的一个众所周知的热力学特征，是在 600 hPa 附近存在 θ_e 的最小值，这在近 90%的热带海洋地区都能观测到。由于 θ_e 对于在干绝热和湿绝热条件下的运动是守恒的，因此如果突然出现一个新的 θ_e 最小值，往往只能归因于一个单一的热力学过程——辐射。热带地区有丰富的浅积云，这些云的底部气压通常接近 900 hPa，顶部气压为 600～700 hPa。在云顶附近，由于强的长波辐射，在一个薄层（厚度大约 10 hPa）上有很大的净辐射通量辐散。这个薄层中的辐射通量辐散产生的冷却速率高达 20℃ day^{-1}，而在云顶上方平均厚度 100 hPa 气层以上的冷却速率通常高达 5℃ day^{-1}。这些数值是通过辐射传输计算和/或特殊现场试验获得的，在这些试验中，通过飞机可以直接测量短波分量和长波分量的上行辐照度和下行辐照度（Krishnamurti 和 Bounoua，1996）。本书第 14 章将讨论 θ_e 最小值的气象学意义。大的表面蒸发和上述浅积云云顶辐射冷却的结合是维持热带地区条件不稳定的主要因素，一般来说，深对流会削弱这种条件不稳定，而浅积云云顶冷却有助于条件不稳定的恢复。

另一个值得注意的特征是辐射通量辐合，它几乎总是出现在云层底部以下约 100 hPa 厚度的大气层内。在这个接近 900 hPa 高度的区域，长波辐射有助于轻微的变暖——约 0.5～1℃ day^{-1}。在热带晴空条件下，大尺度热带地区长波辐射冷却的典型量级通常为 1.5～2℃ day^{-1}。在浅积云存在的情况下，这种冷却在紧接着云底的区域被削弱甚至被消除。在多云地区，温度垂直廓线陡度的变化在很大程度上归因于这种云的辐射效应。造成这种陡度变化的一个次要因素是云尺度涡动引起的垂直湍流通量辐合或辐散。另一个需要考虑的因素是云层蒸发和相关的冷却，然而在 θ_e 守恒的情况下，这是湿绝热过程的一个组成部分，而不是对 θ_e 最小值的维持或上述廓线的陡度变化有直接影响的因素。

13.3 近地层能量平衡

陆地近地层能量平衡的组成部分是热带天气气候研究的重要内容。这些分量包括短波辐射和长波辐射的向下通量和向上通量,以及地表感热和地表潜热的垂直通量等。在不同的时间尺度上,这些通量表现出不一样的波动特征。可以用短波辐照度和长波辐照度模型及表面通量经验公式来估计这些分量。这些估计值通常是在热带某些地区进行验证的,在那里可以进行现场试验和测量,这种验证对于改进计算模式非常重要。但其中一个主要的局限性是,这些观测到的估计值仅覆盖了地球表面有限区域的有限持续时间,因此很难对模型的精度得出适用全球的结论。太阳辐射在地球表面的向下通量是太阳天顶角、大气成分(如水汽、二氧化碳、臭氧)的局部垂直分布的函数,其中最重要的是云层的函数。考虑这些因素的垂直分布后,人们就可以计算地球表面接收到的短波辐射。如前所述,这需要用到辐射传输的代码,如云辐射的波段模型(Krishnamurti 和 Bounoua,1996)。反射的短波辐射是地表反照率 α_S 的函数,因此 $F_S^\uparrow = \alpha_S F_S^\downarrow$。地表反照率表通常可以从气候数据中心获得。

到达地球表面的长波辐射向下通量取决于大气温度、湿度、大气成分(如臭氧、二氧化碳和云)的垂直分布。这些同样可以用辐射传输的垂直廓线模型来计算。在计算来自地球表面的长波辐射向上通量时,通常假定地球表面是一个温度等于地温 T_g 的完美黑体。利用这种假设,长波辐射向上通量表示为 $F_L^\uparrow = \sigma T_g^4$,其中,$\sigma$ 是斯蒂芬—玻尔兹曼常数。紧邻地球表面上方的云层通常被认为是以完美黑体的形式辐射的,向下发射的长波辐射等于 σT_{cb}^4,其中,T_{cb} 是云底的大气温度。完美黑体假设通常不适用于高云,如薄的高层卷云。

陆面感热和潜热的向上通量可由许多著名的经验公式来估算,如总体空气动力学公式或表面相似理论。它们适用于地球表面附近的一个区域,这个区域被称为常值通量层,厚度大约为 60 英尺(1 英尺≈0.304 m)。

动量通量、感热通量和潜热通量的传输公式通常用第 12 章讨论的总体空气动力学公式表示,具体如下。

动量通量为

$$F_M = -C_M \rho |V_a|^2 \tag{13.1}$$

感热通量为

$$F_{SH} = C_S \rho c_p |V_a| (T_g - T_a) \tag{13.2}$$

潜热通量为

$$F_{LH} = C_L \rho L |V_a| (q_g - q_a) \tag{13.3}$$

式中,T_g 和 q_g 分别是地表温度和比湿,而 T_a 和 q_a 是相应风速计所在高度的温度和比湿,C_p 为定压比热,L 为蒸发潜热,ρ 为空气密度。

对于陆地区域，还有一个重要的参数——土壤含水量（土壤温度）。土壤含水量对土壤水汽/潜热通量有显著影响。这种影响可以通过在潜热通量方程中引入一个参数μ来粗略地估计，即

$$F_{\text{LH}} = \mu C_L \rho L |V_a| (q_g - q_a) \tag{13.4}$$

式中，参数μ通常与地表附近空气的相对湿度有关。在饱和条件下，$\mu = 1$；当相对湿度较低时，参数μ相应较小。

13.3.1 地表温度

地表能量平衡模型常被用来求取地表温度T_g。这是通过将地表温度作为地表能量平衡方程中的未知数来实现的，即

$$\begin{aligned} 0 &\approx C_p \frac{\partial T_g}{\partial t} \\ &= F_S^{\downarrow}(1-\alpha) + F_L^{\downarrow} - \sigma T_g^4 - C_{\text{SH}} C_p \rho |V_a|(T_g - T_a) - C_M L \rho |V_H|(q_g - q_a) \end{aligned} \tag{13.5}$$

式（13.5）可以写成$\sigma T_g^4 + A(T_g) = 0$这样的形式，其中，$A$是关于未知数$T_g$的线性函数。这样的方程可以很容易地用标准方法来求解，如牛顿—拉斐逊方法（Press等，1986）。该方法包括以下步骤：

（1）定义$f(T_g) = \sigma T_g^4 + A(T_g) = 0$；

（2）计算$f'(T_g) = \dfrac{\partial f(T_g)}{\partial T_g}$；

（3）给定地表温度的初始猜测值T_g^0；

（4）利用下式求出T_g的第$n+1$次近似值，即$T_g^{n+1} = T_g^n - \dfrac{f(T_g)}{f'(T_g)}$。

根据这个步骤就可以计算陆地表面的温度。

13.3.2 水汽收支和水循环研究中水汽通量的估算

水文学家常用同样的地表能量平衡方程来估算陆地上的地表蒸发量。步骤与13.31节中的讨论相同。陆地上的暴雨很少是由当地的水循环造成的。参与陆地局部暴雨过程的大部分水汽是由大的水平涡旋通量辐合而成的。由于陆地蒸发量很小，因此前一次暴雨的水汽蒸发被认为并不是下一次大暴雨的水汽来源。但台风是一个特例，在台风中，局部水汽循环是一个重要的水汽来源，且中等强度的风就可以导致大量蒸发，但其在陆地上的重要性就大幅减弱了。

13.3.3 表面感热和潜热通量

本章后续图片源自 ERA-40 图集，展示了夏季和冬季的气候特征。表面感热和潜热通量的单位是 $W\ m^{-2}$，正值表示向下的通量。

13.3.4 地球表面净太阳（短波）辐射

地球表面净太阳（短波）辐射是地球表面入射的太阳辐射和地表反射部分之差，后者是地表反照率的函数。地球表面入射的太阳辐射开始于大气层顶部，其值为太阳常数（$S = 1370\ W\ m^{-2}$）。当太阳辐射通过大气层和云层时，其数量级显著降低。地球表面获得的向下的净太阳辐射不超过 $300 \sim 400\ W\ m^{-2}$。图 13.1 显示了冬季和夏季地球表面净太阳辐射。多云地区（ITCZ、SPCZ 和季风区）的地球表面净太阳辐射明显较小，这是入射太阳辐射的减少（而不是反射太阳辐射的增加）导致的，而较大的地球表面净太阳辐射（超过 $200\ W\ m^{-2}$）多见于亚热带海洋地区和干旱沙漠地区。辐射气候学的这些内容清楚地反映了 ITCZ 和季风的季节性变化。在副热带高压东部（靠近大陆西海岸），存在一些净入射太阳辐射的大值区。这些地区是对流层空气下沉强烈的地区，相关的水汽含量低，云层覆盖少。非洲和亚洲季风区的陆地区域净太阳辐射最小。夏季，地球表面净太阳辐射可以低至 $60 \sim 80\ W\ m^{-2}$。

13.3.5 地球表面净热（长波）辐射

到达地球表面的向下长波辐射是温度、湿度、云和气溶胶垂直结构的函数。在全球气候变化的背景下，在更长的时间尺度上，CO_2 和 O_3 的垂直分布变化可能很重要。图 13.2 显示了冬季和夏季地球表面净热辐射。每个网格点的净热辐射是地球表面向下和向上的热辐射之间的差。向上的热辐射被简单地估计为 σT_g^4，其中，T_g 是地表温度。如前所述，T_g 的全球场是通过地表能量平衡模型计算得到的。σT_g^4 的量级通常比入射（向下）长波辐射大。结果，几乎所有地球表面净热辐射都是负的，即净热辐射是向上的。根据第 8 章的描述，净热辐射的最大值（$-150 \sim -100\ W\ m^{-2}$）主要位于沙漠地区。这些向上的净热辐射较大的区域都具有低温的特征。这个问题引起了正在研究沙漠化和沙漠可能扩张问题的气候学家的兴趣。在热带地区，ITCZ、SPCZ 和季风区体现出与别处不同的明显特征，那里的向上净热辐射较小（$-50 \sim -20\ W\ m^{-2}$）。这些地区多云，海洋热通量很大。与热带、亚热带地区较温暖的陆地相比，这里的云底提供了更强的向下热辐射，而海洋相对较冷（$T_g \sim 300\ K$）。冬季、夏季的副热带高压覆盖区域的净热辐射一般为 $-70 \sim -50\ W\ m^{-2}$，对此的解释是这些区域的云雨区分布较小。如图 13.2 所示的地球表面净热辐射的地理差异为大气环流研究提供了大量有用信息。

(a) 冬季

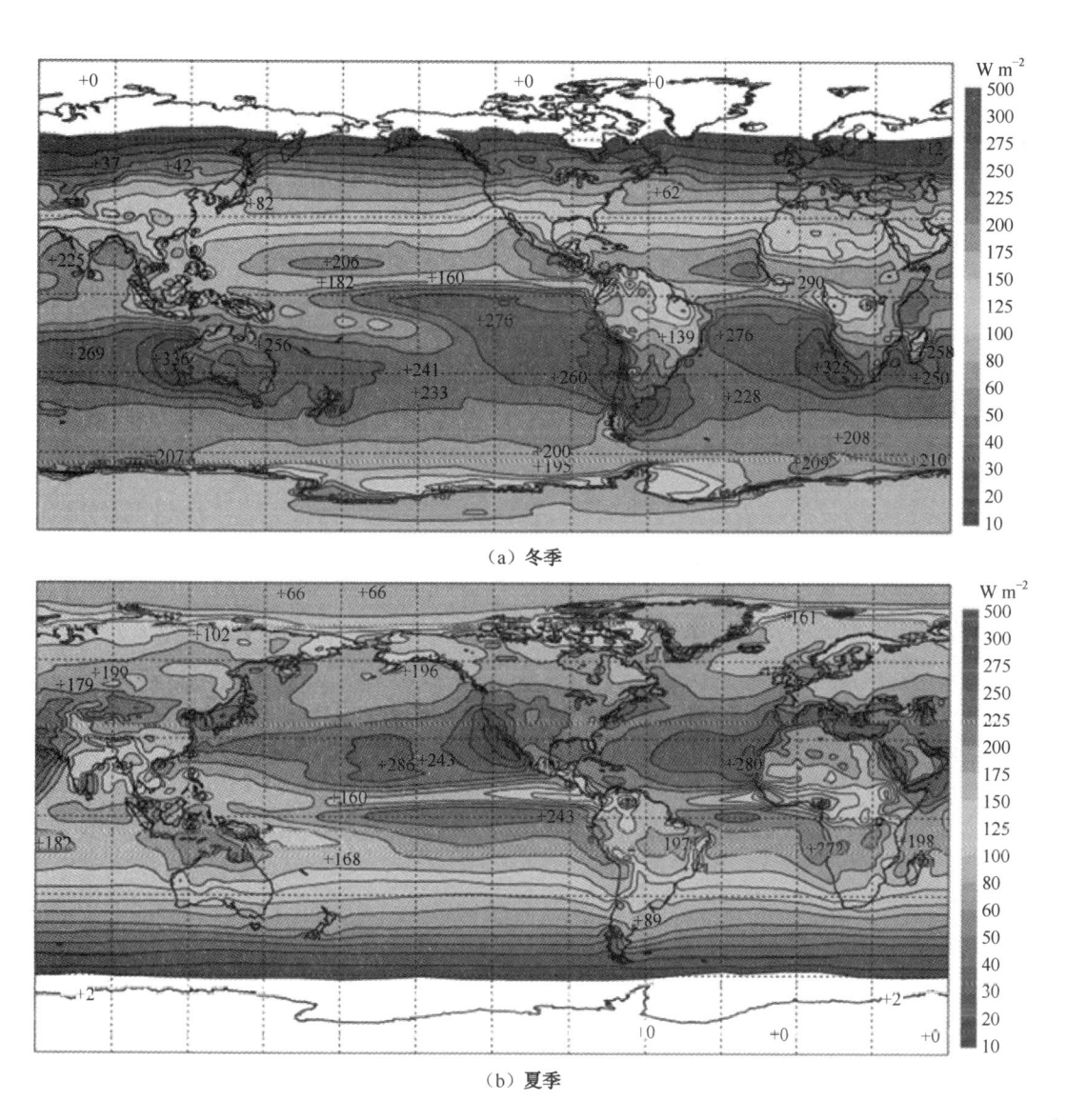

(b) 夏季

图 13.1 12 月、1 月和 2 月（冬季），以及 6 月、7 月和 8 月（夏季）的气候平均地球表面净太阳（短波）辐射（单位：$\mathrm{W\,m^{-2}}$），其中，正净太阳（短波）辐射方向向下。

(a) 冬季

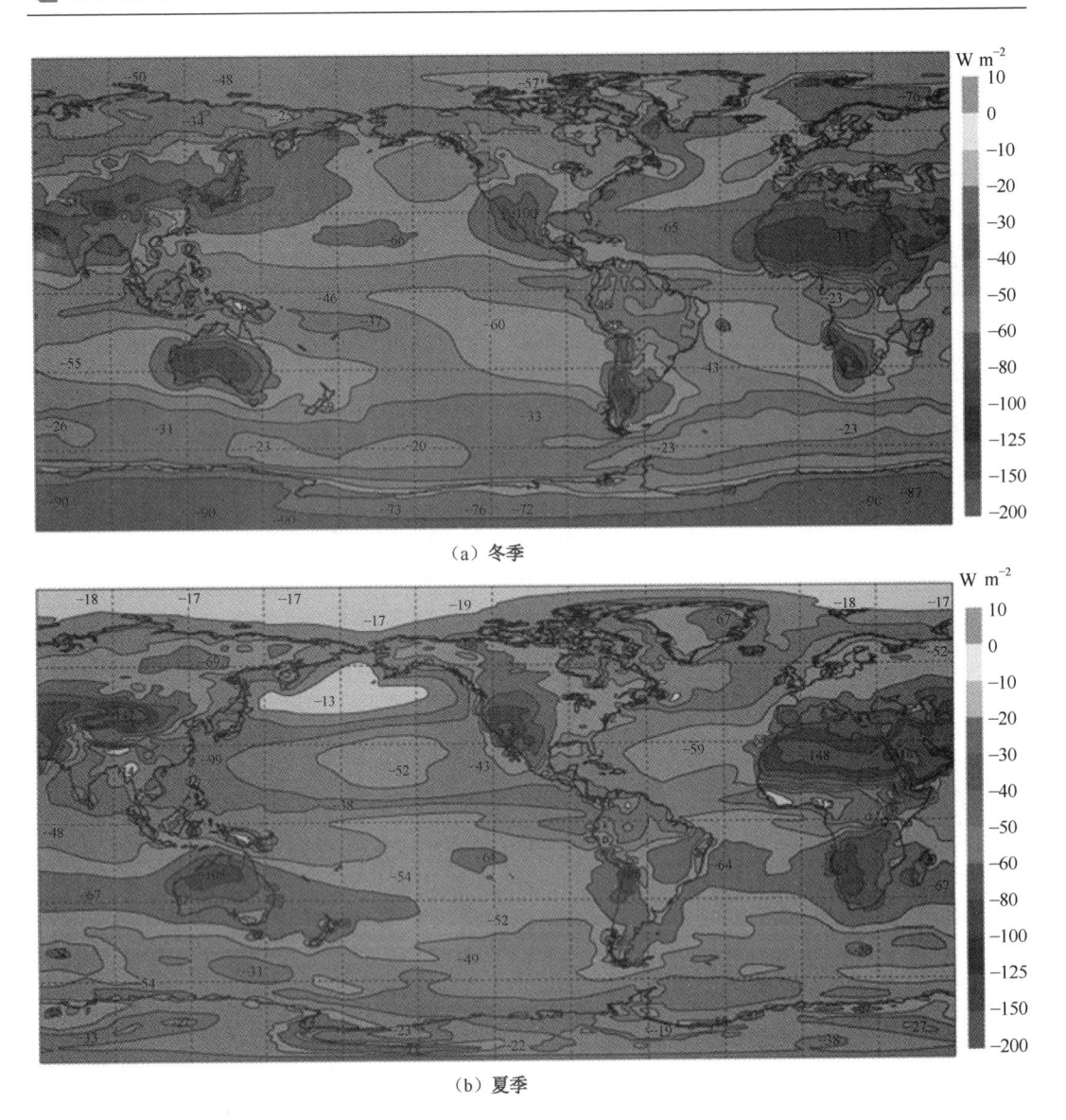

(b) 夏季

图 13.2　12 月、1 月和 2 月（冬季），以及 6 月、7 月和 8 月（夏季）的气候平均地球表面净热（长波）辐射（单位：W m^{-2}）

13.3.6　地表感热通量

图 13.3 显示了冬季（12 月、1 月、2 月）和夏季（6 月、7 月、8 月）的地表感热通量。在热带海洋（30°S~30°N），感热通量一般为 10~20 W m^{-2}。感热通量对热带地区的能量平衡贡献不大。在陆地，夏季地表感热通量可能高达 60 W m^{-2}，主要出现在北非、巴基斯坦、中国西南部、澳大利亚、南美和澳大利亚的沙漠地区（见"热低压"所在章节）。海洋上的感热通量显示，在各自半球的冬季，感热通量大值主要位于亚热带地区。在图 13.3（a）和图 13.3（b）中，沿西大西洋和太平洋的湾流和黑潮区分别发现了一些特殊的特征。

也就是在北半球冬季40°N附近,它们携带大感热通量,这些季节性感热通量约100 W m^{-2}。当暖洋流西北部的冷空气爆发并经过暖洋流时,这些大感热通量就会出现。在季风季节的整体地表能量平衡中,感热通量的作用不可忽视。

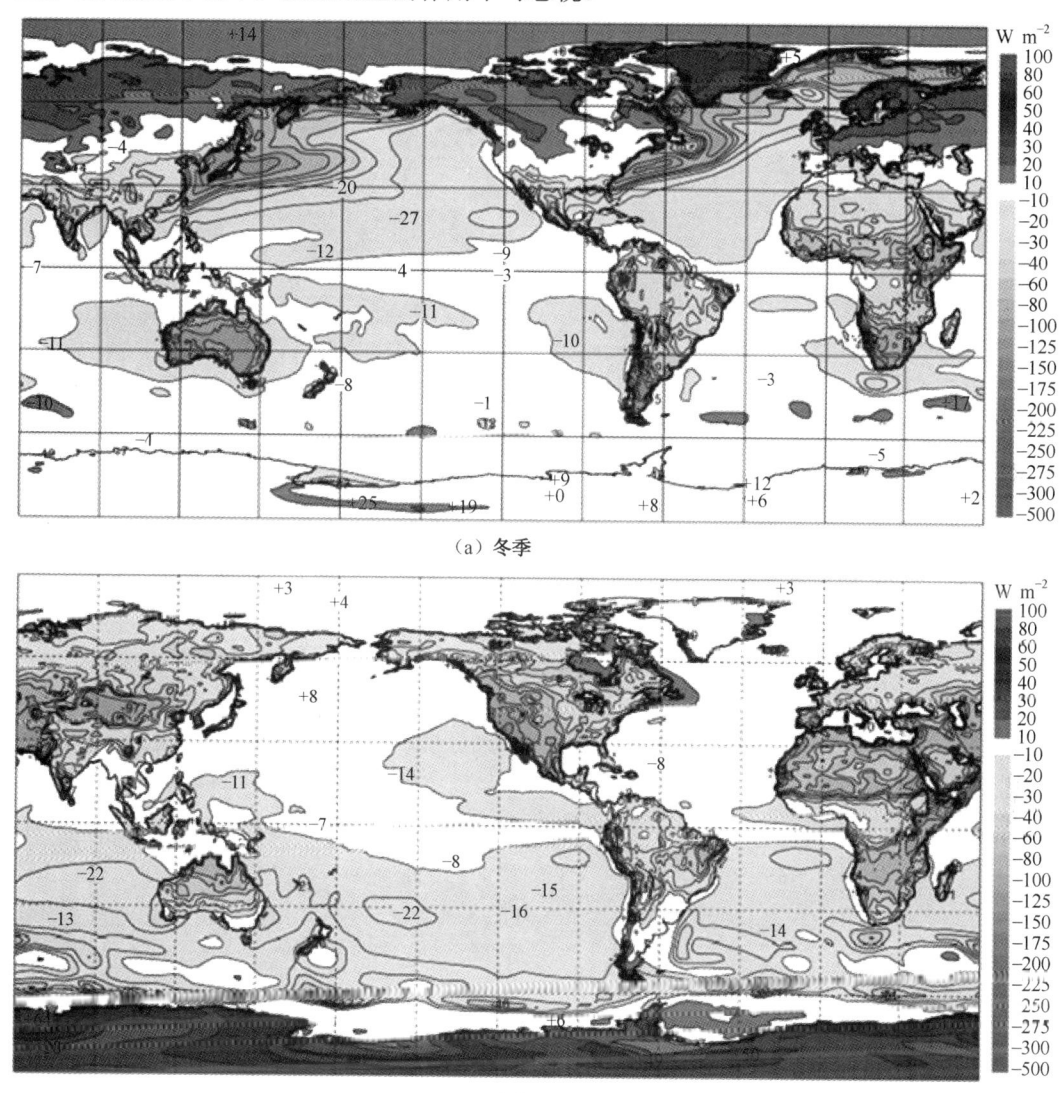

(a) 冬季

(b) 夏季

图 13.3　12月、1月和2月(冬季),以及6月、7月和8月(夏季)的气候平均净地表感热通量(单位:W m^{-2})

13.3.7　地表潜热通量

北半球冬季、夏季的地表潜热通量分别如图 13.4(a)、图 13.4(b)所示。潜热通量最重要的气候学特征是在信风带上有较大的潜热通量,这些季节性潜热通量高达 175 W m^{-2}。需要注意的是,在信风区每日潜热通量的最大值可达到 300 W m^{-2},台风的强风区潜热通量可以达到 800 W m^{-2}。在图 13.4（a）、图 13.4（b）中我们还注意到，冬季信风带上的潜热通量稍大。重要的是要注意到，冬半球信风中较强的水汽和潜热通量会被带向赤道，甚至穿过赤道到达赤道附近的热带辐合带。因此，冬半球信风是夏半球热带辐合带的主要水汽输送带。

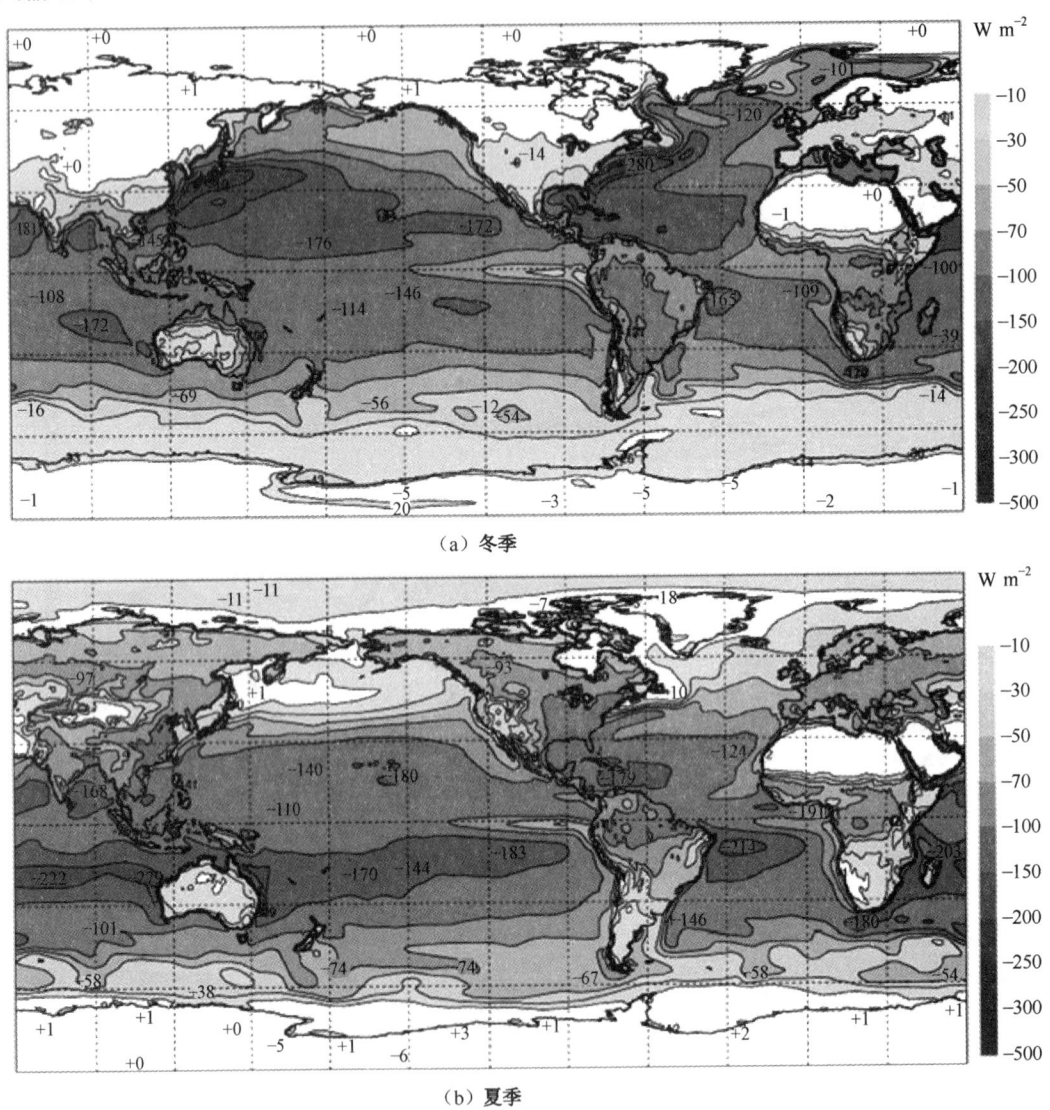

(a) 冬季

(b) 夏季

图 13.4　12月、1月和2月（冬季），以及6月、7月和8月（夏季）的气候平均净地表潜热通量（单位：W m^{-2}）

强潜热通量也是湾流和黑潮区的一个显著特征。这里，当干冷空气侵入沿海温暖（潮湿）的暖洋流上空时，可形成高达 200 W m^{-2} 的热通量带。这也是海上温带气旋冷区一侧每日热通量高达 350 W m^{-2} 的重要原因。

在热带陆地，潜热通量通常比海洋上的小。在大多数陆地，潜热通量的分布特征与降

· 230 ·

水分布特征类似，陆地的潜热通量在流域、湖泊等水体附近常出现局部异常，这些异常对当地天气非常重要。

表13.1总结了几个典型地区冬季和夏季的净地表通量——包括亚洲季风区、SPCZ、ITCZ、北大西洋副热带高压和北非沙漠等区域。需要注意的是，在陆地区域（本例中是北非沙漠），地表的净能量收支为零，这与式（13.5）所示一致。另外，海洋地区净能量收支不为零，这种差异必须与水平平流和垂直上升流相平衡。

表13.1 不同地理区域的冬季（加粗）和夏季（正常）气候平均净地表通量（单位：W m^{-2}）

净地表通量	亚洲季风区	南太平洋辐合带（SPCZ）	热带辐合带（ITCZ）	北大西洋副热带高压	北非沙漠
感热通量	**−20～−10**	**−20～−10**	**−20～+10**	**−20～−10**	**−30～−10**
	−10～+10	−20～−10	−20～+10	−10～+10	−80～−40
潜热通量	**−200～−100**	**−150～−100**	**−150～−70**	**−200～−150**	**0**
	−200～−100	−200～−100	−150～−100	−150～−100	0
净热辐射	**100～−60**	**−50～−30**	**−50～−40**	**−80～−60**	**−125～−100**
	−40～−20	−50～−40	−50～−30	−60～−50	−150～−125
净太阳辐射	**+200～+225**	**+150～+200**	**+150～+175**	**+80～+100**	**+80～+150**
	+125～+150	+125～+175	+100～+175	+225～+275	+125～+200

13.4 大气层顶部净辐射通量

13.4.1 大气层顶部的净太阳辐射

大气层顶部任何一点的入射太阳辐射都是太阳常数和太阳天顶角的函数。太阳常数是相对恒定的，为 1370 W m^{-2}；太阳天顶角则随季节变化，但基本上是纬向对称的。因此，入射的太阳辐射场非常平滑。更有趣的是净太阳辐射，也就是入射太阳辐射和出射太阳辐射之间的差。后者是行星反照率的函数，而行星反照率在很大程度上是大气结构和大气层内云层及地球表面反照率的函数。由于大气结构和大气层内云层随季节而变化，并且根据地理位置的不同，地球表面反照率也可能随季节而变化，因此，大气层顶部的净太阳辐射也会发生变化。北半球冬季和夏季的净太阳辐射分别如图 13.5（a）、图 13.5（b）所示。值得注意的是，在任何给定的位置，大气层顶部的净太阳辐射从未超过 400 W m^{-2}。如图 13.5（a）、图 13.5（b）所示的净太阳辐射是包括整个季节 24 小时的平均值。由于夜间没有太阳辐射，发出太阳辐射的唯一来源是反射，因此夜间净太阳辐射为 0。

冬季和夏季半球热带和亚热带地区的净太阳辐射最大，约为 375 W m^{-2}。最大净太阳辐射带夏季和冬季变化了近 20 个纬度，这主要是对太阳天顶角季节变化的反应。云层分布的季节变化在很大程度上控制了净太阳辐射的南北变化。在北半球冬季有 3 个主要的雨区：婆罗洲、刚果和巴西。这些雨区的特点是云量大，高云顶反射了大部分的入射太阳辐射，导致大气层顶部的太阳辐射显著减少。在亚洲夏季风区也观察到了类似的影响。由于沙砾具有很强的反射性，因此沙漠地区的反照率很大。此外，沙漠空气干燥，对流层对太阳辐射的吸收很小，导致沙漠上空的反照率总体较高，因此大气层顶部的净太阳辐射相对较小。

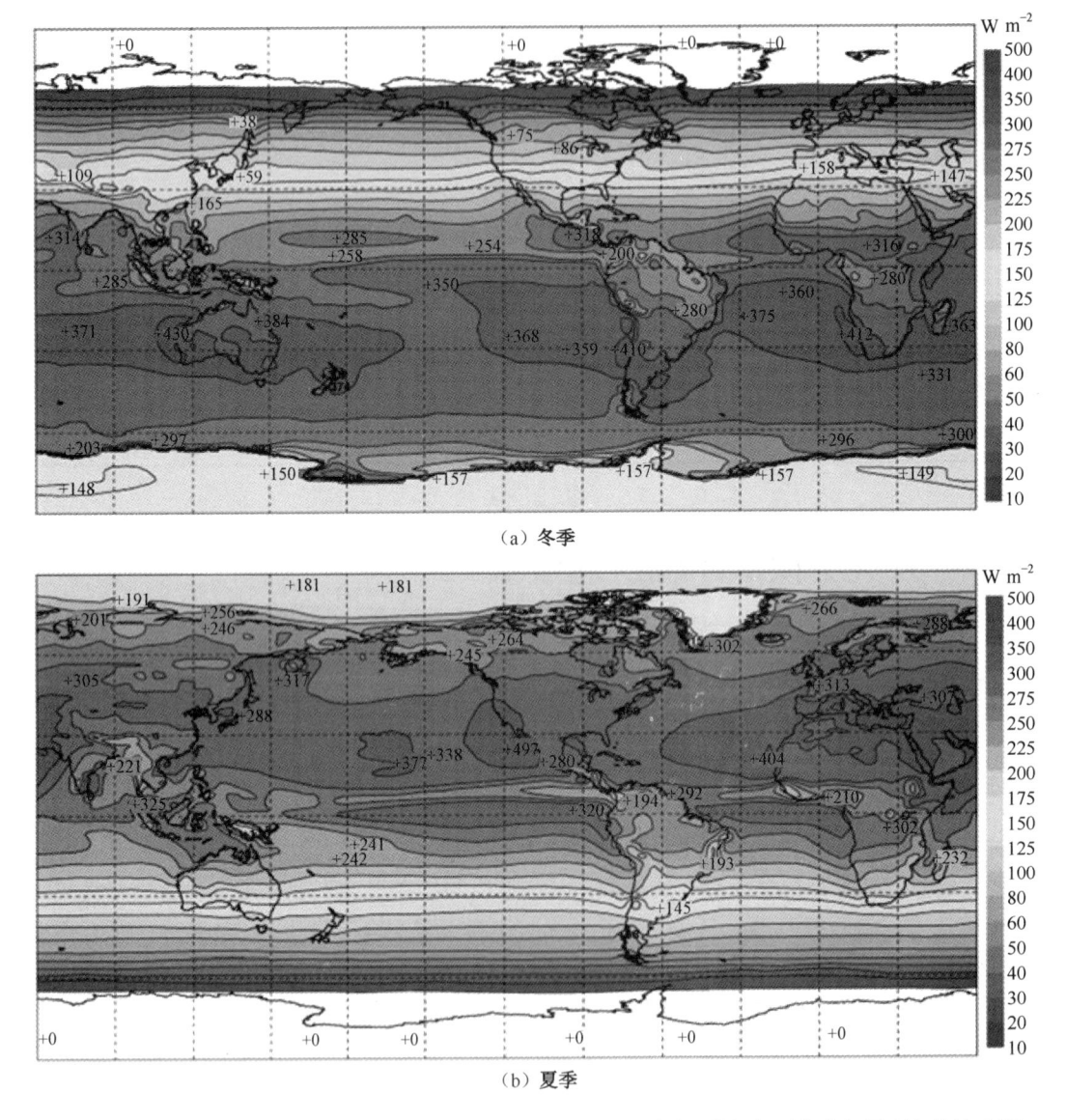

图 13.5　12 月、1 月和 2 月（冬季），以及 6 月、7 月和 8 月（夏季）的气候平均大气层顶部的净太阳辐射（单位：$W\,m^{-2}$）

13.4.2 大气层顶部的净热辐射

图 13.6（a）、图 13.6（b）分别描述了北半球冬季和夏季的净长波辐射。云层是出射长波辐射（OLR）气候学特征的主要影响因素。图 13.6 中热带地区的净热辐射接近 200 W m^{-2}。这是北半球冬季的主要降雨区，即 ITCZ、SPCZ 及亚马逊、刚果和婆罗洲的雨带。在北半球夏季，全球 ITCZ、西非几内亚海岸和亚洲季风带的特点是高云层和低 OLR（来自 200 hPa 高度附近冷云顶发出的黑体辐射）。亚热带海洋的 OLR 为 250～200 W m^{-2}，这一地区的特点通常是晴空或有部分层积云覆盖。最大的 OLR 出现在北非、沙特阿拉伯和巴基斯坦的沙漠地区，那里的季节平均 OLR 高达 300～325 W m^{-2}。在卡拉哈里和北澳大利亚沙漠地区附近也发现了一些较大的 OLR。总体来说，图 13.6 在很大程度上反映了大部分热带地区被深厚的云层所覆盖。

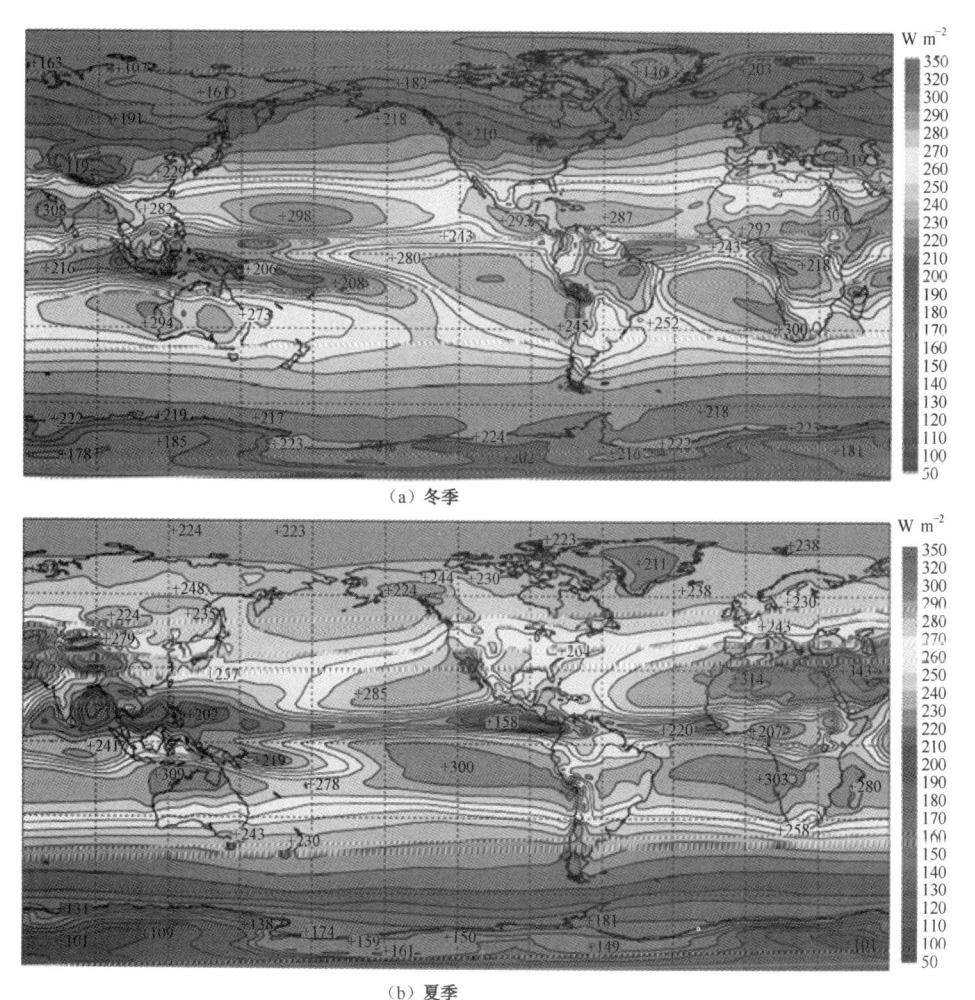

（a）冬季

（b）夏季

图 13.6 12 月、1 月和 2 月（冬季），以及 6 月、7 月和 8 月（夏季）的气候平均大气层顶部的净长波辐射（单位：W m^{-2}）

13.5 Hadley 环流和纬向环流的辐射强迫

Hadley 环流的下沉支位于副热带高压所在的纬度上。最强的下沉运动通常出现在副热带高压的东南部。空气的下沉会导致绝热升温，但在亚热带气象站（如亚速尔群岛）的观测中并没有发现与此相关的明显的温度变化，在晴空区，绝热升温被持续的辐射冷却所抵消。这种平衡通常用 $\omega \dfrac{T}{\theta}\dfrac{\partial \theta}{\partial p}=-\dfrac{H_{\text{LWR}}}{C_p}$ 来表示。可以用再分析数据分别计算等式两边的值，以说明在副热带高压所在区域确实存在这样的平衡。再分析数据集包含 6 小时间隔的垂直速度 ω 和温度 T 的数据。长波辐射冷却 $-H_{\text{LWR}}$ 也可从再分析数据集中获得。根据 Krishnamurti 和 Bounoua（1996）提出的辐射传输算法，只要给定垂直方向上的温度和比湿廓线，以及云层的垂直分布情况，就可以计算得到 $-H_{\text{LWR}}$。

13.6 季风的生命周期

一个有趣的地表能量平衡的例子来自季风的生命周期。这包括印度季风的爆发前、爆发期、活跃期、中断期、恢复期和消退期。这些不同阶段是基于降雨的活跃情况来区分的。选择印度中部的一个地区（图略），计算 2001 年该地区的逐日地表能量平衡分量。几个重要的时间节点如下。

爆发时间：6 月 13 日（14 mm day^{-1}）；

第一次中断：6 月 23 日（2 mm day^{-1}）；

第一次恢复：7 月 1 日（23 mm day^{-1}）；

第二次中断：8 月 1 日（1 mm day^{-1}）；

第二次恢复：8 月 8 日（15 mm day^{-1}）；

消退：8 月 16 日（<1 mm day^{-1}）。

其中，括号内的数字表示这一时期的平均日降雨量。用于计算地表能量平衡组成部分的数据集是从 ECMWF 的 ERA40 文件中提取的。图 13.7 显示了印度中部的一个地区不同时期地表能量平衡的组成部分。季风爆发前，地表净辐射在很大程度上与感热通量平衡。在这个时期，土壤非常干燥，地表潜热通量很小。相反，在季风爆发后的活跃期，土壤非常潮湿，下午的地表土壤温度 T_g 从爆发前的近 50℃ 下降到活跃期的约 30℃。地表温度的下降与地表感热通量的大幅减小是一致的。潮湿的土壤有助于潜热通量大幅度增加。在季风活跃期（及恢复期），地表净辐射和潜热通量之间存在密切的平衡关系。降雨减少时的间歇期与前期不太一样。在季风中断期，感热通量略有增加，而潜热通量有所减少，从而导致净辐射与感热通量和潜热通量之和组成的地表能量之间达到平衡。在季风中断期，云量通常比季风爆发前大得多。因此，到达印度中部地区的地表净辐射也是 0。由于土壤在相当长的一段时间内保持湿润，因此季风消退期的过渡也非常缓慢。除了地表净辐射开始变得显著，季风消退期开始后的一段时间的情况，与紧接着季风中断期的季风恢复期的情况非常类似。季风消退期地表净辐射的减少归因于 9 月太阳天顶角的减小和持续的大量云层覆盖。

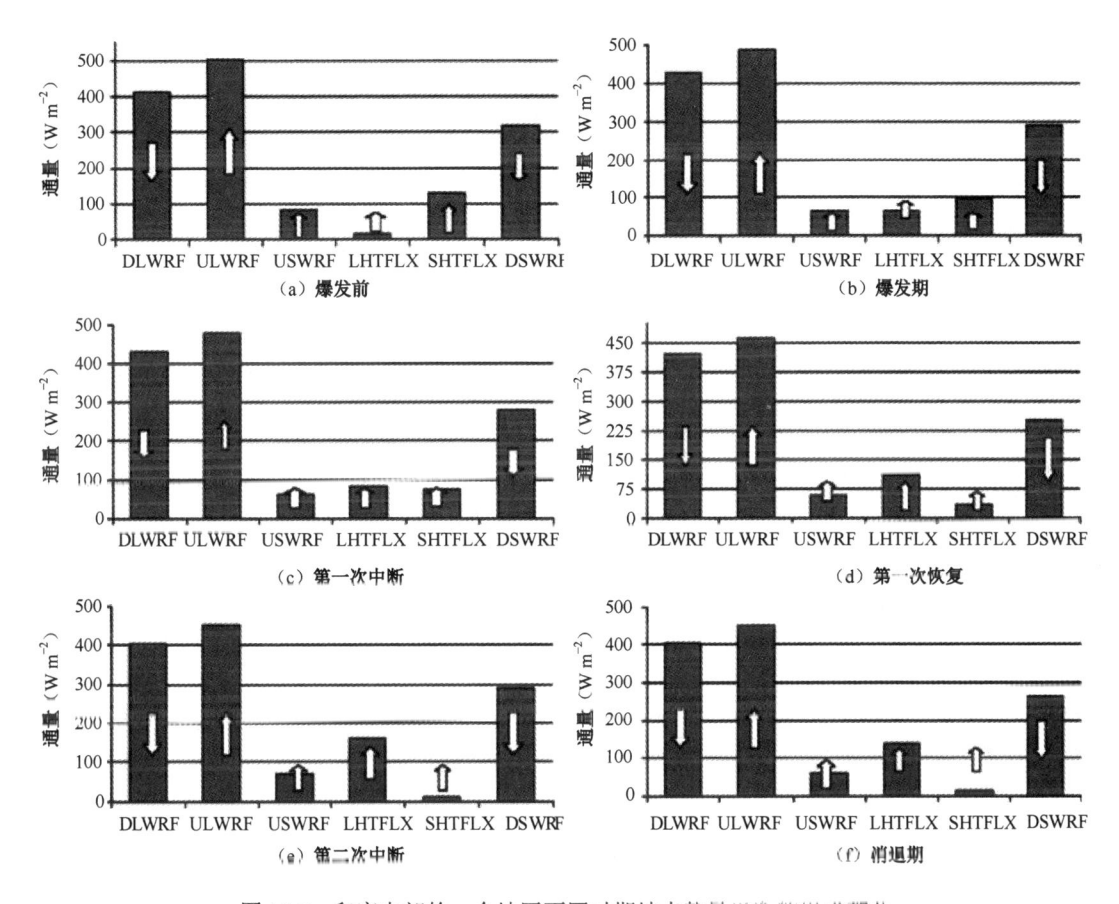

图 13.7　印度中部的一个地区不同时期地表能量平衡的组成部分

其中，图 13.7 中 x 轴标签的含义如下。

DLWRF	地表向下长波辐射
ULWRF	地表向上长波辐射
USWRF	地表向上短波辐射
LHTFLX	地表潜热通量
SHTFLX	地表感热通量
DSWRF	地表向下短波辐射

地表能量平衡各分量之间的转换本质上都是常识性的变化。在文献中，关于地表能量平衡的说法很多，因此人们不禁要问，地表能量平衡各组成部分的这些变化是否可以为季风活动提供某些前兆信息。要回答这样的问题，就需要在此背景下开展季风生命周期的研究。只有通过对多年资料的检验，人们才能知道地表能量平衡的变化是否对季风季节有预警作用。

原著参考文献

Krishnamurti, T. N., Bounoua, L. An Introduction to Numerical Weather Prediction Techniques. Boca Raton: CRC Press, 1996: 293.

Press, W. H., Flannery, B. P., Teukolsky, S. A., Vetterling, W. T. Numerical Recipes, The Art of Scientific Computing. New York: Cambridge University Press, 1986: 123.

第 14 章

干静力稳定度和湿静力稳定度

14.1 引言

热带海洋上空近 80%的探空曲线中都存在对流层低层逆温现象。在信风区，这通常被称为信风逆温，最强的逆温出现在大洋东部地区。对流、云和湍流混合不断地对逆温起着削弱作用。然而，明显存在一种很强的恢复力抵消了这些削弱效应，并起到了维持逆温的作用。

许多热带扰动，如热带低压、低涡、热带风暴和飓风都有大量的云和垂直混合。尽管这些扰动对大气的稳定性造成了一定影响，但由于热带大气在某些区域低层 2 km 高度内存在逆温，因此热带大气总体上保持稳定。这种稳定的热带大气是所有热带扰动的大尺度环境和侧边界，因此了解其性质和存在的原因非常重要。

接近 90%的热带地区具有条件不稳定的特征。在大多数热带地区，湿静力能和相当位温在 700 hPa 高度以下随高度的升高而减小（$-\frac{\partial \theta_e}{\partial p}<0$）。在这一高度层内，大气在湿静力环境下是不稳定的。在干静力环境下，热带地区总体上是稳定的，即位温随高度的升高而增大（$-\frac{\partial \theta_e}{\partial p}>0$）。热带大气的这两个特征（湿不稳定和干稳定）构成了条件不稳定。有几种机制可以破坏这种条件不稳定，也有一些机制有利于恢复条件不稳定。条件不稳定在整个热带地区普遍存在，因此其维持机制是一个重要问题，本章将对此进行详细讨论。

14.2 一些常用的定义

在干绝热条件下，$C_p \frac{T}{\theta} \frac{\mathrm{d}\theta}{\mathrm{d}t} = \frac{\mathrm{d}}{\mathrm{d}t}(gz + C_p T) = 0$。这一关系式可以通过泊松方程

$\theta = T\left(\dfrac{p_0}{p}\right)^{R/C_p}$ 和静力关系式 $\dfrac{\partial z}{\partial p} = -\dfrac{RT}{gp}$ 联合推导出。这表明，如果气块沿着干绝热线向上运动，则干绝热递减率 $\left.\dfrac{\partial T}{\partial z}\right)_{\mathrm{DA}} = -\dfrac{g}{C_p}$，或者大约为 $10\ ^\circ\mathrm{C\ km}^{-1}$。湿绝热过程的类似关系式可以写成 $C_p \dfrac{T}{\theta}\dfrac{\mathrm{d}\theta_\mathrm{e}}{\mathrm{d}t} = \dfrac{\mathrm{d}}{\mathrm{d}t}\left(gz + C_p T + L q_\mathrm{s}\right) = 0$，其中，$q_\mathrm{s}$ 是当温度为 T 时的饱和比湿，θ_e 是相当位温。

干静力稳定度可表示为

$$\Gamma_\mathrm{d} = -C_p \dfrac{T}{\theta}\dfrac{\partial \theta}{\partial p} = -\dfrac{\partial}{\partial p}\left(gz + C_p T\right)$$

湿静力稳定度可表示为

$$\Gamma_\mathrm{m} = -C_p \dfrac{T}{\theta}\dfrac{\partial \theta_\mathrm{e}}{\partial p} = -\dfrac{\partial}{\partial p}\left(gz + C_p T + Lq\right)$$

14.3 干静力能和湿静力能

本节将简要推导干静力能和湿静力能时间变化率的控制方程。

14.3.1 干静力能

从 P 坐标系下的运动方程开始：

$$\dfrac{\partial u}{\partial t} + u\dfrac{\partial u}{\partial x} + v\dfrac{\partial u}{\partial y} + \omega\dfrac{\partial u}{\partial p} = fv - g\dfrac{\partial z}{\partial x} - F_x \tag{14.1}$$

$$\dfrac{\partial v}{\partial t} + u\dfrac{\partial v}{\partial x} + v\dfrac{\partial v}{\partial y} + \omega\dfrac{\partial v}{\partial p} = -fu - g\dfrac{\partial z}{\partial y} - F_y \tag{14.2}$$

如果我们将式（14.1）乘以 u，将式（14.2）乘以 v，并将得到的方程相加，就可以得到

$$\dfrac{\mathrm{d}K}{\mathrm{d}t} = -g\boldsymbol{u}\cdot\nabla z - \boldsymbol{u}\cdot\boldsymbol{F} = -g\left(\dfrac{\mathrm{d}z}{\mathrm{d}t} - \dfrac{\partial z}{\partial t} - \omega\dfrac{\partial z}{\partial p}\right) - \boldsymbol{u}\cdot\boldsymbol{F} \tag{14.3}$$

式中，$K = \left(u^2 + v^2\right)/2$，是单位质量空气的动能。根据静力学关系式

$$\dfrac{\partial z}{\partial p} = -\dfrac{RT}{gp} \tag{14.4}$$

将其代入式（14.3）并重新排列，可以得到

$$\dfrac{\mathrm{d}}{\mathrm{d}t}\left(K + gz\right) = g\dfrac{\partial z}{\partial t} - \omega\dfrac{\partial z}{\partial p} - \boldsymbol{u}\cdot\boldsymbol{F} \tag{14.5}$$

现在我们利用热力学方程，有

$$C_p \frac{dT}{dt} = \omega \frac{RT}{p} + Q \tag{14.6}$$

式中，$Q = \sum_i Q_i$，是从所有热源和热汇 Q_i 的总和中获得的净加热，将其代入式（14.5）并重新排列，可以得到

$$\frac{d}{dt}(K + gz + C_p T) = g\frac{\partial z}{\partial t} + Q - \boldsymbol{u} \cdot \boldsymbol{F} \tag{14.7}$$

由于 $C_p \approx 10^3 \text{J kg}^{-1} \text{K}^{-1}$，$T \approx 300 \text{K}$，$C_p T \approx 10^3 \text{J kg}^{-1} = 3 \times 10^5 \text{m}^2 \text{s}^{-2}$，如果我们假设 $|\boldsymbol{u}| \approx 100 \text{m s}^{-1}$，就会发现 $K \approx 5 \times 10^3 \text{m}^2 \text{s}^{-2}$。通过尺度分析可以看出 $K \ll C_p T$。因此，我们可以忽略式（14.7）中的动能 K 和耗散项 $\boldsymbol{u} \cdot \boldsymbol{F}$。此外，地面上的气压倾向项 $g\frac{\partial z}{\partial t}$ 与静力稳定度相比是小量，因此其也常常被忽略。基于此，可以得到有关干静力稳定度的重要能量关系式：

$$\frac{d}{dt}(gz + C_p T) = Q \tag{14.8}$$

在净加热可以忽略的情况下，气块的干静力能守恒，即

$$\frac{d}{dt}(gz + C_p T) = 0 \tag{14.9}$$

这个方程也等同于位温守恒方程，即

$$C_p \frac{T}{\theta} \frac{d\theta}{dt} = 0 \tag{14.10}$$

14.3.2 湿静力能

单位质量空气的总热量 Q 是所有热源和热汇 Q_i 的总和。具体来说，有

$$Q = Q_{\text{SEN}} + Q_{\text{ENV}} + Q_{\text{CON}} + Q_{\text{RAD}} \tag{14.11}$$

式中，Q_{SEN} 是源自海洋或陆面的感热通量，Q_{ENV} 是云内蒸发产生的热量（为负值，因为它实际上造成了冷却），Q_{CON} 是凝结加热，Q_{RAD} 是辐射加热。注意，来自陆地表面或海洋的蒸发不会计入式（14.11），因为蒸发只会冷却下垫面，并且只会在再次冷却凝结时影响空气温度。水汽的变化为

$$\frac{dq}{dt} = E_{\text{S}} + E_{\text{C}} - P \tag{14.12}$$

式中，E_{S} 是海洋内和陆面的蒸发率；E_{C} 是云内物质的蒸发率，即 $E_{\text{C}} = -Q_{\text{EVC}}/L$，其中 L 是蒸发比热；P 是单位质量空气的降水率，即 $P = Q_{\text{CON}}/L$。因此，如果采用能量单位，则式（14.12）可写为

$$L\frac{dq}{dt} = LE_{\text{S}} - Q_{\text{EVC}} - Q_{\text{CON}} \tag{14.13}$$

结合式（14.11），可得到

$$Q = -L\frac{\mathrm{d}q}{\mathrm{d}t} + LE_\mathrm{S} + Q_\mathrm{SEN} + Q_\mathrm{RAD} \tag{14.14}$$

将其代入式（14.8）给出的干静力稳定度方程，得到气块湿静力能变化率的表达式为

$$\frac{\mathrm{d}}{\mathrm{d}t}(gz + C_p T + Lq) = LE_\mathrm{S} + Q_\mathrm{SEN} + Q_\mathrm{RAD} \tag{14.15}$$

注意，LE_C 和 P 隐式地包含在式（14.15）中。很明显，湿静力能受到地表水汽通量、感热通量和辐射过程的影响。在不考虑地表通量和辐射加热或冷却的情况下，气块湿静力能守恒。

14.4 干静力稳定度和湿静力稳定度方程

14.4.1 干静力稳定度方程

热带上空逆温层的维持与潮湿条件下的不稳定性，是理解信风逆温现象的重要框架。我们从热力学方程开始，有

$$C_p \frac{T}{\theta}\frac{\mathrm{d}\theta}{\mathrm{d}t} = \sum_i Q_i \tag{14.16}$$

式中，Q_i 表示所有形式的非绝热加热，如凝结加热、辐射加热或冷却、来自地球表面（包括海洋表面）的感热通量及湍流热通量的辐合。在通量形式下，热力学方程可以表示为

$$\frac{\partial \theta}{\partial t} = -\nabla \cdot (\boldsymbol{u}\theta) - \frac{\partial}{\partial p}(\omega\theta) + \frac{1}{C_p}\left(\frac{p}{p_0}\right)^{R/C_p}\sum_i Q_i \tag{14.17}$$

同一方程的平流形式为

$$\frac{\partial \overline{\theta}}{\partial t} = -\overline{\boldsymbol{u}} \cdot \nabla \overline{\theta} - \overline{\omega}\frac{\partial \overline{\theta}}{\partial p} - \nabla \cdot \overline{(\boldsymbol{u}'\theta')} - \frac{\partial}{\partial p}\overline{(\omega'\theta')} + \frac{1}{C_p}\left(\frac{p}{p_0}\right)^{R/C_p}\sum_i Q_i \tag{14.18}$$

在这里使用的干静力稳定度的定义为

$$\overline{\varGamma}_\mathrm{d} = -\frac{\partial \overline{\theta}}{\partial p} \tag{14.19}$$

当对热力学方程关于气压 p 进行微分，并改变整个方程的符号时，得到

$$\frac{\partial \overline{\varGamma_\mathrm{d}}}{\partial t} = -\overline{\boldsymbol{u}} \cdot \nabla \overline{\varGamma}_\mathrm{d} - \overline{\omega}\frac{\partial \overline{\varGamma}_\mathrm{d}}{\partial p} - \overline{\varGamma}_\mathrm{d}\frac{\partial \overline{\omega}}{\partial p} + \frac{\partial^2}{\partial p^2}\overline{(\omega'\theta')} - \frac{\partial}{\partial p}\left[\frac{1}{C_p}\left(\frac{p_0}{p}\right)^{R/C_p}\sum_i Q_i\right] \tag{14.20}$$

式（14.20）是一个干静力稳定度方程，它显示干静力稳定度的局部变化受干静力稳定度的水平平流、垂直平流、湍流热通量在垂直方向的二阶导数（与湍流热通量垂向辐合的垂向导数相同）、大尺度辐合辐散及各非绝热项垂向导数的影响。

典型的信风逆温区的探空结果如图 14.1 所示。可以看出，当气块上升时，温度先下降到逆温层的底部，然后在逆温层上升，到达逆温层顶部后又下降。逆温层底部以下的湿度较高，而逆温层上方的湿度减小到很小的值。这种逆温的形成或破坏是本章的主题。

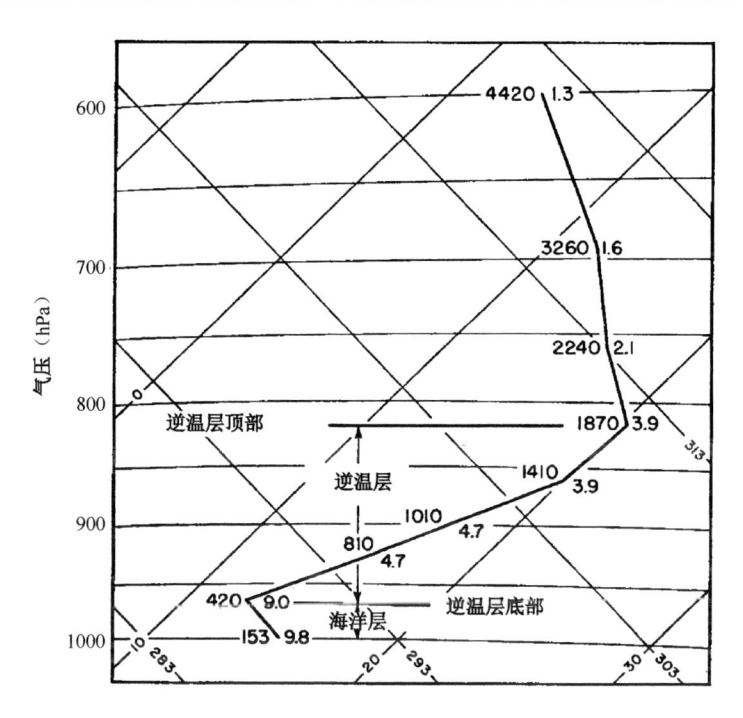

图 14.1 夏季加利福尼亚南部海岸逆温区的典型探空结果（引自 Neiburger 等，1961）

以下是对式（14.20）中每项影响的定性评估。如果初始场是一个没有信风逆温区的配置，则必须将水平平流作为逆温形成的可能条件，这是因为所有水平平流都可能在一个区域内使逆温从一个地方平流到另一个地方。垂直平流的情况也是如此，它只能将一个已经存在的逆温层在垂直方向上平流至另一层。因此，这两个平流项并不能促进逆温的形成或减弱。然而需要注意的是，平流的差仍然是一个促进因素。

大洋东部产生 $\overline{\Gamma}_d$ 的最大来源项是 $-\overline{\Gamma}_d \dfrac{\partial \overline{\omega}}{\partial p}$，它是散度项。注意，辐散总是利于稳定，而辐合是破坏稳定的。如本节稍后将要说明的一样，在大洋东部上空，副热带高压东南侧低层是一个巨大的辐散场。在这里，从对流层高层下沉的空气不断遭遇到这种正的辐散场，其高度通常位于 600 hPa 以下。因此，下沉的空气块表现为干静力稳定度的增加。如果没有其他过程作用于该空气块，那么最大的干静力稳定度将位于陆地或海洋表面。然而，实际情况是，存在许多能够产生或破坏干静力稳定度的抵消过程。因此，大洋东部上空强的下沉和辐散，产生了一个强的稳定层，同时它受到一些过程的削弱，最终在一些地方的海洋上方 0.5 km 到几千米的高度上维持逆温。

图 14.2（a）～图 14.2（h）显示了人们在大洋东部热带海洋看到的垂直剖面示意，其内容依次如下。

（a）温度和露点温度的典型探空结果，显示了逆温、近海面层和高空干燥空气。

（b）垂直速度 ω 的垂直剖面，正的 ω 表示下沉运动。

（c）水平散度的垂直剖面，即 $-\dfrac{\partial \overline{\omega}}{\partial p}$，体现了对流层下部的辐散和对流层上部的辐合。

(d)干静力稳定度的垂直剖面，显示了逆温层的强稳定性。注意，浅积云和沿海层云往往向上延伸至逆温层底部之上，而云底在逆温层之下。

(e)净辐射的垂直剖面，主要由浅积云和沿海层云顶部的净辐射冷却主导。在最大冷却层之上或之下，$-\dfrac{\partial Q_{\text{RAD}}}{\partial p}$表现出相反的特征，$-\dfrac{\partial Q_{\text{RAD}}}{\partial p}>0$倾向于导致干静力不稳定。这可以推广到所有非绝热过程，即在某一高度层之上冷却，或者在该高度层之下加热，都可能导致不稳定（反之亦然）。

(f)感热通量[见图14.2(f)]及与云湍流相关的湍流热通量[见图14.2(g)]通常是密切相关的。在近地层和行星边界层的顶部（其顶部大约在距地表几千米高度）之间，表面通量通常随高度上升而减小。这种减小通常用垂直扩散（动量、温度或比湿）模型来表示。扩散系数总是意味着将所讨论的量向梯度方向传输。感热通量有两种情况，取决于海洋是比空气暖还是比空气冷。如果我们把云湍流热通量和地表感热通量分开，那么后者的垂直剖面图如图14.2(f)所示。这基本上显示了从近地层到行星边界层顶部（位于距地表1 km高度附近）的加热或冷却衰减过程。

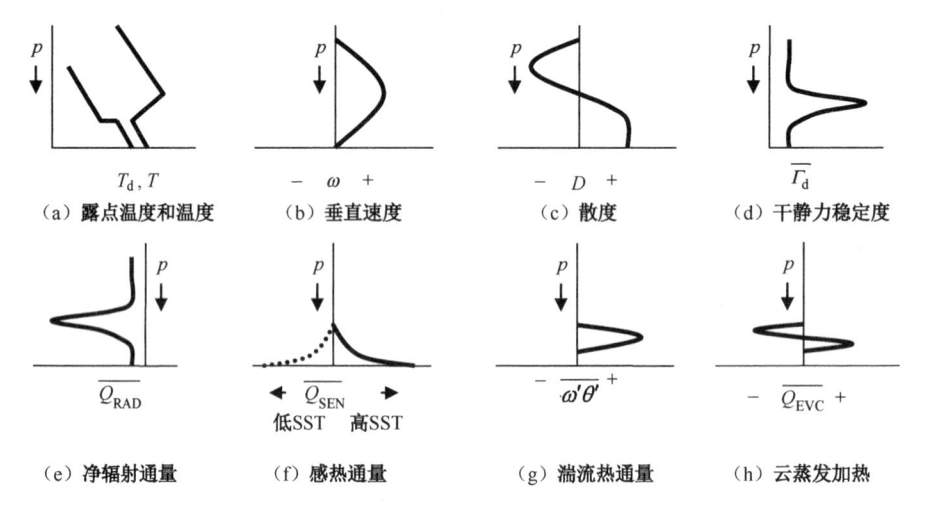

图14.2 大洋东部热带海洋部分物理量的垂直剖面示意

(g)湍流混合，用$\dfrac{\partial^2}{\partial p^2}\overline{(\omega'\theta')}$表示。注意，垂直湍流通量表示为$-\overline{\omega'\theta'}$，如果垂直湍流通量是向上的，则$-\overline{\omega'\theta'}>0$，反之亦然。垂直湍流通量在将逆温层从海洋表面抬升到1 km或几千米的高度过程中起着关键作用，这个过程会削弱大气的稳定性。$\dfrac{\partial^2}{\partial p^2}\overline{(\omega'\theta')}$在逆温层下方的区域趋于负值。这与云层中的感热通量向下输送（来自云尺度的垂直运动）有关，即$-\overline{\omega'\theta'}<0$。这种感热通量向下输送的原因是逆温层中的温度随高度上升增大，而与这种垂直温度梯度相互作用的云内垂直运动则向下输送热量。无论海洋是比它上方的空气更热还是更冷，都会发生这种情况。

(h)另一个可能导致干静力不稳定的因素是云层的蒸发。一般来说，水汽从云层底部进入云内，在云内将水汽凝结成云水（并在此过程中释放热量），然后在云顶蒸发（从而冷却），进而形成了一个垂直的加热梯度$-\dfrac{\partial Q_{\text{EVC}}}{\partial p}<0$。它和云顶冷却一起，对对流层下部的干静力不稳定的产生起着重要作用。

14.4.2 湿静力稳定度方程

湿静力能方程写为

$$\frac{\mathrm{d}}{\mathrm{d}t}\left(gz + C_p T + Lq\right) = LE_S + Q_{\text{SEN}} + Q_{\text{RAD}} \tag{14.21}$$

式中，E_S是表面蒸发冷却，Q_{RAD}表示净辐射通量，Q_{SEN}表示感热通量。

根据湿静力能的定义，式（14.21）可以改写为

$$\frac{\mathrm{d}}{\mathrm{d}t} E_m = LE_S + Q_{\text{SEN}} + Q_{\text{RAD}} \tag{14.22}$$

网格尺度的湿静力能方程为

$$\frac{\partial \overline{E_m}}{\partial t} = -\overline{\boldsymbol{u}} \cdot \nabla \overline{E_m} - \overline{\omega}\frac{\partial \overline{E_m}}{\partial p} - \frac{\partial}{\partial p}\overline{\left(\omega' E_m'\right)} + LE_S + Q_{\text{SEN}} + Q_{\text{RAD}} \tag{14.23}$$

式（14.23）等号右侧包括网格尺度湿静力能的水平平流和垂直平流、次网格尺度运动湿静力能垂直涡旋通量的辐合、地表和云内的蒸发，以及感热通量和净辐射通量。将上述方程对气压进行微分并改变整个方程的符号后，可以得到

$$\frac{\partial \overline{\Gamma_m}}{\partial t} = -\overline{\boldsymbol{u}} \cdot \nabla \overline{\Gamma_m} - \overline{\omega}\frac{\partial \overline{\Gamma_m}}{\partial p} - \overline{\Gamma_m}\frac{\partial \overline{\omega}}{\partial p} + \frac{\partial^2}{\partial p^2}\overline{\left(\omega' E_m'\right)} - \frac{\partial}{\partial p}\left(LE_S + Q_{\text{SEN}} + Q_{\text{RAD}}\right) \tag{14.24}$$

式（14.24）等号左侧表示湿静力稳定度的网格尺度局部变化，等号右侧依次表示网格尺度湿度场对湿静力稳定度的水平平流、网格尺度运动的垂直平流、大尺度散度项、湍流混合项，以及地表蒸发、云层蒸发、感热通量和净辐射通量对湿静力稳定度的影响。

湿静力稳定度的垂直剖面从无扰动状态向扰动状态的转换及其逆过程，是一个重要的科学问题。这些机制在大洋东部和大洋西部之间有所不同。另外，式（14.24）中各项的解释如下。

（a）湿静力稳定度的水平平流只是将其从一个区域传递到另一个区域，被认为并不是恢复或破坏湿静力稳定度的重要因素。然而，不能排除在不同垂直层上的水平平流差异是一个可能的贡献因素。

（b）湿静力稳定度的垂直平流只能将其从一个垂直层传递到另一个垂直层，被认为并不是过渡过程中的一个重要机制。

（c）散度项是影响干静力稳定度的主导因素，对湿静力稳定度而言其重要性较小，其他项似乎起主要作用。

（d）云底或云顶处$-\overline{\left(\omega' E_m'\right)}$较小，导致$-\overline{\left(\omega' E_m'\right)} > 0$。$\dfrac{\partial^2}{\partial p^2}\overline{\left(\omega' E_m'\right)}$在云内趋于正值，从而有助于保持湿静力稳定度为正的趋势。这意味着云内湍流具有利于稳定的作用。因此，

热带扰动（及相关云团）将导致 θ_e 廓线在 700 hPa 附近的最小值发生锐减。

（e）辐射的作用是这个问题的核心。浅积云和沿海层云在逆温层底部附近形成了一个巨大的云顶冷却源。必须注意的是，在一个封闭的三维区域，由于 θ_e 的守恒性，湿绝热过程及平流过程并不能减小封闭空间内 θ_e 的最小值。它也不能被平流减小，因为区域是封闭的，所以不能将较小的 θ_e 平流带进封闭的区域内。但是，辐射冷却是减小封闭区域内 θ_e 最小值的最可能机制。θ_e 的大小可以通过 700 hPa 附近的云顶辐射冷却和海面蒸发得到增强，这可能有助于在倾斜 θ_e 廓线的低层产生较大的 Lq。对于非绝热项 Q 的作用，经验的解释是要想维持湿静力稳定度，就需要 $-\dfrac{\partial Q}{\partial p} > 0$。这意味着需要低层冷却或高层加热。云顶较强的辐射冷却有助于增强下层的稳定性（或减小不稳定性）。

（f）海面蒸发增加了低层大气的水汽含量，这种海气交换过程导致 θ_e（或 $gz + C_p T + Lq$）廓线随高度上升部分变得更陡。

（g）热带海洋上有大量的浅积云。云底和云顶分别位于 900 hPa 和 700 hPa 高度附近。云层蒸发发生在其顶部附近，而凝结发生在云顶以下。这使得 $-\dfrac{\partial Q}{\partial p} < 0$，从而使 $\dfrac{\overline{\partial \Gamma_m}}{\partial p} < 0$，并且有助于 θ_e 的斜率变陡，进而使大气变得更加不稳定。

总之，副热带东部海洋的干静力稳定度是通过辐散项不断恢复的。湍流混合、云顶辐射冷却和云层蒸发是影响逆温层干静力稳定度的主要因素。云顶辐射冷却、地面蒸发和云层蒸发持续维持湿静力稳定度。相关的云层是浅积云和沿海层云。这些云中的湍流混合也有助于增强湿静力稳定度。

14.5 信风逆温的观测事实

Neiburger 等（1961）基于船舶在太平洋上航行过程中（主要位于夏威夷群岛的东部、东南部和东北部）获得的一系列观测数据，揭示了信风逆温的详细气候学特征（主要涵盖夏季），提供了非常有用的背景知识。图 14.3 显示了东太平洋副热带高压的气候学特征。它是一个大型的高压系统，在北非、南非、南美、澳大利亚的东海岸经常可以看到类似的结构。副热带高压的中心气压大约为 1027.5 hPa，在其东侧，特别是东南侧，大气具有较强的下沉运动，并在地面形成辐散。

图 14.4 显示了副热带高压的近地层流线。在北半球夏季的几个月里，这个环流的中心主要位于 40°N 附近，最显著的特征是流线在副热带高压东南侧出现了分支，这与强下沉气流引起的强地面辐散有关，也是逆温最强的区域。此外，20°N～35°N 的沿海地区具有强的辐散气流。

图 14.3　7月一般情况下的海平面气压（单位：hPa；引自 Neiburger 等，1961）

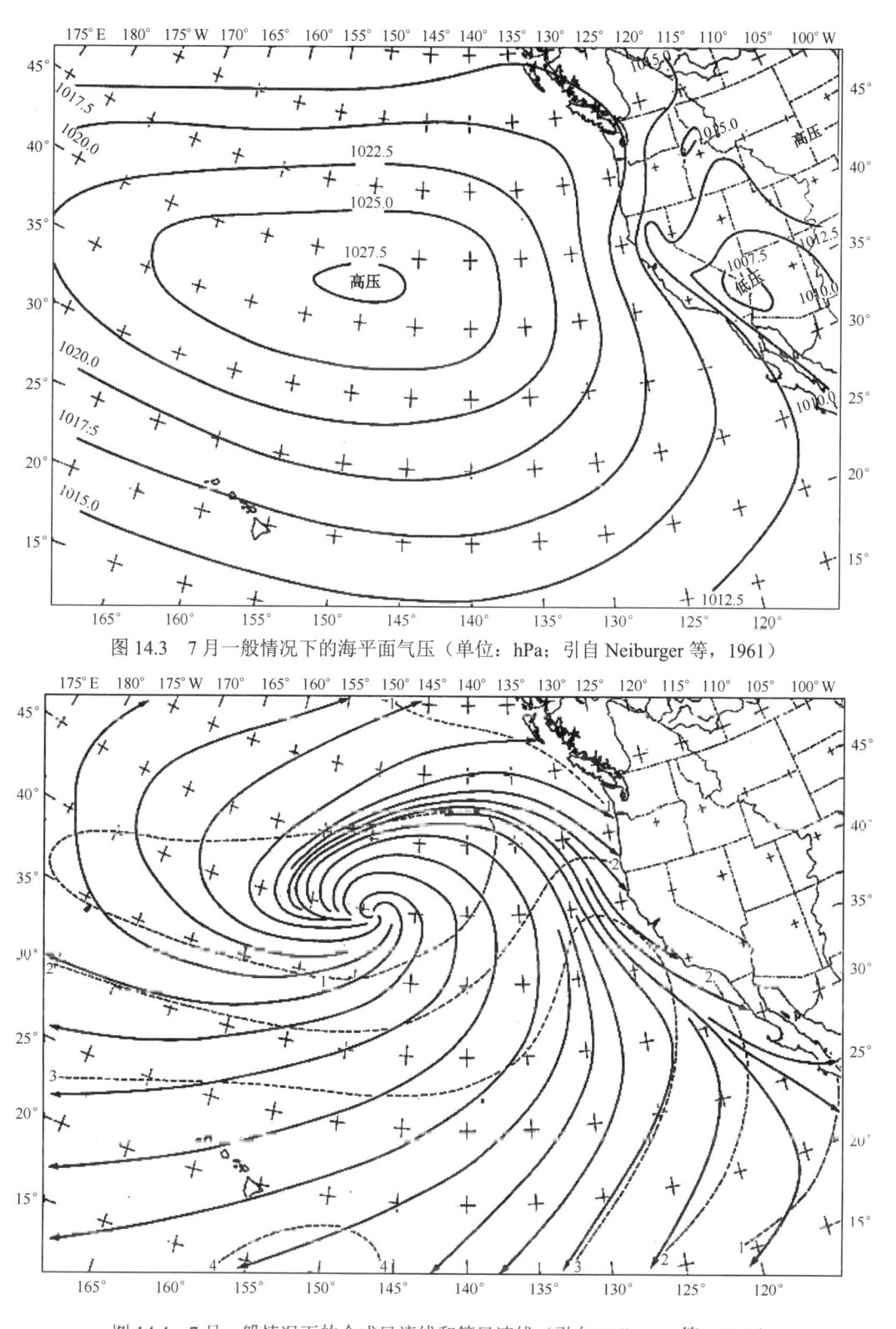

图 14.4　7月一般情况下的合成风流线和等风速线（引自 Neiburger 等，1961）

沿海地区的信风逆温普遍较强。图 14.1 显示了夏季洛杉矶的情况，有几个值得注意的特征：

（a）海洋边界层内比湿较大，为 9.8～9.0 g kg^{-1}，在这一层温度随高度上升而降低；
（b）逆温层底部位于 420 m 附近，逆温层底部的温度约为 14℃；
（c）在逆温层内温度随高度上升而升高，逆温层顶部在 1870 m 附近，温度接近 20℃；
（d）逆温层中的比湿从约 9 g kg^{-1} 减小至 3.9 g kg^{-1}；
（e）在逆温层上方，温度随着高度上升而降低，下降速率接近干绝热层。

逆温层底部的平均高度如图 14.5 所示。从美国加利福尼亚向西南方向的夏威夷移动时，逆温层底部从 500 m 上升到 2000 m。在美国加利福尼亚和夏威夷海岸，逆温层底部的温度为 10℃左右（见图 14.6）。在这两个地点之间有一个冷槽，其最低点位于 (137.5°W, 37.5°N)，这是北半球夏季的一个半永久性特征，它不影响从美国加利福尼亚海岸向西行进时逆温层底部高度缓慢增大的特征。

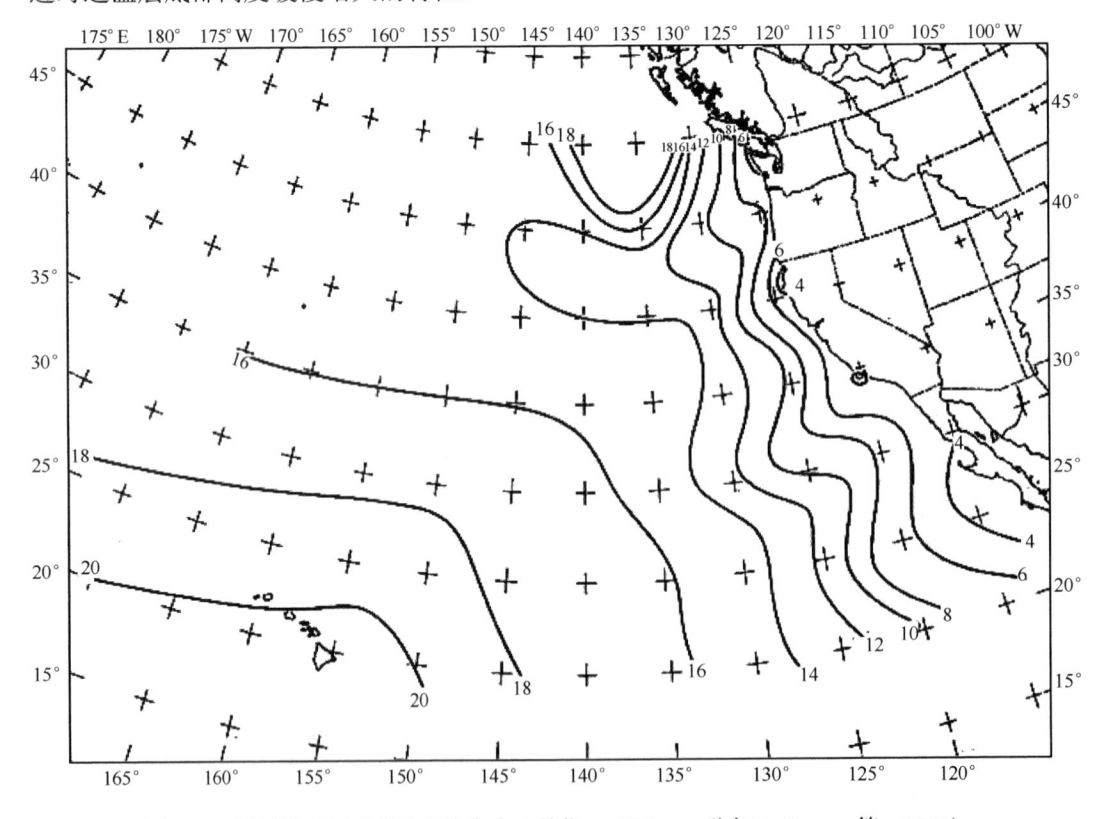

图 14.5 夏季逆温层底部的平均高度（单位：×100 m；引自 Neiburger 等，1961）

逆温层顶部的平均高度和平均气温如图 14.7 和图 14.8 所示。逆温层顶部的平均高度从美国加利福尼亚海岸的约 600 m 到夏威夷海岸附近的约 2400 m 不等。逆温层顶部的平均气温从 22℃左右（靠近加利福尼亚和墨西哥海岸）到夏威夷海岸附近的大约 14℃。逆温层顶部的平均气温也有逆温层底部类似冷槽的特征。

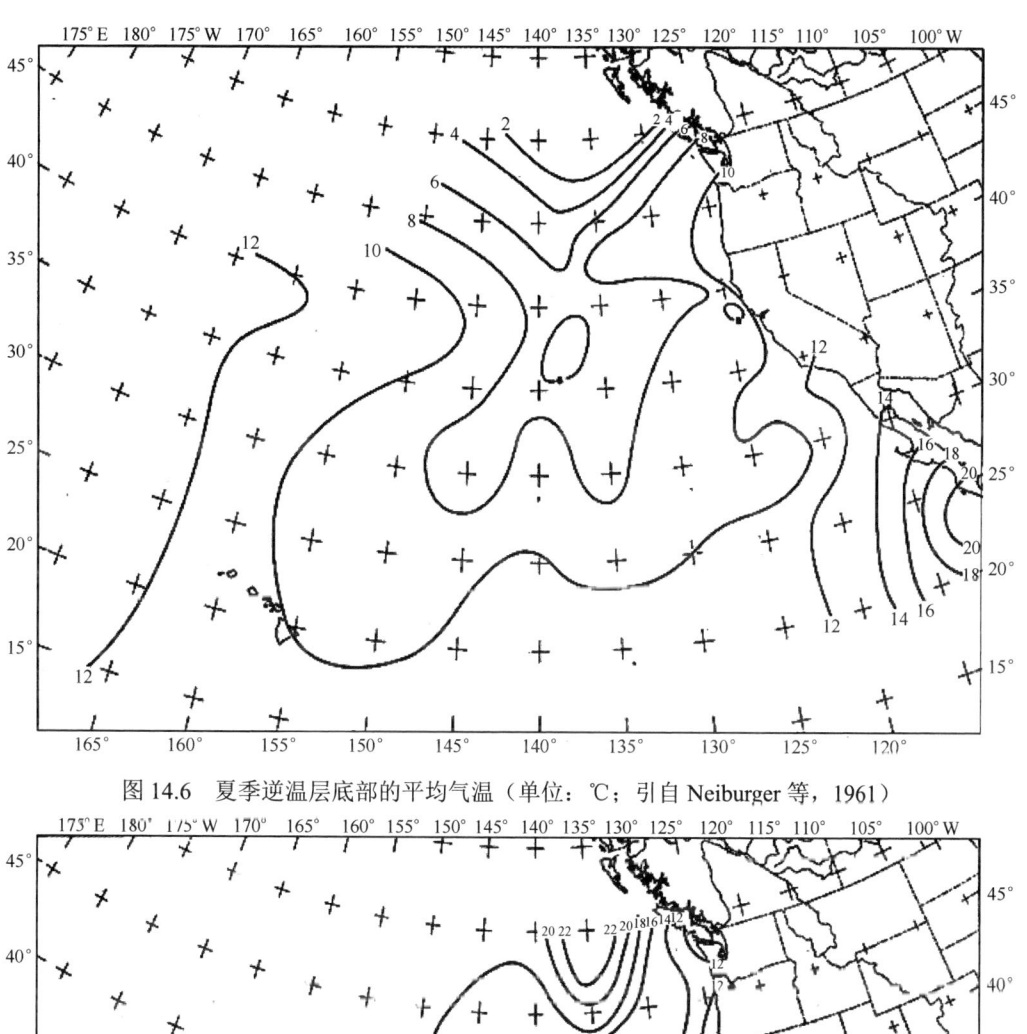

图 14.6　夏季逆温层底部的平均气温（单位：℃；引自 Neiburger 等，1961）

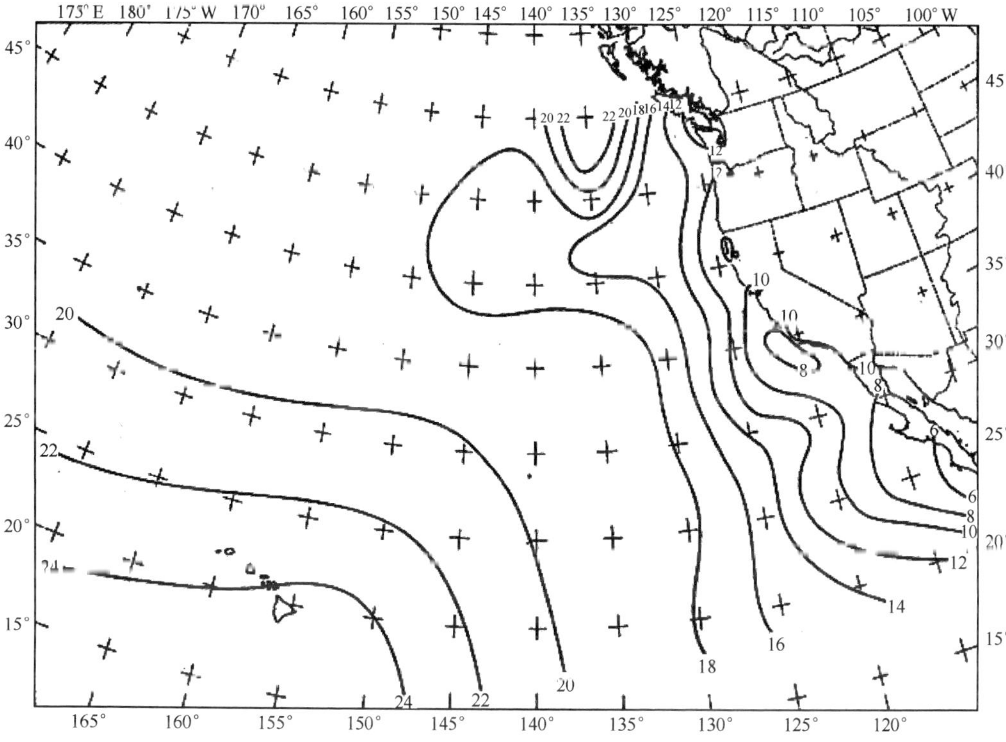

图 14.7　夏季逆温层顶部的平均高度（单位：×100 m；引自 Neiburger 等，1961）

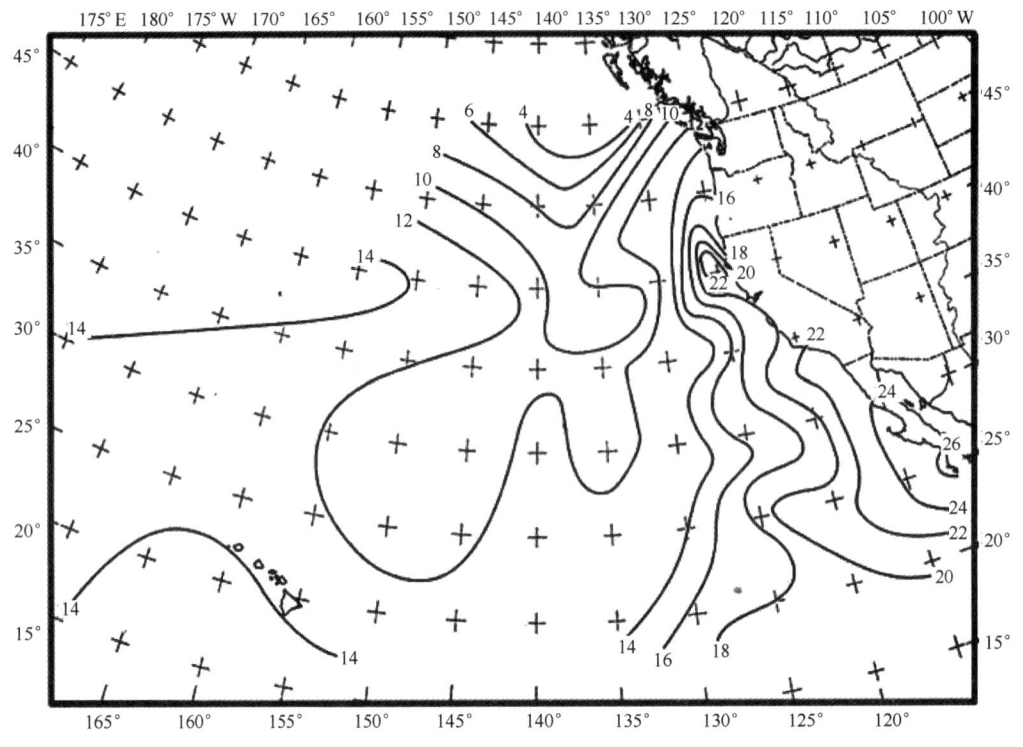

图 14.8 夏季逆温层顶部的平均气温（单位：℃；引自 Neiburger 等，1961）

从逆温层底部到顶部，平均气温和平均相对湿度的平均变化情况如图 14.9 和图 14.10 所示。平均气温的最大上升区和平均相对湿度的最大下降区都在太平洋东部上空（分别约为 10℃和 60%~70%）。在夏威夷附近，整个逆温过程中的温度升高接近 2℃，相对湿度下降约 40%。从这些图中可以清楚看出，在未受扰动的热带环境中，逆温层以上的空气与逆温层以下的海面空气相比是相当干燥的。如图 14.11 所示为从美国檀香山向东北延伸至旧金山的夏季平均气温垂直剖面，其中，阴影区域表示逆温层。它的斜率及包含在其中的等温线数量表明了逆温强度。

图 14.12 显示了 1000~700 hPa 层中夏季（2006 年 7 月 1 日 12 时）典型的干静力稳定度场、湿静力稳定度场（单位：$m^3 \ kg^{-1}$）。在整个热带地区，该层的干静力稳定度为正，而湿静力稳定度大多为负。

在大部分热带地区，干静力稳定度为 0.4~0.5 $m^3 \ kg^{-1}$。南大洋的干静力稳定度略高（因为此时是南半球的冬季）。北半球的沙漠地区，如撒哈拉沙漠地区和沙特阿拉伯，其干静力稳定度最低。

西太平洋风暴区、亚洲大陆季风区和加勒比海/墨西哥湾地区上空的湿静力稳定度最大（$< -0.4 \ m^3 \ kg^{-1}$），其中最小值位于青藏高原地区。

大洋东部地区上空的大气通常非常干燥，因此湿静力能和干静力能的垂直梯度非常接近。有些区域具有正的湿静力稳定度，包括撒哈拉沙漠地区和沙特阿拉伯，那里的水汽含量极低。在南半球相对凉爽的大陆上也发现了正的湿静力稳定度区域。在那里，湿静力稳定度的正负号主要由干静力稳定度的正负号支配。

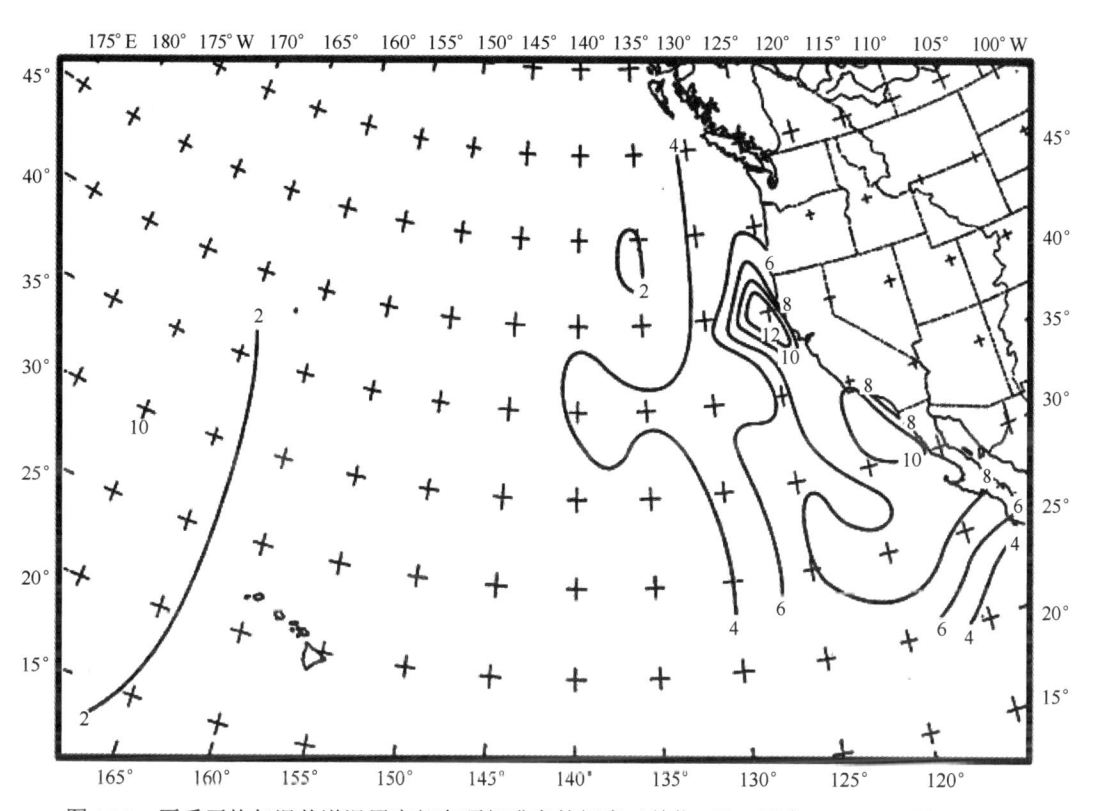

图 14.9　夏季平均气温从逆温层底部向顶部升高的幅度（单位：℃；引自 Neiburger 等，1961）

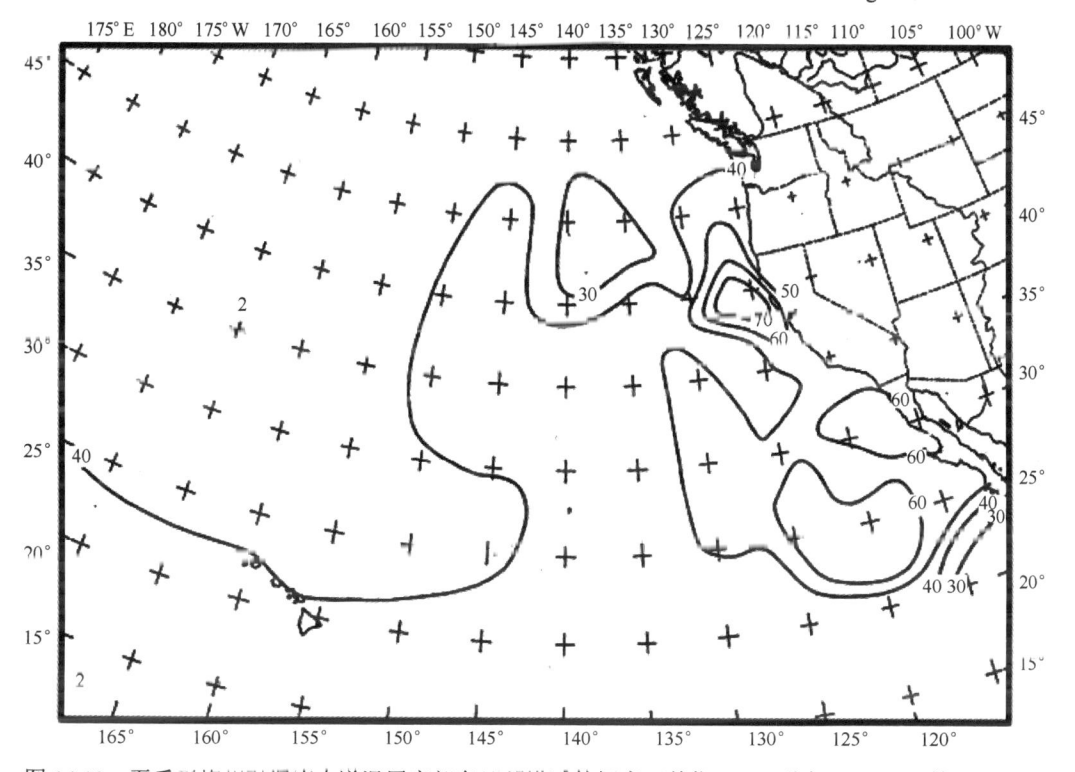

图 14.10　夏季平均相对湿度由逆温层底部向顶部递减的幅度（单位：%；引自 Neiburger 等，1961）

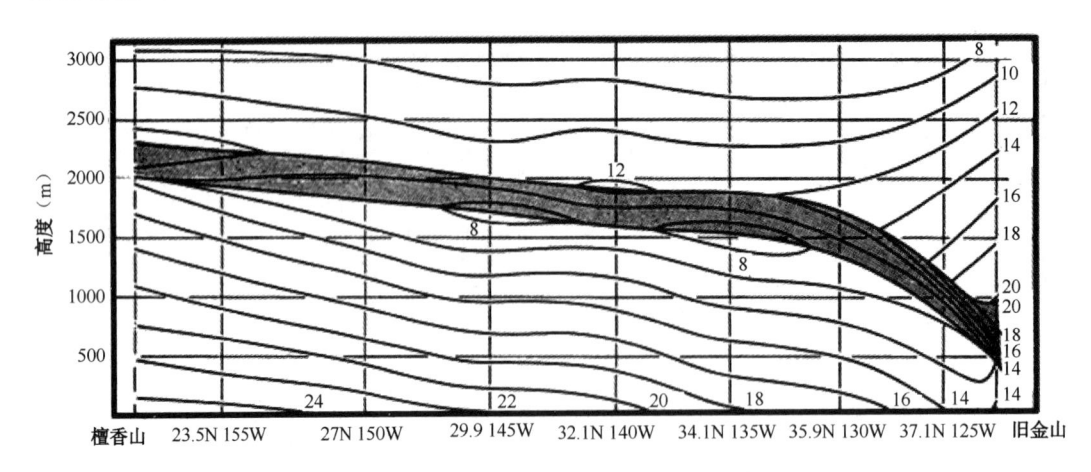

图 14.11 从美国檀香山到旧金山的夏季平均气温垂直剖面（引自 Neiburger 等，1961）

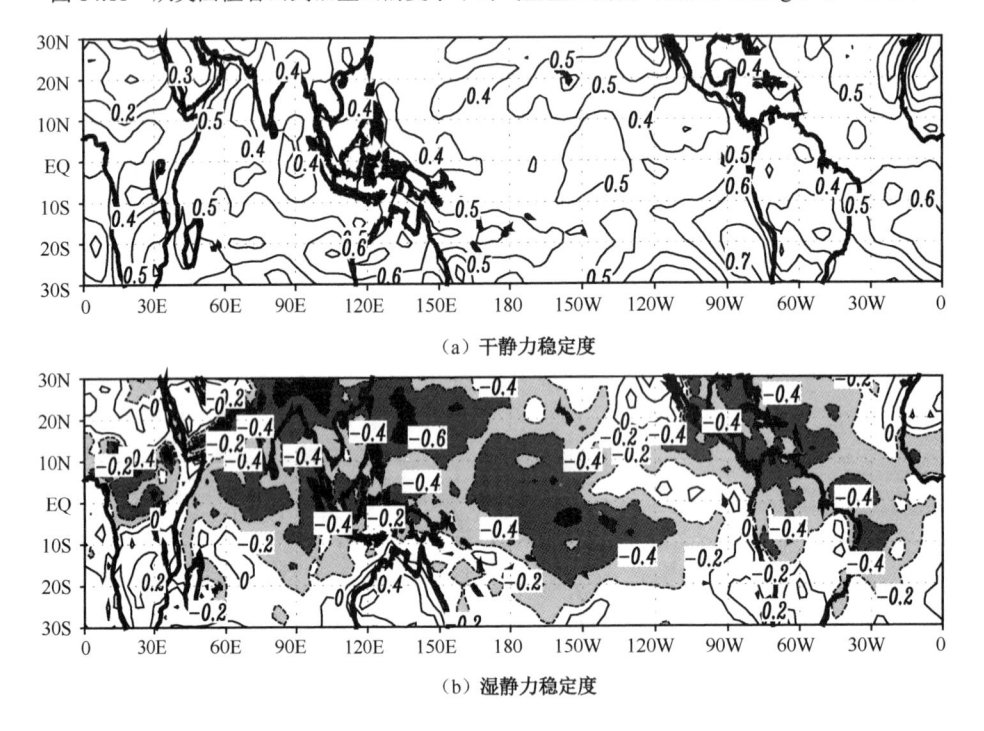

图 14.12 2006 年 7 月 1 日（12UTC）1000～700 hPa 层的干静力稳定度和湿静力稳定度（单位：m³ kg⁻¹；根据 NCEP/NCAR 再分析数据绘制）

因为大部分热带地区都是未受扰动的，逆温层及逆温层之上的湿度较低是常见现象，因此了解扰动和未受扰动的垂直探空之间的大体区别是很重要的。扰动加深了探空中的潮湿层，从而影响了稳定性。未受扰动的 θ_e 廓线通常在 700 hPa 高度附近具有最小值。低于这一高度，通常会出现条件不稳定。在受扰动情况下，θ_e 廓线表现为更接近垂直的剖面，条件不稳定性急剧下降。

原著参考文献

Neiburger, M., Johnson, D. S., Chien, C. W. Studies of the Structure of the Atmosphere over the Eastern Pacific Ocean in Summer. The Inversion over the Eastern North Pacific Ocean. Berkeley: University of California Publications in Meteorology, University of California Press, 1961, 1: 1-94.

第 15 章

飓风的观测

15.1 引言

人们常听到的"飓风""台风"和"热带气旋"等不同的专业名词其实只反映了地理位置的差异，并不代表物理性质的区别。因此，当与地理因素不相关时，上述名词将在本书中或多或少地互换使用。飓风独特的垂直结构可以从描绘其风场、温度、相当位温和云的几个垂直剖面图中得到最好的体现。其中一些关于风和温度分布特征的经典插图来自 Hawkins 和 Imbenbo（1976）对飓风 Inez（1966 年）的分析。图 15.1 是使用多个飞机探测数据集生成的飓风垂直剖面图。飓风侦察飞机提供了飞行高度上的风场和飓风中心的位置，从而使飓风中强风的内核结构得以重建。

这个垂直剖面大致垂直于风暴的运动方向。图 15.1 中具有几个让人感兴趣的特征，其中最强风出现在右象限（相对于飓风的移动方向），距离风暴中心大约 10 海里（约 18.5 km）。在飓风的内核区，等风速线在垂直方向上基本上是水平平行排列的，这表明环境场缺乏强大的垂直风切变。风速超过 100 kt（约 51.4 m/s）的强风主要分布在 3 万英尺（约 9 km）以下。在径向上，风速超过 50 kt（约 25.7 m/s）的强风从风暴中心一直延伸到大约 40 海里（约 74 km）的半径处。

如图 15.1 所示，左、右象限的风速差约为 15 kt（约 7.7 m s^{-1}）。这种不对称性部分是由平移引起的（在环流风场中叠加了风暴运动矢量），部分是由风暴动力学引起的，风暴动力学可能涉及方位角平均气流和平移导致的不对称之间的相互作用。风暴内核区的气旋式环流延伸到 100 hPa 以上，甚至在距离海面 52000 英尺（约 15.8 km）的高度上仍然能看到风速超过 20 kt（10.3 m s^{-1}）的气旋式环流。在大约 55000 英尺（约 16.7 km）高度以上，飓风内核区的气旋式环流减弱，取而代之的是反气旋式环流。

图 15.2 同样来自 Hawkins 和 Imbenbo（1976）发表的文章，体现了飓风 Inez 的热力学结构。图 15.2 中显示的是相对于热带飓风季节平均温度的温度异常，水平虚线显示了可供分析的数据集所在的飞机飞行高度。这里最引人注目的特征是飓风的暖核结构，它位于距风暴中心 15 海里（约 28 km）的范围内，并延伸到整个对流层，在对流层达到了非常

高的最高温度异常——大约位于 250 hPa。这个暖核结构的温度比距风暴中心约 200 海里（370 km）处的空气温度高出约 16℃。这在很大程度上是飓风眼墙周围存在大量有组织积云对流的结果。这种暖异常大多发生在云层边缘，在这里云层将势能转换为感热能。飓风眼墙中的空气块在浮力作用下以湿绝热上升，从而产生势能，因此浮力为垂直运动提供能量。

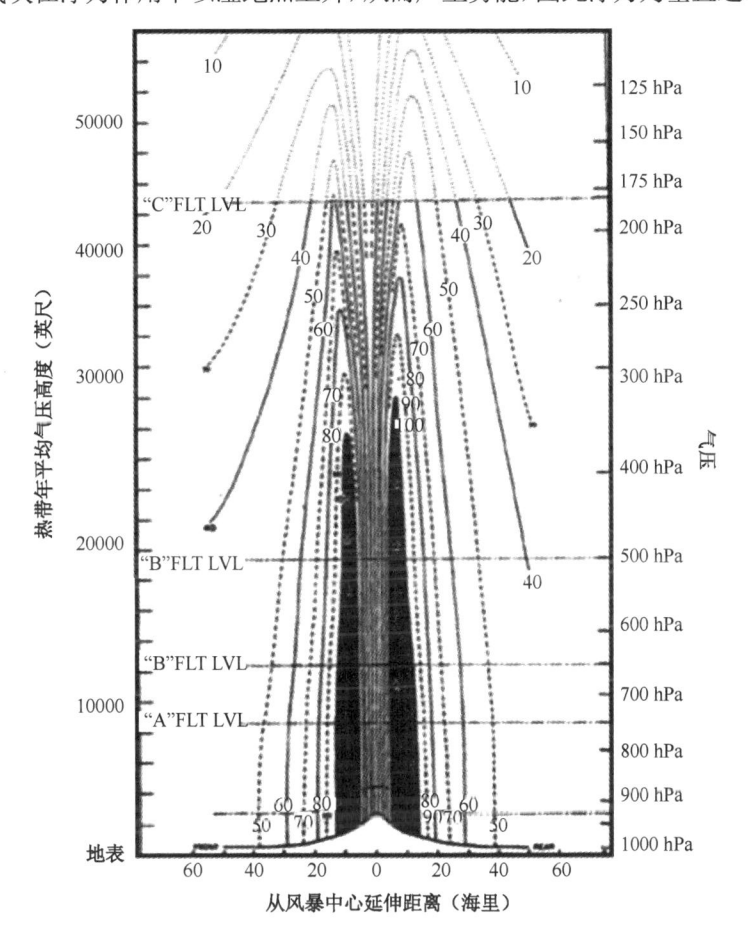

图 15.1 飓风 Inez 的风暴相对风速（引自 Hawkins 和 Imbenbo, 1976）

图 15.2 中另一个有趣的特征是在半径大于 30 海里（约 55 km）的 10000 英尺（约 3 km）高度附近存在冷异常。这些冷异常现象在左、右象限都有。这在很大程度上可能是风暴内核外低云的云顶冷却和风暴内降雨的蒸发造成的。图 15.2 的另一个显著特征是距风暴中心约 10 海里（约 18.5 km）处较大的径向温度梯度。尽管有如此大的径向温度梯度，但如图 15.1 所示的风不会随高度上升变化太大（与地转热成风理论所描述的相反）。这可以用强烈旋转系统中地转热成风和梯度热成风之间的巨大差异来解释。

对于梯度风平衡系统，有

$$\frac{v_\theta^2}{r} + fv_\theta = -g\frac{\partial z}{\partial r} \tag{15.1}$$

式中，v_θ 是切向风。式（15.1）中的 3 项分别代表离心力、科里奥利力和气压梯度力。

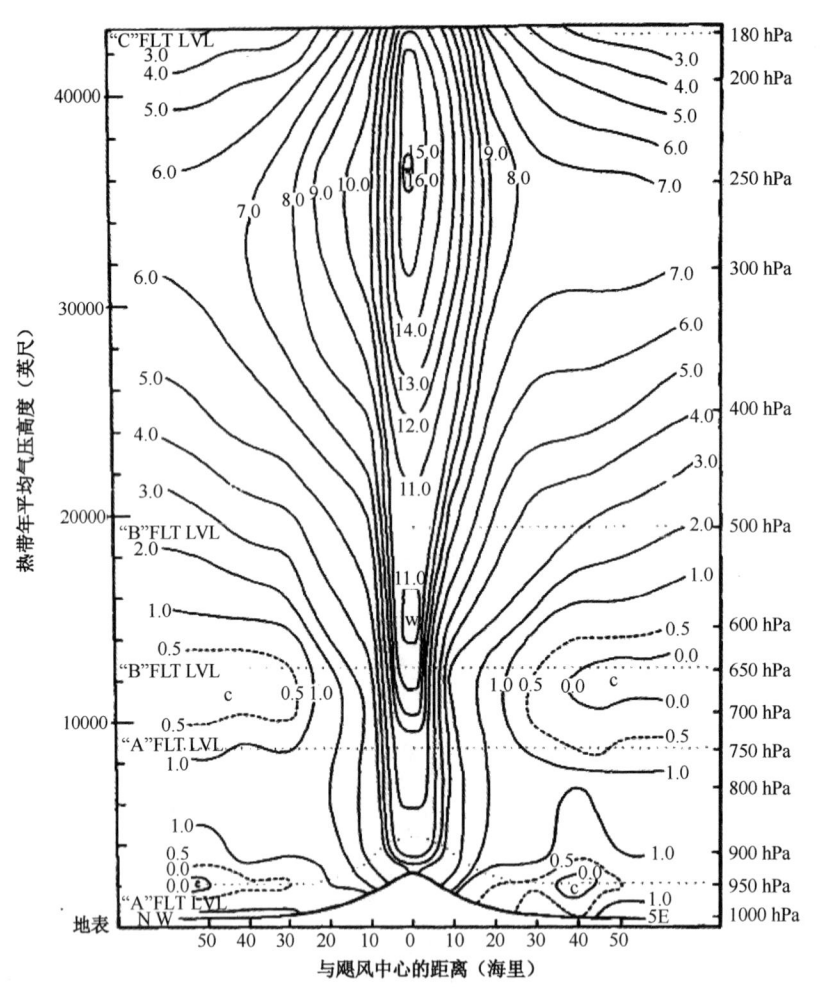

图15.2 飓风 Inez 相对热带飓风季节平均温度的温度异常的垂直剖面（引自 Hawkins 和 Imbenbo，1976）

利用流体静力学方程，有

$$-g\frac{\partial z}{\partial p} = \frac{RT}{p} \tag{15.2}$$

将它的径向梯度写为

$$-g\frac{\partial^2 z}{\partial p \partial r} = \frac{R}{p}\frac{\partial T}{\partial r} \tag{15.3}$$

梯度热成风是通过梯度风关系式（15.1）对气压 p 的微分得到的，即

$$2\frac{v_\theta}{r}\frac{\partial v_\theta}{\partial p} + f\frac{\partial v_\theta}{\partial p} = -g\frac{\partial^2 z}{\partial r \partial p} \tag{15.4}$$

将式（15.3）中 $-g\dfrac{\partial^2 z}{\partial r \partial p}$ 的表达式代入式（15.4）得到梯度热成风方程，有

$$\frac{\partial v_\theta}{\partial p} = \frac{R}{p\left(2\dfrac{v_\theta}{r} + f\right)}\frac{\partial T}{\partial r} \tag{15.5}$$

另外，地转热成风为

$$\left.\frac{\partial v_\theta}{\partial p}\right|_{\text{geostr}} = \frac{R}{pf}\frac{\partial T}{\partial r} \tag{15.6}$$

对于给定的径向温度梯度，地转热成风与梯度热成风之比为

$$\frac{\left.\frac{\partial v_\theta}{\partial p}\right|_{\text{geostr}}}{\frac{\partial v_\theta}{\partial p}} = \frac{2\frac{v_\theta}{r}+f}{f} \approx \frac{2\frac{v_\theta}{r}}{f} \tag{15.7}$$

因为在飓风内核区有 $2\frac{v_\theta}{r} > 0$，所以式（15.7）等号右边项的量级大约是 100，也就是说地转风随高度的变化大约是梯度风的 100 倍。基于此，在飓风中，人们发现风速随着高度升高缓慢减小。

成熟飓风的另一个显著特征是相当位温 θ_e 场，如图 15.3 所示，这也是基于 Hawkins 和 Imbenbo（1976）的工作绘制的。图 15.3 显示了几个重要的特性。距离风暴中心 5~10 海里（9~18 km）的眼墙区域，θ_e 的等值线几乎是垂直的，这表明空气块饱和上升。在大约 $r > 25$ 海里（约 46 km）的半径处，在 700 hPa 高度附近发现 θ_e 的低值。这是我们所熟悉的大尺度热带大气的 θ_e 的最小值。这个 θ_e 的最小值是由热带海洋上大量存在的层积云顶部的辐射冷却造成的。飓风的行星边界层中存在强的低层空气辐合。在对流层低层，弱的入流也持续不断地将环境场空气块带入飓风环流中。在台风眼内，海洋表面较大的 θ_e 是由海洋蒸发的水汽进入飓风中造成的。

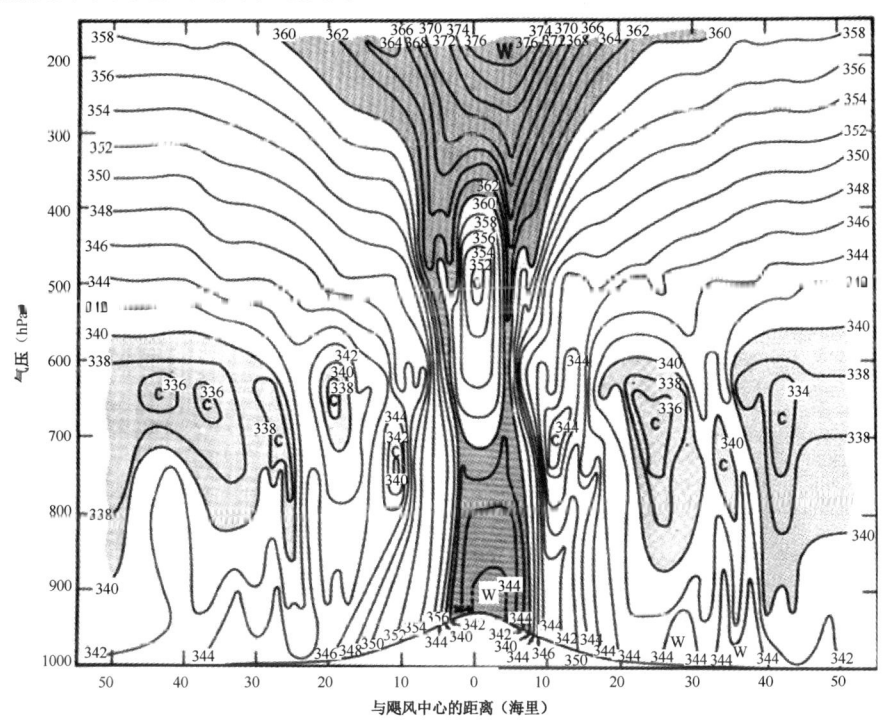

图 15.3 1966 年 9 月 28 日飓风 Inez 的相当位温垂直截面（引自 Hawkins 和 Imbenbo，1976）

飓风中的云机制和垂直环流示意如图 15.4 所示，显示了眼墙和云雨带及外围云系。从图 15.4 中可以看到，飓风的一个典型特征是在眼墙的云顶处飓风内核区有气旋性外流，而另一个重要特征是在对流云边缘的下沉气流（图 15.4 中未显示）。

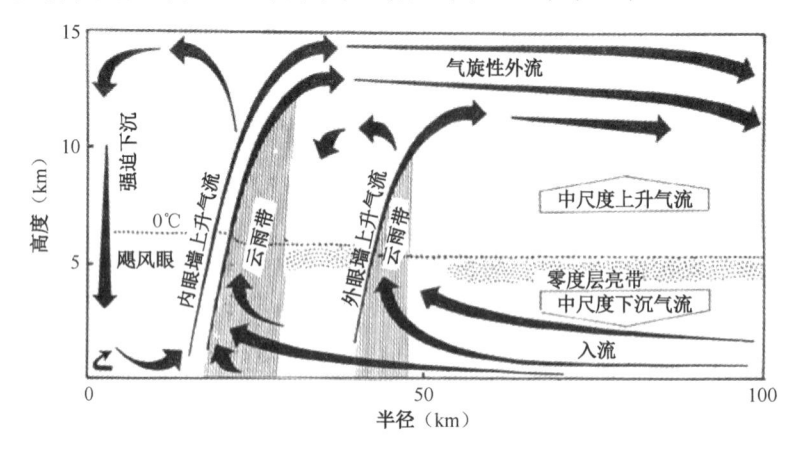

图 15.4　热带气旋次级环流和降水分布示意图（引自 Wiloughby，1988）

不同飓风或台风的尺度各不相同。图 15.5 显示了一些强热带气旋（如西太平洋的 Choi-Wan，以及热带大西洋的 Wilma 和 Isabel）的例子，其特征是具有相对对称的伴有强对流的眼墙。相比之下，西太平洋的 Loke 和 Winnie 等相对较弱的气旋有时具有双眼墙结构，眼墙之间有无云区且双眼墙结构不对称性明显。

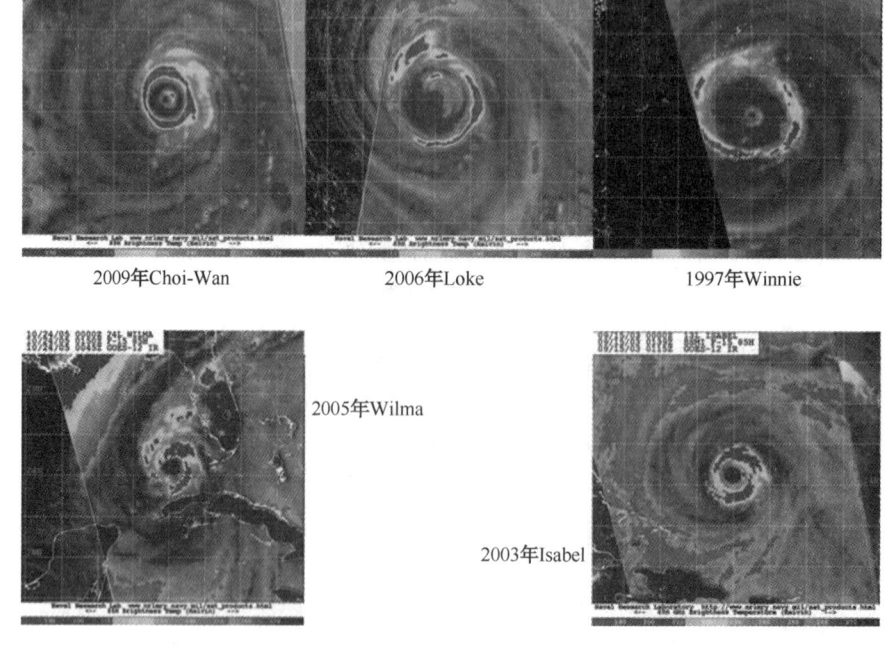

图 15.5　不同的台风和飓风中大小不一的台风眼（来自美国威斯康星大学空间科学与工程中心，由 M. Sitkowski 提供）

15.2 常规观测

飓风的分析和预报需要常规观测的数据库作为支撑，包括各种来源的数据集，如无线电探空仪及其网络、飞漂气球、地面和海洋观测网络、云和云导风、商用飞机的风和温度报告、海洋浮标、全球海洋 ARGO 网络剖面、基于卫星的温湿度探测仪，以及来自地面、雷达和卫星（微波和雷达）的降水量估计等。同时，这个大范围的数据集必须包含对飓风内核的特殊观测。

当前，用于监测飓风内核的观测和探测系统发生了重大变化。美国国家航空航天局（NASA）、美国国家海洋和大气管理局（NOAA）已经在美国部署了无人机，这些无人机可以携带雷达、下投式探空仪（Drop Windsonde）和各种专门仪器。2010 年夏天，至少有 7 架飞机参加了为飓风提供观测的联合行动。目前，处于从美国东南海岸起飞的飞机航程覆盖范围内的飓风过程几乎每次都被监测飞机实时监测到，监测要素包括飓风内核区的风场、温度、湿度、气压，以及从中进行的微物理观测。

飓风内核观测

散射计是一种安装在卫星上的微波传感器，用于测量水面上的风向和风速。它的工作原理是向水面发射微波能量脉冲，然后测量水面上波浪的回波信号，根据后向散射特性估计风向和风速。图 15.6 显示了快速扫描散射计（QUIKSCAT）获得的 2007 年 11 月 2 日 Noel 飓风的风场，其最大风速为 40~45 kt（20~23 m s^{-1}）（风速的色标位于图 15.6 上方）。利用散射计可以获得热带不同区域每天的风场，对于具有热带扰动的中尺度数值天气预报而言，这是一个非常有用的数据。

下投式探空仪是一种非常有用的对流层廓线探测仪，其通常是从飞机上释放的，自 20 世纪 50 年代以来，美国就一直在利用这个平台进行穿越飓风的飞行，有时候同时有至少 6 架飞机执行飓风探测飞行任务。这些飞机在距离海面 1~11 km 的不同高度上飞行，其飞行模式由任务科学家设计，以满足当时的具体情况和科学需要。廓线图包括温度、湿度、气压、高度和风速。下投式探空仪从携带仪器包和气球的飞机上释放，就像一个反向的无线电探空气球，该"气球"以大约 300 m min^{-1} 的速度下降。该"气球"还携带一个全球定位系统（GPS），可以传送它的位置和水平风。来自下投式探空仪的所有数据都在飞机上接收，并传输到全球电信系统（GTS）进行天气分析（同化）和预报。飓风 Humberto 于 2001 年 9 月 23 日位于大西洋，当时多架探测飞机提供了多个高度的下投式探空仪数据。图 15.7 显示了利用 3 个不同高度的下投式探空仪的探测数据绘制的风场。应该指出的是，如果没有这组数据，人们在海洋上空唯一可以拥有的对流层风将是卫星云导风。下投式探空仪获得的是用于研究和业务预报的高质量数据。

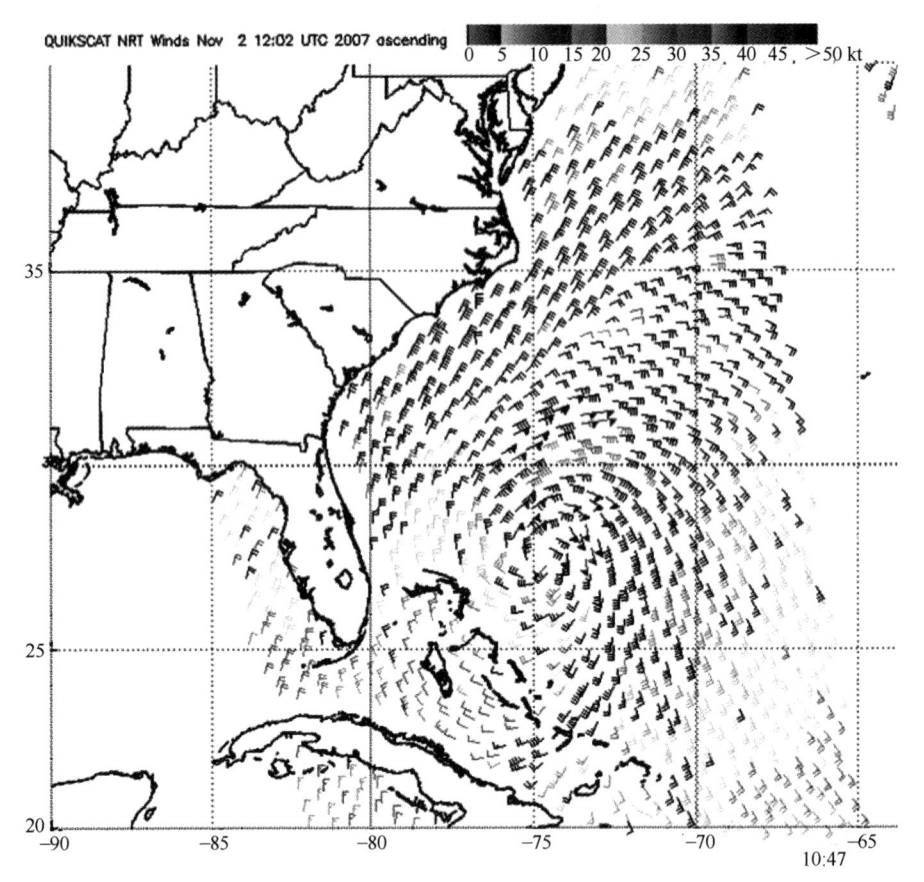

注：（1）时间为世界时；（2）这个时间卫星星下点正好位于图中 30°N 线右侧；（3）当地时间为世界时 2007 年 11 月 2 日 12 时 02 分；（4）黑色所示的风杆可能受到雨水的影响（来自 NOAA/NESDIS 研究与应用办公室）

图 15.6　由 QUIKSCAT 获得的 2007 年 11 月 2 日 Noel 飓风的风场

激光雷达大气传感试验（LASE）探测器是一种用于测量气溶胶和水汽浓度垂直分布的机载仪器。其中，激光雷达的激光脉冲频率为 2~4 kHz，波长为 730 nm，视场大约为 1.23 mrad。它利用不同激光脉冲的吸收和散射，推导出飞机飞行路径上气溶胶和水汽浓度分布的垂直结构。虽然 LASE 探测器只能看到云顶而不能穿透云层，但是它能够提供飞机飞行高度层下方和上方的剖面。这里，我们将展示在飓风监测任务期间，在飞机上使用激光雷达获得的垂直—时间剖面图。图 15.8 显示了获得这组特定测量值的飞机飞行轨迹。

2006 年 8 月 30 日，美国国家航空航天局 DC-8 飞机在非洲西海岸附近遭遇东风波，这个东风波最终演变成了热带风暴。图 15.9 分别展示了沿飞行的南北航段激光雷达所看到的气溶胶浓度和湿度的垂直—时间剖面图。图 15.9 中可以明显看到 2~3 km 高度的一个气溶胶高浓度层。湿度垂直—时间剖面图显示，当从 14°N 向北移动至 20°N 时，空气明显变干燥。在 14°N 附近向北延伸至 16°N 区间内，比湿为 12~14 g kg^{-1} 的潮湿层在 2 km 高度以下逐渐变窄，最终成为非常浅的海洋表层，这是一个独特的数据集，用于研究含大量沙尘的非洲东风波。当它们向西移动时，会演变成热带风暴。有时一次强烈的逆温可以将东大西洋的沙尘覆盖在 3 km 高度以下。

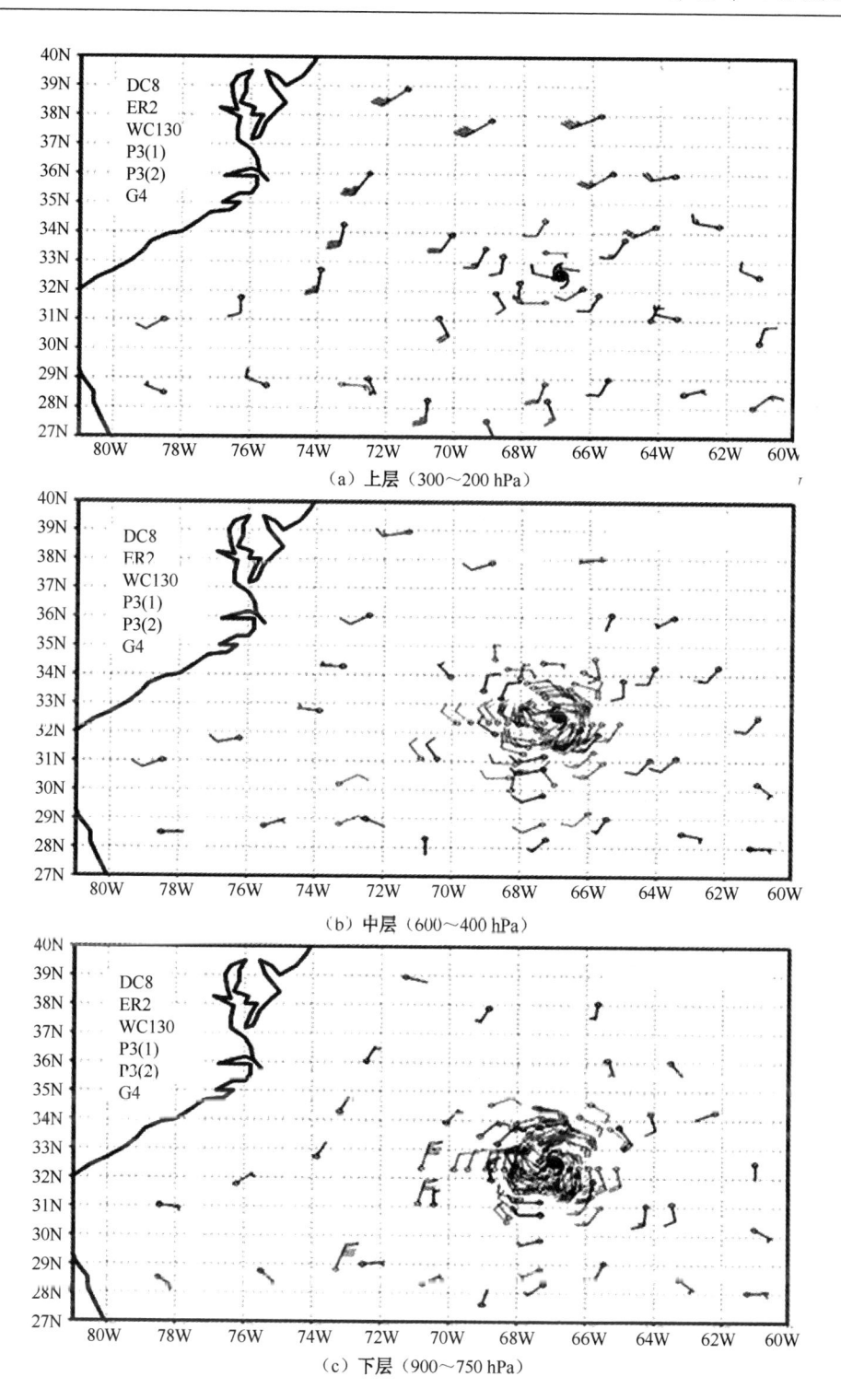

图 15.7 2001 年 9 月 23 日 Humberto 飓风期间，CAMEX-4 试验中多架飞机上的下投式探空仪数据样本覆盖范围（引自 Kaminini 等，2006）

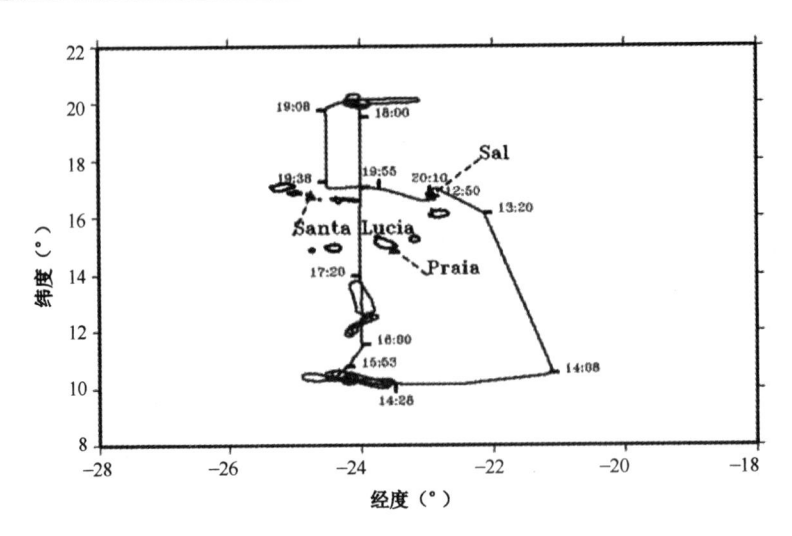

图 15.8 美国国家航空航天局（NASA）DC-8 飞机的飞行轨迹，这是一架用于监测 2006 年 8 月 30 日东大西洋上空东风波的研究用飞机，图中所示的萨尔岛（Sal）位于佛得角群岛之上（引自 Browell 等，1997）

机载抛掷式一次性深海温度记录仪（AEBT）是一种测量水体温度垂直分布的探头。它由一个热敏电阻组成，被封装在一个从飞机上投掷下来的箱子里。

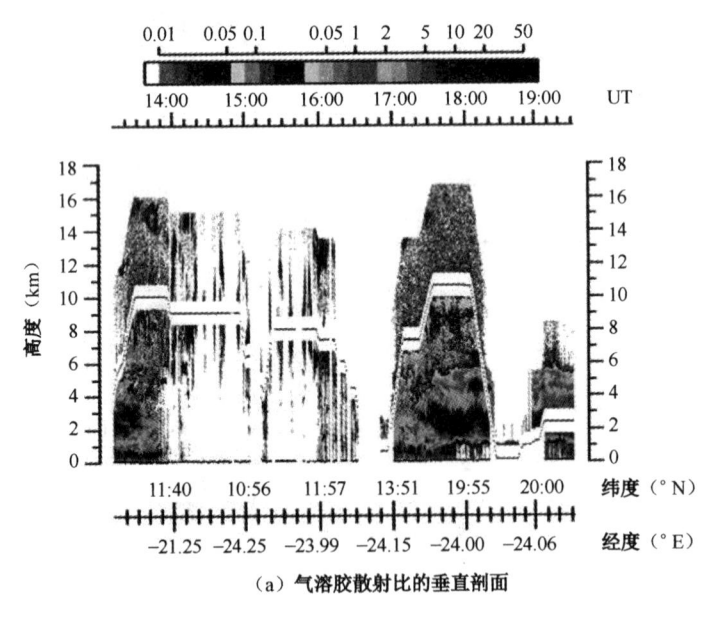

(a) 气溶胶散射比的垂直剖面

图 15.9 （a）由 DC-8 飞机的一个航段探测数据制作的垂直剖面图。这表明 LASE 探测器可以探测到气溶胶尘埃，如气溶胶散射比的垂直剖面所示。图中的零线是飞机飞行高度（单位：km），在左侧，当时的飞机飞行高度接近 10.5 km。（b）与（a）相同，但它显示了比湿的垂直剖面（单位：g kg^{-1}；引自 Browell 等，1997）

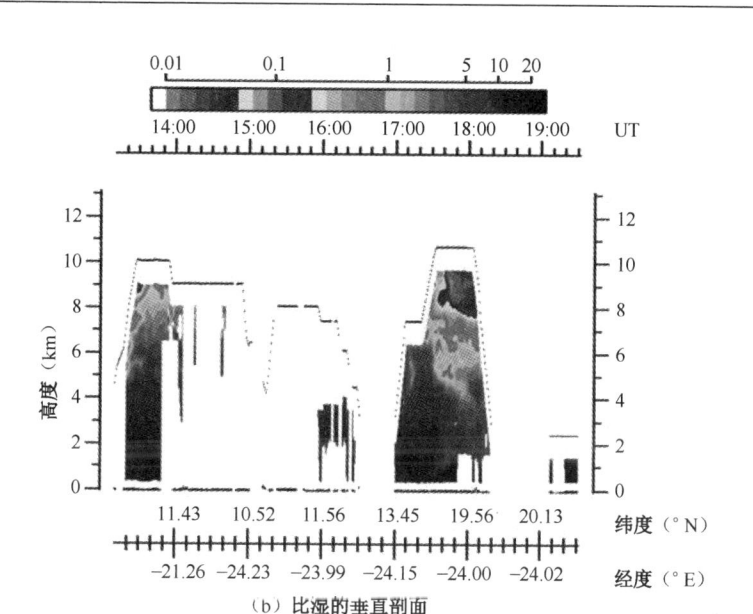

图 15.9 （a）由 DC-8 飞机的一个航段探测数据制作的垂直剖面图。这表明 LASE 探测器可以探测到气溶胶尘埃，如气溶胶散射比的垂直剖面所示。图中的零线是飞机飞行高度（单位：km），在左侧，当时的飞机飞行高度接近 10.5 km。（b）与（a）相同，但它显示了比湿的垂直剖面（单位：g kg^{-1}；引自 Browell 等，1997）（续）

15.3 印度洋海域的热带气旋

众所周知，每年 10 月中旬至 12 月中旬的后季风季节，以及 4 月至 6 月初的前季风季节，孟加拉湾和阿拉伯海上空会形成热带气旋。每年 12 月至 3 月的北半球冬季则是南印度洋（7°S～15°S）热带气旋的活跃季节，印度洋热带气旋活跃区域大多满足以下条件：
（1）弱垂直风切变；
（2）对流层下部存在气旋性相对涡度；
（3）海面温度超过 27℃；
（4）对流层中部有充足的水汽。

图 15.10 显示了利用孟加拉湾和阿拉伯海上空所有可用的历史风暴资料绘制的印度洋热带气旋的气候轨迹。

受印度洋海域热带气旋影响最严重的地区包括孟加拉国、孟加拉邦和印度东海岸、非洲的莫桑比克、马斯克林群岛、马达加斯加和斯里兰卡北部。该地区的许多热带气旋强度为 2 级或更强，因此常造成相当大的生命和财产损失。

多个热带风暴在孟加拉湾中部 10°N 附近形成，并向西北方向移动，其中一些热带风暴转向孟加拉国。这些热带气旋的起源通常可以追溯到从西太平洋向西传播的东风波。这些东风波位于太平洋强信风区气旋式切变一侧，这些信风经马来西亚南部西伸至孟加拉湾。

当切变涡度转化为曲率涡度时，东风波将被加强。东风波以大约 5°每天的速度向西移动，当东风波到达弱切变区且海温超过 27℃时，可能形成热带气旋。

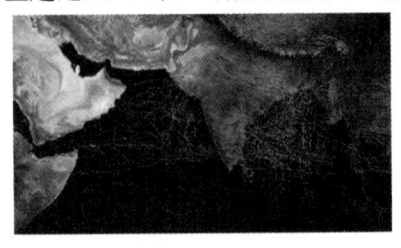

图 15.10　孟加拉湾和阿拉伯海上空覆盖所有季节的热带气旋的气候轨迹（图片由印度气象部门提供）

副热带高压的西伸和太平洋到孟加拉湾的信风常受到厄尔尼诺的强烈影响。图 15.11 显示了孟加拉湾上空厄尔尼诺期间和厄尔尼诺前一年热带气旋路径的组合。从图 15.11 中可以清楚地看到，在厄尔尼诺前一年，大部分热带气旋路径指向孟加拉国；在厄尔尼诺年，热带气旋路径则集中于印度中东部海岸。气旋路径的这种变化与厄尔尼诺前一年副热带高压的西进有关。在厄尔尼诺年，副热带高压在孟加拉湾的西进较少。这些变化导致孟加拉湾对流层引导气流的差异，从而形成不同的热带气旋路径。

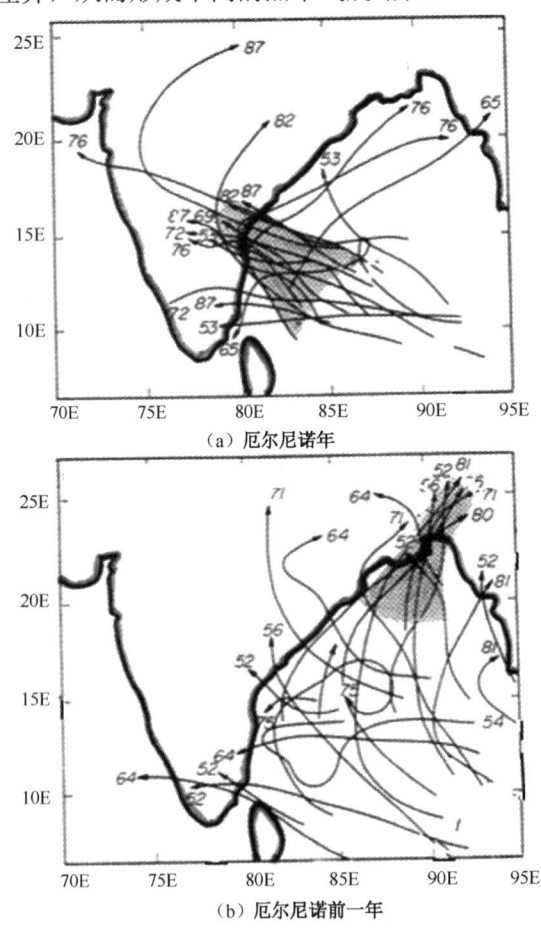

（a）厄尔尼诺年

（b）厄尔尼诺前一年

图 15.11　印度夏季风厄尔尼诺年和厄尔尼诺年前一年的热带气旋路径（图片由印度热带气象研究所提供）

原著参考文献

Browell, E. V., Ismail, S., Hall, W. M., Moore, A. S., Kooi, S. LASE validation experiment. In: Ansmann, A., Neuber, R., Rairoux, P., Wandinger, U. (eds.) Advances in Atmospheric Remote Sensing with Lidar. Berlin: Springer, 1997: 289-295.

Hawkins, H. F., Imbembo, S. M. The structure of a small, intense hurricane-Inez 1966. Mon. Weather Rev., 1976, 10, 418-442.

Kamineni, R., Krishnamurti, T. N., Pattnaik, S., Browell, E. V., Ismail, S., et al. Impact of CAMEX-4 datasets for hurricane forecasts using a global model. J. Atmos. Sci., 2006, 63(1), 151-174.

Wıloughby, H. E. The dynamics of the tropical hurricane core. Aust. Meteor. Mag., 1988, 36, 183-191.

第 16 章

飓风的生成、路径和强度

16.1 引言

图 16.1 显示了 150 多年来飓风/台风/热带气旋路径的全球分布。这些路径的起点代表了不同海域热带气旋的生成位置，这些不同的生成位置与不同的月份和季节有关。北大西洋和太平洋热带气旋的生成所处时间大多在 6 月至 10 月之间。北印度洋地区热带气旋则主要生成于夏季和冬季季风前后，即 4 月、5 月、11 月和 12 月。在南印度洋和南太平洋（靠近澳大利亚），热带气旋生成的月份是 12 月和 1 月。澳大利亚东部的南太平洋每年的 11 月、12 月和 1 月（南半球夏季）都会遭遇几次台风。

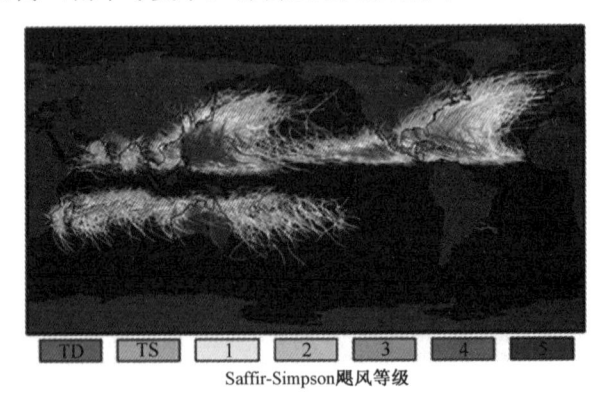

图 16.1　1851—2006 年热带气旋路径和强度的全球分布（改编自 COMET 计划）

值得注意的是，与其他海域相比，北太平洋的热带气旋频数最多、强度最强。另一个有趣的特征是，北太平洋和大西洋的热带气旋路径更长，而孟加拉湾和阿拉伯海的热带气旋路径更短，这是因为北印度洋以北的陆地限制了孟加拉湾和阿拉伯海热带气旋的持续发展。同样，副热带急流向热带纬度的延伸，限制了热带气旋的路径，因此南半球的热带气旋路径也相对较短。

需要说明的是，"飓风""台风""热带气旋"等不同的名词只反映了地理位置的差异，而不代表潜在物理性质的不同。因此，当与地理因素不相关时，上述名称在本章中将或多或少地互换使用。

在热带气旋发生的地点，温暖的海表温度（>27℃）、水平风的弱垂直切变和潮湿的对流层中部似乎是热带气旋生成的一些必要因素。

16.2 飓风的生成

一些观测和理论证据表明，水平切变不稳定和对流组织化对热带风暴的生成起着关键作用。

16.2.1 水平切变不稳定

在西非上空约 600 hPa 高度上，(13°N，20°E～20°W) 附近存在一个低层东风急流，即非洲东风急流，这股急流的气旋性切变一侧产生了许多非洲东风波。

在正压（水平切变流）情况下，东风波中移动的空气块的绝对涡度守恒表示为

$$\frac{\mathrm{d}\zeta_\mathrm{a}}{\mathrm{d}t}=0 \tag{16.1}$$

或

$$\frac{\mathrm{d}\zeta_\mathrm{a}}{\mathrm{d}t}=\frac{\mathrm{d}}{\mathrm{d}t}\left(\frac{\partial v}{\partial x}-\frac{\partial u}{\partial y}+f\right)=0 \tag{16.2}$$

在自然坐标系中

$$\frac{\mathrm{d}\zeta_\mathrm{a}}{\mathrm{d}t}=\frac{\mathrm{d}}{\mathrm{d}t}\left(\frac{V}{R_\mathrm{s}}-\frac{\partial V}{\partial n}+f\right)=0 \tag{16.3}$$

式中，V 是全风速，R_n 是气流的曲率半径，$-\frac{\partial V}{\partial n}$ 是风切变，f 是科里奥利参数。

用 C 表示曲率涡度 $\frac{V}{R_\mathrm{s}}$，用 S 表示切变涡度，用 E 表示地球自转涡度，式（16.3）可以表示为 $\frac{\mathrm{d}}{\mathrm{d}t}(S+C+E)=0$。这意味着，在三者之和守恒的约束下，相对于波运动的空气块会经历切变涡度、曲率涡度和地球自转涡度的变化。在热带地区，切变涡度和曲率涡度之间的变换是一个重要的考虑因素，因为它可以通过一个简单的正压切变流体动力学模型说明当切变涡度转化为曲率涡度时，将如何促使热带气旋生成。因此，一个弱的初始扰动，也可以通过其他过程得到进一步的发展。切变涡度和曲率涡度转换的计算方法见本章附录1。

16.2.2 位涡守恒

位涡守恒是处理弱热带扰动形成的理论框架中的第 2 个层次。位涡（PV）守恒包括水平风切变和垂直风切变的影响，这描述了组合正压不稳定的可能性。PV 被定义为 $\zeta_p = \zeta_a \varGamma_d$，其中，$\varGamma_d = -g\dfrac{\partial \theta}{\partial p}$ 是干静力稳定度。位涡守恒方程写为

$$\frac{\mathrm{d}\zeta_p}{\mathrm{d}t} = \frac{\mathrm{d}}{\mathrm{d}t}(\zeta_a \varGamma_d) = 0 \tag{16.4}$$

根据式（16.4），在东风波内移动的空气块位涡守恒。考虑位涡守恒原理对东风波中多云区域的影响，干静力稳定度的变化方程为

$$\frac{\mathrm{d}\varGamma_d}{\mathrm{d}t} = \varGamma_d \nabla \cdot \boldsymbol{V} \tag{16.5}$$

多云区域意味着这里是潜在的辐合区域（$\nabla \cdot \boldsymbol{V} < 0$）。由于在非洲东风波所在区域，干静力稳定度总是正的，因此可以得出这样的结论：辐合导致了干静力稳定度的降低，即 $\dfrac{\mathrm{d}\varGamma_d}{\mathrm{d}t} < 0$。根据 PV 守恒原理，干静力稳定度的降低必然导致空气块绝对涡度的增加，即 $\dfrac{\mathrm{d}\zeta_a}{\mathrm{d}t} > 0$。由于科里奥利参数的变化在空气块大部分纬向运动的情况下非常小，因此相对于正压机制（绝对涡度守恒），在位涡守恒约束下，由切变涡度到曲率涡度（S 到 C）的转换所占比例要大得多。因此，与绝对涡度守恒相比，当位涡守恒时，会形成更强的风暴。但是，热带地区的稳定度变化通常很小，因此在上述假设条件下生成的热带气旋仍然很弱。

16.2.3 非绝热效应

非绝热效应可以在包括非绝热效应的 PV 方程的背景下进行研究。讨论非绝热效应最合适的框架是等熵坐标系。忽略摩擦，等熵坐标系下的完整 PV 方程包含 3 个非绝热项，即

$$\frac{\partial}{\partial t}\zeta_{p\theta} = -\frac{\mathrm{d}\theta}{\mathrm{d}t}\frac{\partial \zeta_{p\theta}}{\partial \theta} + \zeta_{p\theta}\frac{\partial}{\partial \theta}\frac{\mathrm{d}\theta}{\mathrm{d}t} + \left\{\nabla\frac{\mathrm{d}\theta}{\mathrm{d}t} \cdot \frac{\partial(\boldsymbol{V}\times\boldsymbol{K})}{\partial \theta}\right\}g\frac{\partial \theta}{\partial t} \tag{16.6}$$

式（16.6）中没有包括（绝热）水平平流项和摩擦项。水平平流对飓风潜在涡度变化的贡献非常微弱，因为它只能将位涡从一个地理位置重新分配到另一个地理位置。接下来将依次讨论式（16.6）等号右侧每项的贡献。

式（16.6）等号右侧的第一项是等熵坐标系下位涡的垂直平流。在这个等熵坐标系下，垂直平流是非绝热项，因为加热项（$\dfrac{\mathrm{d}\theta}{\mathrm{d}t}$）也是等熵坐标系下的垂直速度。靠近地面的地方是飓风中风速最大的地方，尽管风速总是随着高度的上升而缓慢地减小，但总体而言风速在垂直方向上变化不大。在热带气旋中，最强的绝对涡度与最强的风有关。飓风内核的干静力稳定度较小，但为正值。在风速最大的垂直层附近，位涡通常很大。因此，在最强风所在高度层之上，$\dfrac{\partial \zeta_{p\theta}}{\partial \theta} < 0$；结合 $\dfrac{\mathrm{d}\theta}{\mathrm{d}t} > 0$，这就导致位涡的垂直平流对对流层下部位

涡的产生起到了积极的作用。然而，这种影响对飓风中位涡的产生并不是一个很强的贡献。

在 PV 方程的非绝热项中，最重要的项是 $\zeta_{p\theta}\frac{\partial}{\partial \theta}\frac{\mathrm{d}\theta}{\mathrm{d}t}$。$\zeta_{p\theta}$ 在北半球通常为正，而 $\frac{\partial}{\partial \theta}\frac{\mathrm{d}\theta}{\mathrm{d}t}$ 在对流层下部为正。飓风内核区及对流层中部强的加热（大的 $\frac{\mathrm{d}\theta}{\mathrm{d}t}$），使得 $\zeta_{p\theta}\frac{\partial}{\partial \theta}\frac{\mathrm{d}\theta}{\mathrm{d}t}$ 的符号为正，从而有助于对流层下部位涡的净生成。这是位涡方程中的最大项，对飓风生成期间 PV 的成倍增加贡献最大。由 $\zeta_{p\theta}\frac{\partial}{\partial \theta}\frac{\mathrm{d}\theta}{\mathrm{d}t}$ 引起的内核位涡的大幅度增大，导致深对流活动区绝对涡度的大幅度增加（当 $\frac{\mathrm{d}\theta}{\mathrm{d}t}$ 和 $\frac{\partial}{\partial \theta}\frac{\mathrm{d}\theta}{\mathrm{d}t}$ 较大且稳定度 $\Gamma_{\mathrm{d}}=-g\frac{\partial \theta}{\partial p}$ 较小时）。ζ_{a} 的增加通常与切变涡度到曲率涡度的增强转换有关。这种热力学（更大的加热）和动力学（增大的曲率涡度）的混合作用对飓风的生成非常重要。在这种情况下，许多因素都会导致加热效果的增强。对流组织化甚至云微物理过程等因素也对飓风中加热的增强过程起着很重要的作用。这些主题将在本书的单独章节中讨论。

完整 PV 方程中的第 3 个非绝热项表示加热水平差分的影响。在局地柱坐标系 (r,λ,θ,t) 中，开展飓风研究常用自然参考坐标系，该项可以表示为

$$\left\{\nabla \frac{\mathrm{d}\theta}{\mathrm{d}t}\cdot\frac{\partial(\boldsymbol{V}\times\boldsymbol{K})}{\partial \theta}\right\}g\frac{\partial \theta}{\partial p}=\left\{\frac{\partial v_{\lambda}}{\partial \theta}\frac{\partial}{\partial r}\left(\frac{\mathrm{d}\theta}{\mathrm{d}t}\right)-\frac{\partial v_{\lambda}}{\partial \theta}\frac{\partial}{a\partial \lambda}\left(\frac{\mathrm{d}\theta}{\mathrm{d}t}\right)\right\}g\frac{\partial \theta}{\partial p} \tag{16.7}$$

如果用 p 代替 θ，用 ω 代替 $\frac{\mathrm{d}\theta}{\mathrm{d}t}$，则括号内的项与涡度方程的扭曲项完全相同。它是加热项的水平差分和垂直风切变的点积。通常来说，我们在飓风的眼墙区域会考虑这项。在对流层下部，在最大加热半径的内侧，$\frac{\partial}{\partial r}\left(\frac{\mathrm{d}\theta}{\mathrm{d}t}\right)>0$。$\frac{\partial v_{\lambda}}{\partial \theta}$ 是切向风的垂直变化。切向风随着对流层低层高度的升高而逐渐减弱，因此 $\frac{\partial v_{\lambda}}{\partial \theta}$ 是负值，且很小。另外，干静力稳定度 $-g\frac{\partial \theta}{\partial p}$ 为正。假设加热的方位角梯度相对较小，则在最大加热半径内，加热项的水平差分为正，从而有助于对流层下部位涡的净生成。在最大加热半径之外，可能会出现相反的情况。

16.2.4 飓风中 PV 方程各项的量级

为了更好地理解 PV 方程的上述组成部分，有必要探索上文所述 3 个非绝热项的大小。

干静力稳定度的典型值可以估计为

$$\Gamma_{\mathrm{d}}=-g\frac{\partial \theta}{\partial p}\sim-9.8\;\mathrm{m\;s^{-1}}\times\frac{-10\;\mathrm{K}}{500\;\mathrm{hPa}}\sim 2\times 10^{-3}\;\mathrm{K\;m^{2}kg^{-1}}$$

利用这个结果，位涡可以估计为

$$\zeta_{p\theta}=\zeta_{\mathrm{a}}\Gamma_{\mathrm{d}}\sim 10^{-3}\mathrm{s}^{-1}\times 2\times 10^{-3}\;\mathrm{K\;m^{2}\;kg^{-1}}=2\times 10^{-6}\;\mathrm{K\;m^{2}\;kg^{-1}}$$

现在估计 PV 方程等号右侧的 3 项。可以假设

$$\frac{d\theta}{dt} \approx \frac{L}{C_p}\frac{dq}{dt} \sim \frac{2.5\times10^6\,\text{J kg}^{-1}}{10^3\,\text{J kg}^{-1}\,\text{K}^{-1}} \times \frac{20\,\text{g kg}^{-1}}{\text{day}} \sim 6\times10^{-4}\,\text{K s}^{-1}$$

$$\frac{\partial \zeta_{p\theta}}{\partial \theta} \sim \frac{-\dfrac{1}{10}\zeta_{p\theta}}{10\,\text{K}} \sim -2\times10^{-8}\,\text{m}^2\,\text{kg}^{-1}\,\text{s}^{-2}$$

$$-\frac{d\theta}{dt}\frac{\partial \zeta_{p\theta}}{\partial \theta} \sim 1.2\times10^{-11}\,\text{K m}^2\,\text{kg}^{-1}\,\text{s}^{-1}$$

$$\frac{\partial}{\partial \theta}\frac{d\theta}{dt} \sim \frac{\dfrac{d\theta}{dt}}{10\,\text{K}} \sim 6\times10^{-5}\,\text{s}^{-1}$$

$$-\zeta_{p\theta}\frac{\partial}{\partial \theta}\frac{d\theta}{dt} \sim 1.2\times10^{-10}\,\text{K m}^2\,\text{kg}^{-1}\,\text{s}^{-2}$$

$$\frac{\partial v_\lambda}{\partial \theta} \sim \frac{-4\,\text{m s}^{-1}}{10\,\text{K}} \sim -0.25\,\text{m s}^{-1}\,\text{K}^{-1}$$

$$\frac{\partial}{\partial r}\frac{d\theta}{dt} \sim \frac{\dfrac{d\theta}{dt}}{30\,\text{km}} \sim \frac{6\times10^{-4}\,\text{K s}^{-1}}{3\times10^4\,\text{m}} \sim 2\times10^{-8}\,\text{K s}^{-1}\,\text{m}^{-1}$$

$$\frac{\partial v_\lambda}{\partial \theta}\frac{\partial}{\partial r}\left(\frac{d\theta}{dt}\right)g\frac{\partial \theta}{\partial p} \sim 10^{-11}\,\text{K m}^2\,\text{kg}^{-1}\,\text{s}^{-2}$$

16.3 飓风的路径

长期以来，热带气旋的运动被认为与整层平均气流有关（850～200 hPa 的整层大气平均气流；Kasahara，1957，1960）。然而，Fiorino 和 Elsberry（1989）的研究表明，以热带气旋为中心的一个圆内 500 hPa 平均气流是整层平均气流的一个很好的替代方案。虽然整层平均气流是一个容易掌握的概念，但这种方法在预报上的成功应用有限，因此需要对热带气旋的运动进行更广泛的探索。

16.3.1 β 效应

在热带气旋运动与整层平均气流有关的情况下，一种自然的方法是从正压位涡方程出发，该方程假定垂直方向上不同高度的环境场水平结构相似。由于正压位涡由绝对涡度的垂直分量组成，因此正压无辐散位涡方程可以写成

$$\frac{d(\zeta+f)}{dt} = \frac{\partial(\zeta+f)}{\partial t} + \boldsymbol{v}\cdot\nabla(\zeta+f) = 0 \tag{16.8}$$

因为 $\dfrac{\partial f}{\partial t}=0$，所以式（16.8）可以改写成

$$\begin{aligned}\frac{\partial \zeta}{\partial t} &= -\boldsymbol{v} \cdot \nabla(\zeta + f) \\ &= -\boldsymbol{v} \cdot \nabla \zeta - v\frac{\partial f}{\partial y} \\ &= -\boldsymbol{v} \cdot \nabla \zeta - v\beta\end{aligned} \qquad (16.9)$$

上述方程表明，为了保持正压位涡守恒，热带气旋的运动不仅受大尺度引导气流的控制，而且受到涡旋与地球背景涡度梯度相互作用的影响。这被称为 β 效应或 β 涡旋对的共同引导。虽然 β 效应与引导气流相比在数量上很小，但它对热带气旋的运动有着微妙的影响。β 效应可以使热带气旋的路径发生微小的变化，从而导致风暴与不同的天气系统（如移动的锋面系统、海温异常）相互作用，这种现象可以使热带气旋偏离原来的路径。

16.3.2 藤原效应

藤原效应与双台风的相互旋转有关。1921 年，日本气象学家 Sakuhei Fujiwhara 博士首次注意到这一点。这些台风经常会合并成一个大的台风。基本上，一个气旋外围的风场会对相邻的台风起到引导作用。图 16.2 是藤原效应示意图。两个台风围绕一个共同的质心旋转。相对强度和两个台风之间的距离决定了这个质心的位置。图 16.3 显示了两个台风呈现藤原效应的卫星云图。要更全面地理解这个问题，可能需要从动力学和物理学的角度研究一个台风对邻近台风的影响。然而，如图 16.2 所示，最显著的影响来自两个台风宽广的外部引导气流。

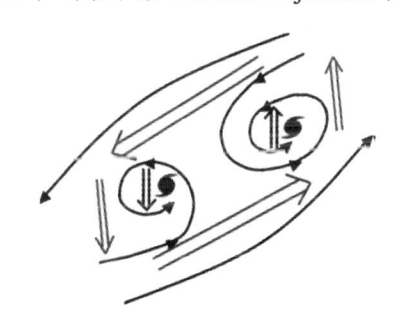

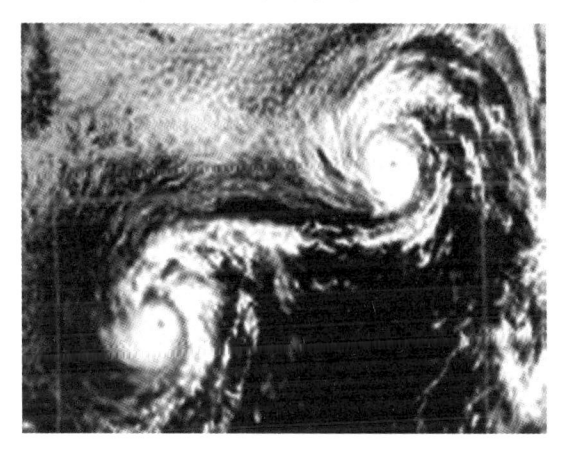

图 16.2 双台风相互作用（藤原效应）示意图

图 16.3 藤原效应的卫星云图［1974 年 8 月 24 日，世界时 17 点 49 分，NOAA-3 甚高分辨率辐射计（VHRR）可见光云图］，两个飓风分别为 Ione（左）和 Kirsten（右）（来自 NOAA 图片库）

16.3.3 热带气旋的变性

如图 16.1 所示，北半球太平洋和大西洋热带气旋的路径表明，热带气旋有向高纬度移动的趋势。在这些向北的路径中，很多风暴经历变性过程。

图 16.4 显示了热带气旋与温带气旋的热力结构对比。这里，带有凸起的等位势面显示了飓风的对流层暖核结构，与温带气旋的冷槽形成强烈对比。热带气旋由热带向温带运动的过程中，一个非常重要的问题是其热力结构为何发生了这样的变化。一种普遍的解释是当热带气旋移动到更高的纬度时，它会遇到较冷的海面温度，无法维持气旋所需的高蒸发率和高水汽供应量。然而，事实是飓风一旦形成，由近地层强风引起的强烈蒸发将足以在海面温度低于 27℃ 的情况下维持气旋的活动。强冷锋（其尺度达数千千米）的活动可能是完成这种热力结构变换的原因，一次强冷锋足以摧毁一个小的热带气旋（尺度为几百千米）。

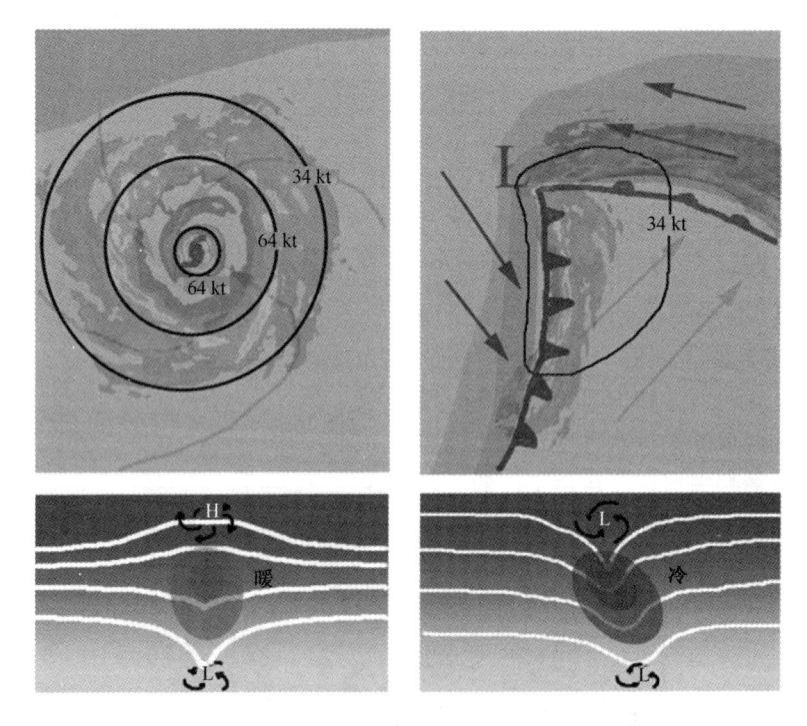

图 16.4 与热带气旋（左上角）和温带气旋（右上角）相关的温度场（阴影）和风场（等值线）。热带气旋和温带气旋的垂直结构对应示意图分别显示在左下角和右下角，其中，等值线是位势面，温度用覆盖环流的示意图进行阴影处理（引自 Merrill，1993）

Evans 和 Hart（2003）在对这一热带气旋变性过程气候学研究的详细综述中指出，在过去 50 年，北大西洋有近 46% 的热带气旋经历了变性过程，并且多发生在 10 月。美国大多数东海岸城市，甚至加拿大的沿海省份都经历过这些温带气旋的登陆，偶尔会伴随暴雨和洪水，其频率为每 2~4 年登陆一次。在飓风季节早期和晚期，这种温带变性通常出现在 30°N~35°N 的纬度带上。在大西洋飓风的高峰期（10 月），变性发生在 40°N~50°N。所有热带气旋在变性后强度并不一定会直接减弱，相反，多达 52% 的热带气旋在变性开始时表现为强度快速增强。这里存在几个气候上的遥相关，例如，太平洋—北美 PNA 型遥相关，北大西洋涛动和南方涛动都被发现与热带气旋年际变化的某些方面有关。然而，这些遥相关的气候振荡似乎对热带气旋温带变性频率的年际变化没有很大影响。

在变性之前，飓风通常是在偏东信风中形成的，因此飓风的运动方向是由深厚的偏东信风系统决定的。在飓风转向后，飓风嵌入中纬度西风带，从而在西风气流引导下自西向东运动，这导致人们认为引导气流是发生变性的一个可能因素。飓风前部和左侧象限内强辐合和气旋性涡度的产生也有助于飓风强度的恢复。当温带气旋接近热带气旋时，受到其前侧暖平流的影响，大尺度辐合显著增加。大尺度上升运动更有利于大尺度非对流性降水的形成，这种大尺度绝热冷却与大尺度非对流性降水蒸发的共同作用是形成冷核的重要热力学机制。不同于飓风的内核，在那里上升过程是在一个近乎饱和的环境下进行的，从而会抑制降雨的蒸发；而这个更大范围的温带环境是不饱和的，在这里空气块更多沿干绝热线而非湿绝热线上升，因而绝热冷却更强。绝热上升和雨滴蒸发的共同作用，使飓风中心对流层低层的暖核变冷。这种环境不利于深对流的发展和组织化，并将逐渐使组织化的热带气旋变化为逗点状的温带风暴。

Hart（2003）提出了一个相空间图，为评估热带气旋发生变性的可能性提供了一些新的思路。他使用 3 个参数来构建相空间图：①基于 900~600 hPa 高度内气象要素方位角平均的对称热力结构；②900~600 hPa 高度上的热成风；③600~300 hPa 高度上的热成风。他利用分辨率约为 100 km 的大尺度模式同化（或分析）数据集来绘制相空间图。该图的横坐标为 900~600 hPa 高度较低层的热成风，每个数值代表某一时刻单个风暴 100 km 半径内的方位角平均值。相空间图的纵坐标是 900~600 hPa 的厚度（平均气层温度），同样在风暴相对坐标下对每个风暴进行方位角平均。在风暴的生命周期中，相空间图中每小时（或 12 小时）绘制的点的位置根据其热力结构的变化而移动。图 16.5 显示了 1992 年飓风 Earl、1989 年飓风 Hugo、1999 年飓风 Floyd 的相空间变化。图 16.5 以一种简单的方式将一个风暴在其生命周期中的变化在相空间图上呈现出来。要理解相空间图的含义，就需要抓住图 16.5 中的关键。图 16.5 中包含 4 种可能性，即不对称冷核、对称冷核、不对称暖核和对称暖核。采用风暴相对坐标，它将 900~600 hPa 的风暴相对热成风作为横坐标，对于发展较深厚的风暴，则可以采用上层厚度作为横坐标，即 600~300 hPa 的热成风。这样可以区分深厚冷核、浅薄暖核、中等暖核、深厚暖核和浅薄冷核。风暴在移动过程中，可以根据相空间图上参考点连线的弯曲程度变化情况，判断气旋生命周期内热力结构的变化。除了用于分析，我们还可以利用预报场来绘制相空间图，以获得一些关于气旋变性期间热力结构变化的认识。

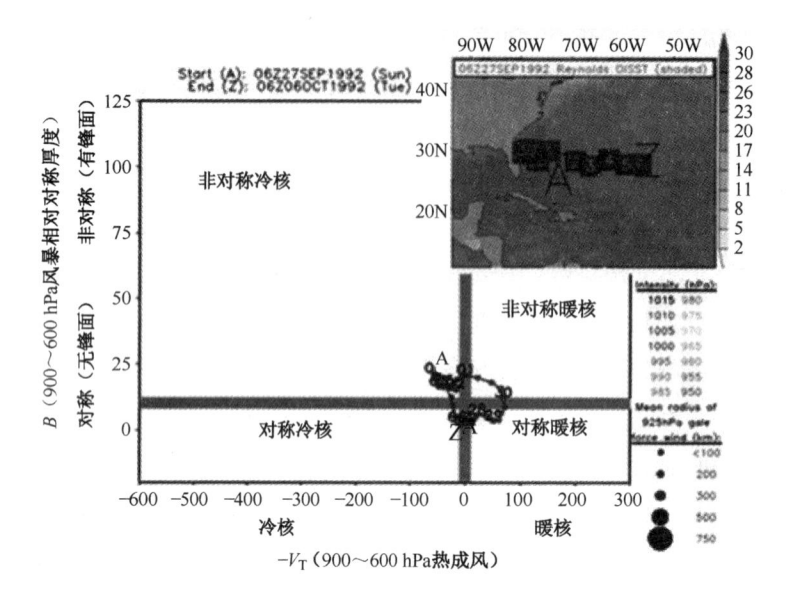

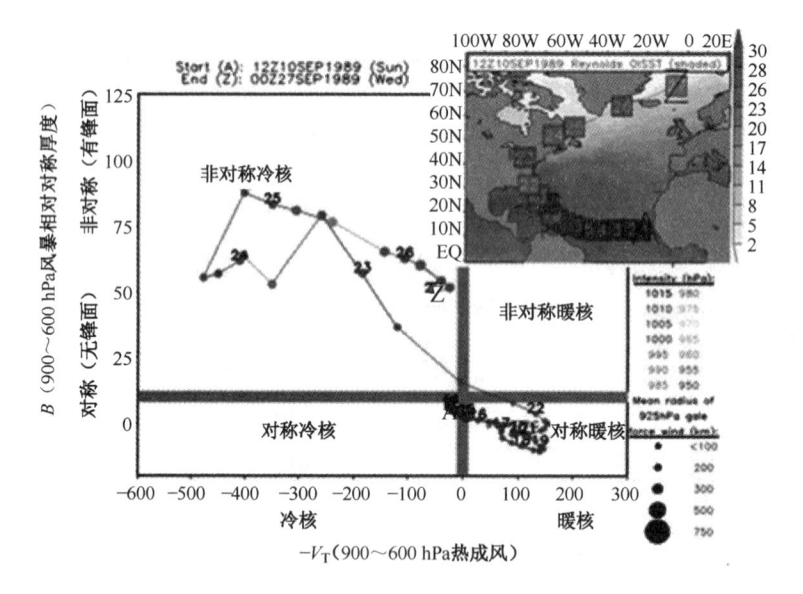

图 16.5 热带气旋温带变性的不同轨迹图解。(a) 弱热带风暴 Earl (1992 年) 的缓慢变性；(b) 登陆飓风 Hugo (1989 年) 的快速变性；(c) 大型飓风 Floyd (1999 年) 的缓慢变性。变性的开始时刻和结束时刻分别在图中进行了标记，其中，"A"表示开始，"Z"表示结束，并每隔 6 小时标注一个符号用于指示分析时间。为清楚起见，在 0000UTC 的位置标有日期 [除 (a) 图外]。符号的颜色表示强度（白色>1010 hPa，黑色<970 hPa）。(a) 图和 (b) 图基于 ERA 中期再分析数据进行分析，(c) 图使用美国海军作战全球大气业务预报系统 (NOGAPS) 再分析数据进行分析 [由 R. Hart（佛罗里达州立大学，2011 年，个人通信）提供]

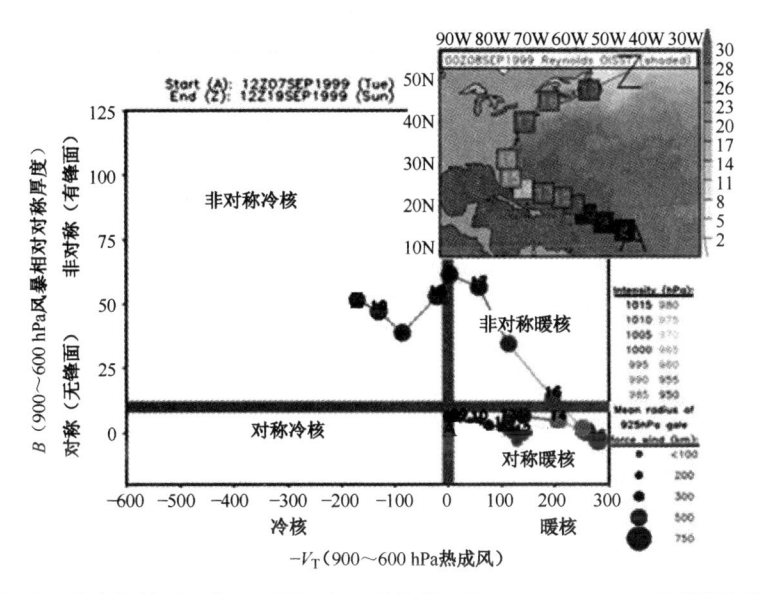

图 16.5　热带气旋温带变性的不同轨迹图解。(a) 弱热带风暴 Earl（1992 年）的缓慢变性；(b) 登陆飓风 Hugo（1989 年）的快速变性；(c) 大型飓风 Floyd（1999 年）的缓慢变性。变性的开始时刻和结束时刻分别在图中进行了标记，其中，"A" 表示开始，"Z" 表示结束，并每隔 6 小时标注一个符号用于指示分析时间。为清楚起见，在 0000UTC 的位置标有日期 [除 (a) 图外]。符号的颜色表示强度（白色>1010 hPa，黑色<970 hPa）。(a) 图和 (b) 图基于 ERA 中期再分析数据进行分析，(c) 图使用美国海军作战全球大气业务预报系统（NOGAPS）再分析数据进行分析 [由 R. Hart（佛罗里达州立大学，2011 年，个人通信）提供]（续）

根据纵坐标上 900~600 hPa 风暴相对热成风的值（这决定了风暴内核是冷还是暖），以及纵坐标上同一厚度层内风暴相对热力对称性的值（这决定了风暴是对称的还是非对称的），将相空间图分为 4 个象限。在其生命周期的任何给定点上，风暴可以根据其特征所处的象限分为非对称冷核系统、对称冷核系统、非对称暖核系统或对称暖核系统。

16.4　飓风的强度

16.4.1　角动量原理

在地球上的球坐标系中，单位质量空气的角动量 M 写为

$$M = ua\cos\varphi + \Omega a^2 \cos^2\varphi$$

式中，u 是纬向风分量，a 是地球半径，φ 是纬度，Ω 是地球自转角速度。在不考虑摩擦力和气压梯度力的情况下，空气块角动量守恒，即 $\dfrac{dM}{dt}=0$。假设角动量不变，则动量方程中的气压梯度力和摩擦力都将减小。但在实际大气中，角动量是不守恒的，因为气压梯

度力和摩擦力通常是不可忽略的。为了分析飓风的角动量，可以导出以飓风中心为原点的局地柱坐标系中的角动量表达式，可以写成

$$M = u_\theta r + \frac{f_0 r^2}{2}$$

式中，u_θ 为切向风，f_0 是科里奥利参数（假定飓风尺度不变）。角动量原理可以直接用于解释飓风中的最大风速现象，因此，它应该被视为理解飓风强度问题的核心。我们将在下面的章节对此进行说明。

16.4.2 局地柱坐标系

运动方程可以通过下列方法由笛卡儿（x,y）切平面变换为柱坐标（r,θ）。

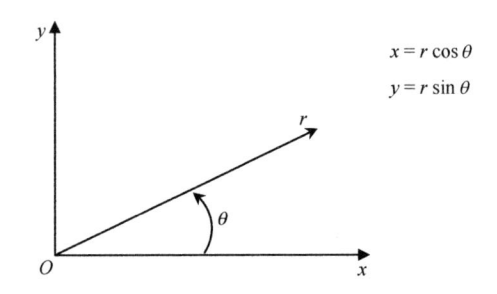

$$x = r\cos\theta$$
$$y = r\sin\theta$$

径向速度 u_r 和切向速度 u_θ 可以表示为

$$u_r = \frac{\mathrm{d}r}{\mathrm{d}t}, \qquad u_\theta = r\frac{\mathrm{d}\theta}{\mathrm{d}t} \tag{16.10}$$

它们可以通过以下方式建立与 u 和 v 的关系：

$$u = \frac{\mathrm{d}x}{\mathrm{d}t} = \frac{\mathrm{d}}{\mathrm{d}t}(r\cos\theta) = \frac{\mathrm{d}r}{\mathrm{d}t}\cos\theta - r\sin\theta\frac{\mathrm{d}\theta}{\mathrm{d}t} = u_r\cos\theta - u_\theta\sin\theta \tag{16.11}$$

$$v = \frac{\mathrm{d}y}{\mathrm{d}t} = \frac{\mathrm{d}}{\mathrm{d}t}(r\sin\theta) = \frac{\mathrm{d}r}{\mathrm{d}t}\sin\theta + r\cos\theta\frac{\mathrm{d}\theta}{\mathrm{d}t} = u_r\sin\theta + u_\theta\cos\theta \tag{16.12}$$

利用这些关系，我们还可以得到

$$\frac{\mathrm{d}u}{\mathrm{d}t} = \frac{\mathrm{d}u_r}{\mathrm{d}t}\cos\theta - u_r\sin\theta\frac{\mathrm{d}\theta}{\mathrm{d}t} - \frac{\mathrm{d}u_\theta}{\mathrm{d}t}\sin\theta - u_\theta\cos\theta\frac{\mathrm{d}\theta}{\mathrm{d}t} \tag{16.13}$$

$$\frac{\mathrm{d}v}{\mathrm{d}t} = \frac{\mathrm{d}u_r}{\mathrm{d}t}\sin\theta + u_r\cos\theta\frac{\mathrm{d}\theta}{\mathrm{d}t} + \frac{\mathrm{d}u_\theta}{\mathrm{d}t}\cos\theta - u_\theta\sin\theta\frac{\mathrm{d}\theta}{\mathrm{d}t} \tag{16.14}$$

如果我们让 x 轴与 r 重合，令 $\theta = 0$ 作为参考方位角，那么 $\cos\theta = 1$，$\sin\theta = 0$，式（16.13）和式（16.14）简化为

$$\frac{\mathrm{d}u}{\mathrm{d}t} = \frac{\mathrm{d}u_r}{\mathrm{d}t} - u_\theta\frac{\mathrm{d}\theta}{\mathrm{d}t} = \frac{\mathrm{d}u_r}{\mathrm{d}t} - \frac{u_\theta^2}{r} \tag{16.15}$$

$$\frac{\mathrm{d}v}{\mathrm{d}t} = \frac{\mathrm{d}u_\theta}{\mathrm{d}t} + u_r\frac{\mathrm{d}\theta}{\mathrm{d}t} = \frac{\mathrm{d}u_\theta}{\mathrm{d}t} + \frac{u_r u_\theta}{r} \tag{16.16}$$

从切平面方程出发，有

$$\frac{\mathrm{d}u}{\mathrm{d}t} = fv - \frac{1}{\rho}\frac{\partial p}{\partial x} + F_x \tag{16.17}$$

$$\frac{\mathrm{d}v}{\mathrm{d}t} = fu - \frac{1}{\rho}\frac{\partial p}{\partial y} + F_y \tag{16.18}$$

代入式（16.15）和式（16.16）的变换，在（r,θ,z,t）坐标系下得到

$$\frac{\mathrm{d}u_r}{\mathrm{d}t} - \frac{u_\theta^2}{r} = fu_\theta - \frac{1}{\rho}\frac{\partial p}{\partial r} + F_r \tag{16.19}$$

$$\frac{\mathrm{d}u_\theta}{\mathrm{d}t} + \frac{u_r u_\theta}{r} = -fu_r - \frac{1}{\rho}\frac{\partial p}{r\partial \theta} + F_\theta \tag{16.20}$$

或者在（r,θ,p,t）坐标系下我们得到

$$\frac{\mathrm{d}u_r}{\mathrm{d}t} - \frac{u_\theta^2}{r} - fu_\theta = -g\frac{\partial z}{\partial r} + F_r \tag{16.21}$$

$$\frac{\mathrm{d}u_\theta}{\mathrm{d}t} + \frac{u_r u_\theta}{r} + fu_r = -g\frac{\partial z}{r\partial \theta} + F_\theta \tag{16.22}$$

在（r,θ,p,t）坐标系下的全导数形式可以写为

$$\frac{\mathrm{d}}{\mathrm{d}t} = \frac{\partial}{\partial t} + u_\theta\frac{\partial}{r\partial \theta} + u_r\frac{\partial}{\partial r} + \omega\frac{\partial}{\partial p} \tag{16.23}$$

在（r,θ,z,t）坐标系下的全导数形式可以写为

$$\frac{\mathrm{d}}{\mathrm{d}t} = \frac{\partial}{\partial t} + u_\theta\frac{\partial}{r\partial \theta} + u_r\frac{\partial}{\partial r} + w\frac{\partial}{\partial z} \tag{16.24}$$

16.4.3 力矩

最好在（r,θ,z,t）坐标系下研究角动量问题，因为未来高分辨率的飓风模拟将在很大程度上采用高分辨率的非静力微物理模式。将切向运动方程式（16.11）乘以r，并注意到$u_r = \frac{\mathrm{d}r}{\mathrm{d}t}$，则可以得到

$$\frac{\mathrm{d}}{\mathrm{d}t}\left(u_\theta r + \frac{fr^2}{2}\right) = -\frac{1}{\rho}\frac{\partial p}{\partial \theta} + F_\theta r$$

这是局地柱坐标系下的角动量方程。单位质量空气的角动量（$M = u_\theta r + \frac{f_0 r^2}{2}$）受到气压力矩（$-\frac{1}{\rho}\frac{\partial p}{\partial \theta}$）和摩擦力矩（$F_\theta r$）的影响，其中，摩擦力矩是角动量变化和飓风强度问题的核心。

16.4.4 飓风中的角动量场是什么样的

图 16.6（a）显示了 1998 年飓风 Bonnie 在 850 hPa 高度的切向风速度 u_θ；图 16.6（b）显示了同一高度上的角动量 $M = u_\theta r + \dfrac{f_0 r^2}{2}$。大的角动量位于飓风中心之外，当向飓风中心移动时，角动量减小。

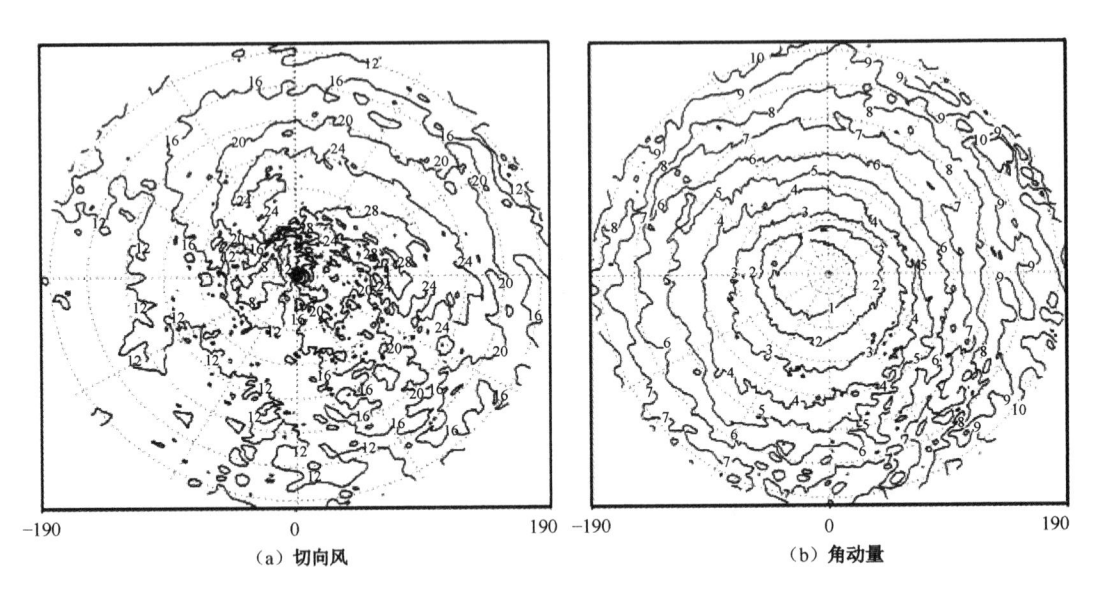

图 16.6　1998 年 8 月 24 日飓风 Bonnie 在 850 hPa 高度的切向风（单位：m s^{-1}）和角动量（单位：10^{-6} m^2 s^{-1}）

我们可以通过 r-p 横截面图展示飓风的角动量分布。如图 16.7 显示了 1964 年 10 月 1 日飓风 Hilda 的方位角平均角动量的垂直横截面。很明显，在对流层下部空气块自外向飓风中心流入过程中，角动量减小，即 $\dfrac{\mathrm{d}M}{\mathrm{d}t} \neq 0$。在对流层低层，半径 $r = 80$ nmi（1 nmi=1.852 km）处的角动量高达 42 nmi^2 h^{-1}，而在半径 $r = 20$ nmi 处的角动量约为 16 nmi^2 h^{-1}。这说明沿对流层低层入流通道，角动量有很大的损失。然而，在 200 hPa 附近的外流层中，似乎更满足角动量守恒。需要注意的是，当流入的空气块到达最大风速区域时，其角动量损失高达 60%。是什么在减小角动量 M？很明显，是气压力矩和摩擦力矩在起作用。其中，摩擦力矩对流入空气块的角动量的消耗贡献最大。摩擦力矩 $F_\theta r$ 有两个重要的分量，一个分量与表面摩擦力有关，另一个分量与内部摩擦力有关。这将在以下两部分中进行说明。

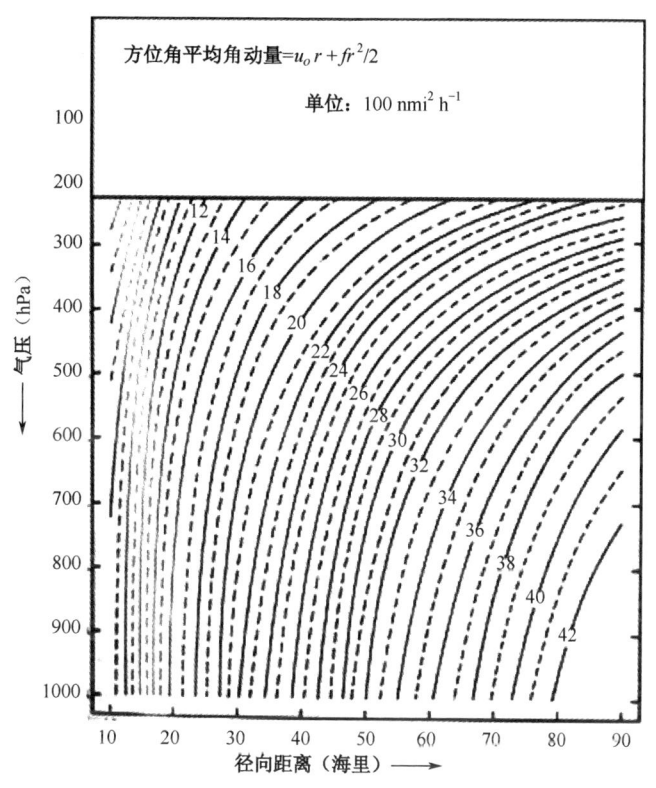

图 16.7　移动中风暴的方位角平均角动量的垂直横截面（飓风 Hilda，1964 年 10 月 1 日；引自 Hokins 和 Rubsam，1968）

16.4.5　云力矩

云力矩是飓风内部摩擦力矩的主要组成部分。当空气块在对流层低层从外部进入飓风内部时，它会遇到大量的云体——浅积云、晴空积云、高耸的积云和积雨云。这些都是小尺度的云，其尺度为几千米或更小。在这些云中，每个云体内都有垂直运动，它们可以在云中的某些区上升，并在上升区周围下沉。这里，用上标"'"表示相对于大尺度平均场（用"‾"表示）的扰动。这些上升运动和下沉运动（与中尺度飓风模式中的几千米网格尺度相比，被视为次网格尺度）携带角动量的上升通量或下沉通量。净的角动量通量的垂直散度通常由大尺度向内运动的空气块来表示。垂直通量散度用 $r\dfrac{\partial}{\partial z}\overline{w'u'_\theta} > 0$ 来表示：在角动量方程中，这个摩擦项是较大网格尺度运动的雷诺应力项，即 $\left(\dfrac{\mathrm{d}M}{\mathrm{d}t}\right)_{\text{clouds}} = -r\dfrac{\partial}{\partial z}\overline{w'u'_\theta}$。在雷诺应力项符号为负的情况下，次网格尺度角动量通量的垂直通量散度导致流入空气块角动量减小，即 $\dfrac{\mathrm{d}M}{\mathrm{d}t} < 0$。

利用云分辨中尺度非静力模式的云微物理过程方案，可以显式计算上述次网格尺度过程，但是，从飞机观测中直接得到这些角动量通量还是很困难的，因为它需要对同一云体的两个不同高度同时进行采样。数值模式似乎是目前获得角动量通量估计的唯一途径。

图 16.8 的 4 幅图分别显示了垂直速度、两个相邻垂直高度处（500 hPa 和 600 hPa）的垂直涡动通量（$\overline{w'u'_\theta}$），以及大尺度气流中的空气块遭遇中尺度对流云后沿某一轨迹的云力矩 $-r\frac{\partial}{\partial z}\overline{w'u'_\theta}$。在以云水混合比作为模式因变量的微物理模式中，通过识别云水混合比超过 0.2 g kg^{-1} 的区域，可以很容易地推断出云的范围。让人们感兴趣的是，当一个空气块跟随大尺度气流穿过一个中尺度对流系统时，角动量会发生什么变化呢？如图 16.8 所示，当空气块穿过云体时，遇到较大的负云力矩 $-r\frac{\partial}{\partial z}\overline{w'u'_\theta}$。这些较大的负云力矩导致空气块角动量减小。如果空气块最终获得的角动量是已知的，那么根据角动量的定义，可以很容易地计算出相应的切向风速，即 $u_\theta = \frac{1}{r}\left(M - \frac{f_0 r^2}{2}\right)$。表 16.1 显示了沿穿过云体的流线观测到的角动量和切向风速的变化。

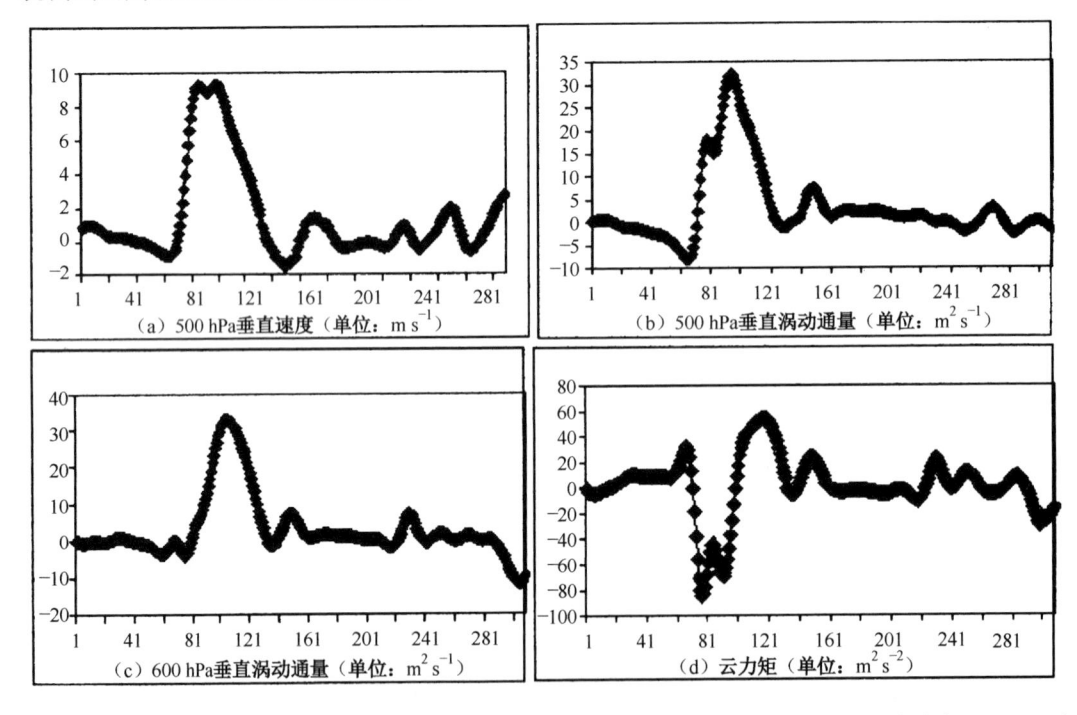

图 16.8 1998 年飓风 Bonnie 预报模式积分第 48~49 小时每个时间步长计算的 500 hPa 垂直速度、500 hPa 垂直涡动通量、600 hPa 垂直涡动通量、云力矩（引自 Krishnamurti 等，2005）

如表 16.1 所示，当空气块穿越云体时，M 减小 4 nmi^2 h^{-1}。当径向距离 r 从 40 nmi 减小到 35 nmi 时，u_θ 从 110 kt 增大到 114 kt。在完全没有摩擦力矩的情况下，M 在云体中守恒，u_θ 从 110 kt 增大到 121 kt，这表明飓风强度对云力矩非常敏感。如果在入流通道上没有云，切向风速将迅速增大；相反，如果沿流入通道分布着大量云体，则飓风强度可能会减弱。

表 16.1　飓风中空气块沿穿过云体的流线观测到的角动量和切向风速及其
与满足角动量守恒假设的理论值的比较

径向半径	穿过云体		假设角动量守恒	
	M（nmi^2 h^{-1}）	u_θ（kt）	M（nmi^2 h^{-1}）	u_θ（kt）
$R_1=40$	32	110	32	110
$R_2=35$	28	114	32	121

16.4.6　表面摩擦力矩

表面摩擦力矩可以通过表面切向风速，使用基于修正的总体空气动力学公式来估算，该公式为 $(F_\theta)_{\text{SFC}} = -\dfrac{1}{\rho}\dfrac{\partial \tau_\theta}{\partial z}$，其中

$$\tau_\theta = \rho C_\text{D} u_\theta \sqrt{u_\theta^2 + v_\theta^2} = \rho C_\text{D} u_\theta |U|$$

式中，C_D 是地面风速的函数，通常被参数化为

$$C_\text{D} = \begin{cases} C_{\text{D}0} = 1.1\times 10^{-3}, & |U| < 5.8 \text{ m s}^{-1} \\ C_{\text{D}0} \times (0.74 + 0.046|U|), & 5.8 \text{ m s}^{-1} \leqslant |U| \leqslant 16.8 \text{ m s}^{-1} \\ C_{\text{D}0} \times (0.94 + 0.034|U|), & |U| > 16.8 \text{ m s}^{-1} \end{cases}$$

给定表面应力 τ_θ，我们可以计算摩擦力矩引起的角动量变化，即 $\left(\dfrac{\text{d}M}{\text{d}t}\right)_{\text{SFC}} = -\dfrac{r}{\rho}\dfrac{\partial \tau_\theta}{\partial z}$。在气旋性风区，$\tau_\theta$ 为正。在近地层内，风速随高度的上升而增大，因此 τ_θ 的垂直梯度也为正，故有 $-\dfrac{r}{\rho}\dfrac{\partial \tau_\theta}{\partial z} < 0$。也就是说，当气块通过强切向表面风应力区域（强表面风区域）时，表面摩擦力矩导致角动量减小。这种角动量的减小通常很小，其减小值约为云力矩所带来的角动量减小值的 20%~25%。

16.4.7　什么是角动量常数廓线

图 16.9 显示了 2003 年 9 月 14 日飓风 Isabel（黑线）平均方位角的近地层切向风随半径的分布。如果 $r = r_0$ 处的外围空气块向内移动，保持其角动量 M_0 守恒，则其在小 r 处的切向风速将远高于实际观测到的风速，我们将在这里说明这一点。让我们考虑一个起始半径 r_0 和任意较小半径 r，假设起点处的切向风速已知并等于 $u_{\theta 0}$，那么半径 r 处的切向风速 u_θ 是多少呢？如果假设角动量守恒，则可以写出

$$M_0 = u_{\theta 0} r_0 + \dfrac{fr_0^2}{2} = u_\theta r + \dfrac{fr^2}{2}$$

可求解半径 r 处切向风速 u_θ 的表达式为

$$u_\theta = \frac{u_{\theta 0} r_0 + \dfrac{f(r_0^2 - r^2)}{2}}{r}$$

我们现在可以把u_θ看作r的函数，假设在无摩擦力和无力矩的环境中，根据角动量守恒原理，从r_0开始，切向风速为$u_{\theta 0}$的空气块到达r时将获得的理论切向风速。图16.9中的灰线说明以观测到的r_0处的切向风速$u_{\theta 0}=5\,\mathrm{m\,s^{-1}}$的空气块为起点，计算得到的理论切向风速随半径的变化。然而，实际廓线和由假设条件计算得到的理论廓线之间的差异相当大，这意味着力矩对飓风角动量的影响相当显著。在最大风速半径以外的较大半径处，两条廓线之间的差异是由外部云力矩和表面摩擦效应引起的；在接近最大风速半径以外的较小半径区域，受与眼墙相关的云力矩作用的影响，这种差异特别大。

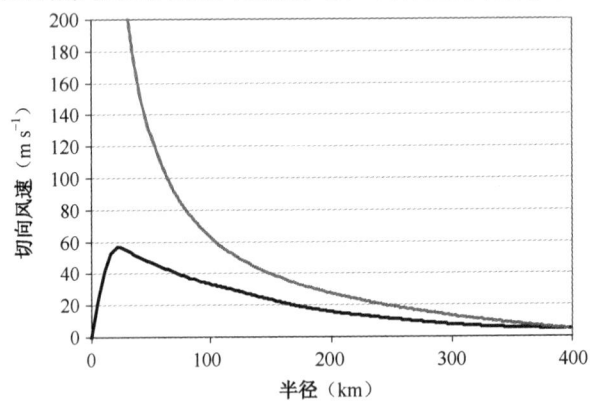

图 16.9 观测到的飓风 Isabel（2003 年 9 月 14 日世界时 19:30）表面切向风速随半径的变化（单位：$\mathrm{m\,s^{-1}}$，黑线），以及通过角动量守恒原理获得的理论廓线（灰线；该廓线假设半径 400 km 处的切向风速为 $5\,\mathrm{m\,s^{-1}}$）

16.4.8　气压力矩

在角动量变化方程中，气压力矩用$-\dfrac{1}{\rho}\dfrac{\partial p}{\partial \theta}$表示，这意味着气压力矩由气压的方位变化决定。气压的方位变化通常很小，因为飓风中大部分的等压线都是同心圆。然而，这种轴对称性并不是绝对的。气压场与其方位角平均值的差异，即与轴对称的偏离，体现出一种被称为β涡旋的特征结构。其包括风暴右侧的高压异常（相对于风暴的运动）和风暴左侧的低压异常。这个涡旋对的气压约为几百帕，被称为涡旋对是因为在平均方位角运动方程中，体现为空气块加速度和β项之间的平衡，涡旋体现为1波非对称，对飓风的总力矩没有太大的影响。

另一种可能是非静力气压异常引起的大气压力矩。在大型的积雨云中，单个云体的尺度上可能有 3~4 hPa 的非静力气压。它们总是以偶极子的形式出现在气压梯度中，即大的正值后面跟着负值。因此，在空气块运动之后，这些正负力矩往往会在比云更大的尺度上相互抵消。因此，非静力气压异常对于飓风角动量的主要变化并不重要。

图 16.10 展示了在飓风 Bonnie（1998 年）中空气块的三维后向轨迹，其是用风暴相对坐标中的运动场来构造的（Krishnamurti 等，2005）。图 16.10 显示，850 hPa 的空气块来自 3 天前的 336 hPa 高度处。空气块通常从对流层上部下沉到 850 hPa 高度。表 16.2 中还计算了云力矩和摩擦力矩对空气块总角动量收支的贡献。从表 16.2 中可以看出，气压力矩、摩擦力矩和云力矩引起的角动量变化约为 10^6 m^{2}s^{-1}。气压力矩引起的净角动量变化通常为负，表示空气块在大部分时间内都在向 $r=0$ 移动。摩擦力矩（不包括云力矩）引起的角动量变化是由水平扩散和垂直扩散引起的，在 850 hPa 以上相对较小。

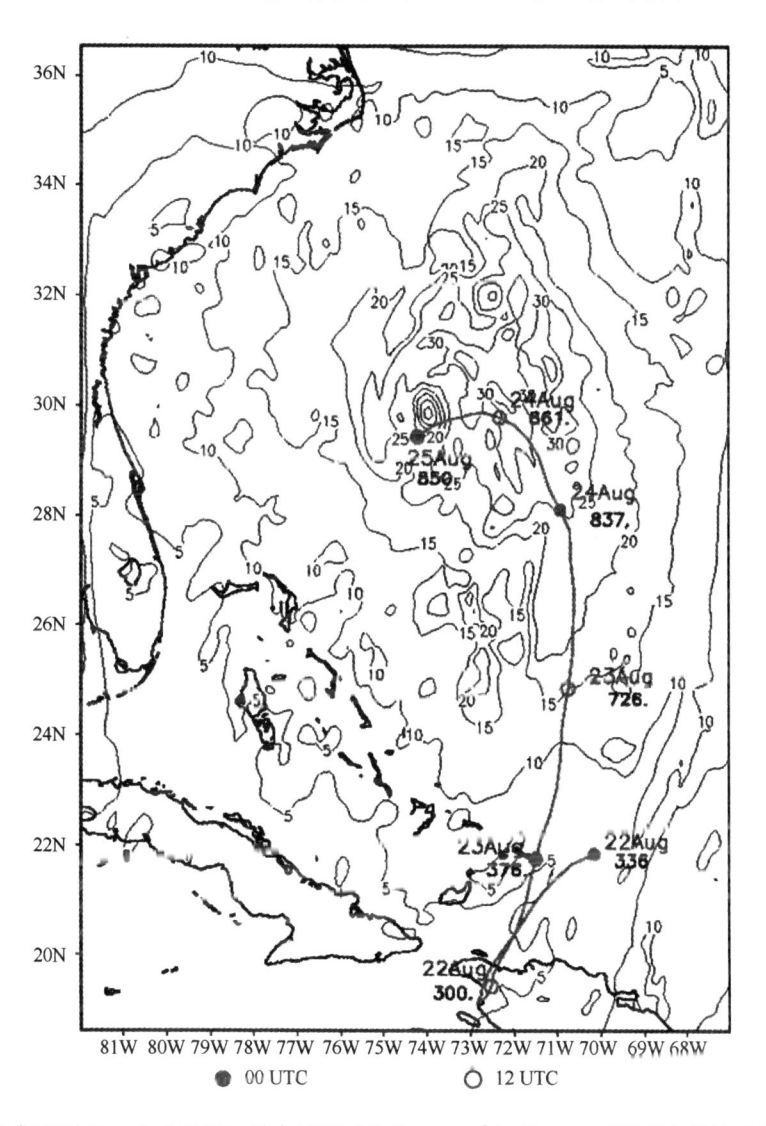

图 16.10　1998 年飓风 Bonnie 850 hPa 最大风速（单位：m s^{-1}）的 72 h 三维后向轨迹（灰色）。图中，等值线表示模式预报第 72 小时的风场分布（引自 Krishnamurti 等，2005）

表 16.2　1998 年 Bonnie 飓风自 850 hPa 最大风速处计算的 72 小时三维后向轨迹不同位置的力矩引起的角动量变化（单位：m² s⁻¹）（来自 Krishnamurti 等，2005）

预报时长	00 小时	12 小时	24 小时	36 小时	48 小时	60 小时	72 小时
850 hPa 最大风速位置	20.74N	22.58N	25.56N	25.17N	26.60N	27.65N	29.48N
	68.32W	69.95W	68.91W	70.81W	71.37W	72.36W	72.12W
气块所在高度（hPa）	336	300	376	726	837	861	850
角动量 M（×10⁶）	74.54	65.31	53.84	45.10	34.86	21.05	12.41
总的角动量变化 ΔM（×10⁶）	—	−9.23	−11.47	−8.14	−10.24	−13.81	−8.64
气压力矩引起的角动量变化 ΔMPT（×10⁶）	—	−2.47	−3.17	−3.46	−2.69	−3.20	−3.66
摩擦力矩引起的角动量变化 ΔMFT（×10⁶）	—	−0.8	−1.35	−1.59	−3.39	−4.9	−3.2
云力矩引起的角动量变化 ΔMCT（×10⁶）	—	−5.96	−6.95	−3.09	−4.16	−5.71	−1.78

16.4.9　内强迫与外强迫

人们经常提到对流的大规模爆发可能是热带气旋形成的前兆。我们不禁要问，外部的角动量究竟有多么必要和重要？如果在半径 r_c 以外没有外部环流，内部对流是否还会爆发，并发展成 TS 或 CAT1、CAT2、CAT3 飓风？表面摩擦力矩、气压力矩和云力矩（甚至与基于角动量守恒的环流差异）消耗外部的角动量方面的有限经验表明，这些力矩通常会消耗 20%～50% 的外部的角动量。如果这样的消耗存在，那么要想在 30 km 的半径处看到给定强度的闭合环流，则至少要在多远的半径处就开始向内运动？对这个问题的回答将为外部影响的范围提供粗略的衡量标准。

为此，我们使用方程组

$$M_F = U_F R_F + f R_F^2 / 2$$
$$M_S = f R_S^2 / 2$$

式中，M_F、U_F 和 R_F 分别是最终（半径 30 km 处）角动量、切向风速和半径，M_S 和 R_S 是起始角动量和半径。

我们假设起始切向风速可以忽略不计，起始角动量和最终角动量之间的关系为

$$M_F = M_S \exp\left[\alpha(R_F - R_S)\right]$$

式中，α 是指数衰减系数。如果角动量没有损失，则 $\alpha = 0$。

设 γ 是每 100 km 的角动量损失率，$\alpha = -\dfrac{\ln(1-\gamma)}{100 \text{ km}}$。这个问题的解以两条曲线和交点的半径 R 表示。若 γ 取 0.2、0.4 和 0.6，则可以得到在 $r = 30$ km 处形成 TS 和 CAT3 风暴的解（见图 16.11）。

图 16.11（a）显示了假设半径 30 km 处强度为 17 m s⁻¹ 的热带风暴情况下的解。图中的线表示角动量 M 是半径 R 的函数。给定不同的 γ 值，并受约束，则从图 16.11（a）中我们可以看出，如果一个空气块每 100 km 的径向距离损失 20% 的角动量，那么它必须从 140 km 以外的地方开始向内运动；如果损失 40% 的角动量，那么它必须从大约 170 km 以外的地

方开始向内运动；如果损失了 60% 的角动量，这个问题就没有解了，因为无论空气块开始向内运动的距离有多远，它都无法保持足够的角动量，并在 30 km 处产生热带风暴等级的强风。图 16.11（b）类似，但假设 30 km 处的风场强度达到 3 级飓风（风速达 50 m s^{-1}）。在这种情况下，一个空气块必须从 260 km 的半径处开始向内运动，才能保持足够的角动量，在每 100 km 角动量损失 20% 的情况下，在 30 km 处达到 3 级飓风强度。如果角动量损失率超过 40% 或以上，这个问题同样就无解了。

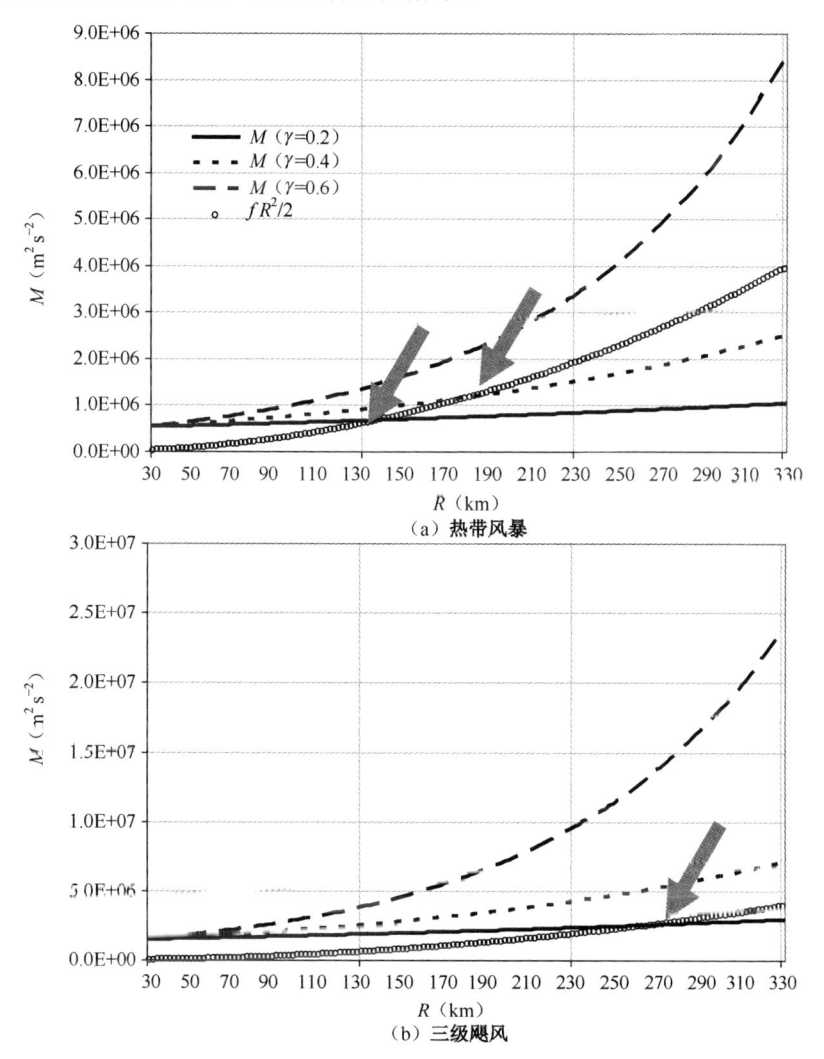

（a）热带风暴

（b）三级飓风

图 16.11 说明如果要看到热带风暴（TS）或三级（CAT3）飓风的闭合环流，外围的起始点必须离 30 km 半径有多远。对于不同的角动量损失率，解由 $M = fR^2/2$ 和 $M_F = M_S \exp[\alpha(R - R_S)]$ 的交点给出，当解存在时，用灰色粗箭头标记

这项研究表明，随着越来越多的力矩效应改变飓风强度，气旋的环流范围越来越大，但如果力矩太大，外部的角动量的涌入就不能成为风暴增强的机制。这也是一个间接的证据，它表明外部影响对飓风强度来说虽然是必要的，但还不够。

16.4.10 涡旋热塔

有观测证据表明，在一些强烈的飓风中，沿着飓风眼壁的内半径存在涡旋热塔。涡旋热塔是独立发展的高积雨云，它们在云尺度上具有最大的气旋性涡度并伴有旋转。这些高积雨云在其垂直结构中基本上是湿绝热的，不会将环境中的干燥空气卷入云内，因此是"独立发展的"。这些云团往往在眼壁的气旋切变一侧爆发，伴随着强烈的上升运动、较强的水平辐合，并产生云尺度的局地强涡度。沿这些半径（距飓风中心 10~30 km）的方位角，在大西洋的一些更强烈的风暴中，卫星云图和雷达图像中都发现了 3~5 次这样的涡旋热塔。图 16.12 显示了飓风 Isabel 眼壁内侧的多边形特征，此时该飓风为 5 级飓风。很明显这是一个非正压事件，因为涡度的局地增强非常明显。这种多边形特征的形成归因于快速的气旋性气流的正压不稳定性。强的对流加热和对流层低层大量辐合是我们理解这些涡旋热塔形成机理的重要因素。由于正压动力学与强加热、强辐散共存，用纯正压模式来论证这些特征的形成是不充分的，因此任何关于正压形成的结论都必须允许正压动力学在完全斜压系统中与加热共同演化，然后对所有可能的影响进行适当的划分，而且应该适当重视正压强迫的作用，因为整个系统是允许充分发展的。关于这些多边形特征的主要问题需要进一步研究。为什么它们似乎只在非常强的风暴中形成，并且主要在大西洋海域出现？太平洋和印度洋海域上的许多超强台风的卫星云图中并没有显示出这种多边形特征。

图 16.12 2003 年 9 月 12 日 13 时 15 分国防气象卫星计划（DMSP）监测的飓风 Isabel 的图像。该图像显示飓风眼中有 6 个类似海星图案的中尺度涡旋。图中所示飓风 Isabel 处于波数 5 的瞬态阶段，其最终稳定在波数 4 的阶段（引自 Kossin 和 Schubert，2004）

16.4.11 涡旋 Rossby 波

在半径大约不到 100 km 的飓风内雨带区，已经注意到类似 Rossby 波的传播现象。通过获取该区域的风场数据，并在给定半径上进行傅里叶分析，就得到不同波数的风场。Montgomery 和 Kallenbach（1997）首先发现了这种现象。他们从模型中注意到，轴对称化是由于飓风内核区 1 个或多个涡旋热塔中激发出涡旋 Rossby 波，从而有助于飓风加强而发生的。涡旋 Rossby 波一旦形成，就必须在多云的辐散大气中传播，并且其会不断受到非正压效应的影响。波数 1 和波数 2 显示了该区域的最大振幅。波数 1 可能与飓风内水平风的垂直切变有关，而波数 2 可能与来自强对流区域的 Rossby 波的传播有关。

Shapiro 和 Montgomery（1993）的研究表明，涡旋 Rossby 波在方位角和径向都有传播，并同时沿垂直方向传播，传播距离与波数成反比。Wang（2002）指出，眼壁的形状受到涡旋 Rossby 波和气旋性旋转的多边形眼壁传播的影响。它会引发向外传播的内螺旋雨带，并导致眼壁破裂。当眼壁受到外螺旋雨带的扰动时，热带气旋的强度也随之发生变化。

附录 1　切变涡度到曲率涡度的转换

切变涡度向曲率涡度的转换是形成闭合环流的重要参数之一。在自然坐标系中，曲率涡度和切变涡度的变化率可以（分别）根据 Bell 和 Keyser（1993）、Viudez 和 Haney（1996）的工作写为

$$\frac{\mathrm{d}}{\mathrm{d}t}\left(f+V\frac{\partial\alpha}{\partial s}\right)=-\frac{\partial V}{\partial s}\frac{\mathrm{d}\alpha}{\mathrm{d}t}-\frac{\partial}{\partial n}\left(\frac{\partial\phi}{\partial s}\right)-\left(f+V\frac{\partial\alpha}{\partial s}\right)\nabla_p\cdot V-V\frac{\partial\omega}{\partial s}\frac{\partial\alpha}{\partial p} \quad (16.25)$$

$$\frac{\mathrm{d}}{\mathrm{d}t}\left(-\frac{\partial V}{\partial n}\right)=\frac{\partial V}{\partial s}\frac{\mathrm{d}\alpha}{\mathrm{d}t}+\frac{\partial}{\partial n}\left(\frac{\partial\phi}{\partial s}\right)-\left(-\frac{\partial V}{\partial n}\right)\nabla_p\cdot V+\frac{\partial\omega}{\partial n}\frac{\partial V}{\partial p} \quad (16.26)$$

绝对涡度的趋势方程可以写为

$$\frac{\mathrm{d}}{\mathrm{d}t}\left(f+V\frac{\partial\alpha}{\partial s}-\frac{\partial V}{\partial n}\right)=-\left(f+V\frac{\partial\alpha}{\partial s}-\frac{\partial V}{\partial n}\right)\nabla_p\cdot V-V\frac{\partial\omega}{\partial s}\frac{\partial\alpha}{\partial p}+\frac{\partial\omega}{\partial n}\frac{\partial V}{\partial p} \quad (16.27)$$

式中，V 和 ϕ 分别表示标量风和位势，α 是速度矢量相对于 x 轴的夹角（逆时针方向为正）。式（16.27）等号右侧的第一项和第二项描述了切变涡度和曲率涡度之间的转换。Dell 和 Keyser（1993）还给出了笛卡儿坐标系中切变曲率转换项的计算形式：

$$\frac{\partial V}{\partial s}=\frac{1}{V^2}\left[\left(u^2 u_x+v^2 v_y\right)+uv\left(v_x+u_y\right)\right] \quad (16.28)$$

$$\frac{\mathrm{d}\alpha}{\mathrm{d}t}=\frac{1}{V^2}\left(v\phi_x-u\phi_y\right) \quad (16.29)$$

$$\frac{\partial}{\partial n}\left(\frac{\partial\phi}{\partial s}\right)=\frac{1}{V^2}\left[\left(u^2-v^2\right)\psi_{xy}-uv\left(\phi_{xx}-\phi_{yy}\right)\right]+$$
$$\frac{uv}{V^4}\left[\left(v_x+u_y\right)\left(v\phi_x-u\phi_y\right)+vu_x\phi_y-uv_y\phi_x\right] \quad (16.30)$$
$$\frac{1}{V^4}\left(u^3 v_y\phi_y-v^3 u_x\phi_x\right)$$

对于任何试图使用基于经纬度坐标的数据集对这些变量进行编程的人来说，这些都是

重要的方程。

这些方程并不是仅将切变涡度转换为曲率涡度的正压方程。它们来自完整的方程,因此包括斜压效应和非绝热效应的影响。最重要的是要认识到,在这个数学公式中,切变涡度—曲率涡度运动学也受到非正压效应的影响。

原著参考文献

Bell, G. D., Keyser, D. Shear and curvature vorticity and potential-vorticity interchanges: Interpretation and application to a cutoff cyclone event. Mon. Wea. Rev., 1993, 121, 76-102.

Evans, J. L., Hart, R. E. Objective indicators of the life cycle evolution of extratropical transition for Atlantic tropical cyclones. Mon. Weather Rev., 2003, 131, 909-925.

Fiorino, M., Elsberry, R. L. Some aspects of vortex structure related to tropical cyclone motion. J. Atmos. Sci., 1989, 46, 975-990.

Hart, R. E. A cyclone phase space derived from thermal wind and thermal asymmetry. Mon. Weather Rev., 2003, 131, 585-616.

Hawkins, H. F., Rubsam, D. T. Hurricane Hilda 1964. Mon. Wea. Rev., 1968, 96, 617-636.

Kasahara, A. The numerical prediction of hurricane movement with the barotropic model. J. Meteor., 1957, 14, 386-402.

Kasahara, A. The numerical prediction of hurricane movement with a two-level baroclinic model. J. Meteor., 1960, 17, 357-370.

Kossin, J. P., Schubert, W. H. Mesovortices in Hurricane Isabel. Bull. Am. Meteor. Soc., 2004, 85, 151-153.

Krishnamurti, T. N., et al. The hurricane intensity issue. Mon. Weather Rev., 2005, 133, 1886-1912.

Merrill, R. T. Tropical cyclone structure-chapter 2. In: Global Guide to Tropical Cyclone Forecasting, WMO/TC-No. 560, Report NO. TCP-31. World Meteorological Organization, Geneva, 1993.

Montgomery, M. T., Kallenbach, R. J. A theory for vortex Rossby-waves and its application to spiral bands and intensity changes in hurricanes. Q. J. Roy. Meteor. Soc., 1997, 123, 435-465.

Shapiro, L. J., Montgomery, M. T. A three-dimensional balance theory for rapidly rotating vortices. J. Atmos. Sci., 1993, 50, 3322-3335.

Viúdez, Á., Haney, R. L. On the shear and curvature vorticity equations. J. Atmos. Sci., 1996, 53, 3384-3394.

Wang, Y. Vortex Rossby waves in a numerically simulated tropical cyclone. Part II: The role in tropical cyclone structure and intensity changes. J. Atmos. Sci., 2002, 59, 1239-1262.

第 17 章

飓风模式与预报

17.1 引言

全球和区域中尺度模式都可以提供有关飓风结构、移动和发展演变的有用预报信息。其中，全球模式在热带地区的水平分辨率约为 80 km，垂直方向约为 25 层；中尺度模式目前的水平分辨率远低于 10 km，垂直方向超过 50 层。这些模式建立了一系列完整的物理参数化方案，如地表和行星边界层物理过程（用于传输过程）、积云参数化、大尺度凝结，以及云、水蒸气、二氧化碳和臭氧影响下的辐射传输、地表能量平衡、海气相互作用，包括地形和次网格尺度扩散过程等。

中尺度模式几乎总是嵌套在分辨率较低的模式中，例如，全球模式可以为飑线、飓风和锋面等中尺度现象提供局部较高的分辨率。大多数中尺度模式都有显式云微物理过程（而不是积云参数化）方案，用于最内层、最高分辨率的嵌套网格。这些显式云微物理方案使用了非静力模型。关于这种大尺度模式和中尺度模式的细节，读者可以参考有关数值预报模式和中尺度模式的文献，如 Haltiner 和 Williams（1980）、Pielke（2001）、Kalnay（2002）等。

这些数值预报模式已成为深入了解飓风等中尺度现象的演变过程、敏感性和发展机制的有力工具。用于天气预报服务的全球业务模式主要来自美国国家气象局（GFS）、美国海军（NOGAP）、澳大利亚气象研究中心（BMRC）、英国气象局（UKMET）、日本气象厅（JMA）、加拿大气象局（RPN）、欧洲中期天气预报中心（ECMWF）等。这些全球业务模式通常提供飓风、台风、热带气旋的路径和强度预报。

模式预报的台风路径是基于近地面最低海平面中心气压位置确定的，强度是根据地面或近地面的最大风速和最低海平面中心气压来估计的。

17.2 轴对称飓风模式

轴对称飓风模式是最简单的飓风模式之一。由于在这个模式中飓风没有移动，因此它不是一个预测模式，但它为了解飓风的结构提供了很好的途径。轴对称飓风模式最早由 Ooyama（1963）开发，随后 Rosenthal（1969）、Yamasaki（1968）、Lord 等（1984）对其进行了大量研究和改进。该模式非常适合研究初生弱涡旋的增长对物理过程参数化、初始场及微物理过程的敏感性。根据 Rao 和 Ashok（1999）的研究，轴对称飓风模式由以下方程组给出，该方程组采用以风暴中心为原点的柱坐标系（r, θ, z）表示。

径向风分量的运动方程：

$$\frac{\partial V_r}{\partial t} = -V_r\frac{\partial V_r}{\partial r} - w\frac{\partial V_r}{\partial z} + \left(f + \frac{V_\theta}{r}\right)V_\theta - \theta\frac{\partial \phi}{\partial r} + K\left(\nabla_1^2 - \frac{1}{r^2}\right)V_r + \frac{1}{\bar{\rho}}\frac{\partial \tau_r}{\partial z} \quad (17.1)$$

切向风分量的运动方程：

$$\frac{\partial V_\theta}{\partial t} = -V_r\frac{\partial V_\theta}{\partial r} - w\frac{\partial V_\theta}{\partial z} - \left(f + \frac{V_\theta}{r}\right)V_r + K\left(\nabla_1^2 - \frac{1}{r^2}\right)V_\theta + \frac{1}{\bar{\rho}}\frac{\partial \tau_\theta}{\partial z} \quad (17.2)$$

位温方程：

$$\frac{\partial \theta}{\partial t} = -V_r\frac{\partial \theta}{\partial r} - w\frac{\partial \theta}{\partial z} + \frac{1}{\bar{\rho}\phi}\left(M_c\frac{\partial s}{\partial z} + D(s_c - s - Ll_c)\right) + \frac{L}{\phi}C + K_\theta\nabla_1^2\theta \quad (17.3)$$

水汽守恒方程：

$$\frac{\partial q}{\partial t} = -V_r\frac{\partial q}{\partial r} - w\frac{\partial q}{\partial z} + \frac{1}{\bar{\rho}}\left(M_c\frac{\partial q}{\partial z} + D(q_c - q + l_c)\right) - C + K_q\nabla_1^2 q \quad (17.4)$$

质量连续方程：

$$\frac{\partial}{\partial z}\bar{\rho}w = -\frac{1}{r}\frac{\partial}{\partial z}\bar{\rho}rV_r \quad (17.5)$$

静力平衡方程：

$$\frac{\partial \phi}{\partial z} = -\frac{g}{\theta}, \quad \text{其中}\ \phi = C_p\left(\frac{p}{p_0}\right)^{R/C_p} \quad (17.6)$$

在这个系统中，V_r 和 V_θ 分别是径向风分量和切向风分量，w 是垂直速度，θ 是位温，q 是水汽混合比，$\phi = C_p\left(\frac{p}{p_0}\right)^{R/C_p}$；$f$ 为科里奥利参数；K 为水平湍流黏滞系数，K_θ 和 K_q 分别为温度和湿度的水平扩散系数；s 为干静力能，h 为湿静力能，l 为液态水的混合比；L 为凝结潜热，C 为单位体积的大尺度凝结，D 为给定高度的云团质量的总耗散量，M 为给定高度的总质量通量；下标"c"为云内的值；"-"为水平平均值。模式的边界条件是：区域中心和外边界的径向风分量和切向风分量为 0，区域顶部和底部的垂直速度 w 为 0，区域中心和边界的径向导数为 0。

为了说明这个模式的工作原理，我们展示了 Rao 和 Ashok（2001）的一些结果。设海面温度为 302 K，科里奥利参数 $f = 5\times10^{-5}\,\text{s}^{-1}$。他们得到了飓风中心气压和最大切向风速的 240 小时演变，以及 1 km 高度处切向风的半径—时间剖面图，如图 17.1 所示。

图 17.1（a）显示，飓风的初始海平面气压接近 1005 hPa。在积分 96 小时之后，它经历了一次快速下降，在积分第 160 小时达到了最低 880 hPa。图 17.1（b）显示，初始切向风速约为 $10\,\text{m s}^{-1}$，在积分第 144 小时增加到近 $90\,\text{m s}^{-1}$。切向风速的演变过程表现为强

风沿径向的传播。热带风暴的强风从风暴中心向外扩展到近 100 km；在初始积分后约 120 小时，在约 25 km 的径向距离处可看到最强的风［见图 17.1（c）］。以上表明，一个简单的模式可以模拟一个相对真实的轴对称飓风。

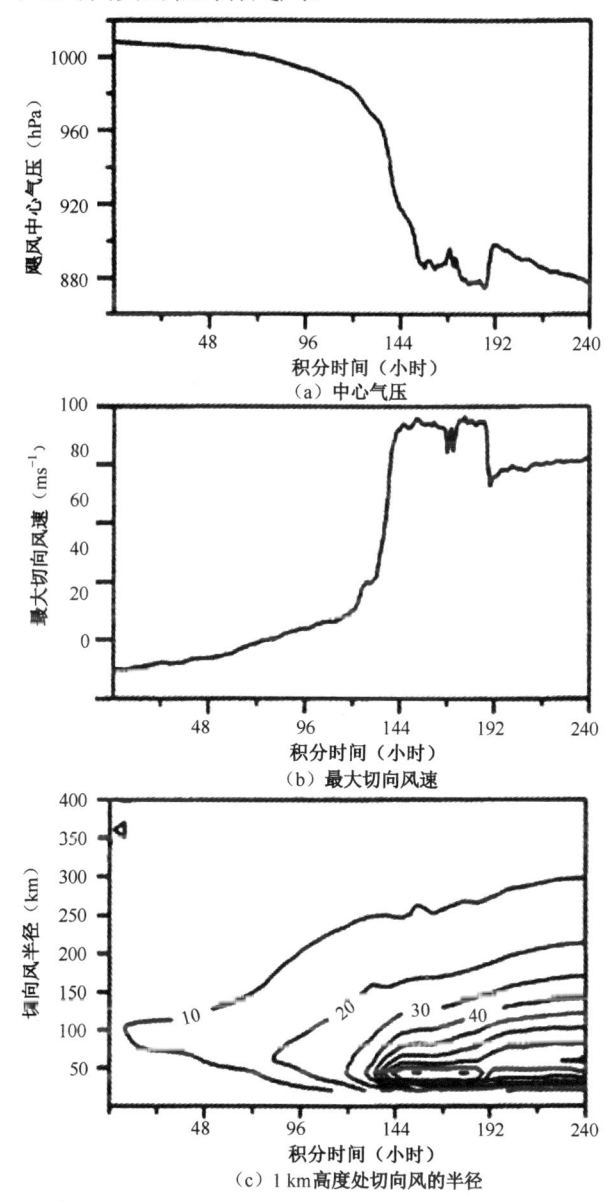

图 17.1 飓风中心气压、最大切向风速和 1 km 高度处切向风的半径—时间剖面的 240 小时演变（引自 Rao 和 Ashok，2001）

接下来我们将用轴对称飓风模式模拟成熟飓风的径向—垂直结构。图 17.2（a）～图 17.2（e）显示了以下结构：

（a）切向风，单位：$m\ s^{-1}$；

（b）径向风，单位：$m\ s^{-1}$；

(c) 垂直速度，单位：cm s^{-1}；

(d) 位温异常，单位：K；

(e) 相对湿度，单位：%。

同样，设海面温度为 302 K，科里奥利参数 $f = 5 \times 10^{-5} \mathrm{s}^{-1}$。在积分第 120 小时（成熟阶段），飓风强度达到 80 m s^{-1}。在半径 10 km 处，强切向风的等值线几乎垂直。

在位于约 16 km 高度的流出层中，径向风速达到 40 m s^{-1}（在实际大气中这不太可能）。在 0.5 km 高度以下有一个薄薄的流入层，这种流入似乎在很大程度上受到摩擦力控制。在飓风的真实结构中，经常可以看到更深的流入层（Hawkins 和 Rubsam，1968）。垂直速度剖面图显示，在距飓风中心约 15 km 的地方有最强烈的上升运动。在 $r = 0$ 附近，可以观察到较弱的垂直运动。最大垂直运动的量级约为 1 m s^{-1}。位温扰动显示在 12 km 附近有一个明显的暖核。在大多数真实的飓风中，暖核（温度异常）通常接近 10 km 的高度。由于位温对气压具有依赖性，因此位温异常的位置可能略高于 10 km 高度。

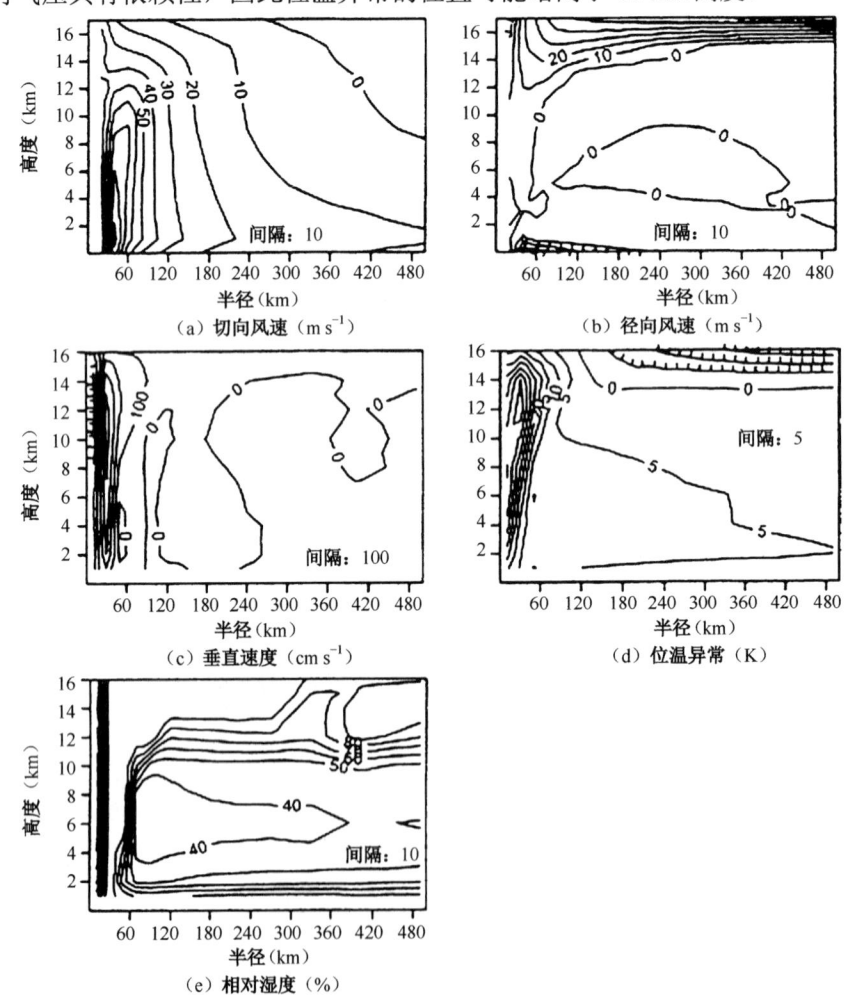

图 17.2 模拟风暴成熟阶段的切向风、径向风、垂直速度、位温异常和相对湿度的半径—高度剖面图（引自 Rao 和 Ashok，2001）

相对湿度场显示，在 15 km 半径附近有一个接近垂直的云墙，其相对湿度接近 100%。在 60 km < r < 360 km 的对流层中部，可以看到一个相对湿度小于 40% 的非常干燥的区域。湿空气主要位于 h < 2 km 的边界层内，相对湿度接近 80%。当这里的空气块在快速上升的气流中上升时，就会迅速达到饱和。这种潮湿的空气被强烈的径向风带到高层流出层的外围，导致在 12 km 以上一个非常高的高度层可以观测到超过 80% 的相对湿度，这在实际大气中是不太可能出现的。这种模拟相对容易执行，其缺陷可以通过合理地选择不同的模式参数来纠正。这是进行物理敏感性研究的理想模式。

Rao 和 Ashok（2001）的研究指出，如果海面温度保持在 299 K 以下，飓风就不会形成。同时，他们对科里奥利参数进行了敏感性试验，并注意到风暴位于 10°N 比位于 25°N 的发展更为旺盛。

其他敏感性研究表明，如果将飓风季节的平均探空数据（Jordan，1958）用作模式初始基准状态，则在积分的前 96 小时内不会产生飓风。如果将探空数据中的相对湿度提高 20%，则飓风就很容易形成。这是由于 Jordan（1958）的飓风季节平均探空数据包括了一些来自沙漠地区的相当干燥的探空数据，这为飓风模拟提供了一个比较干燥的环境，因此人工增湿对模拟来说似乎是合乎逻辑的。

Lord 等（1984）研究了轴对称飓风模式下飓风模拟对微物理过程参数化方案的敏感性。他们注意到以下敏感领域：

——冰相过程对模拟飓风涡旋的结构和演变有着巨大的影响。

——冰相粒子融化而产生的冷却可以在数十千米的水平尺度上引发并维持中尺度的下沉气流。

——这一尺度既取决于参数化方案中从对流系统顶部下沉的雪粒子的水平平流，也取决于雪粒子向融化层的平均下沉速度。

——雪粒子的产生速率取决于参数化方案中的几个微物理过程，这对维持高层雪粒子浓度具有重要意义。

——云微物理过程和基本的中尺度动力学过程的相互作用主要体现为融化和冷却过程。

17.3 主流业务模式

美国用于飓风预报的业务模式包括 GFS 模式，它是美国的业务天气预报模式。GFS 模式采用 382 波的三角形截断，对应热带地区的水平网格大小约为 40 km。这是一个包括数据同化的综合模式，其中，同化数据包括常规数据集和卫星数据集（如第 10 章所述）。除飓风季节外，同化数据还包括所有可用的飞机观测数据，如飞机飞行高度处的数据和下投式探空仪的探测数据（Kalnay 等，1990）。GFS 模式一天运行 4 次，包括 00UTC、06UTC、12UTC、18UTC。对于飓风预报，它还包括一个基于 GFDL 开发的人工构造涡旋的方法，如下所述。飓风路径的计算代码也在后处理模式中运行，以确定 GFS 模式预报数据所包含的飓风中心位置。这样的计算代码对于业务预报是非常必要的，因为仅通过查看图表很难跟踪飓风中心位置。

美国海军使用 NOGAPS 模式开展全球预报。它也是美国迈阿密国家飓风中心（NHC）飓风预报模式群的成员模式。这一模式主要被用于太平洋台风预报，也适用于印度洋海域热带气旋的预报。该模式利用了 239 波的三角形截断，相当于热带地区约 60 km 的水平分辨率。该模式在设计中包含了一系列的物理过程和陆面过程，还包含了一个详细的数据同化模块，同化数据包括许多其他全球业务中心提供的全球数据集。该模式提供每天 4 次的 180 小时预报。

GFDL 飓风模式是 NHC 系列预报模式中一个有用的成员模式。GFDL 飓风模式是三重嵌套的，覆盖 3 个区域。外网格覆盖面积约为 75°×75°（纬度×经度），分辨率约为 30 km。在最外层区域之外，模式的边界条件由 GFS 模式预报场驱动。第二重网格范围为 11°×11°，水平分辨率为 1/6°；最内层网格范围为 5°×5°，水平分辨率约为 7.5 km。实际上，最内层网格相当于一个中尺度模式。这个模式一个独特的方面是在飓风中心位置插入了一个人造（假）涡旋。由于该模式的数据同化完全基于 GFS 模式，这就需要首先从 GFS 模式同化系统中移除飓风。人造涡旋基于飞机观测数据，首先定义一个对称涡旋（基于观测）并将其插入 GFS 模式初始场。相关细节可参考 Kurihara 等的论文（1993 年、1995 年）。这个插入的涡旋同时利用了官方对风暴位置及其强度的初步估计。

英国的业务预报模式被称为英国气象模式，是世界范围内飓风、热带气旋和台风预报的另一个主要提供者，并被认为是比较好的模式之一。该模式是一个格点模式，其水平分辨率约为 0.5°。该模式每天在 00UTC 和 12UTC 运行两次，是一个综合的天气预报模式，包含了最先进的物理过程和地表边界条件。更详细的描述可以在模式官方网站及相关参考资料中找到。

除上述模式外，最后介绍重要的模式之一 ECMWF 模式，该模式目前也在监测飓风等全球热带系统。ECMWF 官方网站中对该模式进行了详细描述。该模式被认为是目前全球中尺度天气预报的最佳模式。由于该模式在预报飓风环境场时误差最小，因此被认为是 3～6 天范围内预报飓风路径的较好模式之一。飓风的移动与动力引导气流密切相关，因此需要对飓风环境场进行更好的预报。不过许多模式显示，在中期时间范围内，预报误差会大幅增大。

GUNA 是美国国家飓风中心正在使用的另一个预报产品。它只是由 GFDL 模式、英国气象模式、NOGAPS 模式和 GFS 模式提供的预报产品的集合平均，包括了一些当前最好的业务模式的集合平均预报产品。该产品在美国的业务预报中被认为是非常有用的。

美国迈阿密国家飓风中心将上述模式的结果用于实时飓风路径预报，美国海军夏威夷联合台风警报中心（JTWC）也将其用于太平洋风暴预报。另外，还有两个统计预报模式正被用于飓风强度预报。其中，SHIPS 模式基于数值预报模式的飓风强度预报结果，采用多元回归技术开展飓风强度统计预报（De Maria 等，2005）。预报因子包括数值预报模式提供的飓风强度、环境垂直风切变、海面温度、上层海洋热含量等的预报信息。持续时间和气候因子是两个附加参数。该模式需要利用最近几年的数据集，因此统计回归系数每年都有变化，这种方法在业务预报中显示出了很好的预报技巧。另一种被称为 DECAY-SHIPS

（DSHIPS）模式的改进版本被设计用来更好地预报飓风登陆后强度的减弱。该模式本质上是对 SHIPS 模式的一个经验补充，并且基于过去登陆飓风的强度变化特征。希望研究这些问题的学生彻底了解多元线性回归方法的相关知识，多元线性回归方法在很多标准统计方法相关文献中都有描述。在统计模式设计中还需要一些关于过去风暴的天气学和物理学知识，以便在设计模式时知道应该包括哪些预报因子、排除哪些预报因子，这确实需要一些经验。

17.4 大西洋飓风的多模式超级集合

我们将在集合预报的背景下介绍上述模式的典型季节性预报表现。

开展飓风、台风的集合预报和超级集合预报，包括训练阶段和预测阶段，如图 17.3 所示。因此，每个多模式的预报都利用了多元回归方法，并根据实况观测获得超级集合预报模式回归系数的最佳估计。有人指出，为了在训练阶段得到稳定的统计数据，需要从每个成员模式中获得大约 60 个过去的预报样本。模式在对每次风暴进行新的预报时，需要每 6 小时重新获得这些统计权重。由于某些模式在初始预报时间内表现较好，而某些模式在预报后期表现较好，因此对不同的预报时长也引入了不同的权重。在飓风预报中使用的变量是每个预报时次风暴中心的位置、强度（根据飓风中的最低气压推断，或者从飓风附近的近地面风的最大强度推判）。图 17.4 展示了一个典型飓风季节的模式预报性能，这里展示的是 2004 年北大西洋所有飓风（Krishnamurti 等，2011）。在图 17.4 中，我们展示了以 km 为单位的路径和以 m s^{-1} 为单位的强度（最大风速）的季节性预报误差。模式之间预报误差的比较包括美国迈阿密国家飓风中心、英国气象局及 GFDL、GFS、NOGAPS、GUNA（选定的模式集合）的官方预报结果、整体集合平均预报结果和超级集合预报结果。在强度预报中，包括 SHIPS 模式和 DSHIPS 模式。图 17.4 显示，在通常情况下，这些成员模式的预报误差从 12 小时的 50 km 增大到 120 小时的 500 km 左右。超级集合预报能够以系统性的方式在 120 小时内将这些误差减小近 100 km。12 小时和 120 小时之间的强度预报误差范围是 4~16 m s^{-1}，采用超级集合预报减小了近 4 m s^{-1}。基于成员模式预报的集合平均值在路径预报误差和强度预报误差方面优于大多数模式，但由于集合平均值赋予好的成员和差的成员相同的权重，因此其预报精度低于超级集合预报。超级集合预报根据每个模式过去的性能为其分配适当的权重，更具选择性。

多年来，基于多模式的超级集合预报一直保持着稳定的性能。2011 年，大尺度模式和中尺度模式的组合为大西洋飓风预报提供了最好的强度预报技巧，如图 17.5 所示。进行相应预报的模式如表 17.1 所示。这里的研究显示，多模式超级集合预报似乎最有希望为飓风路径和强度的 5 天预报提供最高技巧。

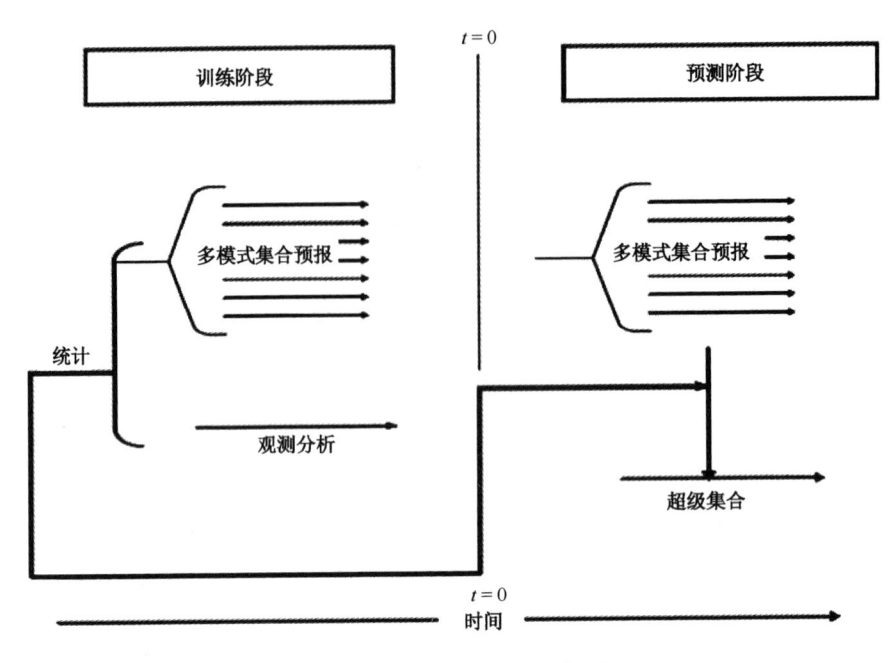

图 17.3 超级集合预报示意图

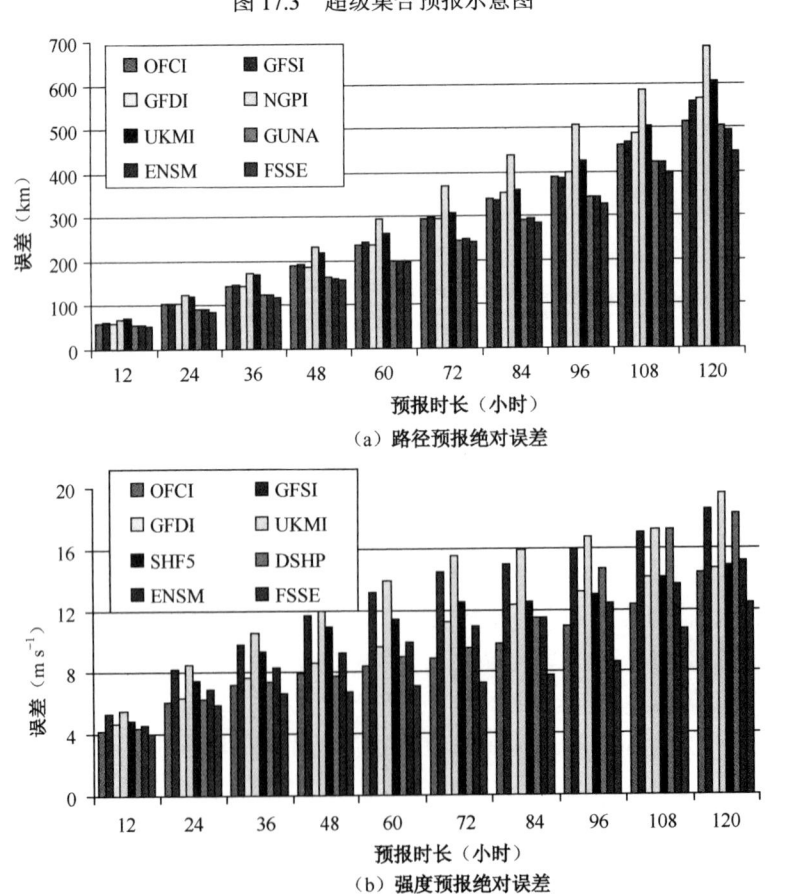

(a) 路径预报绝对误差

(b) 强度预报绝对误差

图 17.4 2004 年大西洋飓风几种业务模式和 FSU 超级集合（FSSE）预报的技巧

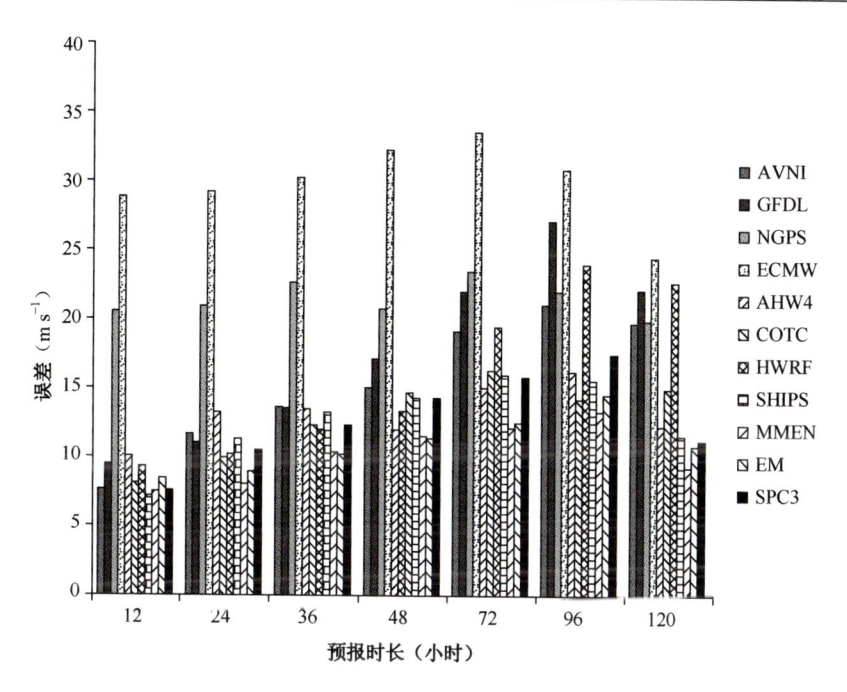

图 17.5　2011 年大西洋、加勒比海和墨西哥湾的所有飓风强度预报误差柱状图

表 17.1　多模式超级集合预报包括的模式的详细信息

模式名称	名称来源
AVNI	GFS
GFDL	Geophysical Fluid Dynamics Laboratory (NOAA/GFDL)
NGPS	NOGAPS
BAMS	Beta and Advection Model (Shallow Layer)
EMX	ECMWF
H3GP	3 Nest HWRF 27/9/3
HWRF	Hurricane WRF 27/9
AHW4	NCAR AHW
COTC	Coupled Ocean/Atmosphere Mesoscale Prediction System-Tropical Cyclone (COAMPS-TC)
FIMY	Flow-Following Finite Volume Icosahedral Model
SPC3	Statistical Prediction of Intensity from A Consensus Ensemble
SHIPS	Statistical Hurricane Intensity Prediction Scheme
ARFS	FSU ARW

17.5　太平洋台风的多模式超级集合

太平洋海域也进行了类似的预报，Vijaykumar 等（2003）对 1998—2000 年的所有台风都进行了评估。图 17.6 显示，热带太平洋台风预报也得到相似的结果。这里的路径误差

以 km 为单位列出，强度误差使用 kt 作为平均误差单位。这里的模式组合有些不同，其中包括了基于 ECMWF 模式的 3 年台风预报。多模式超级集合预报大大减小了预报误差。其中，基于超级集合的太平洋台风 120 小时路径、强度的预报误差，几乎与成员模式第 36 小时的预报误差相当。这表明，台风预报显然需要采用超级集合预报系统。数值预报模式在物理学、动力学等方面还存在很大的误差，微物理过程、边界层和近地层过程的处理还不精确，高时空分辨率的飓风观测数据集还很缺乏，数据同化方案和模式分辨率等方面的不足带来较大的模式误差，这些都需要在构建超级集合预报系统时设计新的后处理统计算法，以达到减小总体误差的目标。

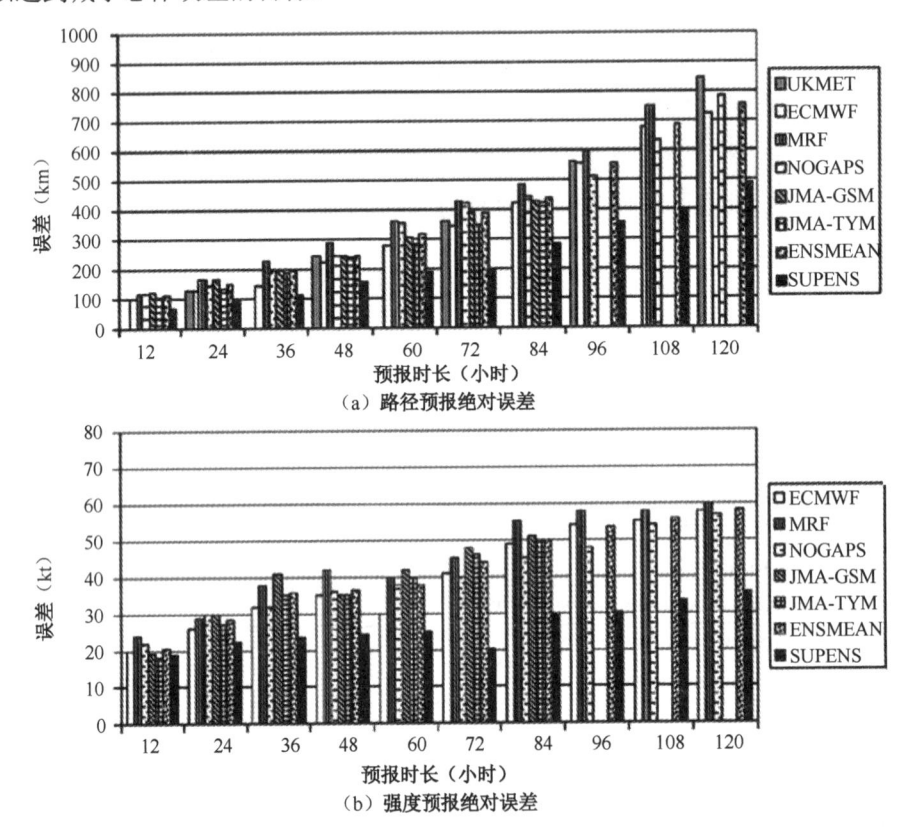

图 17.6 1998—2000 年为期 3 年的太平洋台风几种业务模式和超级集合预报统计结果

17.6 大西洋飓风的中尺度模式集合预报及中尺度模式与大尺度模式组合预报

由于飓风强度受内核对流和动力过程的影响，因此半径小于 100 km 的飓风内部降雨和强风区的预报就显得非常重要。人们认识到，仅依靠大尺度模式不能满足预报需求，需要中尺度模式来开展飓风预报。因此，可以建立一套中尺度模式系统，每个模式都可以提供飓风路径、强度预报。在美国国家气象局和 NCAR 的共同努力下，目前已有 3 个中尺度模式可供研究使用，分别为 HWRF、MM5 和 WRF。通过更改这些模式提供的可用物理过程参数化方案选项，就可以得到不同的模式版本。这些模式加上 GFDL 模式（在其最内层嵌套网格中有中尺度分辨率），就为提高飓风预报精度提供了一套可行的中尺度模式集。Krishnamurti 等（2010）分别使用一组中尺度模式、一组大尺度模式，以及上述所有集合模式，对 2004 年、2005 年和 2006 年所有大西洋飓风的预报误差进行了比较（见图 17.7）。这个例子表明，在最初的 48 小时预报时间内，基于大尺度模式和中尺度模式组合的偏差订正集合平均路径预报误差最小。在 60 小时和 72 小时，中尺度模式表现最好。中尺度模式和组合模式在飓风强度预报方面也表现出相似的误差结构。显然，还需要在改进每个成员模式等领域开展进一步的研究，例如，可以从改进模式物理框架、微物理过程、动力学、数据同化和提高数据覆盖率等方面消除误差，这也是一个相对困难的研究领域。与此同时，后处理算法在改进预报性能方面也有重要的作用。

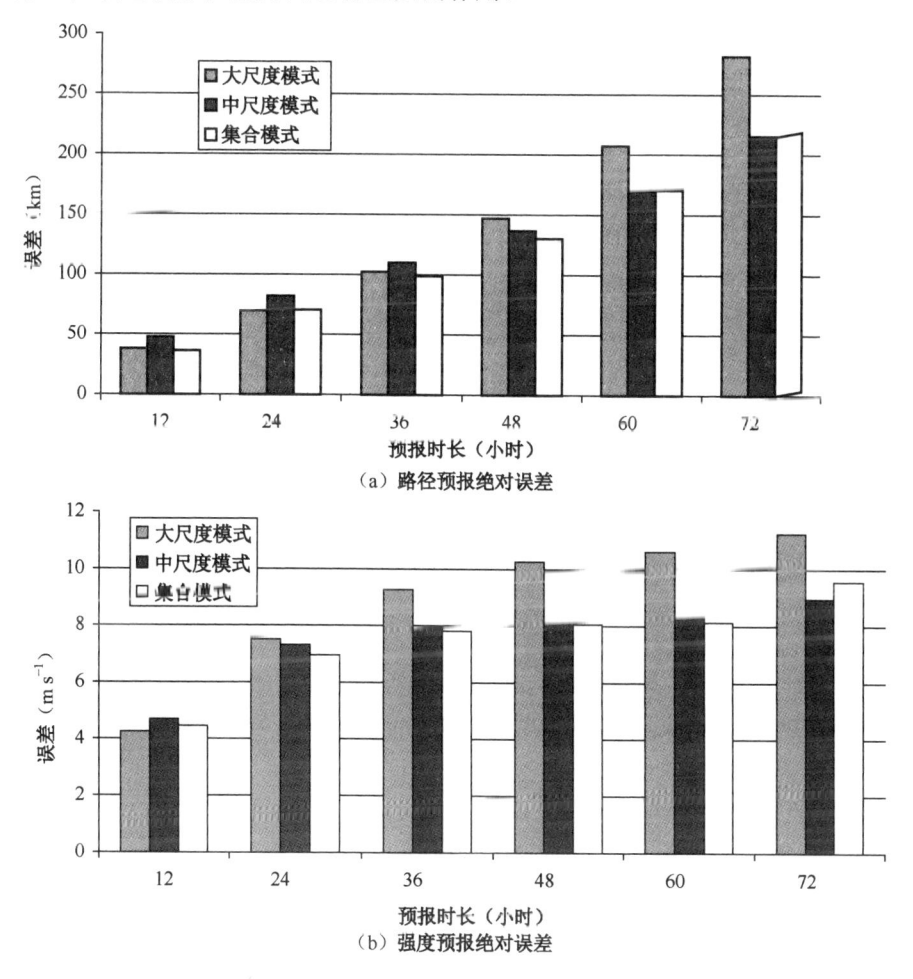

图 17.7 不同模式预报方案对 2004 年、2005 年和 2006 年所有大西洋飓风路径、强度预报的绝对误差

另外，图 17.7 的研究使用了表 17.2 中所列的一套中尺度模式，图 17.4 和图 17.6 中使用的大尺度模式，中尺度模式和大尺度模式的组合。

表 17.2 FSU 超级集合预报系统使用的中尺度模式详细信息

参数	MM5A	WRFA	WRFB	HWRF	GFDL
水平分辨率	9 km	9 km	9 km	27 km/9 km	30 km/15 km/7.5 km
垂直层	23 层	31 层	28 层	43 层	42 层
初始和边界条件	NCEP 再分析（1°×1°）	NCEP 再分析（1°×1°）	NCEP 再分析（1°×1°）	GFS 模式	GFS 模式
辐射参数化	Dudhia	RRTM 和 Dudhia	RRTM 和 Dudhia	GFDL 模式方案	
积云参数化	Betts 和 Miller	Kain-Fritsch (New Eta)方案	Betts-Miller-Janjic	Simplified Arakawa Schubert	Arakawa Schubert
微物理参数化	Goddard	WRF 6-Class	Ferrier	Ferrier	Ferrier
行星边界层参数化	Blackadar	Mellor-Yamada-Janjic TKE	Yonsei University (YSU)	GFS Non-Local PBL	GFS Non-Local PBL
陆面模式	Multilayer Soil Model	5 Layer Thermal Diffusion	5 Layer Thermal Diffusion	GFDL Slab Model	Slab Model
海表温度	NCEP 再分析（1°×1°）	NCEP 再分析（1°×1°）	NCEP 再分析（1°×1°）	普林斯顿海洋模式	普林斯顿海洋模式
预报时长	72 小时	72 小时	72 小时	96 小时	120 小时
网格	单层	单层	单层	双层	三层
人造涡旋重定位	否	否	否	是	是

原著参考文献

DeMaria, M., Mainelli, M., Shay, L. K., Knaff, J. A., Kaplan, J. Further improvement to the statistical hurricane intensity prediction scheme (SHIPS). Weather Forecast, 2005, 20(4): 531-543.

Haltiner, G. J., Williams, R. T. Numerical Prediction and Dynamic Meteorology. New York: Wiley, 1980: 477.

Hawkins, H. F., Rubsam, D. T. Hurricane Hilda 1964, II. Structure and budgets of the hurricane on October 1, 1964. Mon. Weather Rev., 1968, 97, 617-636.

Jordan, C. L. Mean soundings for the West Indies area. J. Meteor., 1958, 15, 91-97.

Kalnay, E. Atmospheric Modeling, Data Assimilation, and Predictability. Cambridge: Cambridge

University Press, 2002: 341.

Kalnay, E., Kanamitsu, M., Baker, W. Global numerical weather prediction at the national meteorological center. Bull. Am. Meteor. Soc., 1990, 71, 1410-1428.

Krishnamurti, T. N., Pattnaik, S., Biswas, M. K., Kramer, M., Bensman, E., Surgi, N., Vijay Kumar, T. S. V., Pasch, R., Franklin, J. Hurricane forecasts with a mesoscale suite of models. Tellus, 2010, 62, 633-646.

Krishnamurti, T. N., Biswas, M. K., Mackey, B. P., Ellingson, R. G., Ruscher, P. H. Hurricane forecasts using a suite of large-scale models. Tellus, 2011.

Kurihara, Y., Bender, M. A., Ross, R. J. An initialization scheme of hurricane models by vortex specification. Mon. Weather Rev., 1993, 121, 2030-2045.

Kurihara, Y., Bender, M. A., Tuleya, R. E., Ross, R. J. Improvements in the GFDL hurricane prediction system. Mon. Weather Rev., 1995, 123, 2791-2801.

Lord, J. S., Willoughby, H. E., Piotrowicz, J. M. Role of a parameterized ice phase microphysics in an axisymmetric, non-hydrostatic tropical cyclone model. J. Atmos. Sci., 1984, 41, 2836-2848.

Ooyama, K. A dynamic model for the study of tropical cyclone development. Geophys. Int., 1963, 4, 187-198.

Pielke, R. A. Mesoscale Meteorological Modeling. International Geophysics Series, vol. 78. London: Academic, 2001, 676.

Rao, D. V. B., Ashok, K. Simulation of tropical cyclone circulation over the Bay of Bengal using the Arakawa-Schubert cumulus parameterization. Part I -description of the model, initial data and results of the control experiment. Pure Appl. Geophys., 1999, 156, 525-542.

Rao, D. V. B., Ashok, K. Simulation of tropical cyclone circulation over the Bay of Bengal using the Arakawa-Schubert cumulus parameterization. Part II -some sensitivity experiments. Pure Appl. Geophys., 2001, 158, 1017-1046.

Rosenthal, S. L. Numerical experiments with a multi-level primitive equation model designed to simulate the development of tropical cyclones. Experiment I. U.S. Department. of Commerse, ESSA Technical Memorandum No. NHRL-82, 1969, 32.

Vijaya Kumar, T. S. V., Krishnamurti, T. N., Fiorino, M., Nagata, M. Multimodel superensemble forecasting of tropical cyclones in the Pacific. Mon. Weather Rev., 2003, 131, 574-583.

Yamasaki, M. Detailed analysis of a tropical cyclone simulated with a 13 layer model. Pap. Meteorol. Geophys., 1968, 19, 559-585.

第 18 章

热带海风与日变化

18.1 引言

　　海风现象在热带很多地区都非常引人关注，因为人们知道，它与午后阵雨的产生密切相关，而午后阵雨在热带地区大多数时间都会有规律地发生。图 18.1 是一幅来自 van Bemmelen（1922）的经典图片，说明了巴达维亚（现雅加达）海风（向岸风）的时间演变过程。图 18.1 显示，海风是一个基本上局限在 3 km 高度内的浅层环流，上层陆风的强度大约是海风的一半。相比之下，清晨的陆风（离岸风）要弱得多。Xu（1970）、Flohn（1965）

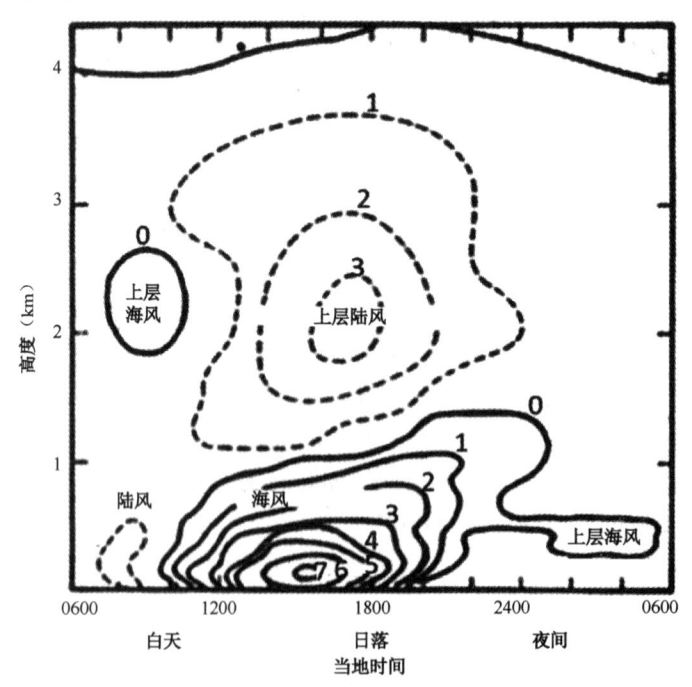

图 18.1　巴达维亚陆风/海风的速度等值线（单位：m s^{-1}）。其中，虚线表示陆风（离岸流），实线表示海风（向岸流）（引自 van Bemmelen，1922）

等对海风现象进行了广泛的观测研究。Xu（1970）根据美国得克萨斯州墨西哥湾海岸的观测数据，绘制了陆风/海风现象演变过程的示意图（见图18.2）。其中，实线包裹的范围是海陆风环流系统在水平方向和垂直方向覆盖的区域。

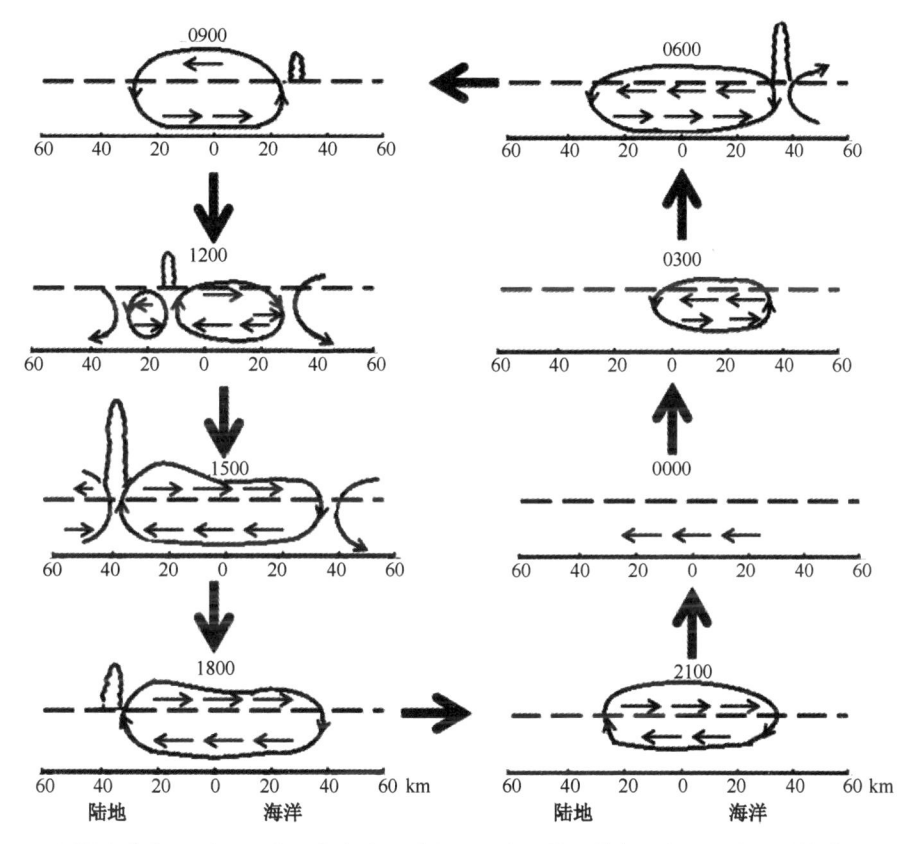

图 18.2 美国得克萨斯州墨西哥湾沿岸海陆风系统的经验模型，其中，箭头长度与风速成正比（改编自 Hsu，1970）

海风是日变化的一种表现，主要由陆地和海洋的热力差异驱动。尽管海风的主体仅限于对流层低层，但日变化现象在所有纬度甚至平流层都有发生。基于简单的数值模式，人们在探索外部加热的日变化对海风环流演变的作用方面取得了很大进展。有的时候，人们可以观察到绵延数千千米的海岸云带，有的时候在夏季的几个月里，从佛罗里达到新西兰的大西洋沿岸也能观察到这样的云带，这些大规模的辐合带上常常有积云对流，因此可能对大气环流有重要的影响。海风系统如此大的空间尺度，使得海风的模拟变得十分重要。接下来我们将介绍一些广为人知的关于海风现象的动力学研究成果。

18.2 海风模式

文献中描述了大量的海风模式，其中一些著名的研究是由 Estoque（1961）、Pielke（1974）

完成的。Estoque（1961）在 x-z 平面上考虑海风问题，其中，x 垂直于海岸线，z 是垂直坐标。海风问题的线性闭合方程组由以下公式构成。

运动方程组：

$$\frac{\partial u}{\partial t} = fv - \sigma u - \frac{1}{\rho}\frac{\partial p}{\partial x} \tag{18.1}$$

$$\frac{\partial v}{\partial t} = fu - \sigma v - \frac{1}{\rho}\frac{\partial p}{\partial y} \tag{18.2}$$

$$\frac{\partial w}{\partial t} = -\sigma w - \frac{1}{\rho}\frac{\partial p}{\partial z} - g \tag{18.3}$$

连续性方程：

$$\frac{\partial u}{\partial x} + \frac{\partial w}{\partial z} = 0 \tag{18.4}$$

热力学方程：

$$\frac{\partial T}{\partial t} + \beta w = \kappa\left(\frac{\partial^2 T}{\partial x^2} + \frac{\partial^2 T}{\partial z^2}\right) \tag{18.5}$$

加热的日变化是通过设定地表温度 T 的变化引入的，即

$$T = Me^{\text{in}}\sin\frac{2\pi x}{L} \tag{18.6}$$

式中，u、v 和 w 是三维风分量，ρ 是空气密度，f 是科里奥利参数，σ 是摩擦系数，κ 是热力扩散系数，β 是未受扰动的热层的衰减率，M 是任意振幅函数，L 是海风的水平尺度。

求解上述线性方程组的标准方法是假设解的形式为

$$q = Q(z)e^{\text{int}}\cos(mx) \quad \text{或} \quad q = Q(z)e^{\text{int}}\sin(mx) \tag{18.7}$$

式中，q 代表因变量 u、v、w、T 或 p 中的一个。用给定的适当边界条件替换这种形式的解将完成（x,z,t）坐标系中的变量分离。这个问题的边界条件通常是

$$w(z=0) = 0, \quad T(z=0) = Me^{\text{int}}\sin(mx), \quad m = \frac{2\pi}{L} \tag{18.8}$$

$$w(z=\infty) = 0, \quad T(z=\infty) = 0 \tag{18.9}$$

所有解在 x 方向都是周期性的。Estoque's 问题的解是

$$u = \frac{rM}{m(a^2 - b^2)}\left(ae^{az} + be^{-bz}\right)e^{\text{int}}\cos(mx) \tag{18.10}$$

$$v = \frac{frM}{m(\sigma + \text{in})(a^2 - b^2)}\left(ae^{az} + be^{-bz}\right)e^{\text{int}}\cos(mx) \tag{18.11}$$

$$w = \frac{rM}{a^2 - b^2}\left(e^{az} - be^{-bz}\right)e^{\text{int}}\sin(mx) \tag{18.12}$$

$$T = Me^{-bz} + \frac{b^2 - s}{b^2 - a^2}\left(e^{az} - be^{-bz}\right)e^{\text{int}}\sin(mx) \tag{18.13}$$

式中，$r = \dfrac{g\alpha m^2(\sigma + \mathrm{i}n)^2}{f^2 + (\sigma + \mathrm{i}n)^2}$，$s = \dfrac{\mathrm{i}n}{\kappa} + m^2$，其中，$\alpha$ 是热膨胀系数，a 和 b 是由初始条件确定的常数。

Estoque's 问题在求解过程中部分常数的取值如下：$\mathrm{in} = 7.273 \times 10^{-5}\,\mathrm{s}^{-1}$，科里奥利参数 f 取 45°N 处的值，$\beta = 2.5 \times 10^{-5}\,\mathrm{K\,cm}^{-1}$，$\alpha = 2.5 \times 10^{-4}\,\mathrm{s}^{-1}$，$L = 120\,\mathrm{km}$，$\kappa = 2.25 \times 10^{5}\,\mathrm{cm}^2\,\mathrm{s}^{-1}$。

应再次强调的是，海风是由沿下边界在空间和时间上施加的温度扰动驱动的，但这里并没有讨论这个温度扰动是如何实现的。Estoque 注意到了这个解的一些有趣的性质。

（1）尽管在地表施加的温度扰动在中午达到最大值，但温度最大值出现在较高的高度层，热量的垂直输送是通过混合平流和垂直平流实现的。

（2）运动场清楚地显示了海风分量。低层的海风（海洋向陆地）只有 0.5 km 厚，而回流要厚得多。海风的最大强度在地面最大加热后约 1 小时（下午 1 时）出现。最大垂直速度发生在 0.4 km 高度处。

（3）地面风 (u, v) 的速度分析图表明，白天的海风和晚上的陆风强度相当。但这是不切实际的——这是模式中地面强加的周期性温度循环的结果。实际观测到的海风形状多呈现梨形。

（4）该解在很大程度上取决于摩擦系数的大小。解越大，越接近最大加热时间，来自海洋的最强风就越容易出现。虽然这个线性理论的解看起来还有很大的局限性，例如，人为施加的周期性循环条件，缺乏与大尺度背景场之间的相互作用等，但该解很多时候在许多方面都能够很好地解释现实中发生的现象。

Pielke（1974）的研究为理解海风动力学提供了一些额外的进展。Pielke（1974）利用原始方程的三维流体静力学系统来研究美国佛罗里达的海风。强迫包括地表热量和动量通量，以及主要的天气条件。需要强调的是，对复杂数值模式模拟结果的定性讨论不能代替对模式的详细逐步解释，尤其是对了那些希望通过数值模式方法理解现象的人而言，这里将不讨论原始方程闭合系统的细节。

Pielke（1974）使用上游差分方案的半隐式形式对运动场和热力学变量进行了积分。与 Estoque's 问题的解类似，在地球表面，位温变化用 $\theta = A(x,y)\sin\dfrac{2\pi t}{T}$ 形式的方程来描述，其中，A 在陆地上设为 10 K，在海洋上设为 0 K；周期 T 取为 13 小时，即佛罗里达上空的日照时间。在实现过程中，可将水上的位温设为固定值（没有昼夜变化，与水的热容量一致），而陆地温度的波动最大可达每 24 小时 ±10 K。因此，这个问题的关键在于陆地和海洋之间 10 K 的温度差异，而不是温度的绝对值。

垂直速度由连续性方程的垂直积分确定，气压由趋势方程的积分确定。Pielke（1974）的研究注意到以下有趣的结果。

（1）佛罗里达南部海岸线的曲率对海风辐合带的位置有显著的影响。

（2）在西南、东南基本气流作用下，辐合带在平行于海岸的附近形成，并在白天向内陆移动。

（3）位于佛罗里达中部的 Okeechobee 湖是一个空气下沉区域，这是将其温度设定为冷水的结果。

（4）预测的海风辐合带演变过程与日常情况下佛罗里达南部上空的带状对流组织形式非常一致。

（5）图 18.3 显示的是某选定日期佛罗里达上空积云对流的雷达观测结果和数值模式模拟结果对比，包括模拟当日下午 3—4 时的垂直速度场和雷达组合反射率回波，其中模拟结果是 Pielke（1974）对三维海风环流模拟工作的一个亮点。

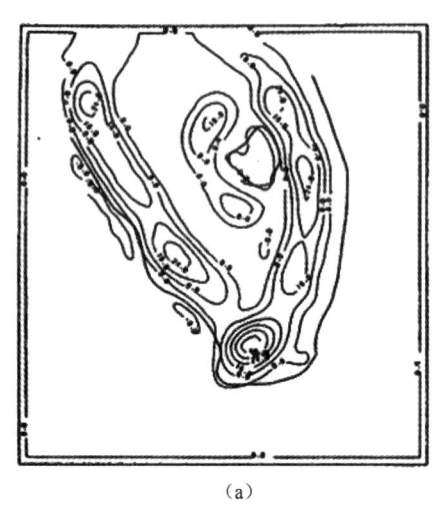

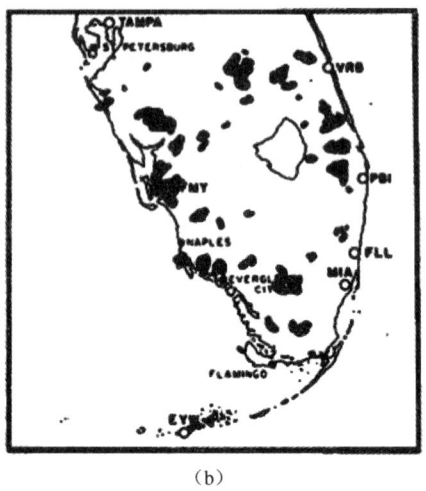

图 18.3　1971 年 6 月 29 日日出后 7 小时 30 分 (a) 数值模式模拟的垂直速度场（等值线间隔为 8 cm s^{-1}）和（b）美国迈阿密 WSR-57 雷达观测的对应雷达图（改编自 Pielke，1974）

类似的方法可以用来研究不同的加热日变化对大量的热带陆地、大小岛屿和三角洲沿岸环流的影响。当然，模式还需要进一步完善，特别是辐射加热的日变化及其反馈，而有关对流（浅和深、干和湿）的描述也需要更完备的公式。

18.3　关于日变化的一些观测事实

Lavoie（1963）对海洋环礁的降水量进行了详细的观测，发现最大日降水量多出现在夜间。在热带海洋的其他不同地区，也存在降水量最大值出现在夜间或清晨的现象。对于夜间出现最大降水量的现象，目前科研人员已经提出了许多假设，例如，多云和无云地区辐射冷却效应的差异，辐射效应对干静力稳定度和湿静力稳定度的影响，夜间多云地区的辐射不稳定和潮汐效应（日变化，如半日潮），等等。

热带地区海平面气压的半日变化在观测中十分明显（Haurwitz 和 Cowley，1973；Hamilton，1980）。这种半日气压循环的基础是大气热潮汐理论（Chapman 和 Lindzen，1970）。简而言之，大气热潮汐主要是平流层臭氧吸收太阳辐射并在大气中加热产生的。值得一提的是，对流层水汽和云层吸收太阳辐射对大气加热的贡献相对较小。大气中的这种加热激发了垂直传播模式,从而将信号从平流层和对流层上部传送到地面。由于引起气压变化的近 80% 的强迫能量都位于平流层(Lindzen,1967),因此大气海平面气压的潮汐变化主要是半日的。

Gray 和 Jacobson(1977)详细研究了海洋上空云量的日变化特征。他们发现,由热带扰动引发的海洋强降水在清晨出现最大值,并且大多数小岛屿的情况都是如此,这可能是岛上白天加热造成的,但大岛屿上出现了降水的双峰分布。图 18.4 说明了大、小岛屿的这些不同特征。

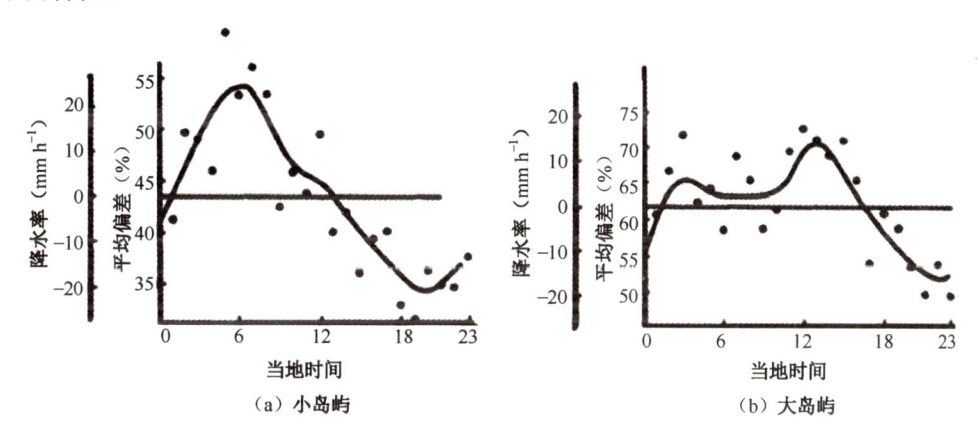

图 18.4 西太平洋小岛屿和大岛屿的日降水率曲线(4 个站点 13 年的平均结果;改编自 Gray 和 Jacobson,1977)

这里的结果基于西太平洋的观测。小岛屿反映了海洋状况,降水量最大值出现在早上 6 时左右。大岛屿在下午 3 时左右出现了一个额外的降水峰值。Gray 和 Jacobson(1977)对这一日变化特征进行了一些详细的分析,他们特别强调了这个问题对热带气象学的重要性。他们发现,00Z 和 12Z 之间的垂直方向散度分布存在显著差异,与 12Z(当地时间夜间 10:00)相比,00Z(当地时间上午 10:00)的对流层低层辐合更强。如图 18.5 所示的大多数情况都是如此。对于清晨海洋上空辐合增强的解释如下:低层辐合的扰动区是一个有云覆盖的区域,并产生大量的降水,云区与周围晴空区之间存在辐射差异。图 18.6 显示了热带扰动区和晴空区白天和夜间净辐射加热率的典型垂直剖面。在白天和夜间条件下,多云区和无云区之间的辐射加热强度差异很大。来自同一项研究的图 18.7 以示意图的方式描述了这种辐射效应对清晨辐合增强的影响。这里,大的加热率意味着将使两个等压面之间的厚度增大,从而产生凸起,形成更大的水平气压梯度,产生更强的跨越等压线的流动,从而导致低层辐合和高层辐散的增强。该概念模型值得深入研究。

McGarry 和 Reed(1978)对非洲上空和东大西洋 GATE 试验区上空的日变化进行了详细的研究。研究显示,在北非 15°N~20°N,尽管对流云覆盖区域和降水量在午夜之后达到最大值,但雷暴在下午晚些时候/傍晚早些时候最为普遍。他们将这一特征归因于长生命史的飑线系统,它们在下午形成,但需要几小时才能达到最大降水量。McGarry 和 Reed(1978)、Gray 和 Jacobson(1977)研究了大西洋东部的降水量,并发现了明显的午后峰值。

Murakami（1979）对卫星观测云量分布的分析也证实了这一点。因此，东大西洋的 GATE 试验区不同于西太平洋，但 McGarry 和 Reed（1978）没有对这种差异做出解释。

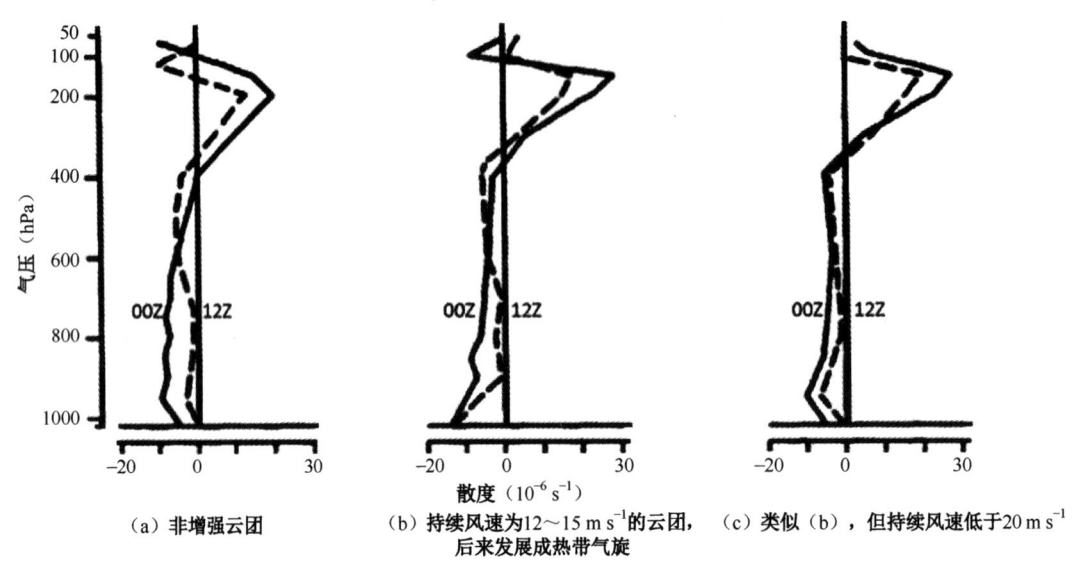

(a) 非增强云团　　(b) 持续风速为12~15 m s^{-1}的云团，后来发展成热带气旋　　(c) 类似(b)，但持续风速低于20 m s^{-1}

图 18.5　3 组西太平洋云团在世界时 00Z 和 12Z 的平均散度廓线分布（改编自 Gray 和 Jacobson，1977）

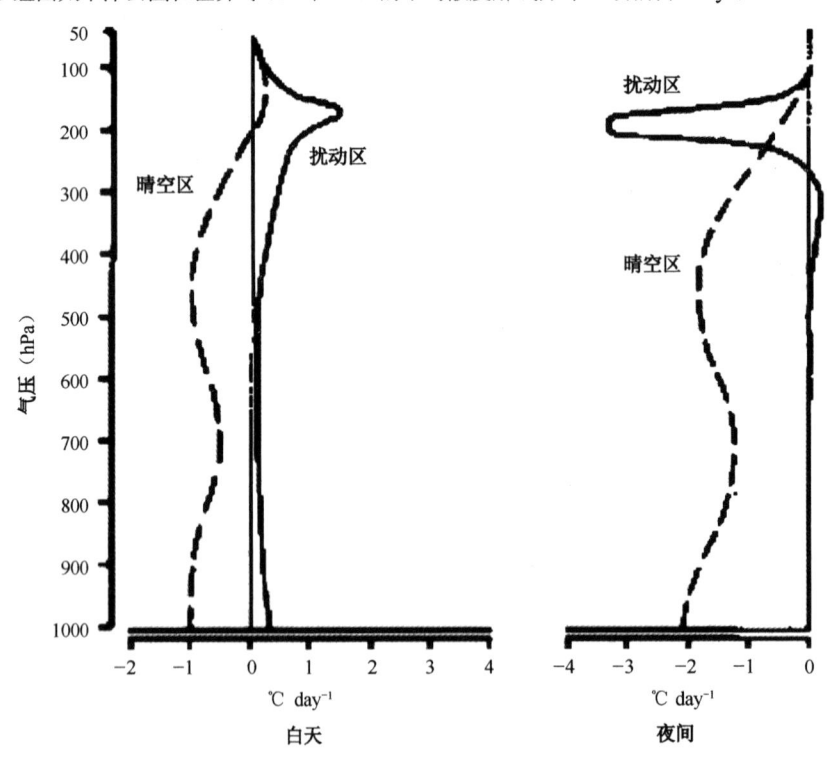

图 18.6　热带扰动区和晴空区白天和夜间净辐射加热率的典型垂直剖面（改编自 Gray 和 Jacobson，1977）

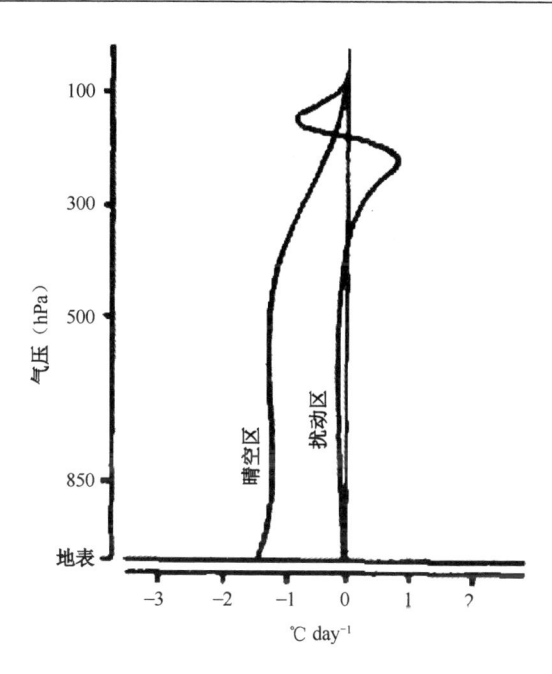

图 18.7　在一个不透光的高云覆盖的热带扰动区和热带晴空区的辐射冷却率（改编自 Gray 和 Jacobson，1977）

18.4　季风区的日变化

Ananthakrishnan（1977）研究了印度上空风、气压和温度分布的日变化。图 18.8 显示了 4 个选定站点风场的日变化（12Z 的风速减去 00Z 的风速）。这 4 个站点分别是：

（1）马德拉斯，位于印度东南部海岸，降水主要发生在 10 月和 11 月；
（2）孟买，位于印度西部海岸，降水主要发生在 6 月、7 月和 8 月；
（3）加尔各答，位于印度东北部沿海，降水主要发生在 6 月、7 月和 8 月；
（4）德里，位于印度中北部沙漠附近，降水主要发生在 7 月和 8 月。

这些图很好地说明了日变化的垂直分布。在马德拉斯上空 1 km 高度的边界层内，12Z（当地时间下午 5 时 30 分）是东风，比 00Z（当地时间上午 5 时 30 分）的风强。这表明，马德拉斯上空的海风在夏季最强，高度约为 0.3 km。海风环流的厚度约为 4 km。孟买上空 9 月至次年 5 月（非季风月）有海风。孟买上空的海风厚度可达 5~6 km，这在 2 月至 4 月间尤为明显。

在马德拉斯和孟买夏季的几个月里，白天的风主要位于 9~12 km 高度层。图 18.8 显示了孟买上空白天较强的东风和马德拉斯上空较强的西风。虽然这种现象的振幅只有 2 m s^{-1} 左右，但由于平均场是基于大约 10 年的观测结果得到的，因此这种现象是很显著的。一个尚未解决的重要问题是这种日变化特征的维持机制是什么？由于北半球夏季热带东风急流的轴线距马德拉斯较近，上述数据表明，该东风急流在 00Z（上午 5 时 30 分）比 12Z（下午 5 时 30 分）更强，这可能是对流和云量的日变化的辐射效应影响的结果。

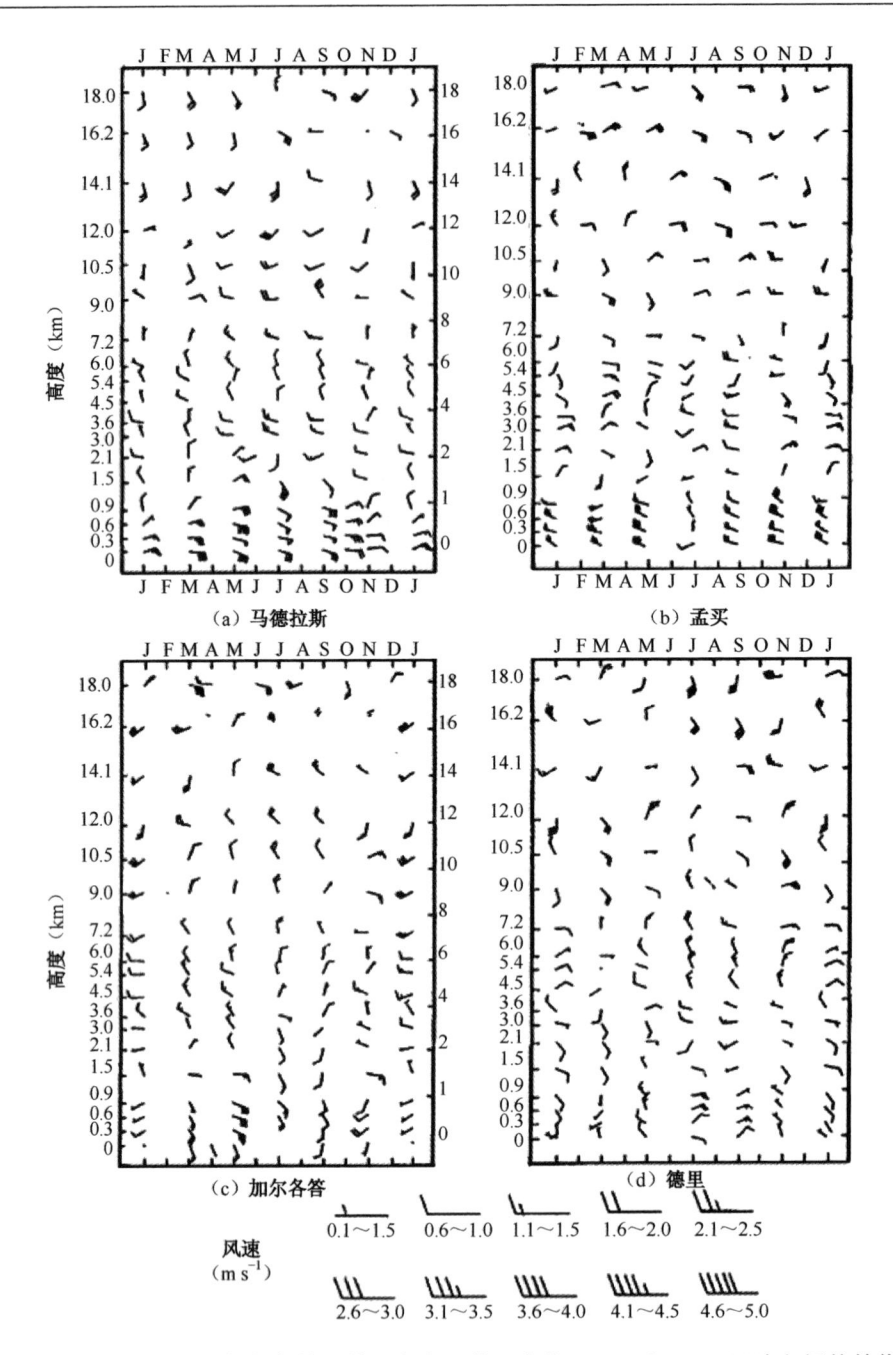

图 18.8 马德拉斯、孟买、加尔各答和德里上空风的日变化（12Z 和 00Z 风速之间的差值；引自 Ananthakrishnan，1977）

马德拉斯的最大降水量（见表 18.1）出现在当地时间下午 6 时至午夜之间，而孟买的最大降水量出现在当地时间上午 6 时至 9 时。孟买上空的这种日变化更具海洋性（在 6 月、7 月和 8 月），而马德拉斯上空的日变化表现为大陆性。云层覆盖和相关的辐射冷却会影响经向热力梯度，使得风在高层相应地增强或减弱。

在印度中北部的德里上空，夏季风期间存在一个有趣的日变化现象。边界层 1 km 高度内的东风主要出现在 12Z（当地时间下午 5 时 30 分），而不是 00Z（当地时间上午 5 时 30 分）。德里位于拉吉普塔纳沙漠的东部边缘，低层风的日变化很可能是沙漠的日间加热和白天流向沙漠的气流造成的，相反的情况显然是夜间沙漠变冷造成的。

表 18.1 降水量的日变化（引自 Ananthakrishnan，1977）

站点	海拔高度（m）	季节	00—03	03—06	06—09	09—12	12—15	15—18	18—21	21—24	季节性降水量（mm）
乞拉朋齐	1313	I	18.2	17.5	12.4	7.8	5.1	6.4	11.8	20.9	2360
		II	17.4	18.4	14.5	12.8	7.4	5.7	8.6	15.3	8481
		III	18.2	15.3	11.7	9.7	12.1	9.8	9.2	14.1	413
马哈巴莱斯赫瓦尔	1382	I	7.7	6.4	2.5	1.2	12.1	40	18	12.1	104
		II	11.9	11.9	11	11	14.4	16	12.6	11.3	5521
		III	8.6	8.7	7.5	7.4	15.4	23.5	17.5	11.1	2.5
孟买	11	I	58.4	16.8	9.3	3.4	0	2.1	3.1	6.9	29
		II	13.6	14.7	15.3	13.4	11.3	9.3	9.8	12.5	2116
		III	13.7	34.1	12.6	7.4	5.2	8.6	11.6	6.7	85
马德拉斯	16	I	10.4	16.6	13.3	17.2	12.7	8.8	9.5	11.6	75
		II	19	12.8	3.3	2.4	3.9	14.2	22.1	22.5	421
		III	17.8	16.8	11.6	11.6	10	9.8	8.5	13.8	605
萨格尔岛	3	I	11	6.6	10.6	8.6	5.4	11.3	24.4	22.1	127
		II	15.2	19	14.2	14.8	11.2	7.6	8	10	1208
		III	13	15.5	13.6	16.3	15.1	11.4	5.2	9.3	221
新德里	216	I	11.3	6.1	7.8	4.3	7.8	37.4	11.3	13.9	12
		II	8.5	15.2	14.7	15.1	16.1	16.9	7.4	6.1	559
		III	23.8	8.9	12.3	15.4	14.2	6.7	7.9	10.8	42
贾姆谢普尔	129	I	2.3	0.4	3.8	0.6	8.2	51.1	24.5	9	78
		II	8.9	9.2	7.9	9.6	17.8	23.3	14.1	9.2	1085
		III	12.4	14.1	9.4	7.6	16	18.4	11.6	10.4	89
海得拉巴	545	I	21.2	8.7	3.5	0	5.9	20.3	26.8	13.5	54
		II	14.5	10.6	5	4.9	9.7	18.4	18.1	18.7	605
		III	17.3	8.9	4.4	6.5	13.6	15.6	12.8	12.8	106

加尔各答位于印度东北部，4 月、5 月和 6 月加尔各答上空边界层内风的日变化波动性很强，其涉及机理还不清楚。

日变化之所以重要有几个原因，其中正确理解运动场的日变化可以更好地理解降水的日变化特征。此外，有证据表明，天气尺度扰动在白天的增强或衰减，与大气环流和日变化的相互作用有关。

18.4.1 印度降水的日变化

表 18.1（Ananthakrishnan，1977）列出了印度多个气象站的逐三小时降水量。乞拉朋齐是降水量创纪录的站点之一，这里的最大降水量出现在当地时间凌晨 3—6 时。一些站点的最大降水量在清晨或下午晚些时候出现，表现为单峰结构；而另一些站点的降水量的日变化呈现双峰特征。这种双峰特征主要出现在夏季风期间印度中北部的气象站。目前，业界还缺乏对日变化模式的详细解释。

图 18.9（Ananthakrishnan，1977）显示了选定站点不同季节的逐小时地面风场，可以看到最大风速出现在中午前后。布莱尔港、马德拉斯和新德里的最大风速出现在北半球夏季。新德里地面风速的第二个峰值出现在晚冬时节的当地时间下午 3 时左右。布莱尔港和马德拉斯中午的地面强风很可能与海风有关。新德里白天的强风是对印度西部沙漠白天加热升温的响应。科达伊卡纳尔海拔 1200 m，距阿拉伯海和孟加拉湾海岸约 100 km，这里的地面风速与海岸风速不同步。这种相位差的一个可能解释是垂直方向的动量混合。在夏季，动量混合作用更强，并且会增强地面风，同时会减小较高海拔地区（如科达伊卡纳尔）的风速。风速垂直分布显示，在这些位置平均风速随着高度的上升而增大（消除了日变化的影响），日变化幅度与白天的混合强度一致。这意味着动量在大约 1500 m 的高度层发生混合。这很可能是夏季占主导地位的浅对流云中及其周围向上、向下的质量通量引起的。

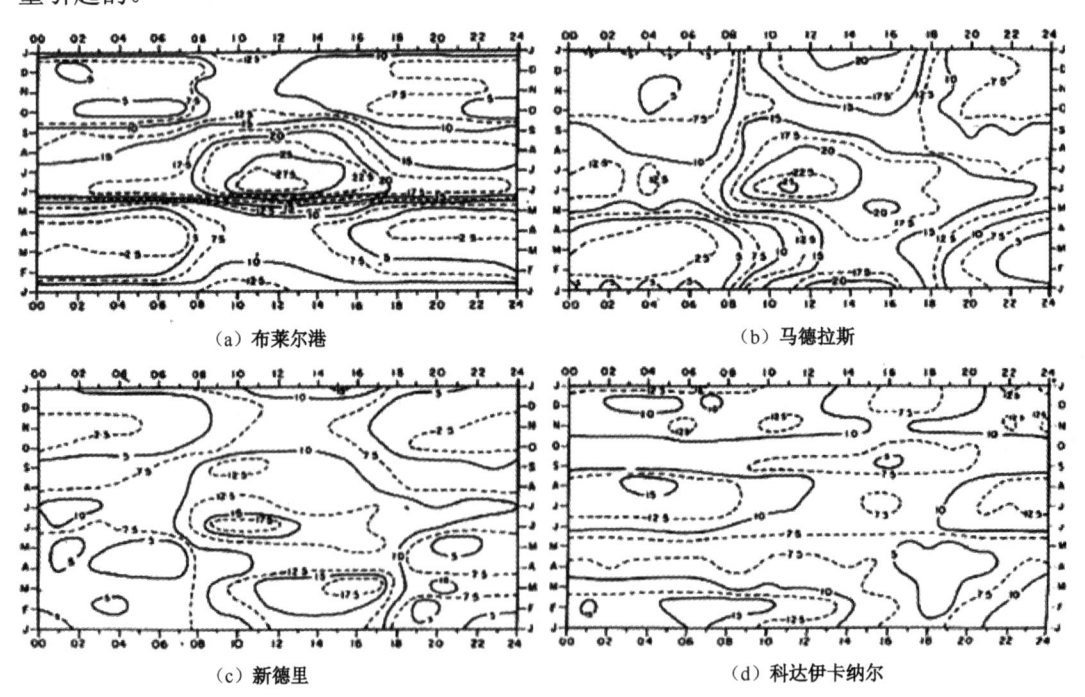

(a) 布莱尔港

(b) 马德拉斯

(c) 新德里

(d) 科达伊卡纳尔

图 18.9 布莱尔港、马德拉斯、新德里和科达伊卡纳尔逐小时地面风场的季节变化（单位：m s^{-1}；引自 Ananthakrishnan，1977）

18.4.2 喜马拉雅山麓与青藏高原东部降水的日变化转换

乞拉朋齐位于喜马拉雅山脉东麓，夏季风期间这个地区的降水量高达 1250 mm，大部分降水发生在清晨。如果从这里出发向西北方向前进大约 400 km，我们就越过了青藏高原东部。在这里，最大降雨量出现在午后，夏季风期间的总降水量约为 760 mm。这种降水日变化大的相位差异是一个有趣的科学问题。这个问题可能涉及青藏高原地表加热和夜间层云的长波辐射不稳定，以及东部山麓地区下午短波加热（云反照率问题）引起的不稳定，因此这是一个复杂的问题。同时，在喜马拉雅山麓的强烈陡峭地形上如何处理感热也是一个问题。还有一个可能的附加问题，即白天青藏高原东部加热区的上升气流在喜马拉雅山脉东部山麓伴有一个补偿的下沉支，这抑制了后一地区午后的降水，而相反的情况也可能发生在清晨。这种促进或抑制降水的问题还没有得到明确回答。人们确实想知道，在被加热的青藏高原上降水量很小，其垂直环流是否能使喜马拉雅山麓每天的强降水区远离其下沉支？对这种日变化特征令人满意的解释有待研究。这项工作完成后，我们就能更好地了解降水日变化中存在的这些相位差异的物理机制。

大多数单独的天气和气候模式都有持续的、较大的系统误差。Krishnamurti 等（2007）设计了一组多模式集合，其中，每个成员模式的预报结果都有持续的相位误差。多模式集合预报系统利用集合平均（称为多模式超级集合）可以消除这种偏差，从而减小这种相位误差。这项研究能够在多模式超级集合预报中区分高原地区和丘陵地区最大日降水量所在的正确时段。然而，人们还是希望能有一个单一的模式，这个模式能够正确模拟降水的日变化过程，并从中找到正确的物理解释。图 18.10 显示了青藏高原东部和喜马拉雅山脉东麓的降水日变化位相图中有 4 条曲线，包括来自 TRMM 卫星的降水量观测估计、4 个成员模式的集合预报平均值、多模式超级集合预报值和一个被称为统一模式的高级模式预报值。这里展示了第 2 天和第 5 天的 TRMM 卫星降水量观测估计及不同模式的预报降水量，由观测降水量和预报降水量的对比可以看出我们在预报降水方面可能取得的进步。

18.4.3 Arritt 列线图

Arritt（1993）在不同的天气背景下进行了大量的海风预报试验，为海风预报提供了一个有用的列线图（一个可以找到数值问题图形解的图表）。Arritt 收集的数值试验包括 31 种不同天气背景下的盛行风场，其范围包括 15 m s^{-1} 的海风（向岸风）到 15 m s^{-1} 的陆风（离岸风）。这些数值试验是在垂直于海风的平面上用二维非静力模式进行的，海洋在南，陆地在北。这里，太阳辐射和固定的海面温度为海风的驱动提供了不同的热力强迫。该模式的物理过程包括短波辐射通量和长波辐射通量的参数化，以及包括多层土壤公式在内的详细地表能量平衡。当地时间早上 6 时之后，太阳辐射增加，土壤层变暖并激发对流。海风是在海洋和陆地之间几百千米范围内的热力差异影响下形成的。

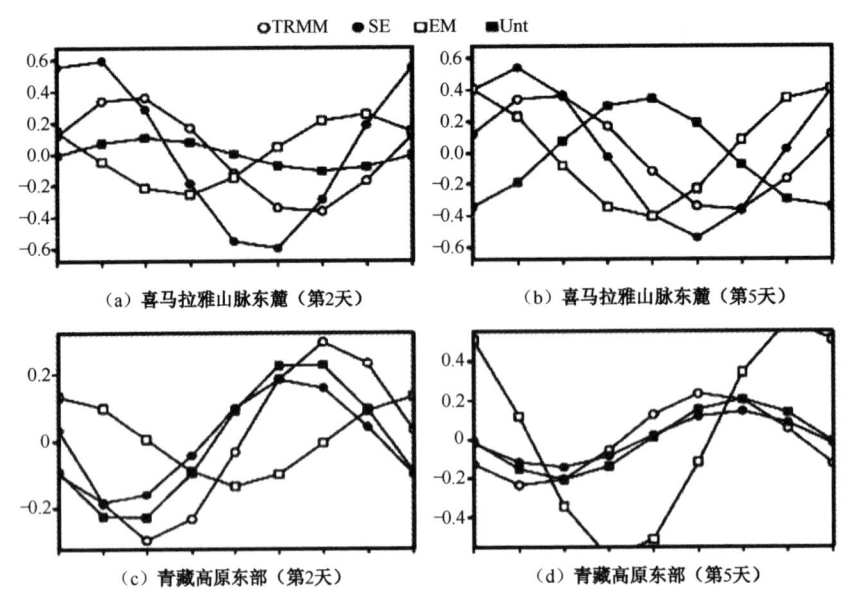

(a) 喜马拉雅山脉东麓（第2天）
(b) 喜马拉雅山脉东麓（第5天）
(c) 青藏高原东部（第2天）
(d) 青藏高原东部（第5天）

图 18.10　来自 TRMM 卫星的降水量观测估计及超级集合（SE）、集合平均（EM）和选定区域的统一模式得到的降水量日变化

行星边界层模式包括 Mellor 和 Yamada（1982）发展的湍流闭合方案。在初始条件中，温度、比湿和盛行地转风均设为是水平均匀的，并且只是高度的函数。所有预报均于当地时间早上 6 时开始，所有输出以 30 分钟为间隔存储。表 18.2 提供了 Arritt（1993）在数值模拟试验中使用的一些参数。

表 18.2　Arrit（1993）在数值模拟试验中使用的一些参数

地表特征	参数取值
粗糙度长度	陆地：0.05 m；海洋：0.032 $u_c^2 g^{-1}$
地表反照率	0.2
固体密度	1500 kg m^{-3}
土壤比热容	1300 J kg^{-1} K^{-1}
土壤热扩散率	5×10^{-7} m^2 s^{-1}
表面水分可用性	0.2（可能蒸发量）
海面温度	15℃
时间离散	
起始时间	0600 LST
模拟持续时间	12 h
时间步长	4 s
空间离散	
水平网格分辨率	5 km
水平网格点数	82 个
垂直层数	42 层：25 m, 50 m, 75 m, 100 m, 125 m, 150 m, 175 m, 200 m, 225 m, 250 m, 300 m, 350 m, 425 m, 500 m, 575 m, 650 m, 750 m, 1000 m, 1250 m, 1500 m, 1750 m, 2000 m, 1250 m, 2500 m, 3000 m, 3750 m, (…Δz=750 m), 15750 m

将垂直于海岸线的风分量确定为大尺度气流的地转风，如图 18.11（a）中纵坐标所示。其中，负值、正值分别表示大范围的海风、陆风。如果当前的天气形势是陆风（离岸风），如 -10 m s^{-1}，那么海风将被完全抑制。图 18.11 中显示了一天中区域内平均大尺度陆风最大值（>0）随时间的变化。当天气形势为静风（纵坐标为 0）时，会有一股强劲的海风（风速接近 9 m s^{-1}）在当地时间下午 3 时左右出现。该状态要求区域平均纬向风在早上 6 时左右为 0，在下午 3 时左右有最大值。图 18.11 可用作列线图，用于根据盛行天气背景是离岸风或向岸风及所处时间，来判断海风的强弱。

类似地，图 18.11（b）显示了区域风场扰动最大值（整个区域逐点扰动的最大值）随时间的变化（Arritt，1993），其仍然是天气尺度地转风和时间的函数。我们注意到，最强的扰动发生在下午 3 时左右，离岸风的风速大约为 -4 m s^{-1}。在一天中，这些扰动风对于所有的背景风场基本上都是正的。

向岸的流动也用图 18.12（a）进行了说明（坐标轴与图 18.11 相同）。在静稳的盛行风条件下，海风的高度在下午晚些时候达到 40~60 m。即使离岸风的风速只有几 m s^{-1}，海风也会开始加强。由于计算存在不确定性，因此图 18.12（a）中并未显示陆风（$u>0$）的计算结果。

图 18.12（b）提供了关于区域内最大垂直运动（单位：cm s^{-1}）作为盛行风和当地时间函数的变化图。这表明，即使对于 5 m s^{-1} 的离岸风，向上运动速度也可以在当地时间下午 3 时前达到 100 cm s^{-1}。

Arritt 列线图是海风预报的有用工具。这种列线图需要沿着所有主要海岸线分别绘制，因为一个解不能适用于所有区域。原则上，这些试验可以在个人计算机上进行，也可以在为任何地点准备的列线图上进行。

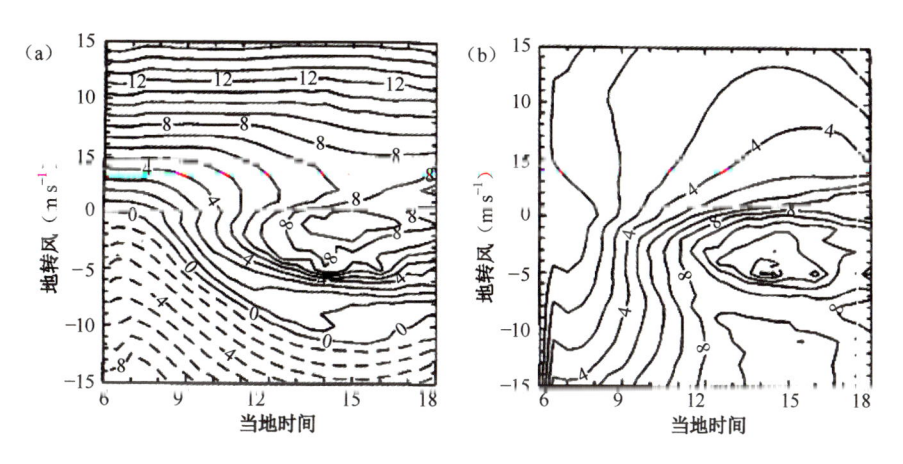

图 18.11　模式预测的区域中（a）最大 u 分量，以及（b）相对于初始时刻的 u 分量扰动最大值与地转风和时间的函数关系（引自 Arritt，1993）

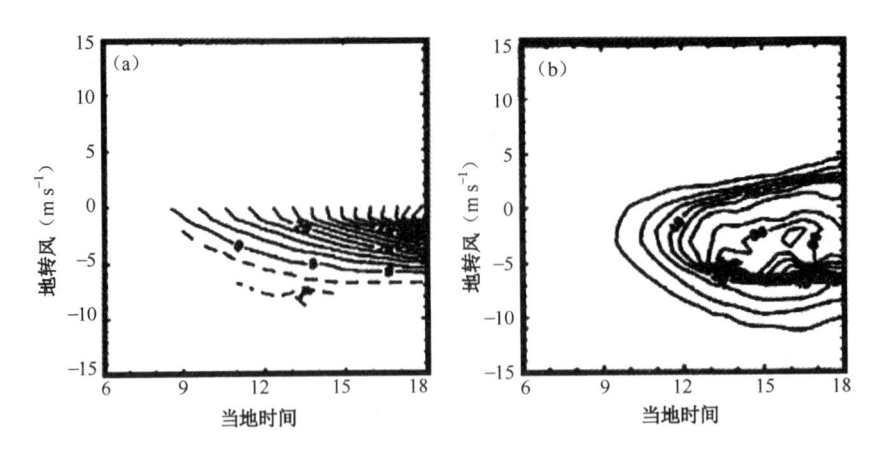

图 18.12　模式预测的区域中（a）海风的内陆穿透力（由正 u 分量的最远内陆位置表示，间隔 5 km，海岸线处为 0），以及（b）使用 1-2-1 滤波器进行时间平滑处理后的区域最大垂直速度与地转风和时间的函数关系（引自 Arrit，1993）

18.4.4　季风尺度的日变化

目前，业界一直强调的是与海风日变化有关的的小尺度现象，现在来看与亚洲季风的行星尺度现象有关的日变化。陆地和海洋的冷暖对比导致南亚大陆尺度上出现了海陆风的日变化。这可以从基于地球静止卫星的 3 小时间隔的红外辐射场中看到。

更有趣的描述来自对大约 6 小时间隔的三维环流的分析。6 小时的选择取决于全球再分析数据集的时间间隔。给定水平运动场，即垂直方向上不同等压面高度风场的 u 分量和 v 分量，就可以计算水平散度，并将其设为 $-\nabla^2 \chi$，其中，χ 是速度势。接下来求解泊松方程，得到所有期望等压面的 χ 场，$-\nabla \chi$ 对应于任何等压面任何位置的辐散风。

我们可以每 6 小时合成一次这个场，以观察季风三维环流的昼夜差异。图 18.13 显示了 15 天平均的印度当地时间上午 6 时和下午 6 时的速度势异常场白天分量的合成图。深色箭头跟随速度势梯度的负方向（辐散风），显示了 200 hPa 上这一巨大的大陆尺度辐合辐散风环流。

在这一高度上，我们可看到加热的大陆上空高层存在流出的气流，并在清晨反向。图 18.13 清楚地显示了这种日变化模式的大陆尺度性质。这是一个非常大规模的昼夜风向逆转，其在水平方向上的振幅达到几 m s^{-1}。Krishnamurti 和 Kishtawal（2000）首先注意到了这一特征，它在亚洲夏季风的 6 月、7 月、8 月和 9 月尤为突出。由于暖空气在陆地上升，而相对较冷的空气在下午下沉到邻近的海洋（阿拉伯海、孟加拉湾和印度洋），相反的现象则发生在清晨。这是一个直接的热力环流，因此在对流层对垂直速度和温度的协方差有净的正贡献，即质量积分延伸到如图 18.13 所示的范围，并且覆盖了地表到 150 hPa 之间的整个对流层。

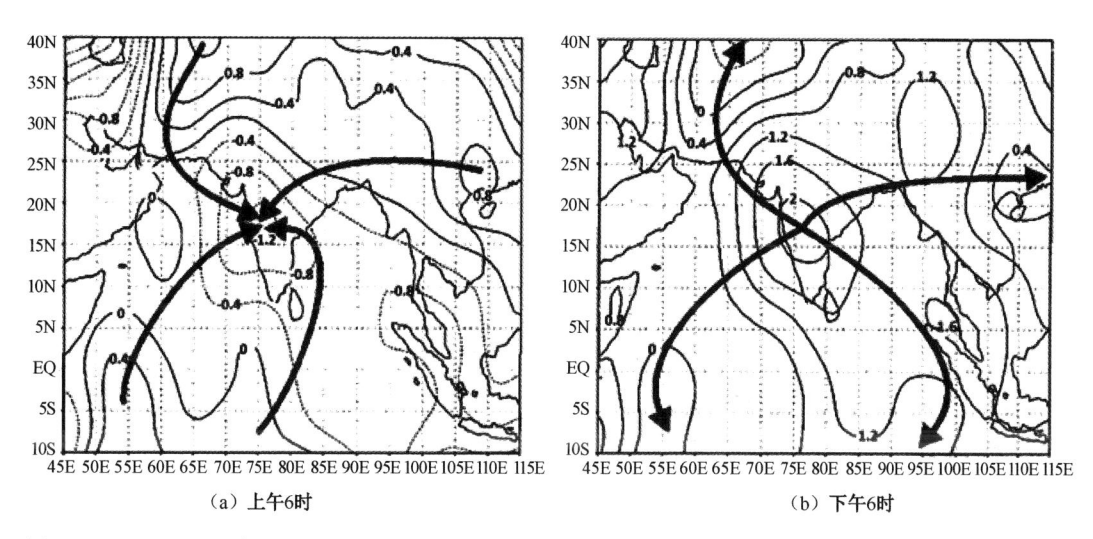

图 18.13　200 hPa 速度势异常场白天分量的合成图（1998 年 7 月 15 日至 28 日）（单位：$10^6 \text{m}^2\text{s}^{-1}$；引自 Krishnamurti 和 Kishtawal，2000）

然后，人们可能会问这样一个问题：假设在几个不同的时间尺度上，从这种垂直环流中可以获得有效位能到动能的转换，那么这种转换有多大的比例来自这种日内辐合辐散循环？该计算将评估这种季风日内辐合辐散循环对整个季风能量学的重要性。Krishnamurti 等（2007）利用一套基于全球模式的多模式超级集合预报系统解决了这个问题。他们对超级集合预报系统各成员模式的季风日变化预报进行了检验。人们注意到，每个模式在描述这种日变化时都存在许多误差。总体而言，超级集合预报系统能够纠正这种模式的位相（在空间和时间上）误差，并提供了这种环流的几何特征，非常接近如图 18.13 所示的环流。

200 hPa 高度的大陆尺度环流昼夜逆转的模拟结果如图 18.14 所示。该图清楚地表明，在去除模式偏差的情况下，预测上述特征是可能的。由此模式（模拟）可见，从有效位能到季风动能的转换所占的比例非常高。因此可以说，这种季风季节陆地与周围海洋之间垂直环流的日变化是亚洲夏季风的重要组成部分。

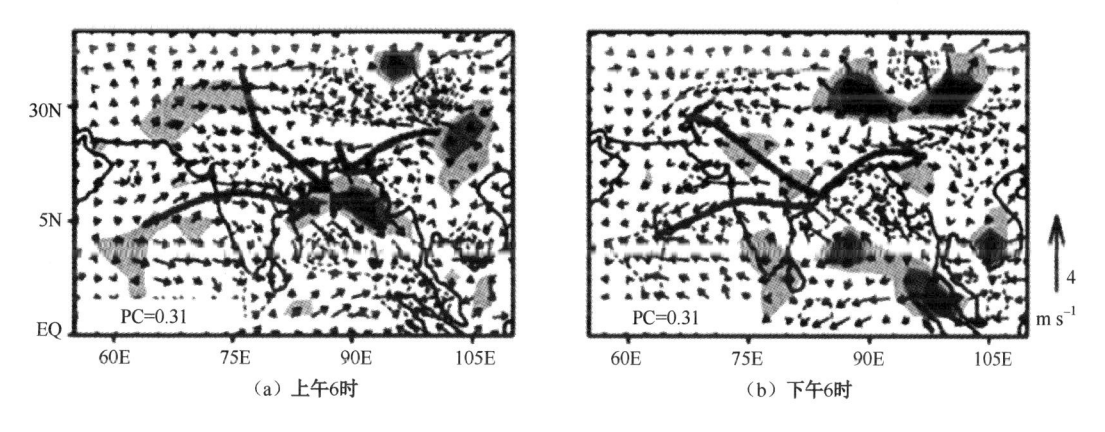

图 18.14　基于超级集合预报的辐合辐散环流

原著参考文献

Ananthakrishnan, R. Some aspects of the monsoon circulation and monsoon rainfall. Pure Appl. Geophys., 1977, 115, 1209-1249.

Arrit, R. W. Effects of the large-scale flow on characteristic features of the sea breeze. J. Appl. Meteor., 1993, 32, 116-125.

Van Bemmelen, W. Land-und Seebrise in Batavia. Beitr. Phys. Frei. Atmos., 1922, 10, 169-177.

Chapman, S., Lindzen, R. S. Atmospheric Tides. D. Reidel, Dordrecht, 1970: 200.

Estoque, M. A. A theoretical investigation of the sea-breeze. Q. J. Roy. Meteor. Soc., 1961, 87, 136-146.

Flohn, H. Klimaprobleme am Roten Meet. Erdkunde, 1965, 19, 179-191.

Gray, W. M., Jacobson Jr., R. W. Diurnal variation of deep cumulus convection. Mon. Weather Rev., 1977, 105, 1171-1188.

Hamilton, K. The geographical distribution of the solar semidiurnal surface pressure oscillation. J. Geophys. Res., 1980, 85, 1945-1949.

Haurwitz, B., Cowley, A. D. The diurnal and semidiurnal barometric pressure oscillations: global distribution and annual variation. Pure Appl. Geophys., 1973, 102, 193-222.

Hsu, S. A. Coastal air-circulation system: Observations and empirical model. Mon. Weather Rev., 1970, 98, 487-509.

Krishnamurti, T. N., Kishtawal, C. M. A pronounced continental-scale diurnal mode of the Asian summer monsoon. Mon. Weather Rev., 2000, 128, 462-473.

Krishnamurti, T. N., Gnanaseelan, C., Chakraborty, A. Prediction of the diurnal change using a multimodel superensemble, Part Ⅰ: Precipitation. Mon. Weather Rev., 2007, 135, 3613-3632.

Krishnamurti, T. N., Gnanaseelan, C., Mishra, A. K., Chakraborty, A. Improved forecasts of the diurnal cycle in the tropics using multiple global models, Part Ⅰ: Precipitation. J. Climate, 2008, 21, 4029-4043.

Lavoie, R. L. Some aspects of the meteorology of the tropical Pacific viewed from an atoll. Atoll. Res. Bull. No. 96, Honolulu, 1963.

Lindzen, R. S. Thermally driven diurnal tide in the atmosphere. Q. J. Roy. Meteor. Soc., 1967, 93, 18-42.

McGarry, M. M., Reed, R. J. Diurnal variation in convective activity and precipitation during phases Ⅱ and Ⅲ of GATE. Mon. Weather Rev., 1978, 106, 101-113.

Mellor, G. L., Yamada, T. Development of a turbulence closure model for geophysical fluid processes. Rev. Geophys. Space Phys., 1982, 20, 851-875.

Murakami, M. Large-scale aspects of deep convective activity over the GATE area. Mon. Weather Rev., 1979, 107, 994-1013.

Pielke, R. A. A three-dimensional numerical model of the sea breeze over South Florida. Mon. Weather Rev., 1974, 102, 115-139.

第 19 章

热带飑线和中尺度对流系统

19.1 引言

热带飑线是热带主要降雨区的一种常见现象。这些系统在陆地上形成,在海洋上甚至可以持续数天。热带飑线属中β尺度（20~200 km）系统,是中尺度对流系统（MCS）内组织化对流的常见尺度。这些中尺度对流系统具有延绵数百千米的云砧,通常带来层状云降水和对流性降雨。

Zipser（1977）、LeMone（1983）的研究发现,中尺度对流系统的对流云和层云中动量、热量和水汽的垂直输送存在显著差异。飑线中的对流运动将绝大部分通量从行星边界层输送到其上方的云层内。对流组织化成带状是飑线的典型特征。带状对流系统在移动过程中会产生相对于系统的上升运动和下沉运动,其与云内的垂直动量输送都是飑线的重要特征。如果将飑线作为相对参考系,其在从西向东移动过程中,通常携带一支从前向后的上升气流和一支从后向前的下沉气流。飑线系统包含大范围的拖曳状层云降雨区和一条主要的带状对流云降雨带。我们将在本章中通过不同的剖面来说明这些特性。我们还将区分飑线群和非飑线群,它们的区别主要体现在传播速度、下沉气流强度、CAPE 和盛行风切变等因素。

至于为什么多个积雨云会呈带状排列,这不是一个简单的问题。移动的飑线中上升运动区域通常比下沉运动区域小得多,这是由这一现象背后的热力学约束所决定的。一个圆形或带状的组织化对流通常都满足这样的约束。密集的对流线可以在这种带状对流的一侧产生大面积的下沉。大面积的下沉会抑制云的增长和深对流,并限制对流沿传播的飑线继续发展。在一个有限的区域内,风切变、深对流、下沉运动及垂直动量输送之间存在复杂的相互作用,因此,不能简单地认为飑线的发展是一个线性问题,如由 A 导致 B,再由 B 导致 C 等,其本质上是一个非线性问题。

19.2 西非飑线

众所周知，在北半球夏季飑线多从苏丹地区向西传播到西非西海岸（Hamilton and Archbold，1945；Eldridge，1957；Obasi，1974）。据了解，每年夏天大约有 7 次飑线向西传播。根据某一时间段内的地面和高空数据，Obasi（1974）构建了一些飑线自西向东穿越拉各斯（尼日利亚）时地面温度、地面相对湿度、地面气压和 900 hPa 相对湿度的变化图（见图 19.1）。在飑线通过之前，地面温度和 900 hPa 相对湿度比正常值大，反映出地面附近具有较大的湿静力稳定度，处于条件不稳定状态。在温度下降之后，气压呈现跃升的特征，后者被看作飑线通过的标志。

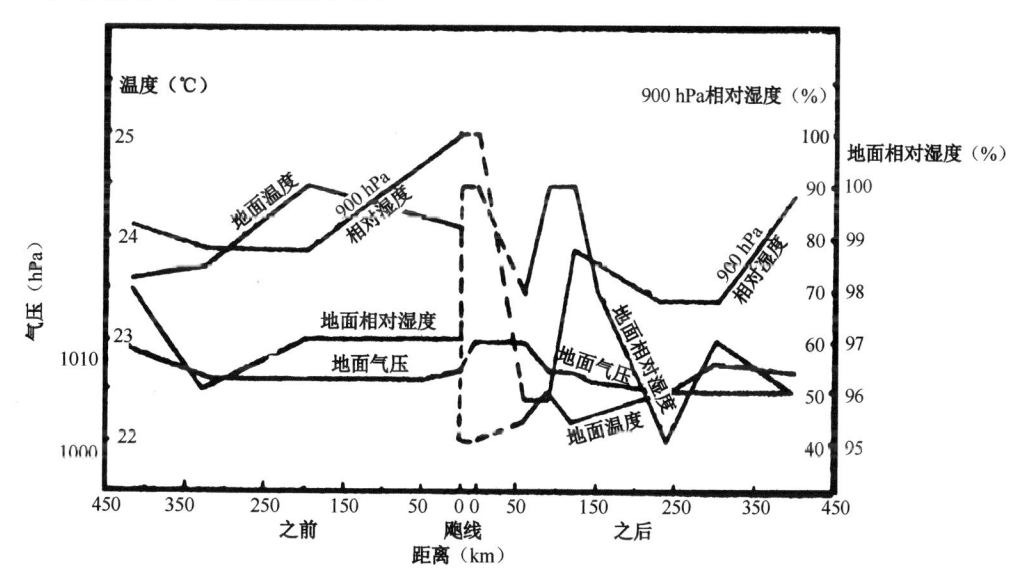

图 19.1 过飑线的东西向垂直剖面，显示地表温度、相对湿度和气压，以及 900 hPa 的相对湿度（引自 Obasi，1974）

19.2.1 飑线——"非洲波的重要组成部分"

Reed 等（1977）、Payne 和 McGarry（1977）的研究提供了西非飑线的图像。这个想法大致如下：通常西非飑线比非洲波移动得更快，西非飑线的移动速度可以达到每天 10 个经度，而非洲波向西的传播速度为每天 5～7 个经度。人们还注意到，这些飑线在经过非洲波的波槽后获得最大的振幅。Reed 等（1977）将非洲波从东到西划分为 8 个区域，编号为 1～8，其中，将编号区域 4～5 之间的分隔线定义为波槽线。以编号区域为坐标系，可以获得非洲波的整体结构。将许多这样的波进行合成，就可以得到每个合成区域内的风、温度、湿度等要素及天气特性。观测的稀疏性，导致人们很难对某个波动进行准确的定义，因此这种合成在当时是非常必要的。从他们的研究中得到的图 19.2 显示，云团和飑线的出现频率在位于波槽线以西约 300 km 的编号区域 2~4 最大。当然，这些结果是通过参考编号区域 4~5 之间确定的波槽线对大量个例进行合成得到的。

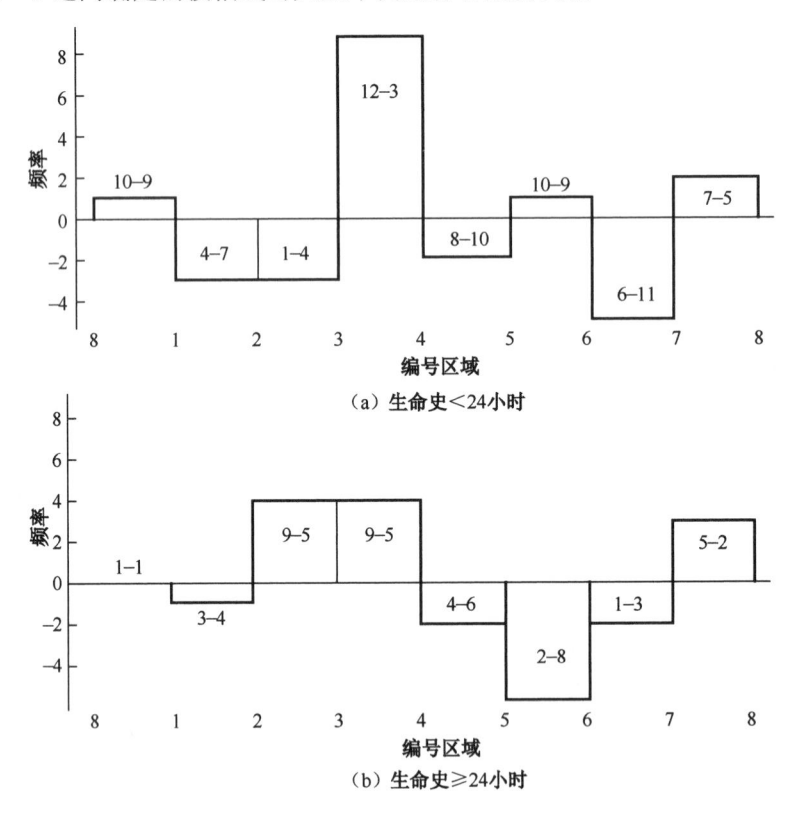

图 19.2　按非洲波位相分类，每个位相促进（纵坐标为正值）或阻碍（纵坐标为负值）飑线发展的频率分布（引自 Payne 和 McGarry，1977）

这项研究确实提出了这样一个问题：飑线是否会在没有任何明显相互作用的情况下通过非洲波？答案是其中一些飑线可能会。这里需要解决的一个重要问题是，"为什么波槽线之前的区域更适合飑线的发展？"答案是，这些区域满足湿静力稳定性和水平风垂直切变的条件。在波槽线之前，低层潮湿的西南气流被干燥的东北风所覆盖。600 hPa 位置的对流层中偏东急流和低层西南季风提供了与美国大陆相似的条件（Petterssen，1956）。因此，热带和温带飑线系统之间可能存在某种程度的相似性。

19.2.2　位于两支东风急流之间的飑线

Leroux（1976）在一项开创性的研究中指出，几乎所有的西非飑线都位于两支东风急流之间，即热带东风急流（TEJ，位于 7°N 附近，高度约 175 hPa）和非洲东风急流（AEJ，位于 13°N，高度约 600 hPa）。这个区域位于热带东风急流反气旋式切变一侧和非洲东风急流气旋式切变一侧，这是热带地区飑线发展和维持的有利环境，因此西非几乎所有的飑线都在该区域。这与温带飑线的环境有所不同，后者更靠近上层波槽线。在北半球冬季，印度东北部和孟加拉国也出现了与西非飑线类似的飑线。在那里，来自西部的大量扰动造成风速的快速增大和较大的湿度梯度，这有利于飑线的形成。在这些系统中，对流层低层的气旋式风场（属于西部扰动的一部分）被冬季副热带急流以南强烈的反气旋切变区域所覆盖。

19.2.3 其他飑线模型

1974年，一项名为全球大气研究计划（GARP）大西洋热带试验（GATE）的著名野外试验在世界范围内开展。根据对 GATE 数据的分析，Mower（1977）提出了东大西洋上空飑线结构的概念模型（见图19.3）。这被认为可能是西非飑线穿越到海洋区域后的典型结构。

Mower（1977）注意到以下特征：
（a）在飑线前缘高 θ_e 空气的急剧辐合（$10^{-3} s^{-1}$）；
（b）向后侧强度稍小的强烈辐散；
（c）θ_e 的大幅下降表明地表存在下沉气流，主要来自900～800 hPa 气层；
（d）飑线通过后造成约1.5 K 的地表小幅降温；
（e）伴随入射太阳辐射大幅减少和云底的降低，气压快速但小幅减小。

风廓线显示：
（a）飑线前方的地面是西风带；
（b）两个风分量的垂直切变都很小；
（c）没有可观测的引导气流层；
（d）飑线嵌入一个大尺度的运动场中，该运动场从地面到700 hPa 高度是辐合的、气旋性的。

热力学廓线显示：
（a）在地表以上50 hPa 范围内大气非常干燥，这主要是下沉气流造成的；
（b）近地层非常干燥，但近地层以上较为湿润；
（c）近地层有约1.5 K 的降温，但近地层以上则增温；
（d）混合层中的 θ_e 大幅下降。

如图19.3所示的示意图是相对于移动的飑线绘制的。云下高 θ_e 暖湿气流的持续供应，被认为是驱动飑线发展的重要机制。此外，下沉气流到达地面维持了辐合和上升运动，而下沉气流似乎来自较低的高度层，即900～800 hPa。Mower（1977）提出的这个概念模型不需要大尺度的切变环境（水平风的垂直切变）来维持飑线系统，这不同于中纬度地区的飑线。Mower（177）对飑线系统的描述，与 Moncrieff 和 Miller（1976）的描述有点相似，后者利用一个三维数值模式来描述飑线的运动。在这项研究中，下沉气流被证明源于云底上方一个相对较低的高度层。下沉气流在下沉过程中绝热加热，同时通过液态水和雨水的蒸发冷却，因此，地面空气的最终状态取决于这些相反作用各自的强度。

另外，Leroux（1976）针对飑线系统提出了一种不同的观点，强调了切变环境的影响。图 19.4 显示了西非飑线的示意图，其中的重点是西非上空对流层中部的东风动量下传。不过 Leroux（1976）的假设还需要通过观测进行更详尽的检验。根据这一假设，地面辐合发生在强烈的地面东风涌的前缘，西南季风气流被这个东风气流一分为二。这项研究并未解释导致东风动量下传的确切原因。Leroux（1976）的观点与 Obasi（1974）的观点没有太大区别。Obasi（1974）注意到，在对流层下部（900～700 hPa），距离飑线后方约 100 km 处，有风速为 30～35 节的强烈东风。在飑线之前的地区，他发现了微弱的西风带。纬向流的这种不对称性在飑线上提供了一个持续的低层辐合场（$\frac{\partial u}{\partial x}<0$）。众所周知，大西洋上的飑线也表现出类似的强烈的纬向流不对称性。在热带气象学中，强烈的东风涌爆发的动力机理是一个尚未解决的问题。据观察，它出现在全球热带的许多地方（Krishnamurti 等，1979）。在西非上空，这种突然的东风增强可能与高空的下沉气流和东风动量下传有关。这种下沉可能是近赤道雨带中 ITCZ 内扰动对流上升的质量补偿下沉。一旦这种东风涌形成，局地辐合线和飑线系统也许可以通过 Moncrieff 和 Miller（1976）提出的机制得以维持。

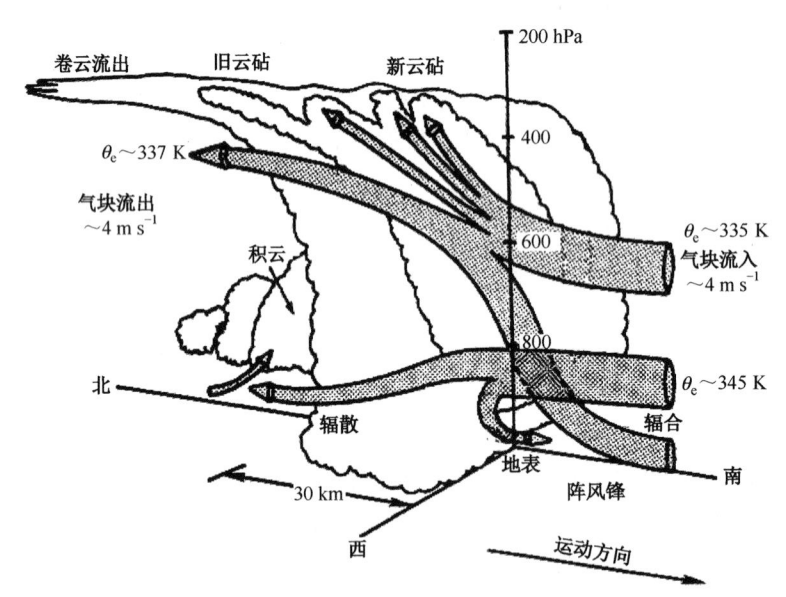

图 19.3 飑线基本特征和流场示意图（引自 Mower，1977）

19.2.4 飑线和非飑线系统

Zipser（1979）对西非上空的飑线和非飑线系统进行了清晰的区分。飑线是移动速度更快的系统，其移动速度（从东到西）比非洲波更快，并在 30 km 宽的区域内（横跨飑线）带来重要天气。它们的特征是下沉气流区域的温度和相当位温都大幅下降。虽然这种下沉气流也存在于非飑线系统中，但在温度和相当位温方面并没有如此显著的变化。非飑线系统移动较慢，通常可以从西向东或者从东向西移动。GATE 外场试验为研究热带大西洋东部的非飑线系统提供了一些最好的数据集。这种观测能力的提升在很大程度上来自气象飞机的使用。多架气象飞机在同一个非飑线系统中穿越多个垂直高度层并收集数据，可以提供大量有用的信息。

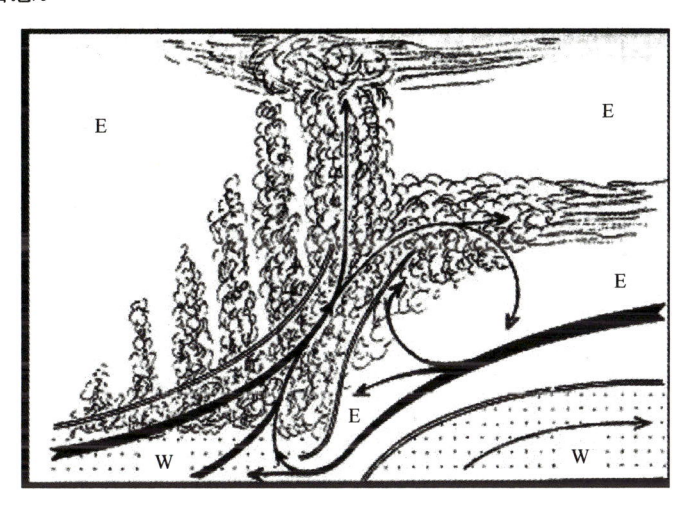

图 19.4　非洲飑线的垂直剖面示意图（引自 Leroux，1976）

图 19.5 显示了基于飞机顺风一侧和飞行高度层数据集的分析结果。这些测量数据包括风、温度和湿度。在图 19.5 中，Zipser（1979）展示了纬向风、经向风、垂直风 3 个风分量场及对流系统质量通量的时间序列，即非飑线系统通过期间 3 个不同高度（1 km、3 km 和 5 km）的上升气流和下沉气流。另外，质量通量是根据垂直速度 w 计算出来的，而垂直速度 w 是利用对水平散度进行垂直积分的运动学方法获得的。水平散度又是通过直接使用测量和分析的 u、v 风场分量得到的。图 19.5 显示了非飑线系统穿过该区域时风场的快速变化，注意从地面到 3 km 高度风速变化约为 6 m s^{-1}。典型的飑线系统中，会有一支强风穿越地面辐合线；但对于非飑线系统，气流相对辐合线是静止的。强降水区随非飑线系统移动，两者之间几乎没有相对运动。在图 19.5 中，正、负纬向风相邻区域是对流层低层主要的辐合区，其中最强的上升点位于该区域。在对垂直运动的运动学描述中，w 高达 1.5 m s^{-1}。在强上升运动相邻的区域，有速度高达 0.4～0.7 m s^{-1} 的强烈下沉运动。Zipser（1979）利用其他基于飞机飞行高度层数据集的类似信息，得出了非飑线系统的示意结构，如图 19.6 所示。从图 19.6 中可以看出，地表锋面的西侧没有相对运动，这使得非飑线系统与中纬度的飑线系统截然不同。非飑线系统的生命史是非常令人感兴趣的，但观测结果还不足以描述这些短生命史系统（约 12 h），还需要通过进一步的观测和模拟研究来描述其形成、加强、成熟和消散的过程。注意到这些非飑线系统的尺度约为 200 km，在这种尺度内开展密集的观测是一个巨大的挑战。继 GATE 野外试验之后，下一次在西非进行的主要野外试验是 2006 年的非洲季风多学科分析（AMMA）试验。

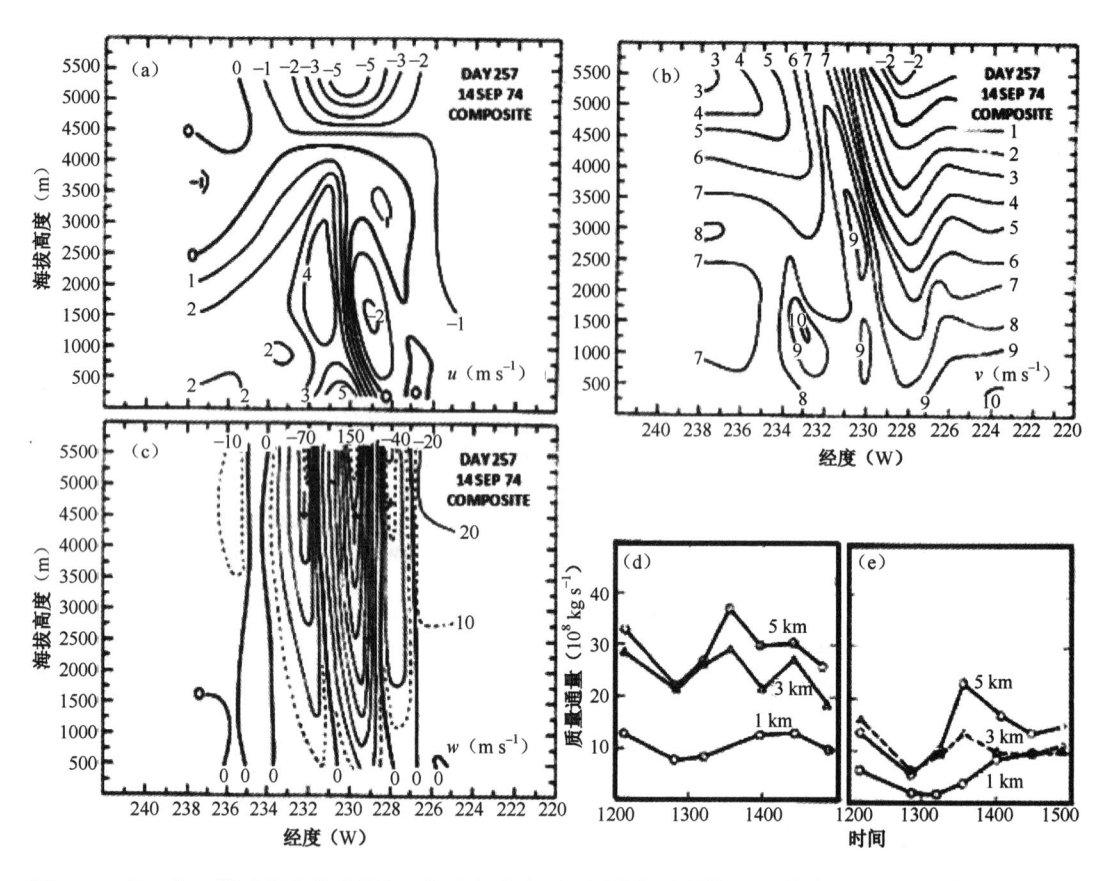

图 19.5　从飞机下投式探空仪数据和飞机飞行高度层观测数据分析的（a）纬向风，（b）经向风，（c）垂直速度，以及对流系统内（d）上升气流和（e）下沉气流内的质量通量时间序列图（引自 Zipser，1979）

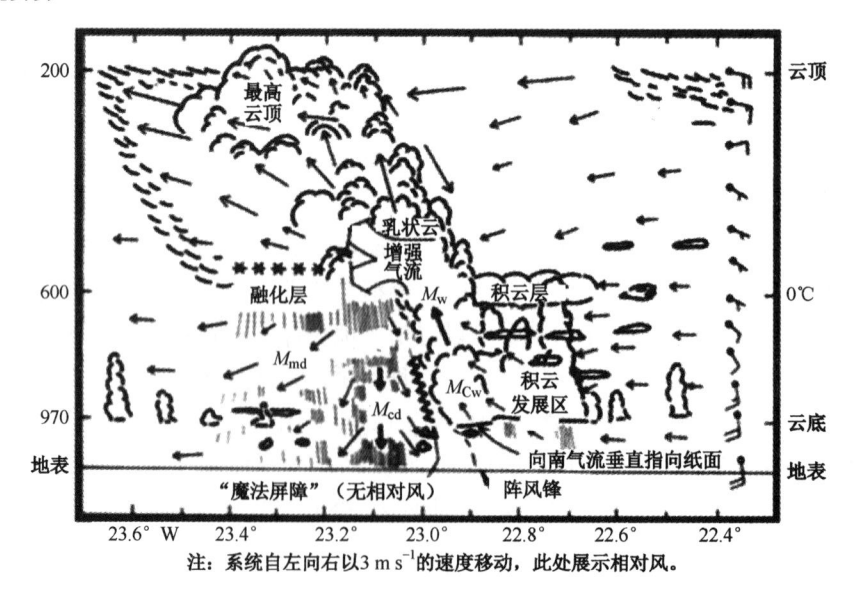

图 19.6　西非飑线系统示意图（引自 Zipser，1979）

19.3 中尺度对流系统

　　TRMM 卫星的测雨雷达使我们准确测量对流云和层状云降雨成为可能，并能对中尺度对流系统、普通对流系统和大尺度对流系统的降雨分别进行标记。自 1997 年以来，随着 TRMM 卫星降水数据集可用性的逐渐提高，人们已经对热带地区的降水按照季节和年份进行了细致研究（Zipser 等，2006）。很明显，年降水量的很大一部分来自热带地区的中尺度对流系统。图 19.7 显示了中尺度对流系统对年降水量的贡献比例。

　　这里的浅灰色到深黑色区域表示来自中尺度对流系统的降水量占比超过 48% 的地方。图 19.7 显示，中尺度对流系统在中非和西非、南美洲对年降水量的贡献率最大，中尺度对流系统在墨西哥湾北部的沿海地区、卡彭特里亚湾和澳大利亚北部、马来西亚南部地区和孟加拉湾大量存在。在海洋中的 ITCZ 区域，近 40% 的降水是由中尺度对流系统造成的。南印度洋和西太平洋的 ITCZ 区域也有类似的特征。

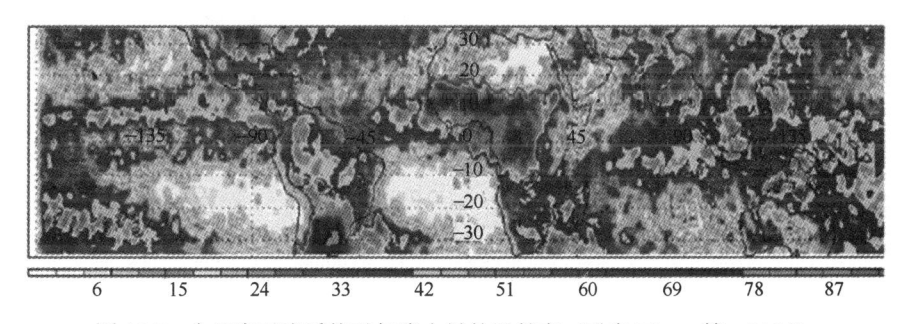

图 19.7　中尺度对流系统对年降水量的贡献率（引自 Zipser 等，2006）

　　这一重要信息说明，我们需要对热带地区形成降水的中尺度对流系统进行深入研究，因为近一半的热带降水来自这些中尺度对流系统。这些中尺度对流系统的尺度约为几百千米，因此对这些中尺度对流系统的预报需要依靠高分辨率的数值预报模式，并使之能够正确地分辨这些中尺度对流系统。

　　Zipser 等（2006）还利用 4 年的 TRMM 卫星降水数据集对热带的层状云、对流云降水进行了划分。利用该数据集，他在图 19.8 中描绘了不同季节层状云降水所占的比例。

　　因为大多数热带降水可以追溯到对流性系统或层状云系统（Houze，1993），因此 100% 减去这些百分比就是对流性降水所占的比例。

　　赤道和西非地区的一个突出特征是所有季节层状云降水所占比例都很低，而太平洋上空的 ITCZ 区域所有季节层状云降水所占比例都略高于 50%。在亚洲夏季风和冬季风期间，30%~50% 的季节性降水为层状云降水。在南半球冬季和春季，南太平洋辐合带 30%~40% 的降水可归因于层状云系统。在其他季节，这个地区的层状云降水占比要大于 10%。在南美洲和中美洲，层状云降水在 9 月、10 月和 11 月最少，而在 3 月、4 月和 5 月层状云降水所占比例最高可达 40%~50%。总体来说，图 19.8 所传达的信息是，近 40% 的热带降水来自层状云系统。因此，尽管热带地区存在大量的中尺度对流降水系统，但在热带降水的模拟中大尺度降水系统是不容忽视的。

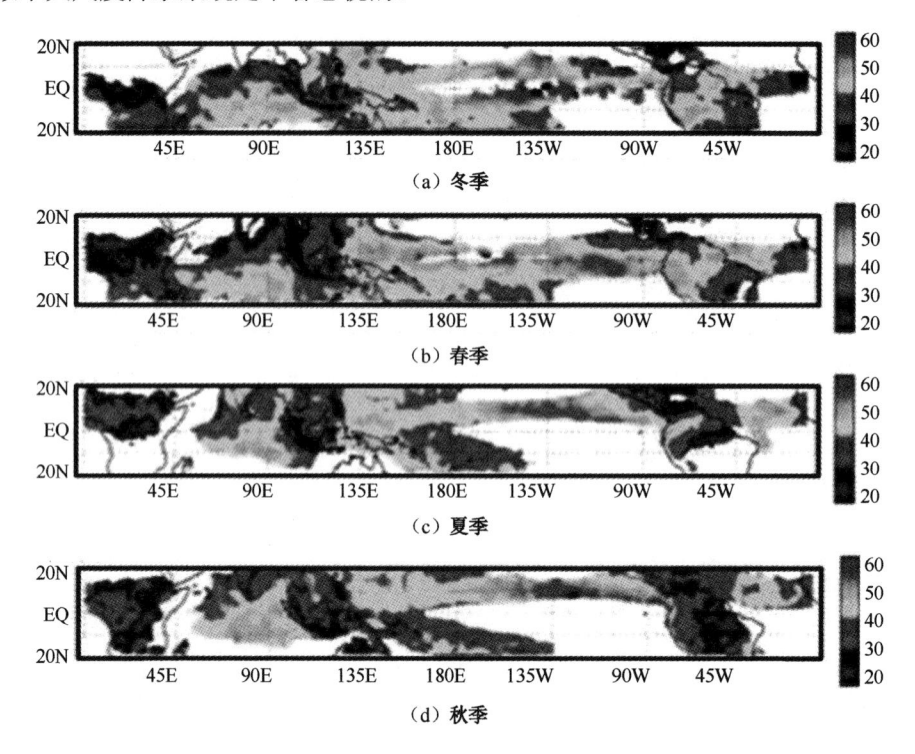

图 19.8 1998—2000 年年平均层状云降水所占比例的季节变化，数据为 2.5°网格分辨率的平均值。年平均降雨量小于 60 mm/年的地区不包括在内（引自 Schumacher，2003）

对流系统通常具有垂直速度强、降水量大、覆盖面积小的特点。另外，层状云系统的特点是广泛的上升运动和相对较小的降水率。两种降水形式的差异对海洋混合层特征和海温有显著影响（Webster 和 Lukas，1992）。更重要的是，对流系统中大量水蒸气凝结释放的潜热会加热大气，而层状云系统中雨滴的蒸发会冷却大气，这两种类型降水系统的加热廓线截然不同（Tao 等，1993；Simpson 等，1988）。从降水遥感的角度来看，区分这两种降水系统对于解释卫星视场内降水的不均匀性至关重要。由于亮温和降水量之间存在非线性关系，因此不考虑非均匀性的反演算法会导致对高度可变的对流性降水量的低估，以及对相对均匀的云降水的高估（Short 和 North，1990）。

19.4 对流组织化

对流组织化是许多热带扰动的核心特征。ITCZ 是典型的沿纬向分布的带状对流组织，这里的对流对促进南北半球大气在该区域辐合具有重要的作用。近乎圆形的几何形状是飓风有组织对流的基本特征。季风低压的特征是对流层低层的对流聚集成一个近乎椭圆的形状,并组织化成一个对流系统。图 19.9 示意性地说明了这些特性。

在热带扰动中,对流层低层垂直运动的组织化对于系统形状存在一定的选择性。如果对流是围绕这些几何形状进行组织化的,那么对流释放的热量对于保持这些系统的几何形状将发挥重要作用。这种组织化对流可以使系统保持带状、圆形或弯曲的几何形状。热带扰动和热带天气图中常见的流场形状如图 19.9 所示。

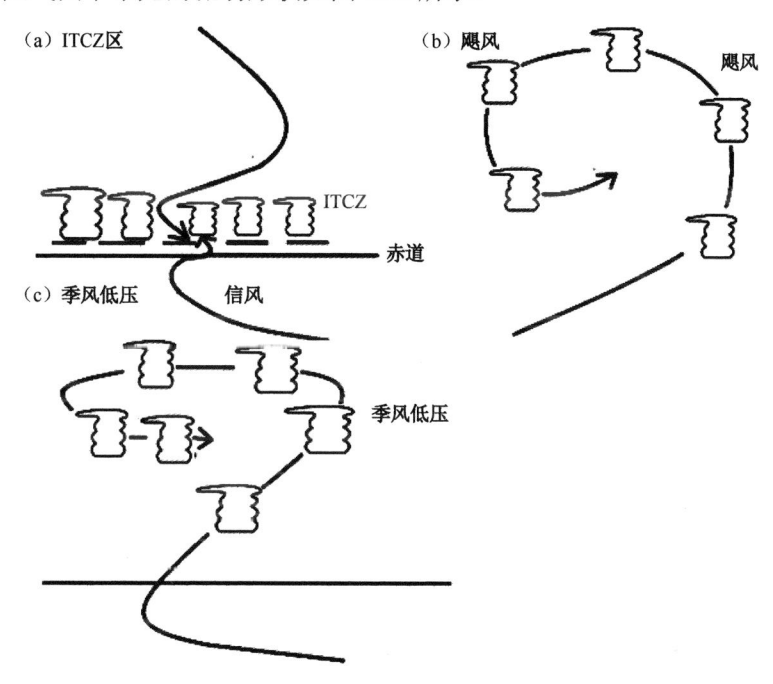

图 19.9 对流组织化示意图:(a) ITCZ(对流带状组织化),(b) 飓风(深对流的近乎圆形组织化),(c) 季风低压(沿对流层低层风场的组织化)

图 19.10 展示了在数值模式预报中,对流组织化并演变为台风(1992 年太平洋台风 Omar)的过程。最初,在一个东风波中有一些零散的中小尺度对流。随着东风波的发展,我们注意到圆形几何形状系统周围的对流组织化逐渐增强。这种沿方位角分布的组织化对流在雷达或高分辨率卫星图像中经常可见。飓风的典型尺度主要用方位角波数 0、1、2 来描述。在这些尺度上,对流组织化产生了一个加热场(与对流加热有关),分布在方位角波数 0、1、2 处。这种加热反过来又在同一尺度上产生热异常。这对在相同尺度上产生有效位能具有巨大贡献。有效位能的产生简单地说就是加热和温度的区域平均协方差。加热导致空气在加热区域上升,在邻近相对较冷的区域补偿下沉。这种垂直环流在将有效位能转换为动能方面起着重要作用,从而导致风暴在圆形几何结构中得到加强。这一有力的论据为对流组织化与热带风暴的最终形成之间的联系提供了一个视角。因此,从能量学的角度来说,上述过程是非常重要的。

季风低压的形成也见证了围绕其几何结构的组织化对流的演变。在数值预报中可以跟踪中尺度对流性降水系统,并在预报过程中标记个别系统的逐步组织化过程。这些也可以从高分辨率卫星图像中标记出来,特别是使用每 15 分钟一次、分辨率为几千米的快速扫描图像。可以将这些云图制作成动画,进而可以通过动画看到在发展中波动的深厚对流的组织化演变过程。

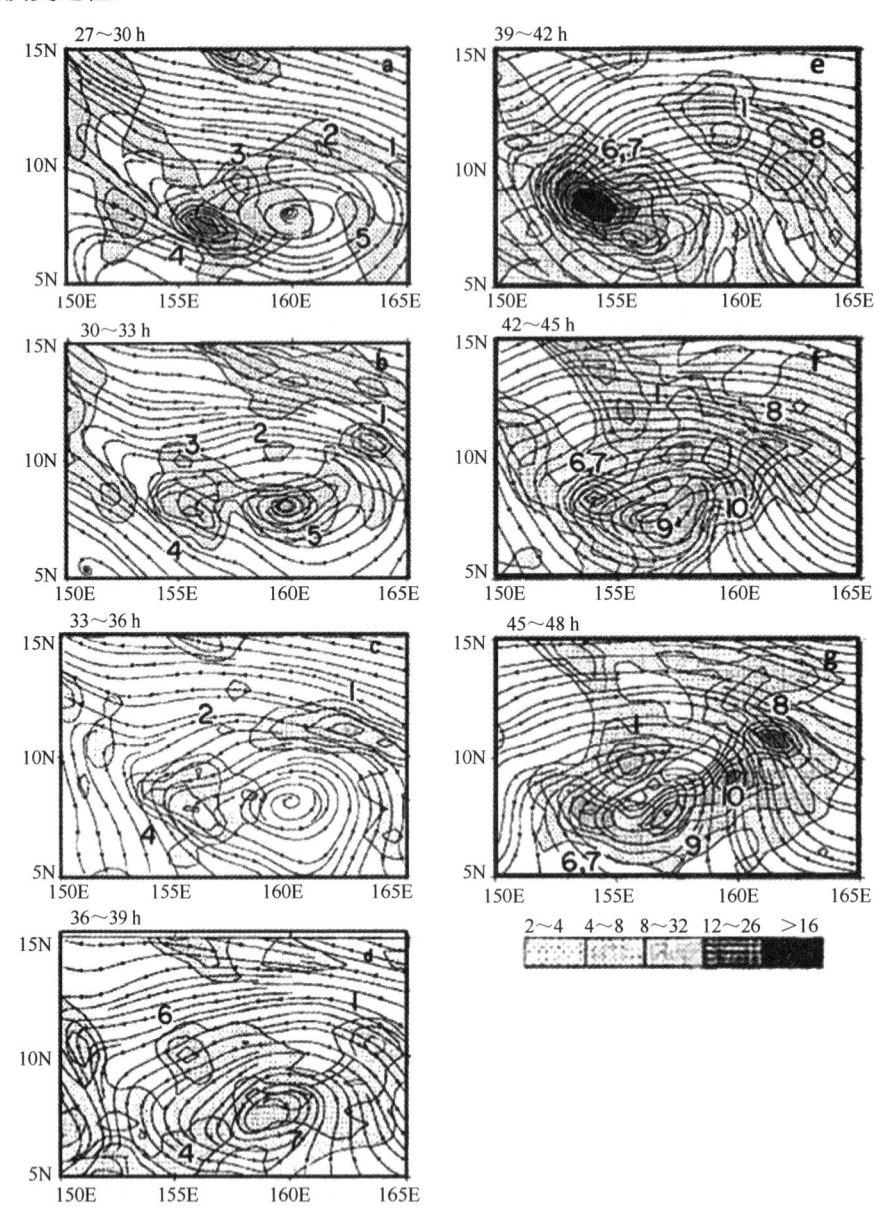

图 19.10　利用 T213 全球谱模式预测的太平洋台风 Omar 自 1992 年 8 月 20 日 12 时（世界时）开始的第 30~48 h 期间每隔 3 h 的 850 hPa 流场与 3 h 累积降水量的叠加场（降水量单位：mm 3h^{-1}；引自 Krishnamurti 等，1998）

图 19.11 显示了印度季风的一个预报个例,72 小时的预报一直在追踪中尺度对流降水系统的演变过程。模式的初始状态是在执行物理初始化之后获得的,其中,降水率的物理初始化,可有效增强临近预报技巧和降水率的预测技巧。图 19.11 还显示了观测的卫星红

外图像，图像中识别了中尺度对流降水系统。随着季风的加强，人们可以看到季风气流周围的对流化组织。在这次数值预报中，主要的中尺度降水系统在预报时间的 0 时刻被标记，然后在整个预报过程中跟踪其随时间的变化。在预报过程中，虽然有少数对流系统消散，但在中尺度降水区内又往往形成新的对流系统，我们可以通过 72 小时的预报跟踪其中的一些系统，验证中尺度降水活动。这在包含降水率初始化的高分辨率模式中是可能的。

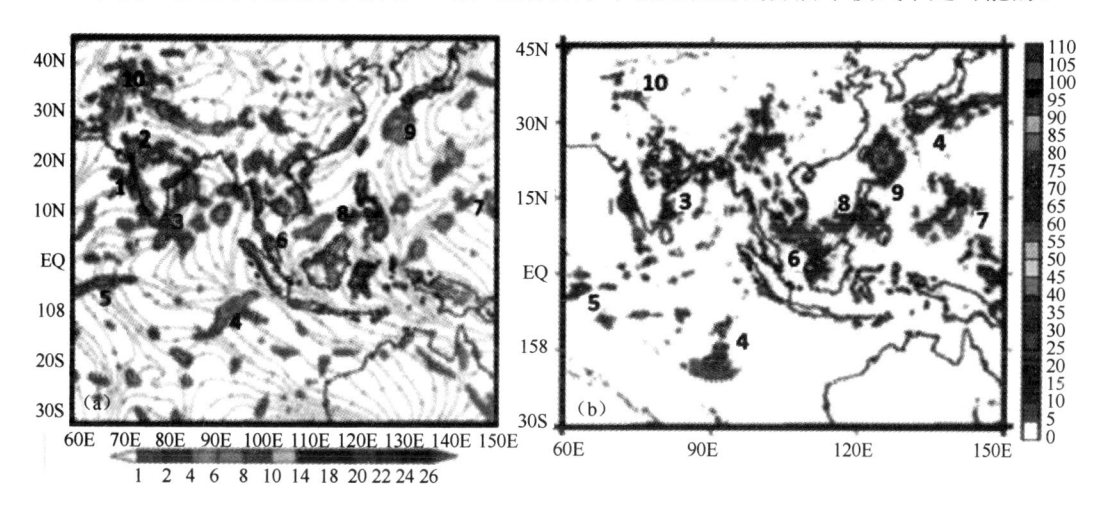

图 19.11 （a）T255 数值预报模式预报第 72 小时的 850 hPa 流场叠加 2 小时累积降水量（单位：mm 2h^{-1}），（b）1993 年 9 月 1 日 12 时（世界时）的 24 小时降水量（单位：mm day^{-1}）

原著参考文献

Eldridge, R. H. A synoptic study of West African disturbance lines. Q. J. Roy. Meteor. Soc., 1957, 83, 357-367.

Hamilton, R. A., Archbold, J. W. Meteorology of Nigeria and adjacent territories. Q. J. Roy. Meteor. Soc., 1945, 71, 231-250.

Houze Jr., R. A. Cloud Dynamics. Academic, San Diego, 1993, 573.

Krishnamurti, T. N., Bedi, H. S., Han, W. Organization of convection and monsoon forecasts. Meteorol. Atmos. Phys., 1998, 67, 117-134.

Krishnamurti, T. N., Pan, H. L., Chang, C. B., Ploshay, J., Walker, D., Oodally, A. W. Numerical weather prediction for GATE. J. Roy. Met. Soc., 1979a.

LeMone, M. A. Momentum transport by a line of cumulonimbus. J. Atmos. Sci., 1983, 40, 1815-1834.

Leroux, M. Processus de formation et d'evolution des lignes de grains d'Africque tropicale septentrionale. Universite de Dakar, Dakar, 1976, 159.

Moncrieff, M. W., Miller, M. J. The dynamics and simulation of tropical cumulonimbus and squall lines. Q. J. Roy. Meteor. Soc., 1976, 102, 373-394.

Mower, R. N. (ed.) Case Study of Convection Lines During GATE. Atmospheric Science Paper, vol. 271. Colorado State University, Fort Collins, 1977, 93.

Obasi, G. O. P. The environmental structure of the atmosphere near West African disturbance lines. In: Proceedings of an International Conference on Tropical Meteorology, vol. II, pp. 62-66. American Meteorological Society, 1974.

Payne, S. W., McGarry, M. M. The relationships of satellite infrared convective activity to easterly waves over West Africa and the adjacent ocean during phase III of GATE. Mon. Weather Rev., 1977, 105, 413-420.

Petterssen, S. Weather Analysis and Forecasting, I, Chapter 9. New York: McGraw-Hill Publication, 1956.

Reed, R. J., Norquist, D. C., Recker, E. E. The structure and properties of African wave disturbances as observed during phase III of GATE. Mon. Weather Rev., 1977, 105, 317-333.

Schumacher, C. Tropical precipitation in relation to the large-scale circulation. A dissertation submitted in partial fulfillment of the requirements for the degree of Doctor of Philosophy, University of Washington, 2003.

Short, D. R., North, G. R. The beam filling error in the Nimbus 5 electronically scanning microwave radiometer observations of global Atlantic tropical experiment rainfall. J. Geophys. Res., 1990, 95, 2187-2193.

Simpson, J., Adler, R. F., North, G. R. A proposed tropical rainfall measuring mission (TRMM) satellite. Bull. Am. Soc., 1988, 69, 278-295.

Tao, W. K., Simpson, J., Sui, C. H., Lang, S., Scala, J., Ferrier, B., Chou, M. D., Pickering, K. Heating, moisture, and water budgets of tropical and mid-latitude squall lines: Comparisons and sensitivity to longwave radiation. J. Atmos. Sci., 1993, 50, 673-690.

Webster, P. J., Lukas, R. TOGA COARE: The coupled ocean–atmosphere response experiment. Bull. Am. Soc., 1992, 73, 1377-1416.

Zipser, E. J. Mesoscale and convective–scale downdrafts as distinct components of squall-line structure. Mon. Wea. Rev., 1977, 105, 1568-1589.

Zipser, E. J. Kinematic and thermodynamic structure of mesoscale systems in GATE. In: Proceedings of the Seminar on the Impact of GATE on Large-Scale Numerical Modeling of the Atmosphere and Ocean, pp. 91-99. Woods Hole, August, 1979, 20-29.

Zipser, E. J., Cecil, D. J., Liu, C., Nesbitt, S. W., Yorty, D. P. Where are the most intense thunderstorms on earth? Bull. Am. Soc., 2006, 87, 1057-1071.